应用型高等院校“十三五”规划教材/计算机类

主　编　徐　娜　姜春风
副主编　常淑华　刘志东
参　编　张春苏　于　延　韩庆安
　　　　刘宝军　左　震　揣小龙
　　　　齐明洋　钟闻宇　王佳婧

大学计算机基础实验指导

Experiment Instruction of University Computer Foundation Course

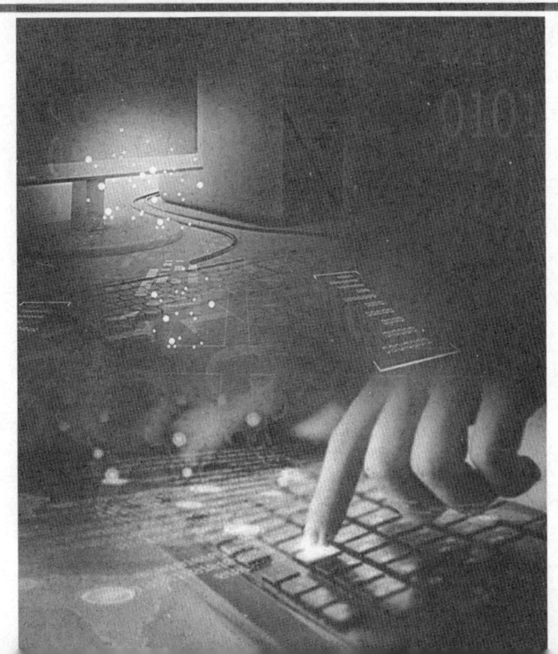

哈爾濱工業大學出版社

内 容 简 介

本书是《大学计算机基础》配套的实验指导书和习题集，内容与《大学计算机基础》同步。全书共16个项目，主要内容包括计算机基础知识、计算机的安全与病毒防治、计算机系统知识、Windows 7操作系统、计算机中的资源管理、计算机系统维护、Word 2010基本操作、排版文档、制作Excel 2010电子表格、计算和分析Excel数据、PowerPoint 2010基本操作、设置并放映演示文稿、Access 2010基本操作、创建Access 2010数据库、使用计算机网络及了解程序设计基础，每个项目的习题集主要包含单选题、多选题、判断题和操作题4种题目类型，并附有参考答案，方便读者自测练习。

本书可作为应用型高等院校学生学习计算机基础知识的辅助教材或供计算机爱好者自学使用。

图书在版编目(CIP)数据

大学计算机基础实验指导/徐娜，姜春风主编. —哈尔滨：哈尔滨工业大学出版社，2020.7(2021.9重印)
ISBN 978-7-5603-8562-4

Ⅰ.①大… Ⅱ.①徐… ②姜… Ⅲ.①电子计算机-高等学校-教学参考资料 Ⅳ.①TP3

中国版本图书馆CIP数据核字(2019)第241427号

策划编辑 杜 燕
责任编辑 庞 雪 惠 晗
封面设计 高永利
出版发行 哈尔滨工业大学出版社
社 址 哈尔滨市南岗区复华四道街10号 邮编150006
传 真 0451-86414749
网 址 http://hitpress.hit.edu.cn
印 刷 哈尔滨久利印刷有限公司
开 本 787mm×1092mm 1/16 印张22 字数535千字
版 次 2020年7月第1版 2021年9月第2次印刷
书 号 ISBN 978-7-5603-8562-4
定 价 52.80元

前　言

本书是《大学计算机基础》的配套实验用书,主要内容为与教材知识点相关的实验项目及习题。

1. 本书特色

内容与教材匹配:本书中的实验项目与教材中的实验项目是一一对应的,为教材中大部分知识点安排了精彩实用的案例和详细的操作步骤。

实验体现职业应用:本书中的案例体现了教材中的相关知识点,具有很强的实用性,可让读者轻松掌握相关知识在实践中的应用,真正做到学以致用。

实验可操作性强:本书中的案例都是经过精心设计的,难度从易到难,步骤清晰详细,图文并茂,可操作性强。

习题集题目丰富:本书为每个项目安排了配套的习题,并配有参考答案,便于读者自测练习。

2. 本书内容

项目一:安排了计算组装和使用 Photoshop 制作照片等任务。

项目二:安排了使用 360 安全卫士和杀毒软件等任务。

项目三:安排了中英文输入法的应用及打字练习等任务。

项目四:安排了 Windows 7 的基本操作、外观及个性化设置等任务。

项目五:安排了控制面板的使用、文件和文件夹的基本操作等任务。

项目六:安排了计算机系统与磁盘的制作等任务。

项目七:安排了使用 Word 2010 制作求职信、电子小报和调查问卷等任务。

项目八:安排了使用 Word 2010 制作图书采购单、排版考勤管理规范及排版和打印年度工作报告等任务。

项目九:安排了使用 Excel 2010 制作员工信息表和编辑学生信息表等任务。

项目十:安排了使用 Excel 2010 制作产品销售测评表、统计分析进货信息表和旅游趋势分析图等任务。

项目十一:安排了使用 PowerPoint 2010 制作大学生职业规划演示文稿和工作汇报演示文稿等任务。

项目十二:安排了使用 PowerPoint 2010 设置企业文化宣传演示文稿、放映并输出员工培训演示文稿等任务。

项目十三:安排了使用 Access 2010 设计学生档案管理系统的任务。

项目十四:安排了使用 Access 2010 设计图书管理系统的任务。

项目十五:安排了配置网络及使用局域网资源、检索与收藏网页,以及电子邮箱的申请、收发和管理等任务。

项目十六:安排了设计一个计算器程序的任务。

本教材由吉林农业科技学院徐娜、姜春风主编,吉林农业科技学院常淑华、刘志东副主编,北华大学张春苏、哈尔滨师范大学于延、珠海世纪鼎利科技有限公司韩庆安、吉林农业科技学院刘宝军、齐明洋、钟闻宇、王佳婧、左震、揣小龙参编。作者编写分工如下:项目一、三、四、五、六、十五和十六由姜春风编写;项目二的任务一由张春苏编写;项目二的任务二由韩庆安编写;项目二的习题由于延编写;项目七的任务一、任务二、任务三和项目八由常淑华编写;项目七的习题由刘宝军、钟闻宇和左震编写;项目九、十和十四由徐娜编写;项目十一、十二和十三由刘志东编写;附录由齐明洋、王佳婧和揣小龙编写。

由于编者水平有限,书中疏漏和不足之处在所难免,恳请读者提出宝贵意见。

编　者

2020 年 5 月

目　　录

项目一　计算机基础知识

计算机是快速处理海量数据的现代化智能电子设备,同时也是一门科学。掌握以计算机为核心的信息技术,是现代各行业对从业人员的基本素质要求之一。本项目将通过四个任务介绍计算机组装 DIY(Do It Yourself)、计算机的启动及关闭、使用 Photoshop 制作电子版报名照片及制作 1 寸打印排版照片。

学习目标

- 计算机组装 DIY
- 计算机的启动及关闭
- 制作电子版报名照片
- 制作 1 寸打印排版照片

任务一　计算机组装 DIY

冯·诺依曼体系结构规定计算机必须具备五大基本组成部件:输入数据和程序的输入设备,记忆程序和数据的存储器,完成数据加工处理的运算器,控制程序执行的控制器和输出处理结果的输出设备。

计算机的硬件系统由主机、显示器、硬盘、鼠标等组成;具有多媒体功能的计算机由音箱、麦克风、耳机等组成;除此之外,计算机还可外接打印机、扫描仪、数码相机等设备。

计算机的核心部件位于主机箱中,如计算机主板、CPU、内存、硬盘、电源及各种插卡(如显卡、声卡、网卡)等主要部件都安装在机箱中。机箱的前面板上有一些按钮、指示灯、插接口等,机箱背部面板上有一些插槽和接口。

任务要求

计算机组装 DIY 要求学生按照次序安装计算机的各个部件。组装前需要做的准备工作包括准备好装机所需要的工具:十字花螺丝刀,尖嘴钳和剪刀。

在安装前,学生需要先消除身上的静电,可以用手摸一摸自来水管等接地设备;对各个部件,尤其是硬盘要轻拿轻放,不要碰撞;安装主板时一定要牢固,防止主板变形,否则会对主板的电子线路造成损伤;组装的同时还要保障有足够宽敞的组装空间。具体步骤如下:

(1)安装主机组件。

(2)连接主机和外设。

(3)启动计算机。

(4)BIOS 设置。

(5)安装 OS。

任务实现

(一)主机组件的安装

(1)将 CPU 和 CPU 风扇固定到主板上。

①打开 CPU 盖子,注意两个三角标志,一个位于 CPU 插槽左下方,另一个位于 CPU 的一个边角,如图 1.1 所示。安装时注意保证两个三角标志同向看齐。

②当 CPU 安装到位后,插槽上的塑料保险盖就会被顶出,如图 1.2 所示。

图 1.1　CPU 三角标志

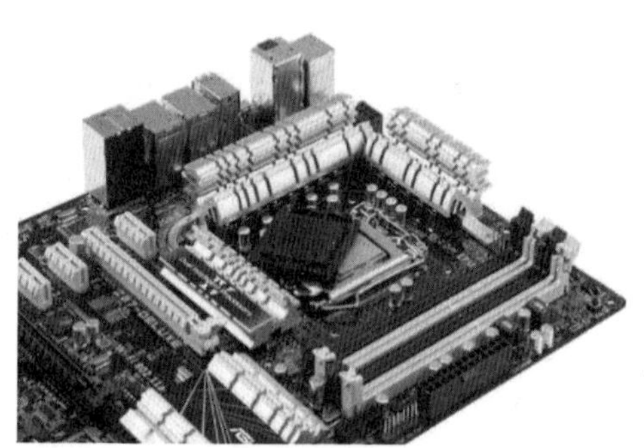

图 1.2　顶出 CPU 保险盖

③将导热硅脂涂抹均匀,覆盖到整个 CPU 表面,如图 1.3 所示。

④风扇固定到 CPU 顶部后,同时将四个锁扣对准主板上对应孔位,向下按紧,如图 1.4所示,风扇就被锁住。

图 1.3　在 CPU 上涂抹导热硅脂

图 1.4　CPU 安装到主板上

(2)将内存条固定到主板上。

①按下内存固定锁扣,如果内存槽两边都有锁扣,需要同时按下两边锁扣,如图 1.5 所示。

②内存条与内存插槽对齐,将内存插入内存槽中,如图 1.6 所示。

图 1.5　按下两边内存锁扣

图 1.6　内存插入内存槽中

③用手指轻压内存条的两端，让其固定在插槽内，如图 1.7 所示。

④确保内存锁扣已扣紧，内存模组不会松动或摇晃，如图 1.8 所示。

图 1.7　内存条固定在插槽内

图 1.8　确保内存锁扣已扣紧

(3)把 M.2 插槽插入主板，固定螺丝，将固态硬盘通过 M.2 插槽连接，如图 1.9 所示。

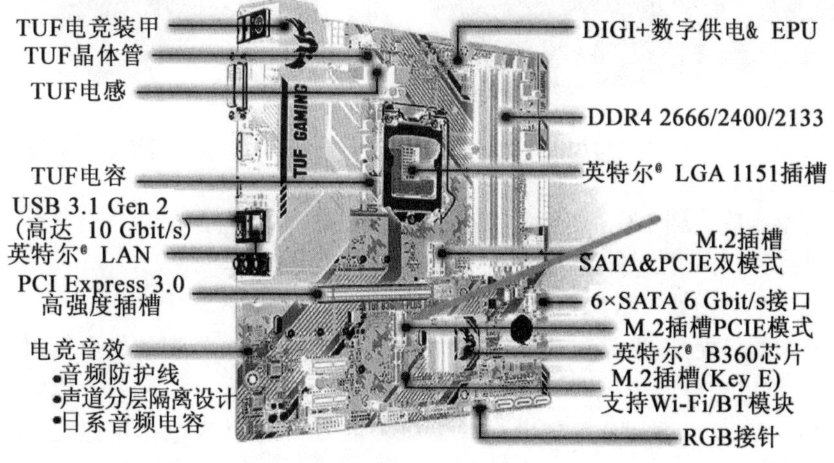

图 1.9　把 M.2 插槽插入主板

(4)把 IO 板装到机箱上，如图 1.10 所示。

(5)把主板固定到机箱上。

首先确认一下机箱内部对应位置的铜柱是否均已安装，然后小心地将主板放进机箱中，主板 I/O 端口与机箱开口处对齐，不要让主板直接接触到机箱的侧面。主板上螺丝孔位(圆形开口)和机箱内的铜柱位置对齐,方便后面对螺丝的固定。在机箱附件中配套的螺丝包中找到一款适合固定主板的圆头螺丝,然后与机箱铜柱孔对齐,用螺丝刀小心拧紧,如图1.11所示。注意不要将螺丝拧得太紧,以免损伤到硬件。

图1.10　把IO板固定到机箱上

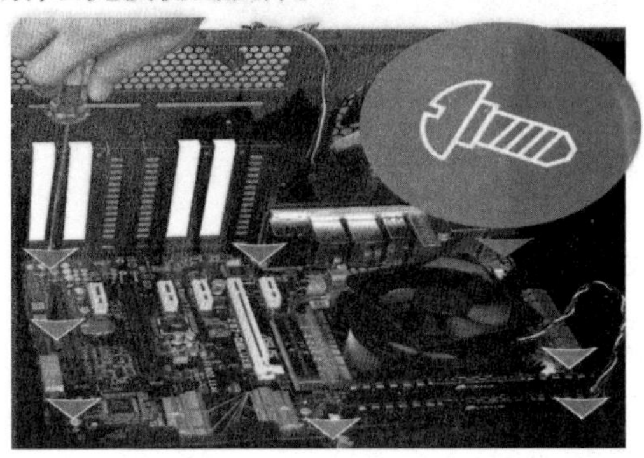

图1.11　把主板固定到机箱上

(6)把电源安装到机箱上。

①将电源固定在机箱内指定位置,如图1.12所示。有些机箱的电源需要安装在机箱的顶部,而有些机箱的电源要安装在机箱的底部。

②安装电源时,要确保电源螺丝孔位与机箱的螺孔对齐,按对角线顺序将螺丝一一拧紧,如图1.13所示。电源即固定妥当。

图1.12　电源固定在机箱内指定位置

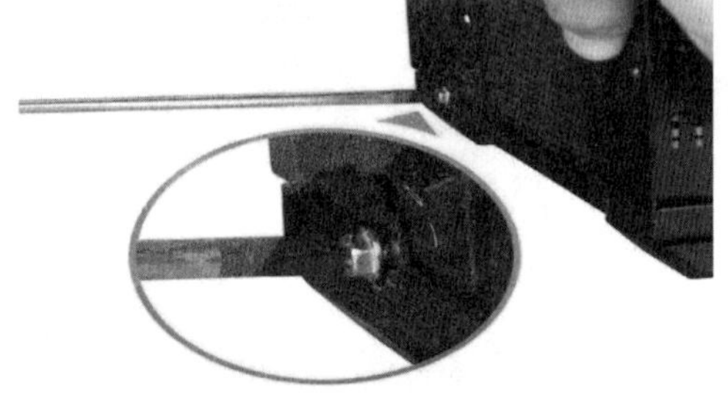

图1.13　把电源固定在机箱内

(7)把显卡安装到主板上。显卡属于安插在主板上的大件,最后进行安装,直接按照插槽引脚特征插上,固定好即可。

(8)电源的外路线设备接口。

①SATA接口硬盘、光驱和IDE接口的硬盘、光驱工作时,需要的供电可以通过SATA供电一分二接口实现,如图1.14所示。

②ATX-12 V/EPS-12 V辅助电源接口提供CPU额外供电作用,如图1.15所示。这个四口或八口的电源接头需要插在CPU附近对应的电源插座上。

③PCIE电源接口给显卡供电,不要和CPU电源线混淆。一般而言,低功耗显卡可以直接通过主板PCIE插槽供电,而高性能的显卡则至少需要一个6针独立电源线。显卡性能越高所需的供电性能也要更强,所以更高端的显卡通常会需要一个6针或8针独立供电线接口,如图1.16所示,从而保障有足够的电源供应驱动。

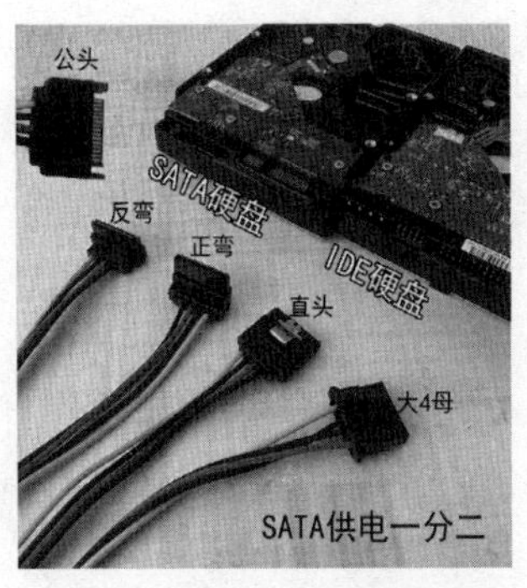

图 1.14　硬盘、光驱供电接口

图 1.15　CPU 辅助电源接口

④ATX 24/20 +4 针电源是计算机中最大的一根电源线,负责给主板供电的接口,如图 1.17 所示。它需要插在主板上对应的电源插座上,和所有电源相同,只能单方向插入。

图 1.16　显卡独立电源接口

图 1.17　主板电源接口

⑤开始动手连接供电接线。

ATX24/20 +4 针接口连接主板,完成给主板供电;STAT 接口连接机械硬盘,完成给机械硬盘供电;ATX -12 V/EPS -12 V 辅助电源接口连接主板,完成给 CPU 供电;PCIE 接口连接显卡,完成给显卡供电;CPU 风扇连接主板,完成给主板供电。

(9)机械硬盘通过数据连接线连接主板,完成硬盘和主板数据的传输。使用 SATA 3.0线连接机械硬盘和主板 SATA3.0 接口,如图 1.18 所示。

(10)将前置接口接线与主板连接。

①前置接口接线配置比较丰富,一般包含 2 个 USB2.0 接口、2 个 USB3.0 接口、2 个高清音频接口和 1 个风扇调速器接口,面板接口如图 1.19 所示。

②面板上使用的 USB2.0 接口线缆,如图 1.20 所示;USB3.0 接口线缆,如图 1.21 所示;POWER SW 线缆(电源开关键)和 RESET SW 线缆(重启键),如图 1.22 所示;H. D. D LED(硬盘指示灯)和 POWER LED 线缆(电源指示灯),如图 1.23 所示;HD AUDIO 线缆(音频连接线缆),如图 1.24 所示。

图 1.18 SATA3.0 接口数据线

图 1.19 主机机箱面板接口

图 1.20 USB2.0 接口线缆

图 1.21 USB3.0 接口线缆

图 1.22 POWER SW 及 RESET SW 线缆

图 1.23 H. D. D LED 及 POWER LED 线缆

图 1.24 HD AUDIO 线缆

③开始动手连接前置接口，即把接线线缆的接头插到对应主板的位置，完成连接。

(11)将机箱内的线缆整理利落，预留出更多空间保证空气的流通，便于散热。如果机箱有背部走线设计，尽量将线缆转移至机箱背部走线，如图1.25所示，既干净，又提高了散热空间。

(12)关上主机机箱侧盖并用螺丝锁紧，如图1.26所示。

图1.25　机箱背部走线设计

图1.26　盖好机箱的侧盖

(二)连接主机和外设

(1)将显示器连接到显卡的HDMI、DMI、Displayport或VGA任意显示输出接口，如图1.27所示。

(2)将机箱电源线插入主机电源插口中，将电源开关位置拨到"1"，如图1.28所示，即打开状态。

图1.27　显卡和显示器连接

图1.28　机箱电源加电图

(3)连接键盘和鼠标，如图1.29所示，USB接口或者PS/2接口均可。

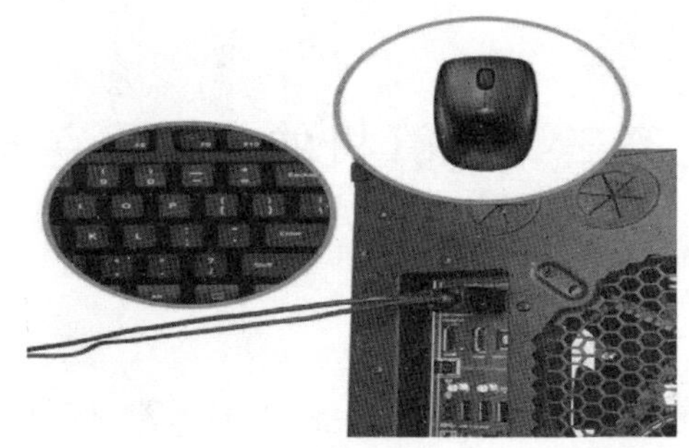

图1.29　键盘和鼠标的连接

(三)启动计算机

按下主机机箱上的电源键,如图1.30所示,打开计算机。

(四)BIOS设置

在主机加电启动过程中,按键盘上的Del或F2键,就可以进入华硕中文图形BIOS界面,如图1.31所示。和传统BIOS比较,在全新界面的BIOS中,可以全程使用鼠标对设置进行操作。

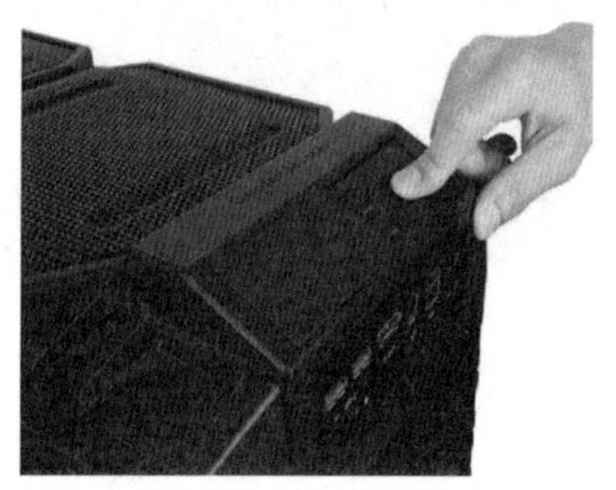

图1.30 按下主机电源键

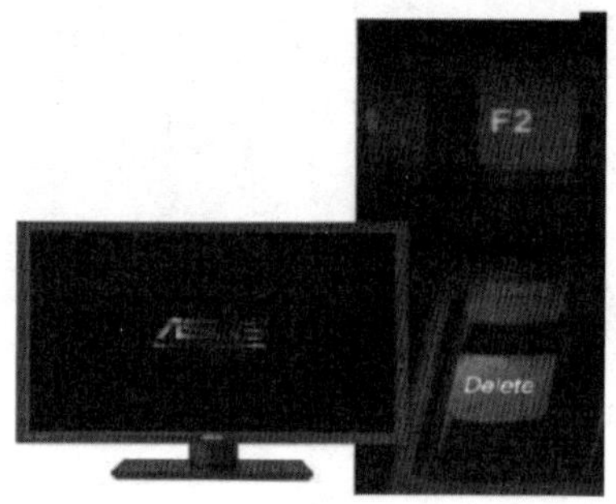

图1.31 计算机启动,设置BIOS

(五)安装OS,使用计算机

计算机成功启动后,如图1.32所示,计算机即组装完成。这样,便可以按照需求安装操作系统,使用计算机进行工作与学习。

图1.32 计算机完成组装

任务二 计算机的启动及关闭

任务要求

计算机开机的顺序是先开计算机外部设备(如显示器、打印机、扫描仪等),再开计算机主机;关机的顺序则是先关计算机主机,后关计算机外部设备。

(1)计算机的启动。

(2)计算机的关闭。

(3)使用计算机时应该注意的问题。

任务实现

(一)计算机的启动

计算机的启动包括:冷启动、热启动和复位启动三种方式。

(1)冷启动。

冷启动是指通过加电来启动计算机的方式。其操作步骤为:

①打开外设电源。即打开显示器、打印机、扫描仪等计算机外部设备的电源开关。如果显示器的电源由主机提供,则省去打开显示器电源这一步。

②打开计算机主机的电源开关。按下主机面板上的“POWER”或“ON/OFF”按钮,这时主机箱正面的“POWER”灯会点亮。

③按下计算机电源开关后,首先进行自检,若自检正常,计算机主机扬声器会发出“滴”一声响,接着由引导程序开始引导操作系统,直到计算机的显示器上出现 Windows 7 的桌面。

(2)热启动。

热启动是指计算机已经开机并进入 Windows 7 操作系统后,由于增加了新的硬件设备和安装软件程序或修改系统参数,系统需要重新启动。其操作步骤为:单击左下角的“开始”→“关闭计算机”→“重新启动”命令重新启动计算机。用这种方法重新启动计算机是非常安全的,系统会自动关闭正在运行的应用程序,如果出现文件没有存盘的情况,Windows 7 系统会提示“存盘”的信息。当发生软件故障使得计算机不接受任何指令时,也需要热启动计算机,其操作为同时按下快捷键“Ctrl + Alt + Del”。

(3)复位启动。

复位启动是指在计算机使用过程中,由于用户操作不当、软件故障或病毒感染等多种原因,造成计算机“死机”或“计算机死锁”等故障时,重新启动计算机的方式,即按机箱面板上的复位键(“RESET”按钮)。如果系统复位还不能启动计算机,再用冷启动的方式启动计算机。此时如果正在编辑的文件没有存盘,则会丢失数据,同时也可能造成系统错误。复位重新启动计算机不能随便使用,除非计算机死机,无法正常重新启动计算机时才可使用。

(二)计算机的关闭

Windows 7 的安全退出及计算机的关闭,通过以下操作步骤即可实现:

(1)关闭所有正在运行的应用程序,保存数据。

(2)单击“开始”→“关机”命令。

(3)在“关机”对话框中,依次关闭系统正在运行的程序或单击其中的“强制关机”按钮就可以退出 Windows 7,关闭计算机。

若要关闭计算机,可以直接按下主机面板上的“POWER”或“ON/OFF”按钮进行关机。此操作相当于单击“开始”→“关闭计算机”→“关闭”命令。如果因计算机死机而不能正常关闭时,可以按住“POWER”或“ON/OFF”按钮 5 s 以上,即可立即关闭计算机电源。

(三)使用计算机时应该注意的问题

计算机开机后不要随意搬动各种外部设备,不要插拔各种接口卡,不要连接或断开主机和外部设备之间的电缆,如需进行以上操作一定要在计算机断电的情况下进行。

任务三　使用 Photoshop 制作电子版报名照片

Adobe Photoshop 简称 PS,是由 Adobe Systems 公司开发和发行的图像处理软件。Photoshop 主要处理以像素(dpi)构成的数字图像,使用其众多的编修与绘图工具,可以有效地进行图片编制工作。Photoshop 的应用领域很广泛,在图像、图形、文字、视频及出版等各方面都有涉及。

小姜同学近期要参加大学英语六级考试(College English Test -6,CET -6),进行网上报名时,报名网站要求提交1寸电子照片,电子版照片要求为:近期正面免冠彩色头像,服装与背景对比清晰。电子照片为 JPG 文件格式的压缩图像,长宽规格为 413 像素(高)× 295 像素(宽),分辨率为 300 dpi,照片文件大小为 20 ~ 200 KB。此时就需要使用 Photoshop 对拍摄的照片进行处理。通过本案例,初步了解 Photoshop CS5 在数字图像处理中的功能及使用;掌握在 Photoshop 中打开、新建、处理、保存图像的基本方法;掌握图像的裁剪,亮度、对比度的调整及定义图案,填充,调整画布大小的方法;掌握几种常用工具、命令及对话框的使用方法。

任务要求

(1)拍摄照片并用 PS 打开:用照相机或者手机拍摄自身正面照,然后复制到计算机中,启动 PS 将照片打开编辑。

(2)裁剪图片至1寸照片大小:使用裁剪工具,将图片裁剪为1寸照片大小。

(3)调整图片的亮暗、对比度:根据实际拍摄的图像曝光程度,适当调整图片亮暗、对比度等。

(4)图片另存为电子版照片:将裁剪后的照片另存到素材文件夹,大小不超过200 KB。

任务实现

(一)拍摄照片并用 PS 打开

(1)使用手机拍摄个人照片,如图 1.33 所示。注意拍摄背景最好为纯色背景,如白墙、蓝幕或红幕等,并且周围光线要好,防止曝光不足,拍出照片太暗。

(2)将照片拷贝到计算机,然后打开 Photoshop CS5,选择"文件"→"打开"菜单命令,或者使用快捷键"Ctrl + O",在打开的对话框中,选择照片保存的位置,本例选择"D:\项目一\图 1.33 拍摄个人照片.jpg"文件,单击"确定"按钮,打开图片文件,如图 1.34 所示。

图 1.33　拍摄个人照片

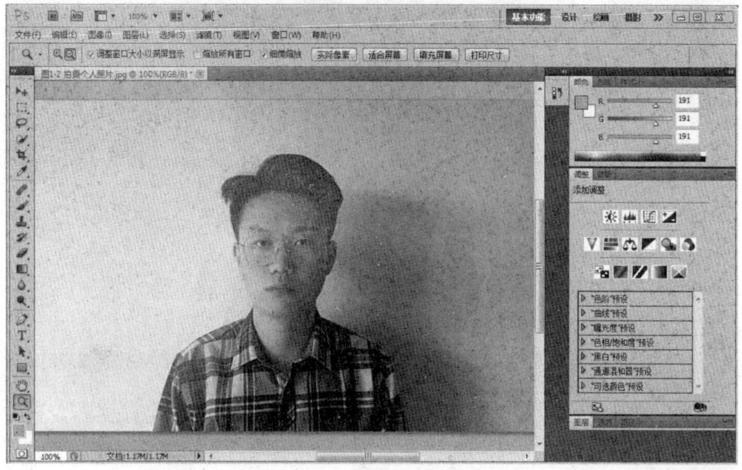

图 1.34　“打开”文件窗口

(二)裁剪图片至 1 寸照片大小

(1)单击裁剪工具，在上面的属性框中宽度输入“295 px”或“2.5 厘米”，高度输入“413 px”或“3.5 厘米”，分辨率为“300 像素/英寸”，如图 1.35 所示。

图 1.35　“裁剪工具”属性设置

(2)在图片上要保留的区域拖动鼠标左键,松开鼠标后,调整要保留区域的范围,在裁剪处理头像类照片时,一般选择区域中心处于鼻尖位置比较合适,如图 1.36 所示。

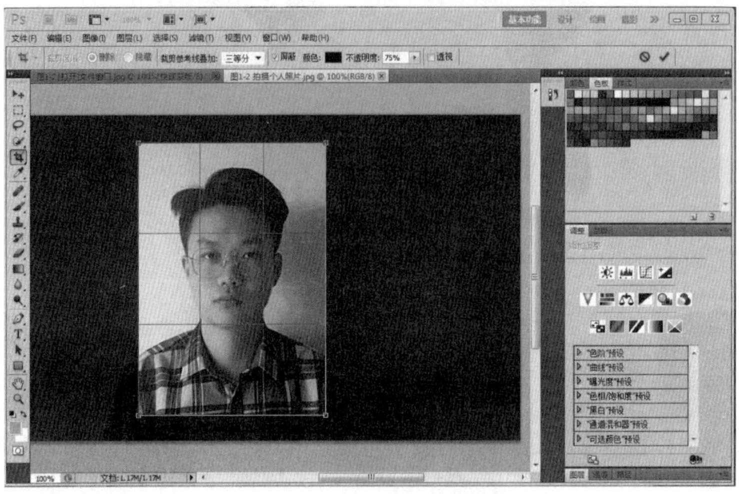

图 1.36　裁剪区域示意图

(3)双击鼠标、按 Enter 键或单击右上角的“√”按钮,提交裁剪操作,把多余的图像裁剪掉。双击缩放工具,将图片放大到 100% 大小,如图 1.37 所示。

图 1.37　裁剪后的图像

此时可通过“图像”菜单中“图像大小”命令,或者使用快捷键“Alt + Ctrl + I”查看图像大小是否为需要设定的值,如图 1.38 所示。

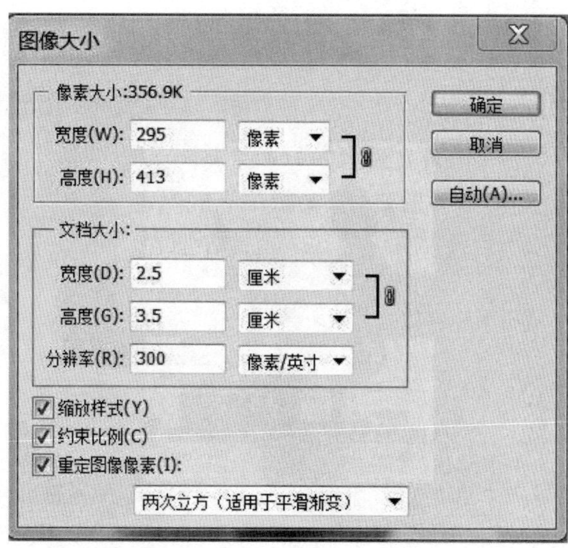

图 1.38　“图像大小”对话框

(三)调整图片的亮度、对比度

选择“图像”→“调整”→“色阶”菜单命令,或者使用快捷键“Ctrl + L”命令,如图1.39所示。

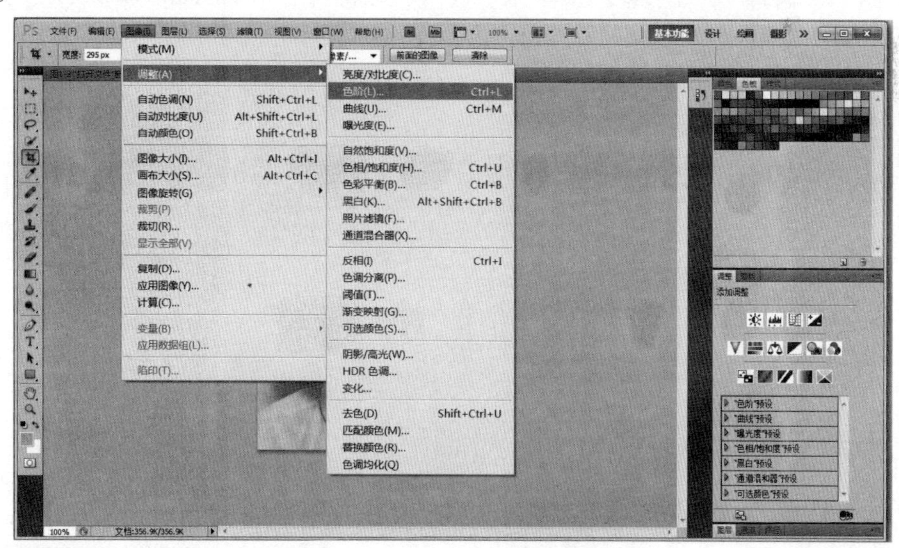

图 1.39　使用“色阶”命令

此时打开图像的“色阶”设置对话框,使用“色阶”设置对话框可以调整照片的亮暗、对比度等。其中高光游标与中间调游标向左移动照片变亮,暗调游标与中间调游标向右移动照片变暗,暗调游标与高光游标都往中间滑动增加照片对比度。在使用“色阶”设置对话框调整照片的时候如果感觉调整的效果不满意,可以取消调整让照片恢复原样,直到调整满意为止。本例调整参数如图 1.40 所示,单击“确定”按钮,此时图像效果整体变亮。

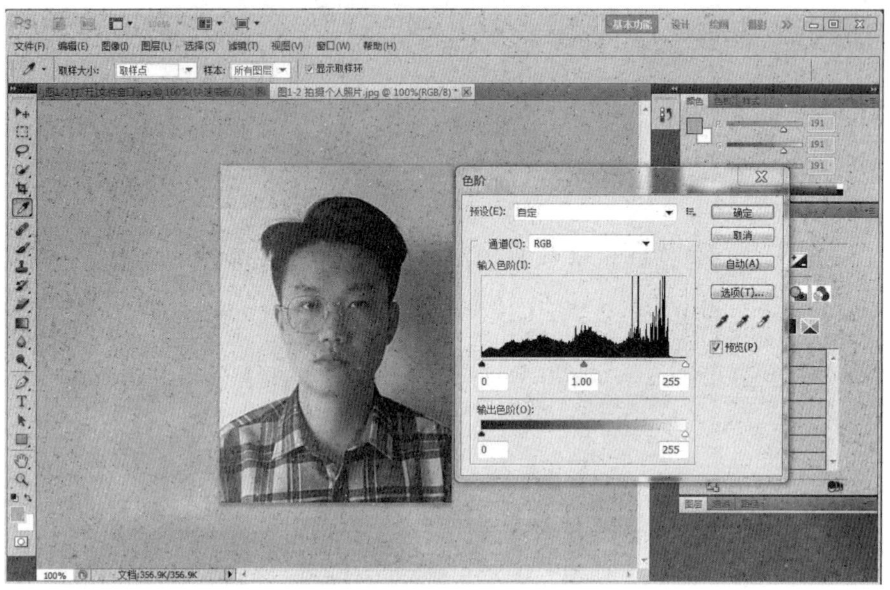

图 1.40 "色阶"对话框

(四)图片另存为电子版照片

(1)选择"文件"→"存储为"菜单命令,打开"存储为"对话框,如 1.41 所示,在对话框中输入文件名为"图 1-9 1 寸电子照片",文件格式类型选择 JPEG。

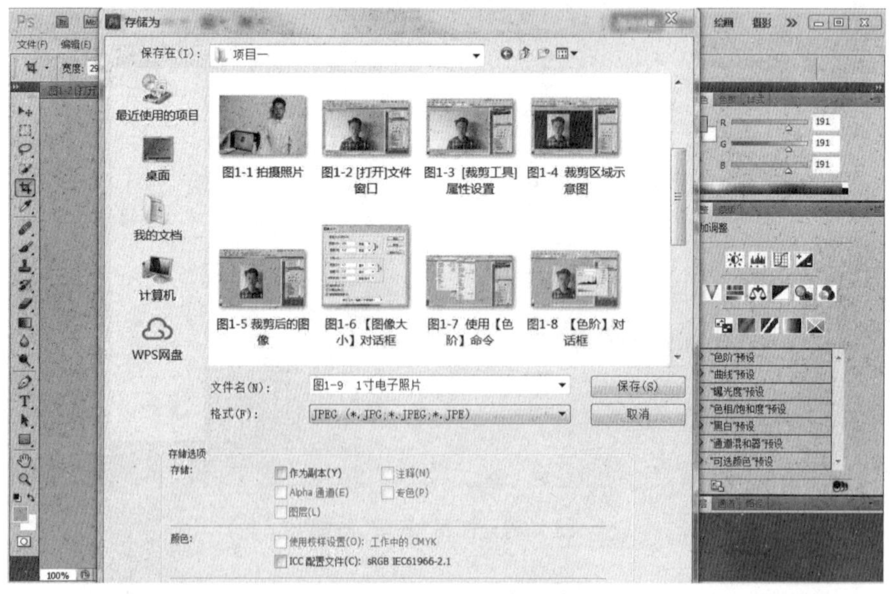

图 1.41 "存储为"对话框

(2)单击"保存"按钮,此时打开"JPEG 选项"对话框,选择不同的品质,或者拖动滑块,右侧实时显示保存图片后的预估大小,品质越高、文件越大,生成的图片质量也越好。参数选择如图 1.42 所示,质量选择最佳,图片也不超过 200 KB,单击"确定"按钮,符合要求的 1 寸电子照片即制作完毕。

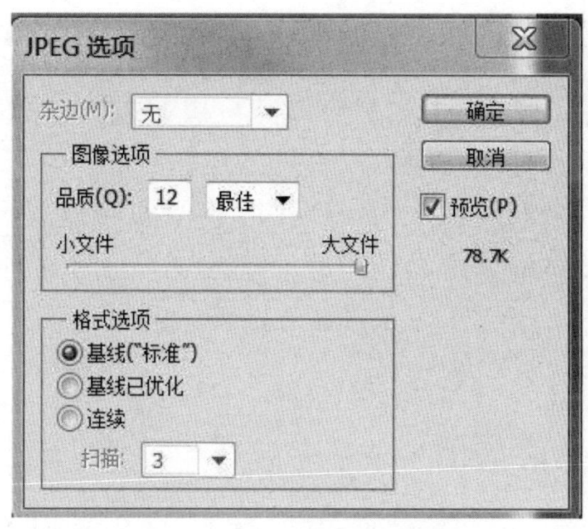

图 1.42　“JPEG 选项”对话框

(3)另外,如果对电子版照片质量要求不高,可以使用“存储为 Web 和设备所用格式”,此时存盘时的图片分辨率为 96 dpi,而不是文档原始的 300 dpi,从而压缩文件大小,上传网络时可以节省网络传输时间。操作步骤为:选择“文件”→“存储为 Web 和设备所用格式”命令或者按“Alt + Shift + Ctrl + S”组合键,在打开的对话框中拖动右上角的品质滑块,可以调整生成的图像品质,同时实时观察左下角显示的文件大小信息,从而根据需要调整到任意需求大小,如图 1.43 所示。

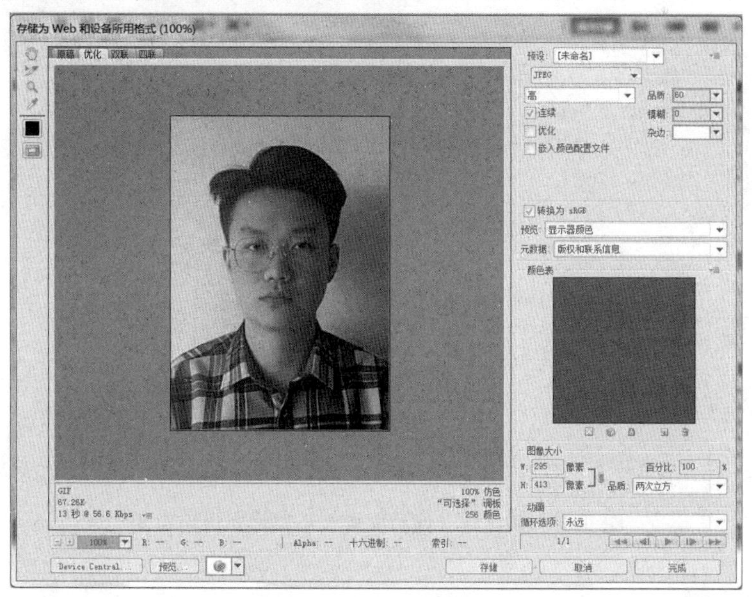

图 1.43　“存储为 Web 和设备所用格式”对话框

单击“存储”按钮,在打开的对话框中输入要保存文件的名字“1 寸电子照片 2”,此时一个分辨率为 96 dpi 的图像就做好了,如图 1.44 所示。

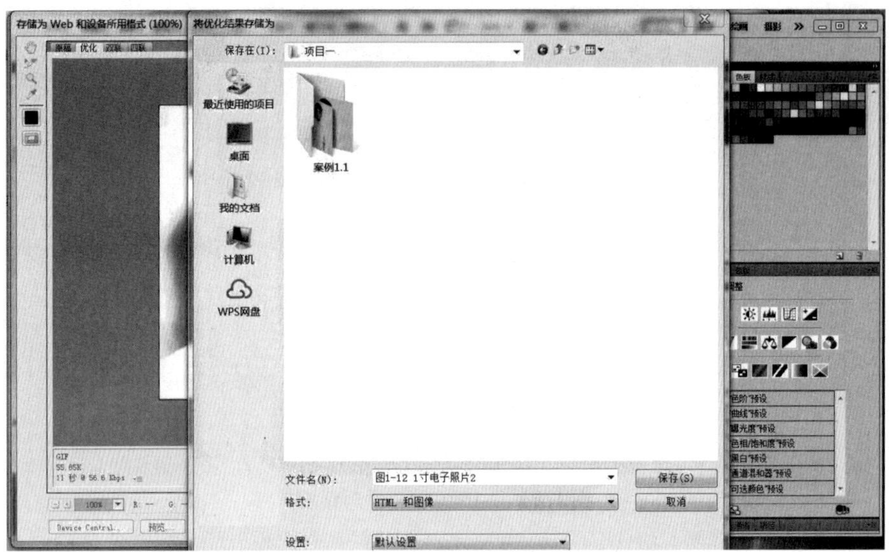

图 1.44　“存储为 Web 和设备所用格式”的一寸电子照片 2

两张电子版照片文件大小属性对比如图 1.45 所示，图像 ID 属性对比如图 1.46 所示。

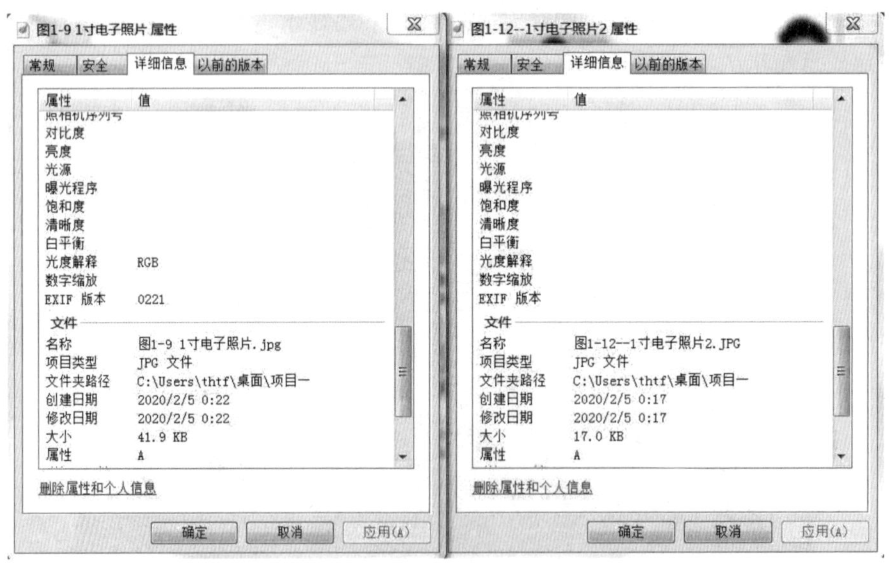

图 1.45　两张电子照片文件大小属性对比示意图

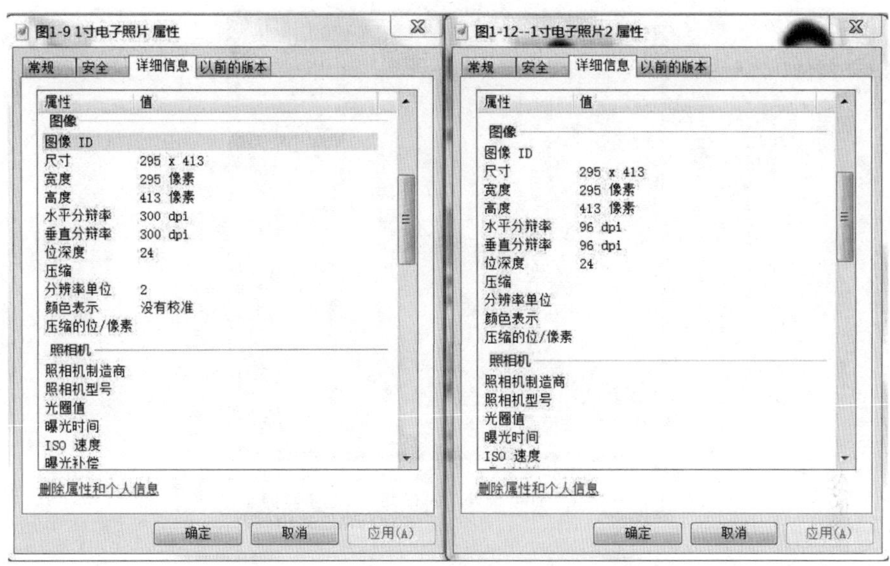

图 1.46　两张电子照片图像 ID 属性对比示意图

通过对比可以看出，虽然照片大小不同，但在计算机上看到的照片效果基本相同，相片品质几乎没有差别。

任务四　使用 Photoshop 制作 1 寸打印排版照片

任务要求

（1）调整画布，定义图案：调整画布大小，为裁剪后的图片添加 0.4 cm 的白边，然后将调整后的图像定义成图案。

（2）新建图像并填充图案后保存打印：新建一张宽度 11.6 cm、高度 7.83 cm、分辨率 300 像素/英寸的空白图片，并填充刚才保存的照片图案，将做好的图片保存后打印。

任务实现

（一）调整画布，定义图案

（1）选择“图像”→“画布大小”菜单命令或者使用快捷键“Ctrl + Alt + C”，打开“画布大小”设置对话框，因为要对画布扩展宽度为 0.4 cm 的白边，所以要选中“相对复选框”，在“画布大小”选项中分别设置宽度为“0.4 厘米”，高度为“0.4 厘米”，定位选择“正中间”，画布扩展背景颜色为“白色”，参数设置如图 1.47 所示。

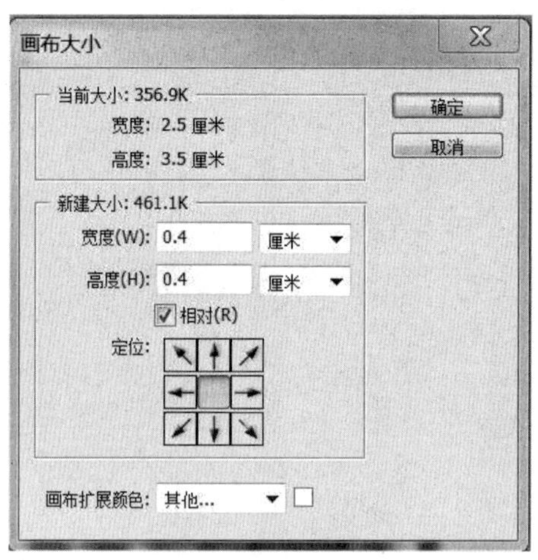

图 1.47　"画布大小"对话框中的参数设置

单击"确定"按钮,此时图片效果如图 1.48 所示。

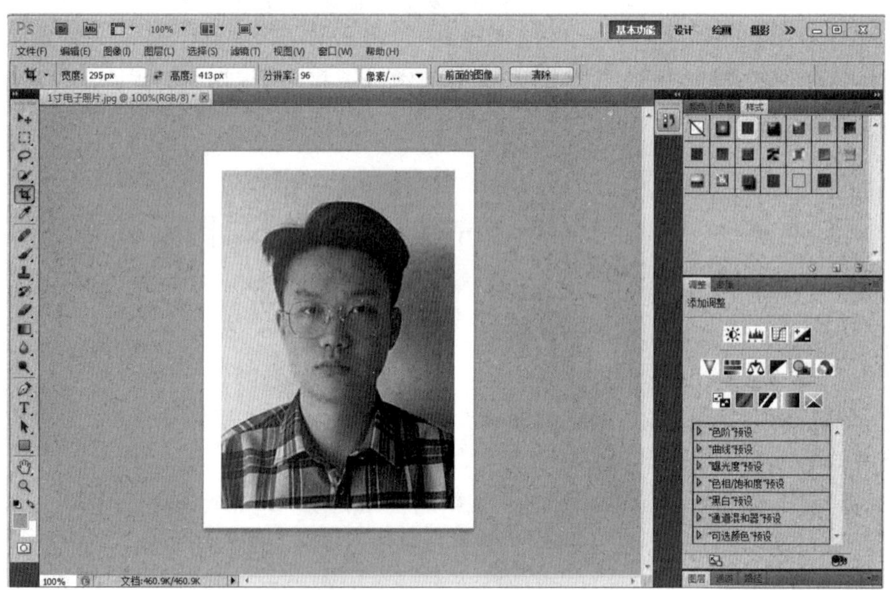

图 1.48　修改画布后的图片示意图

(2)选择"编辑"→"定义图案"菜单命令,此时打开"图案名称"对话框,输入名称为"1 寸电子照片.jpg",如图 1.49 所示,单击"确定"按钮,便将照片定义为图案,以便下一步填充。

图 1.49　"图案名称"对话框

(二)新建图像,填充图案后保存打印

(1)选择“文件”→“新建”菜单命令,打开图像“新建”对话框,输入宽度为“11.6 厘米”,高度为“7.8 厘米”,分辨率为“300 像素/英寸”,颜色选择默认 8 位,背景内容选择“白色”,如图 1.50 所示,单击“确定”按钮,此时新建一幅空白图片。

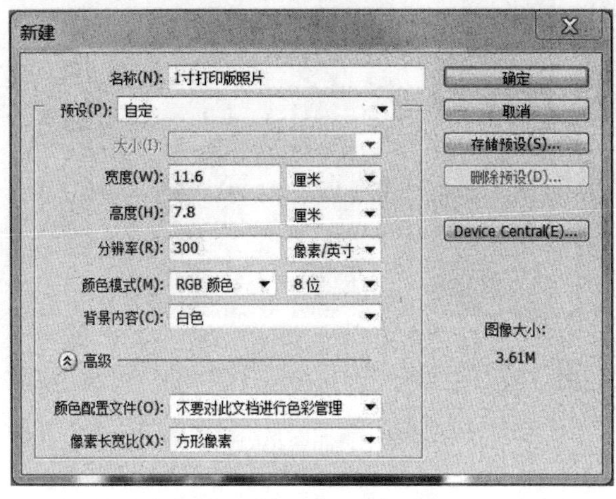

图 1.50 图像“新建”对话框

(2)选择“编辑”→“填充”菜单命令,此时打开“填充”对话框,在“使用”选项卡中选择“图案”选项,在“自定图案”选项卡中选择刚才保存的照片图案,如图 1.51 所示。

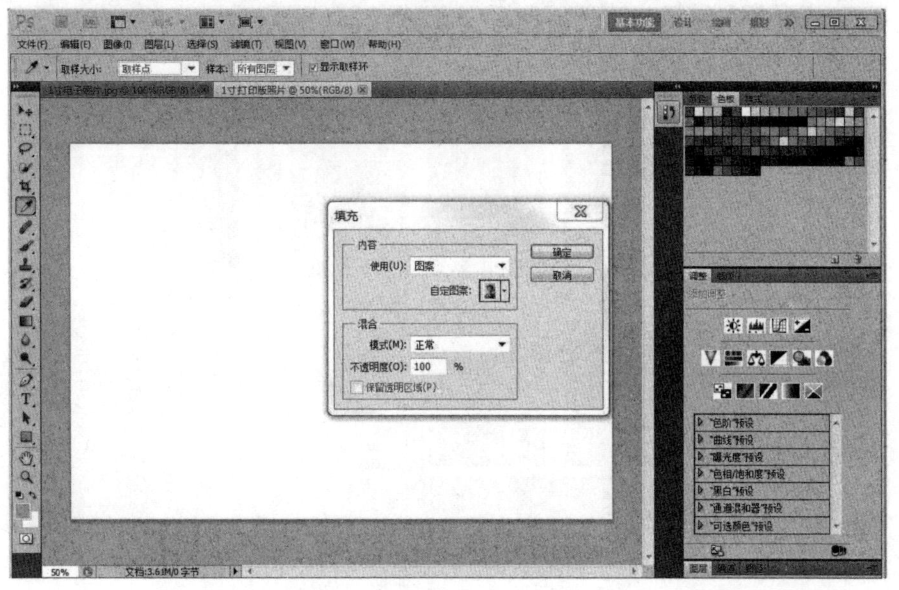

图 1.51 图案“填充”对话框

(3)单击“确定”按钮,定义的图像即可填充到新建的图像上,效果如图 1.52 所示。

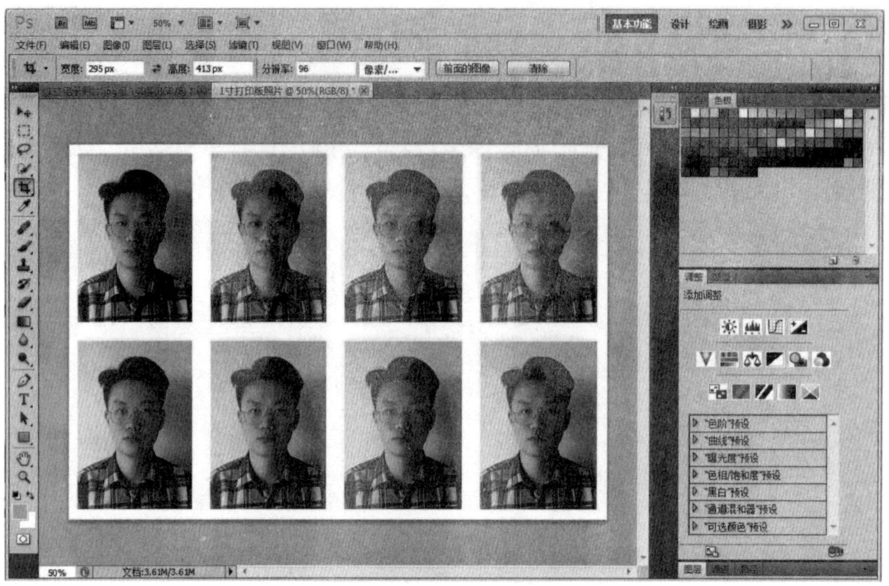

图 1.52　填充图案后的效果

(4)选择“文件”→“存储为”菜单命令,打开“存储为”对话框,将图片存储为“1 寸打印版照片.jpg”,单击“保存”按钮,打开“JPEG 选项”对话框,如图 1.53 所示,单击“确定”按钮后,一张排版好的 1 寸照片就制作完成。

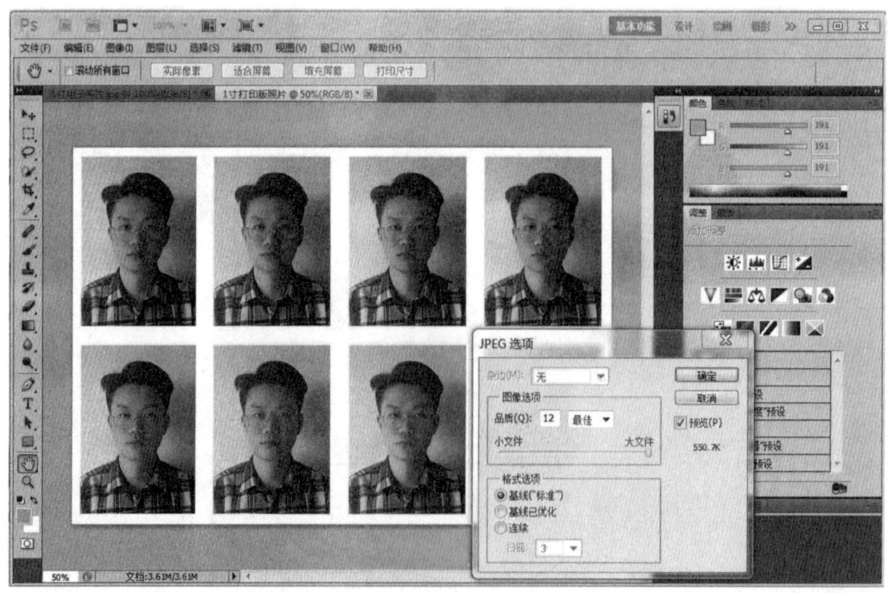

图 1.53　一寸打印版照片

(5)将照片复制到彩色照片打印店,使用相纸打印出来,最终效果如图 1.54 所示。

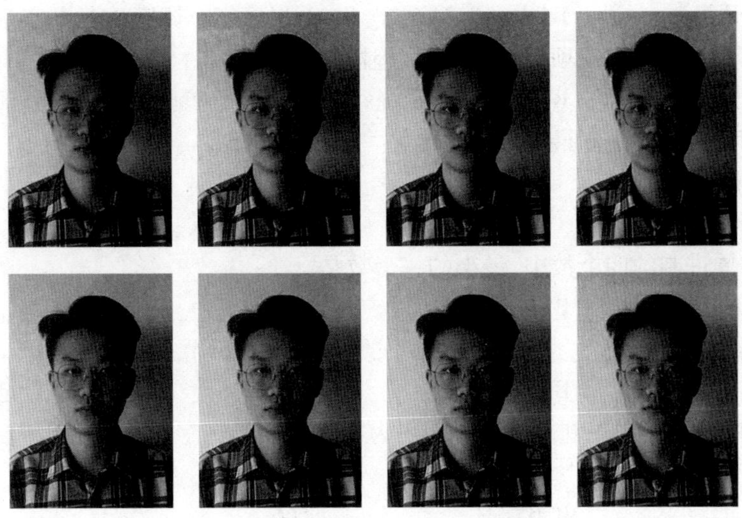

图 1.54　打印一寸照片最终效果图

本章习题

一、单项选择题

1. 世界上第一台计算机取名为　(　　)

A. UNIVAC　B. ENIAC　C. ABC　D. EDVAC

2. 个人计算机简称为 PC 机,这种计算机属于　(　　)

A. 微型计算机　B. 小型计算机　C. 超级计算机　D. 巨型计算机

3. 目前制造计算机所采用的电子器件是　(　　)

A. 晶体管　B. 超导体

C. 中小规模集成电路　D. 超大规模集成电路

4. 计算机存储数据的最小单位是二进制的　(　　)

A. 位(比特)　B. 字节　C. 字长　D. 千字节

5. 一个字节包括________个二进制位。　(　　)

A. 8　B. 16　C. 32　D. 64

6. 1 MB 等于________字节。　(　　)

A. 100 000　B. 1 024 000　C. 1 000 000　D. 1 048 576

7. 下列数据中,有可能是八进制数的是　(　　)

A. 488　B. 317　C. 597　D. 189

8. 与十进制 36.875 等值的二进制数是　(　　)

A. 110100.011　B. 100100.111　C. 100110.111　D. 100101.101

9. 下列逻辑运算结果不正确的是　(　　)

A. 0 + 0 = 0　B. 1 + 0 = 1　C. 0 + 1 = 0　D. 1 + 1 = 1

10. 在下列计算机应用项目中,属于数值计算应用领域的是　(　　)

A. 气象预报　B. 文字编辑系统　C. 运输行李调度　D. 专家系统

11. 在下列计算机应用项目中,属于过程控制应用领域的是 (　　)

A. 气象预报　B. 文字编辑系统　C. 运输行李调度　D. 专家系统

12. 计算机采用二进制最主要的理由是 (　　)

A. 存储信息量大　B. 符合习惯

C. 结构简单、运算方便　D. 数据输入、输出方便

13. 在不同进制的四个数中,最小的一个数是 (　　)

A. $(1101100)_2$　B. $(65)_{10}$　C. $(70)_8$　D. $(A7)_{16}$

14. 根据计算机的________,计算机的发展可划分为四代。 (　　)

A. 体积　B. 应用范围　C. 运算速度　D. 主要元器件

15. 已知字母“A”的二进制 ASCII 编码为“1000001”,则字母“B”的十进制 ASCII 编码为 (　　)

A. 33　B. 65　C. 66　D. 32

16. 在不同进制的四个数中,最大的一个数是 (　　)

A. $(1101100)_2$　B. $(65)_{10}$　C. $(70)_8$　D. $(A7)_{16}$

17. 计算机中采用的进位计数制是 (　　)

A. 二进制　B. 八进制　C. 十进制　D. 十六进制

18. 计算机能直接执行的是________程序。 (　　)

A. 机器语言　B. 汇编语言　C. 高级语言　D. 数据库语言

19. 下列逻辑运算结果不正确的是 (　　)

A. $0 \vee 0 = 0$　B. $1 \vee 0 = 1$　C. $0 \vee 1 = 0$　D. $1 \vee 1 = 1$

20. 下列除________外均是未来计算机的发展趋势。 (　　)

A. 微型化　B. 巨型化

C. 功能简单化　D. 网络化、多媒体化和智能化

二、多项选择题

1. 计算机内部采用二进制的主要原因是 (　　)

A. 存储信息量大

B. 二进制只有 0 和 1 两种状态,在计算机设计中易于实现

C. 运算规则简单,能够节省设备

D. 易于应用逻辑代数来综合、分析计算机中有关逻辑电路,为逻辑设计提供方便

2. 在下列数据中,数值相等的数据有 (　　)

A. $(101101.01)_2$　B. $(45.25)_{10}$　C. $(55.2)_8$　D. $(2D.4)_{16}$

3. 在下列叙述中,正确的命题有 (　　)

A. 计算机根据电子元件来划分代次;而微型机通常根据 CPU 的字长划分代次

B. 数据处理也称为信息处理,是指对大量信息进行加工处理

C. 内存储器按功能分为 ROM 和 RAM 两类,关机后它们中信息都将全部丢失

D. 内存用于存放当前执行的程序和数据,它直接和 CPU 打交道,信息处理速度快

E. 逻辑运算是按位进行的,不存在进位与借位,运算结果为逻辑值

4. 计算机的主要应用领域是 (　　)

A. 科学计算　B. 数据处理　C. 过程控制　D. 人工智能

5. 下列逻辑运算结果正确的是（　　）

A. 0 + 0 = 0　　B. 1 + 0 = 1　　C. 0 + 1 = 0　　D. 1 + 1 = 1

6. 下列________均是未来计算机的发展趋势。（　　）

A. 巨型化　　B. 多媒体化　　C. 网络化　　D. 微型化

7. 下列逻辑运算结果正确的是（　　）

A. 0 ∧ 0 = 0　　B. 1 ∧ 0 = 1　　C. 0 ∧ 1 = 0　　D. 1 ∧ 1 = 1

8. 计算机的主要特点是（　　）

A. 运行速度快　　B. 有存储程序和逻辑判断能力

C. 存储容量大　　D. 有数据传输和通信能力

9. 计算机硬件系统是由________、输入设备和输出设备等部件组成的。（　　）

A. 控制器　　B. 运算器　　C. 显示器　　D. 存储器

10. 计算机多媒体包括（　　）

A. 声音　　B. 图像　　C. 文字　　D. 动画

三、判断题

1. 一个字节为 8 个二进制位。（　　）

2. 在计算机中数据单位 bit 的意思是字节。（　　）

3. 计算机中所有信息都是以二进制形式存放的。（　　）

4. 八进制基数为 8，因此在八进制数中可使用的数字符号是 0，1，2，3，4，5，6，7，8。（　　）

5. 二进制数 10111101110 转换成八进制数是 2756.3。（　　）

6. 十进制转换成非十进制时，整数部分采用“乘基数取整”的方法。（　　）

7. CAI 就是计算机辅助设计。（　　）

8. 多媒体系统是一个能够交互地处理声音和图像的计算机系统。（　　）

9. 计算机体积越大，其功能就越强。（　　）

10. 按对应的 ASCII 码值来比较，“A”比“B”大。（　　）

11. 计算机为简化二进制数才引入了十六进制数，其实机器并不能直接识别十六进制数。（　　）

12. 存储器的存储容量用字节表示，250 KB 就是 250 000 个字节。（　　）

13. 计算机能够按照程序自动进行运算，完全取代了人脑的劳动。（　　）

14. 在计算机中，数据信息是以“0”和“1”有序组合的形式来记录的。（　　）

15. 一般把能够对声音、图形和影像等信息进行处理的计算机称为多媒体计算机。（　　）

四、操作题

执业医师考试报名采用网上报名方式，需要在网络上提交数码照片，照片要求为符合证件照标准的近期小 2 寸白底数码照片。照片尺寸为：宽 390 像素，高 567 像素，分辨率不低于 300 dpi，JPEG 格式，24 位 RGB 真彩色，文件大小为 25 ~ 40 KB。具体要求如下。

（1）用照相机或者手机拍摄自身正面照，然后复制到计算机中，启动 PS 将照片打开进行编辑。

（2）调整图片的亮暗、对比度，根据实际拍摄的图像曝光程度，适当调整图片亮暗、对比度等。

（3）使用磁性套索工具，选取头像周围的空白区域，填充为白色。

（4）裁剪工具设为宽 390 像素，高 567 像素，分辨率为 300 像素/英寸，然后将照片裁剪到 2 寸照片大小。

（5）将裁剪后的照片另存到计算机桌面上，照片大小在 25～40 KB 之间。

项目二　计算机的安全及病毒防治

信息技术的广泛应用,推动了社会的进步和科技的发展,同时,计算机也面临着硬件安全及软件安全的挑战。本项目将通过 2 个典型任务,介绍 360 安全软件和 360 杀毒软件的使用。

学习目标

- 使用 360 安全卫士
- 使用 360 杀毒软件

信息技术的飞速发展推动了人类社会的发展和文明的进步,然而,人们在享受网络信息所带来的巨大利益的同时,也面临着计算机不断遭到各种非法入侵、计算机病毒不断变异和传播、重要数据信息遭到破坏或丢失等问题。这些事件的发生给计算机信息系统的正常运行造成了严重威胁,甚至危及国家和地区的安全。

(一)计算机病毒简介

计算机病毒是人为制造的,有破坏性、传染性和潜伏性,对计算机信息或系统起破坏作用的程序。它不是独立存在的,而是隐蔽在其他可执行的程序之中。计算机中病毒后,轻则影响机器运行速度,重则死机,甚至破坏系统,给用户带来很大的损失。通常情况下,我们称这种具有破坏作用的程序为计算机病毒。

计算机病毒按存在的媒体分类可分为引导型病毒、文件型病毒和混合型病毒三种;按链接方式分类可分为源码型病毒、嵌入型病毒和操作系统型病毒三种;按计算机病毒攻击的系统分类分为攻击 DOS 系统的病毒、攻击 Windows 系统的病毒和攻击 UNIX 系统的病毒。如今计算机病毒正在不断地推陈出新,其中包括一些独特的新型病毒暂时无法按照常规的类型进行分类,如互联网病毒(通过网络进行传播,使得一些携带病毒的数据越来越多)、电子邮件病毒等。

计算机病毒被公认为数据安全的头号大敌,从 1987 年开始受到世界范围内的普遍重视,我国也于 1989 年首次发现计算机病毒。目前,新型病毒正向更具破坏性、更加隐秘、感染率更高、传播速度更快等方向发展。因此,必须深入学习计算机病毒的基本常识,加强对计算机病毒的防范。

(二)计算机感染病毒的主要症状

计算机感染病毒的症状多样化,凡是计算机工作不正常都有可能与病毒有关。计算机感染上病毒后,如果没有发作,是很难觉察到的。但病毒发作时就很容易从以下现象中体现出来:计算机工作不正常;莫名其妙地死机;突然重新启动或无法启动;程序不能运行;磁盘坏簇莫名其妙地增多;磁盘空间变小;系统启动变慢;数据和程序丢失;出现异常的声音、音乐或出现一些无意义的画面问候语等；正常的外设使用异常，如打印机出现问题、键盘输入的字符与屏幕显示不一致等；异常要求用户输入口令等。

（三）计算机病毒的防范手段

计算机病毒无时无刻不在关注着计算机，时时刻刻准备发动攻击。但计算机病毒也不是不可控制的，可以通过以下几种方式来减少计算机病毒对计算机带来的破坏。

（1）安装最新的杀毒软件，定期升级杀毒软件病毒库，定时对计算机进行病毒查杀，上网时要开启杀毒软件的全部监控。培养良好的上网习惯，例如：对不明邮件及附件慎重打开；可能带有病毒的网站尽量别上；尽可能使用较为复杂的密码，破译简单密码是许多网络病毒攻击系统的一种新方式。

（2）不要执行从网络下载后未经杀毒处理的软件等；不要随便浏览或登录陌生的网站，加强自我保护。现在有很多非法网站，被植入恶意的代码，一旦被用户打开，便会被植入木马或其他病毒。

（3）培养自觉的信息安全意识，在使用移动存储设备时，尽可能不要共享这些设备，因为移动存储是计算机病毒进行传播的主要途径，是计算机病毒攻击的主要目标。在对信息安全要求比较高的场所，应将计算机上面的 USB 接口封闭，同时，有条件的情况下应该做到专机专用。

（4）用 Windows Update 功能补全系统补丁，同时，将应用软件升级到最新版本，如播放器软件、通信工具等，避免病毒以网页木马的方式入侵到系统或者通过其他应用软件漏洞来进行病毒的传播；把受到病毒攻击的计算机进行尽快隔离，在使用计算机的过程中，若发现计算机上存在有病毒或计算机异常时，应该及时中断网络；当发现计算机网络一直中断或者网络异常时，立即断开网络，以免病毒在网络中传播。

任务一　使用 360 安全卫士

360 安全卫士是当前功能强、效果好、受用户欢迎的上网必备安全软件，它拥有查杀木马、清理插件、修复漏洞、电脑体检等多种功能并独创了“木马防火墙”功能，依靠抢先侦测和云端鉴别，可全面、智能地拦截各类木马，保护用户的账号、隐私等重要信息。目前木马威胁之大已远超病毒，360 安全卫士运用云安全技术，在拦截和查杀木马的效果、速度及专业性上表现出色，能有效防止个人数据和隐私被木马窃取，被誉为“防范木马的第一选择”。360 安全卫士自身非常轻巧，同时还具备开机加速、垃圾清理等多种系统优化功能，可大大加快计算机运行速度，内含的 360 软件管家还可帮助用户轻松下载、升级和强力卸载各种应用软件。

在桌面上打开网络浏览器，在地址栏中输入 https://www.360.cn/，单击 Enter 键确认，进入 360 公司的首页，如图 2.1 所示。下载 360 安全卫士，在线安装软件。安装结束后重新启动计算机，系统将运行 360 安全卫士，进行系统防护。

图 2.1　360 官网首页

任务要求

本任务要求使用 360 安全卫士对计算机进行木马查杀、系统修复、优化加速及修复系统漏洞等。主要包括以下几个方面：

(1)电脑体检：对计算机进行详细的检查。

(2)木马查杀功能：使用 360 云引擎、360 启发式引擎、小红伞本地引擎、QVM 四引擎并联合 360 安全大脑杀毒。已与漏洞修复、常规修复合并。

(3)电脑清理：清理插件、清理垃圾、清理痕迹并清理注册表。

(4)修复漏洞功能：对系统中的漏洞、驱动程序和异常系统进行扫描。

(5)电脑加速功能：加快开机速度，深度优化，整理磁盘碎片。

(6)功能大全：提供几十种各式各样的功能。

(7)软件管家功能：安全下载软件，小工具。

任务实现

(一)电脑体检功能

单击任务栏中的 360 安全卫士图标，启动 360 安全卫士，如图 2.2 所示。然后在其主界面中单击“立即体检”按钮，进入“立即体检”界面，如图 2.3 所示。

(二)木马查杀功能

在 360 安全卫士主界面中单击“木马查杀”→“全盘查杀”选项卡，360 安全卫士开始对系统进行全面的扫描，在扫描的过程中，会显示扫描的木马查杀的类型、扫描时间、扫描文件的数量、处理的项目及检测到的木马。如检查到木马，要删除的话，需先选中删除项，单击“立即处理”按钮即可，如图 2.4 所示为中断扫描未发现木马和安全危险的界面。

图 2.2　启动 360 安全卫士

图 2.3　“立即体检”界面

图 2.4　查杀木马

(三)电脑清理功能

在360安全卫士主界面中单击“电脑清理”按钮,进入“全面清理”→“经典版清理”→“立即清理”界面,如图2.5所示。选择要清理的垃圾文件类型,如选择清理垃圾文件、痕迹文件、注册表、软件和插件,然后单击“一键清理”按钮,系统自动对所选的垃圾文件类型进行清理,清理完毕后将显示清理结果。

图2.5　“一键清理”垃圾文件

(四)修复漏洞功能

在360安全卫士主界面中单击“系统修复”按钮,即可对系统中的漏洞、驱动程序和异常系统进行扫描,扫描完毕后将显示需要修复的高危漏洞、驱动程序和异常系统。通过选中要进行修复的项目,然后单击“一键修复”按钮,如图2.6所示,即可自动下载相应的补丁程序来修复漏洞。

图2.6　系统修复

（五）电脑加速功能

在 360 安全卫士主界面中单击“优化加速”按钮，进入一键优化界面，如图 2.7 所示。单击相应选项，然后单击“全面加速”按钮，360 安全卫士开始扫描计算机中哪些项目可以提升计算机的运行速度并显示扫描结果。单击“立即优化”按钮，即可自动优化扫描到的项目。

图 2.7　“优化加速”选项

（六）功能大全

在 360 安全卫士主界面中单击“功能大全”按钮，即可对系统中的计算机安全、数据安全、网络优化、系统工具、游戏优化、实用工具及我的工具进行个性化设置，如图 2.8 所示。通过相应功能的配置，达到维护计算机系统的目的。

图 2.8　“功能大全”选项

（七）软件管家功能

在360安全卫士主界面中单击“软件管家”按钮，如图2.9所示，即可对系统中的软件进行下载、更新、优化及卸载，方便了用户对计算机系统的使用及维护。

图2.9　“软件管家”选项

任务二　使用360杀毒软件

360杀毒是360安全中心出品的一款免费的云安全杀毒软件，它创新性地整合了五大领先查杀引擎，包括国际知名的BitDefender病毒查杀引擎、Avira（小红伞）病毒查杀引擎、360云查杀引擎、360主动防御引擎及360第二代QVM人工智能引擎。

360杀毒具有强大的病毒扫描能力，除普通病毒、网络病毒、电子邮件病毒和木马之外，对于间谍软件、Rootkit等恶意软件也有极为优秀的检测及修复能力。

任务要求

本任务要求使用360杀毒软件以下列四种方式对病毒进行扫描：

（1）全盘扫描：扫描所有磁盘。

（2）快速扫描：扫描Windows系统目录及Program Files目录。

（3）自定义扫描：用户可以指定磁盘中的任意位置进行病毒扫描，完全自主操作，有针对性地进行扫描查杀。

（4）Office宏病毒扫描：对计算机用户来说，最头疼的莫过于Office文档感染宏病毒，轻则辛苦编辑的文档全部报废，重则私密文档被病毒窃取。Office宏病毒扫描可全面处理寄生在Excel、Word等文档中的Office宏病毒。

（5）软件定时更新升级。

任务实现

(一)全盘扫描

单击任务栏通知区中的“360 杀毒”图标,启动 360 杀毒软件,单击“全盘扫描”按钮,如图 2.10 所示。

图 2.10　全盘查杀计算机病毒

360 杀毒软件开始对系统进行全盘扫描,如图 2.11 所示。启动扫描之后,软件会显示扫描进度窗口并在扫描过程中自动清除有威胁的病毒。在这个窗口中,用户可看到正在扫描的文件、总体进度及发现问题的文件。扫描完毕后会显示扫描结果,用户可根据提示进行相应操作,清除一些系统在扫描过程中没有自动清除的病毒。

图 2.11　全盘扫描过程

如果用户希望360杀毒在扫描完计算机后自动关闭计算机，可以选择“扫描完成后自动处理并关机”选项。这样在扫描结束之后，360杀毒会自动处理病毒并关闭计算机。

（二）快速扫描

在图2.10中单击“快速扫描”按钮，如图2.12所示，可对Windows系统目录及Program Files目录扫描，并且在扫描完毕后，根据用户需求进行相应杀毒操作，这种方式比全盘扫描速度更快。

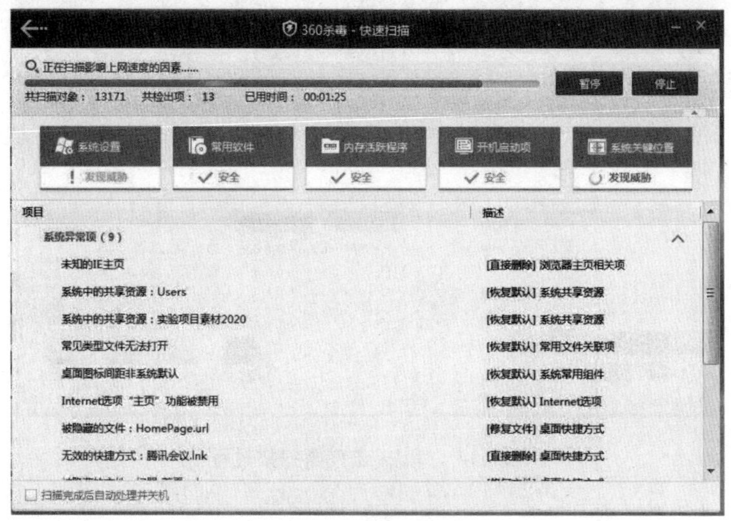

图2.12　快速扫描过程

（三）自定义扫描

在图2.10中单击“自定义扫描”按钮，如图2.13所示，用户可以对计算机桌面、我的文档及指定磁盘中的任意位置进行病毒扫描，自主选择，有目的性地进行扫描并进行杀毒处理。

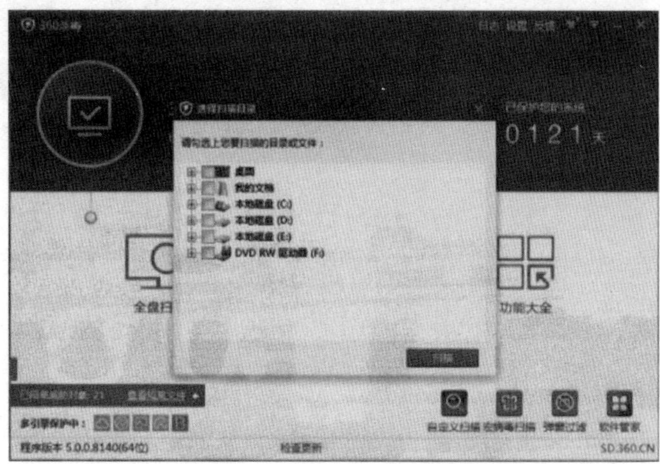

图2.13　自定义扫描过程

（四）Office 宏病毒扫描

在图 2.10 中单击"Office 宏病毒扫描"按钮，Office 宏病毒扫描将全面处理寄生在 Excel、Word 等文档中的 Office 宏病毒。如在 Office 宏病毒扫描前有正在运行的 Office 文档，需要保存并关闭运行的文档才能进行该项操作，如图 2.14 所示。

图 2.14　Office 宏病毒扫描过程

（五）检查软件是否有新版本

在图 2.10 中单击"检查更新"按钮，如图 2.15 所示，如果软件有新版本，可以直接在线升级，保证软件是最新的版本，从而保障软件功能的强大，以便能够解决杀毒过程中较旧版本不具备的功能所无法解决的问题。

图 2.15　检查软件是否有新版本

本章习题

一、单项选择题

1. 计算机系统安全与保护指计算机系统的全部资源具有________、完备性和可用性。 (　　)

A. 秘密性　　B. 公开性　　C. 系统性　　D. 先进性

2. 计算机病毒主要是通过________传播的。 (　　)

A. 硬盘　　B. 键盘　　C. 移动存储设备　　D. 显示器

3. 目前计算机病毒对计算机造成的危害主要是通过________实现的。 (　　)

A. 腐蚀计算机的电源　　B. 破坏计算机的程序和数据

C. 破坏计算机的硬件设备　　D. 破坏计算机的软件与硬件

4. 下列哪一个不能防病毒 (　　)

A. KV300　　B. KILL　　C. 记事本　　D. 防病毒卡

5. 计算机运行环境对湿度的要求是 (　　)

A. 10%~30%　　B. 20%~40%　　C. 20%~80%　　D. 50%~80%

6. 机房接地系统，一般接地电阻要小于 (　　)

A. 2 Ω　　B. 4 Ω　　C. 6 Ω　　D. 8 Ω

二、多项选择题

1. 计算机病毒的主要来源有 (　　)

A. 计算机"迷"的恶作剧　　B. 生物病毒的感染

C. 软件制作商为惩罚非法拷贝者　　D. 不法分子的蓄意破坏

2. 计算机病毒具有________等特点。 (　　)

A. 传染性　　B. 隐蔽性　　C. 潜伏性　　D. 破坏性

E. 针对性　　F. 不可预见性

3. 计算机病毒分类，按破坏性可划分为 (　　)

A. 良性病毒　　B. 恶性病毒　　C. 极恶性病毒　　D. 灾难性病毒

4. 计算机病毒分类，按传染方式可划分为 (　　)

A. 引导区型病毒　　B. 文件型病毒　　C. 混合型病毒　　D. 宏病毒

5. 计算机感染病毒后有________的表现。 (　　)

A. 增加或减少文件长度　　B. 使系统运行异常或瘫痪

C. 改变磁盘分配　　D. 使磁盘的存储不正常

E. 可用内存空间减少

三、判断题

1. 计算机病毒是一种能把自身精确拷贝或有修改地拷贝到其他程序体内的程序。(　　)
2. 计算机病毒的传播只能通过硬盘，网上传输不会传播病毒。 (　　)
3. 计算机良性病毒是指那些只破坏系统数据、删除文件、摧毁系统的病毒。 (　　)
4. 引导型病毒的感染对象主要是软盘的引导扇区和硬盘的主引导扇区。 (　　)

项目三　计算机系统知识

冯·诺依曼理论规定计算机硬件由控制器、运算器、存储器、输入设备和输出设备五大部分组成。本项目将通过 2 个典型任务，结合理论教材介绍键盘和鼠标的基础，通过中英文输入法的切换操作，借助键盘标准训练软件，达到熟练掌握打字方法和技巧、提高打字速度的目标。

学习目标

- 中英文输入法的应用
- 盲打练习

任务一　中英文输入法的应用

任务要求

计算机是美国人发明的，因此开始时并未考虑如何输入汉字。众所周知，英文字母只有 26 个，即使再加上一些特殊符号，也不过 100 多个。那么，怎么用少量的按键去输入成千上万的汉字呢？为此，人们设计了各种汉字输入方法。

众所周知，汉字由字的音、形、义来共同表达，因此，各种汉字输入法也是基于汉字的音、形、义开发的。目前，常用的汉字输入法主要有以下几类。

①音码：即拼音输入法，按照拼音输入汉字。常见的有微软拼音、智能 ABC、搜狗拼音输入法等。

②形码：按照汉字的字形（笔画、部首）进行编码。常见的有五笔字型、表形码输入法等。

③音形码：是将音码和形码结合的一种输入法。常见的有郑码、丁码输入法等。

④混合输入法：同时采用音、形、义多途径输入。例如：万能五笔输入法包含五笔、拼音，中译英等多种输入法。

以上输入法中，微软拼音、智能 ABC 等输入法是 Windows 7 操作系统自带的，无须用户安装；搜狗拼音输入法、五笔字型输入法等需要用户安装后才能在计算机中使用。下面以搜狗拼音输入法为例，掌握中英文输入的应用。

(1)输入法的切换。

(2)设置输入法。

(3)搜狗拼音输入法设置及使用。

任务实现

(一)输入法的切换

要输入文字,需要先选择一种输入法,若不是系统自带的输入法,首先需要下载、安装。操作方法是单击屏幕右下角语言栏上的按钮,从弹出的列表中通过单击方式选择需要的输入法,如“搜狗拼音输入法”,如图3.1所示。

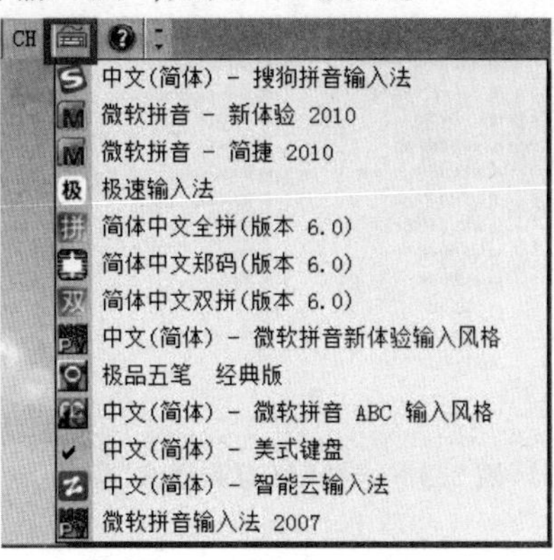

图3.1 选择中文输入法

默认情况下,在编辑文档时,按“Ctrl + Space”键可在输入法/非输入法间切换;按“Ctrl + Shift”键可在不同的输入法间切换;按“Shift + Space”键可进行全角和半角间切换。如果想对热键进行个性化设置,可在“控制面板”→“区域和语言”→“键盘和语言”→“更改键盘”→“高级键设置”中更改热键的组合,如图3.2所示。

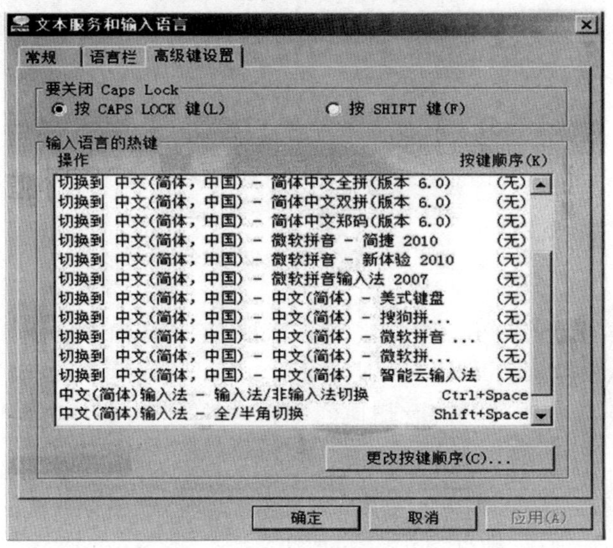

图3.2 输入法热键个性化设置

(二)设置输入法

计算机系统默认的输入法一般是美式键盘,美式键盘输入法只能输入拼音,也就是说每次需要打字的时候都需要切换到中文输入法，如比较常用的搜狗拼音、五笔、智能 ABC 等输入法，这给用户造成了不便。每次打字都换一下很麻烦，如果把最常用的输入法设置为默认输入法就相当方便，下面以 Windows 7 系统为例，把搜狗拼音输入法设置为系统默认输入法，详细的设置步骤如下。

(1)进入控制面板，选择“区域和语言”图标，如图 3.3 所示。

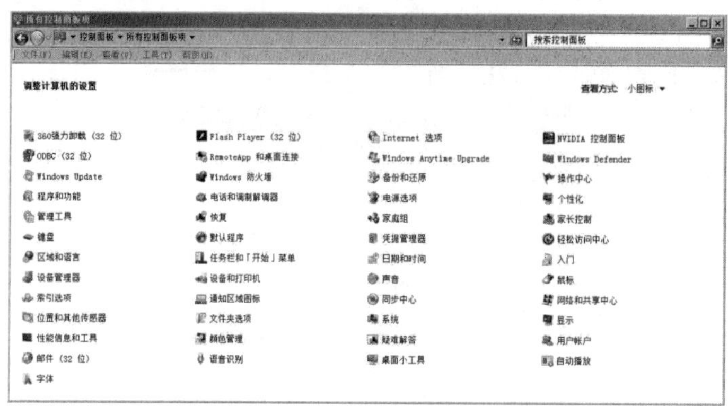

图 3.3　选择“区域和语言”设置

(2)在“区域和语言”设置对话框中，首先切换到“键盘和语言”选项卡，然后再单击“更改键盘”按钮，如图 3.4 所示。

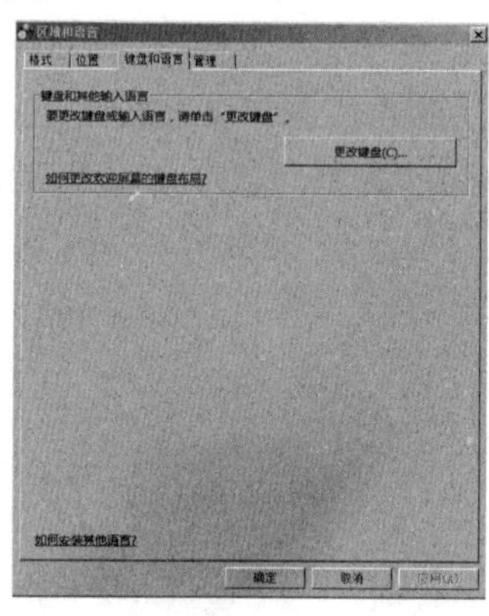

图 3.4　单击“更改键盘”按钮

(3)打开“更改键盘”按钮，在“常规”选项卡顶部“默认输入语言(L)”中选择搜狗拼音输入法作为默认的输入法，如图 3.5 所示。

(4)返回到“区域和语言”界面，切换到“管理”选项卡，单击“复制设置”选项，如图 3.6所示。

(5)在“复制设置”对话框中，勾选底部的“欢迎屏幕和系统账户”“新建用户账户”两项，然后单击底部的“确定”即可，如图 3.7 所示。

通过以上步骤设置之后，Windows 7 系统设置默认输入法为搜狗拼音输入法，在中英文输入时就不需要切换输入了，非常方便。

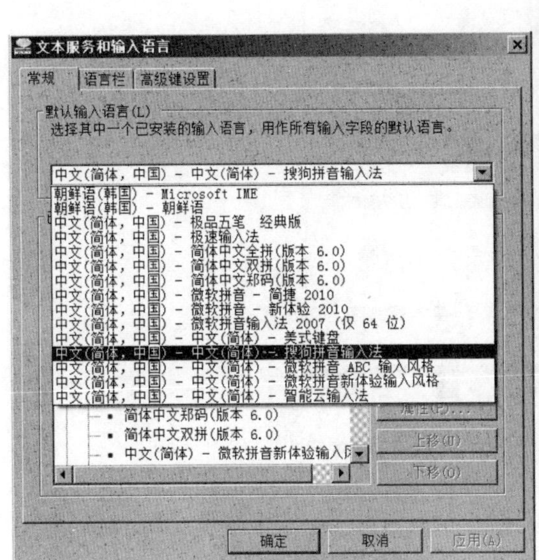

图 3.5　选择默认输入法

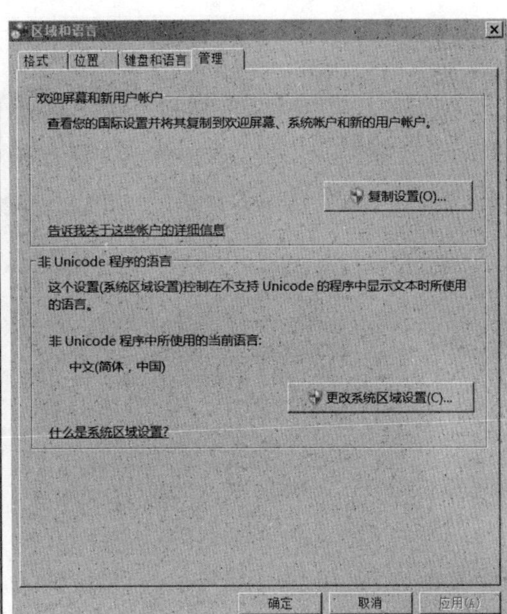

图 3.6　在“管理”中打开“复制设置”选项卡

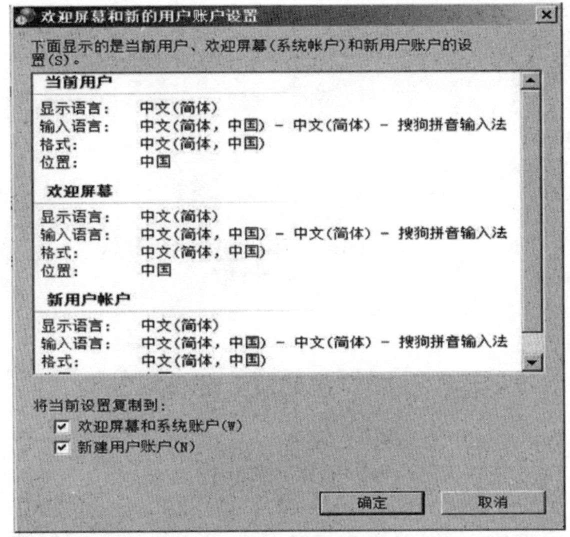

图 3.7　在“欢迎屏幕和系统账户”和“新建用户账户”中设置默认输入法

(三)搜狗拼音输入法设置及使用

上网、炒股、办公都离不开打字，打字的快慢、舒适程度影响工作效率和心情，下面以搜狗拼音输入法设置为例，进行个性化输入法设置，让输入数据更简单贴心。

(1)在计算机安装完 OS 后，安装搜狗拼音输入法，然后单击搜狗输入法状态栏的最右侧“工具箱”图标，在“工具箱”窗口中选择“属性设置”按钮，如图 3.8 所示。

图 3.8　在“工具箱”中选择“属性设置”按钮

(2)在“常用”选型卡中,可以设置输入风格及特殊习惯等,如首字母简拼,这样对于拼音打字的人来说非常方便,如图 3.9 所示。

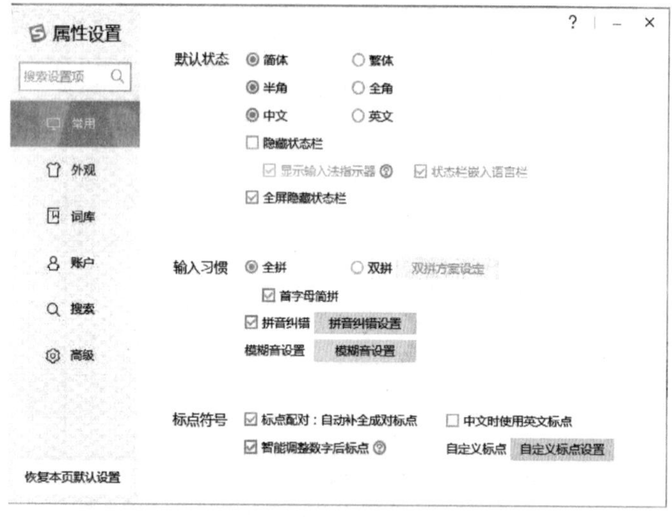

图 3.9　“常用”选项卡的设置

(3)在“外观”选项卡中,可以对输入法的外观进行设置。一般都是横向的,候选词的个数最多可以设置 9 个,如图 3.10 所示。

(4)在“词库”选项卡中,可以对常用到的词语词库进行设置,一般根据自己平时使用习惯进行设置,如图 3.11 所示。

(5)在“高级”选项卡中,可以对快捷键、常规候选、候选扩展及系统升级进行设置;还可以对模式皮肤、按空格出字、小键盘保持半角输入、小键盘保持数字输入及候选项编辑进行设计,如图 3.12 所示。

通过把上面的搜狗拼音输入法设置成默认输入法后,就可以非常方便地进行中英文输入操作了。

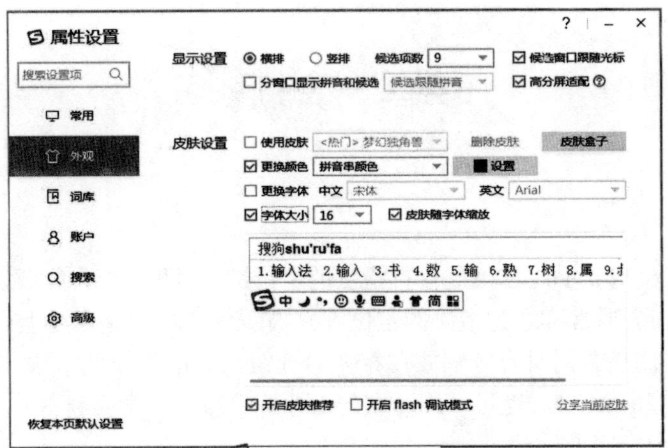

图 3.10　“外观”选项卡的设置

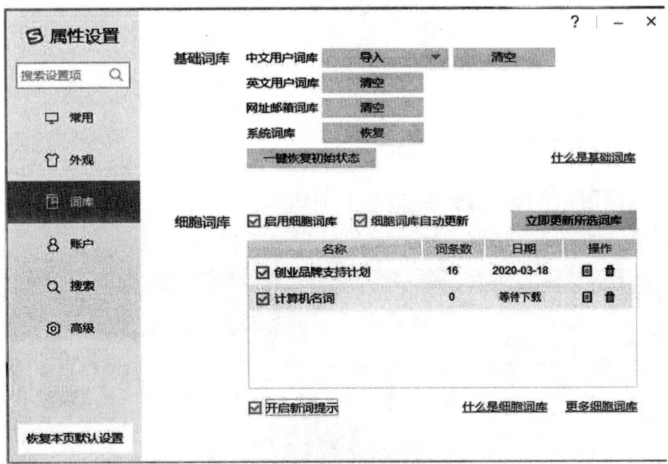

图 3.11　“词库”选项卡的设置

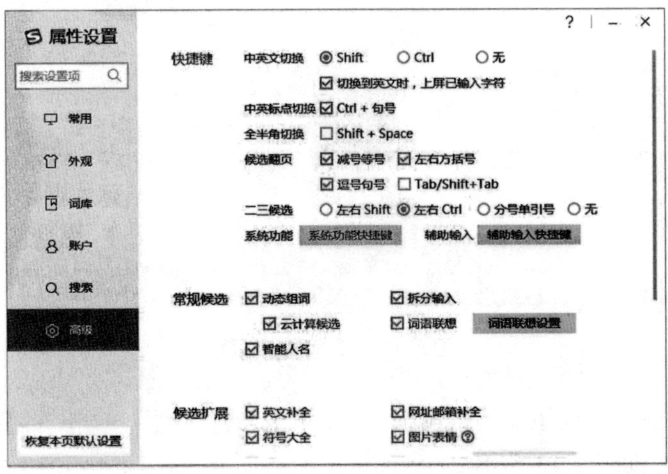

图 3.12　“高级”选项卡的设置

任务二　盲打练习

任务要求

标准指法就是把双手放在键盘盲打指法的定位键上，即让左手食指放在字母 F 上（F 键上有一个小突起，通常称之为指法的定位键），右手食指放在字母 J 上（J 键也有一个盲打坐标），然后将四指并列对齐分别放在相邻的键钮上。按照标准指法，看着键盘按照从 A 到 Z 的顺序打 26 个字母，经过一周左右的专业练习就可以学会盲打。

（1）安装金山打字通软件。

（2）金山打字通的设置。

（3）金山打字通的使用。

任务实现

（一）安装金山打字通

（1）在桌面上打开网络浏览器，在地址栏中输入 https://www.baidu.com/，单击 Enter 键，进入百度的首页，如图 3.13 所示。

图 3.13　百度网站首页

（2）在“百度一下”按钮前的搜索框中输入“金山打字通”，单击“百度一下”按钮，打开搜索结果页面，如图 3.14 所示。

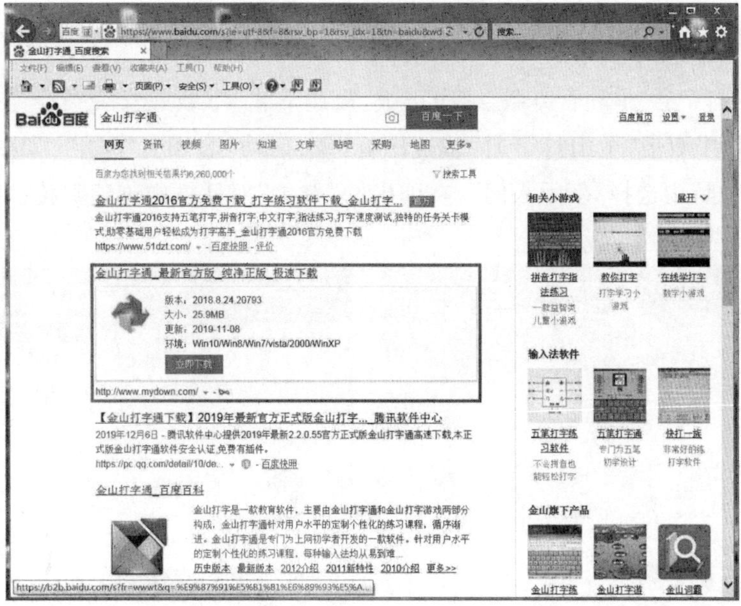

图 3.14　搜索结果页面

(3)在搜索结果页面选中“金山打字通_最新官方版_纯净正版_极速下载”选项,下载并安装到计算机中,如图 3.15 ~ 3.18 所示。

图 3.15　安装金山打字通 -1

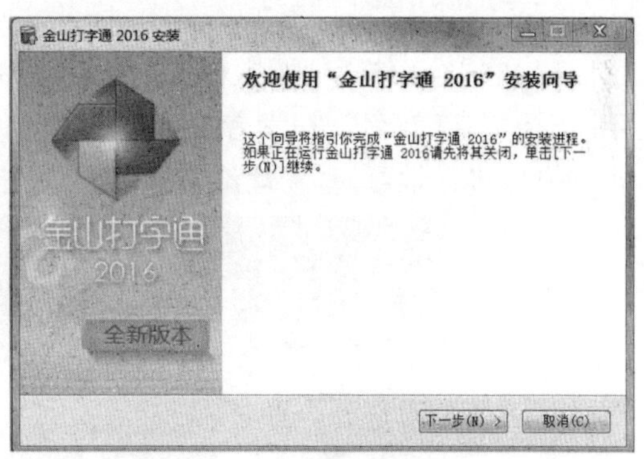

图 3.16　安装金山打字通 -2

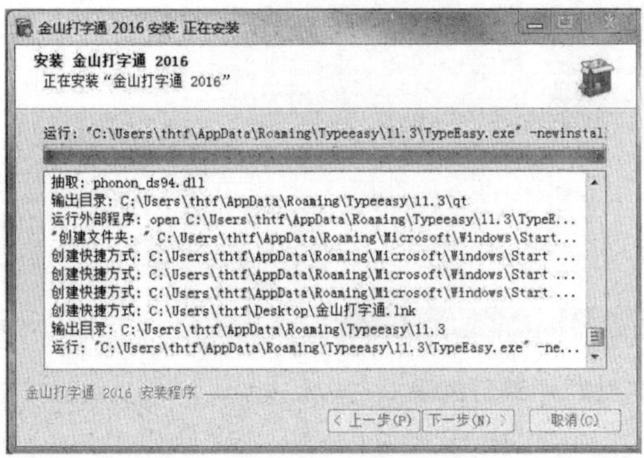

图 3.17　安装金山打字通 -3

图 3.18　安装金山打字通 -4

(二)金山打字通的设置

将“金山打字通_最新官方版_纯净正版_极速下载”下载并安装到计算机中，在桌面或者开始菜单中双击“金山打字通”快捷图标，启动“金山打字通”，如图3.19所示。在“金山打字通”中选择“新手入门”，在弹出的“登录”对话框中创建昵称，即可进入相应练习，如图3.20所示。

图3.19　启动金山打字通

图3.20　在金山打字通中创建昵称

(三)使用金山打字通

(1)在“金山打字通”中输入创建的昵称进行登录，在“金山打字通”中，如图3.20所示，选择“打字教程”，初学者就可以对键盘、打字姿势、基准键位、手指分工及击键方法的正确操作进行学习，基本理论掌握后，开始进行标准训练，如图3.21所示。

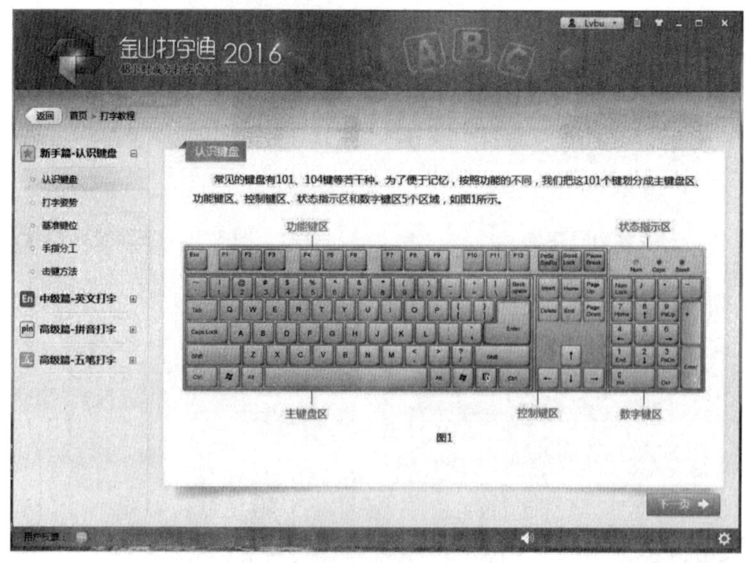

图3.21　在“金山打字通”中练习指法

进行打字输入时，正确的打字姿势如图3.22所示，具体要求如下。

①两脚平放，腰部挺直，两臂自然下垂，两肘贴于腋边。

②身体可略倾斜，离键盘的距离约 20 ~ 30 cm。

③打字教材或文稿放在键盘的左边，或用专用夹夹在显示器旁边。

④打字时眼观文稿，身体不要跟着倾斜。

图 3.22　正确的打字姿势

(2)"金山打字通"是指法练习的辅助工具之一，指法是提高打字速度的最有效训练基础，在练习的时候一定要使用正确的手指去按键位才有效果，才能在准确的基础上更有效地提升打字的速度。系统、正确地练习一段时间后，打字速度一定会有质的飞跃。

本章习题

一、单项选择题

1. 一个完整的计算机系统通常包括　(　　)

A. 硬件系统和软件系统　B. 计算机及其外部设备

C. 主机、键盘与显示器　D. 系统软件和应用软件

2. 计算机软件是指　(　　)

A. 计算机程序　B. 源程序和目标程序

C. 源程序　D. 计算机程序及有关资料

3. 计算机的软件系统一般分为________两大部分。　(　　)

A. 系统软件和应用软件　B. 操作系统和计算机语言

C. 程序和数据　D. DOS 和 Windows

4. 在计算机内部，不需要编译计算机就能够直接执行的语言是　(　　)

A. 汇编语言　B. 自然语言　C. 机器语言　D. 高级语言

5. 主要决定微机性能的是　(　　)

A. CPU　B. 耗电量　C. 质量　D. 价格

6. 微型计算机中运算器的主要功能是进行　(　　)

A. 算术运算　B. 逻辑运算

C. 初等函数运算　D. 算术运算和逻辑运算

7. 磁盘属于　(　　)

A. 输入设备　B. 输出设备　C. 内存储器　D. 外存储器

8. 具有多媒体功能系统的微机常用 CD - ROM 作为外存储设备,它是　　(　　)

A. 只读存储器　　B. 只读光盘　　C. 只读硬磁盘　　D. 只读大容量软磁盘

9. 一台计算机的字长是 4 个字节,这意味着它　　(　　)

A. 能处理的字符串最多由 4 个英文字母组成

B. 能处理的数值最大为 4 位十进制数 9999

C. 在 CPU 中作为一个整体加以传送处理的二进制数码为 32 位

D. 在 CPU 中运算的结果最大为 2 的 32 次方

10. 从软件分类来看,Windows 属于　　(　　)

A. 应用软件　　B. 系统软件　　C. 支撑软件　　D. 数据处理软件

11. 术语"ROM"是指　　(　　)

A. 内存储器　　B. 随机存取存储器　　C. 只读存储器　　D. 只读型光盘存储器

12. 术语"RAM"是指　　(　　)

A. 内存储器　　B. 随机存取存储器　　C. 只读存储器　　D. 只读型光盘存储器

13. 完整的计算机系统应包括　　(　　)

A. 键盘和显示器　　B. 主机和操作系统

C. 主机和外部设备　　D. 硬件系统和软件系统

14. 在同一台计算机中,内存比外存　　(　　)

A. 存储容量大　　B. 存取速度快　　C. 存取周期长　　D. 存取速度慢

15. 在计算机断电后________中的信息将会丢失。　　(　　)

A. ROM　　B. 硬盘　　C. 软盘　　D. RAM

16. 内存中的随机存储器的英文缩写为　　(　　)

A. ROM　　B. DPROM　　C. CD - ROM　　D. RAM

17. 计算机的存储器是一种　　(　　)

A. 输入部件　　B. 输出部件　　C. 运算部件　　D. 记忆部件

18. 在计算机硬件设备中,________合在一起称为中央处理器,简称 CPU。　　(　　)

A. 存储器和控制器　　B. 运算器和控制器

C. 存储器和运算器　　D. 运算器和 RAM

19. 要把一张照片输入计算机,必须用到　　(　　)

A. 打印机　　B. 扫描仪　　C. 绘图仪　　D. 软盘

20. 下列软件中不属于系统软件的是　　(　　)

A. 操作系统　　B. 诊断程序　　C. 编译程序　　D. 目标程序

21. 32 位微处理器中的 32 表示的技术指标是　　(　　)

A. 字节　　B. 容量　　C. 字长　　D. 二进制位

22. 在微机中访问速度最快的存储器是　　(　　)

A. 硬盘　　B. 软盘　　C. RAM　　D. 磁带

23. 下列软件中不属于应用软件的是　　(　　)

A. 人事管理系统　　B. 工资管理系统　　C. 物资管理系统　　D. 编译程序

24. 计算机的存储系统一般是指　　(　　)

A. ROM 和 RAM　　B. 硬盘和软盘　　C. 内存和外存　　D. 硬盘和 RAM

25. 完整的计算机软件应是　　(　　)

A. 供大家使用的程序　　B. 各种可用的程序
C. 程序连同有关说明资料　　D. CPU 能够执行的指令

26. 运算器可以完成算术运算和________运算等操作运算。 (　　)
A. 函数　　B. 指数　　C. 逻辑　　D. 统计

二、多项选择题

1. 计算机的存储系统一般是指 (　　)
A. ROM　　B. 光盘　　C. 硬盘　　D. 软盘
E. 内存　　F. 外存　　G. RAM

2. 下列设备中属于输入设备的是 (　　)
A. 显示器　　B. 键盘　　C. 打印机　　D. 绘图仪
E. 鼠标器　　F. 扫描仪　　G. 光笔

3. 下列软件中属于系统软件的是 (　　)
A. 操作系统　　B. 诊断程序　　C. 编译程序　　D. 目标程序
E. 解释程序　　F. 应用软件包

4. 在微机系统中,常用的输出设备是 (　　)
A. 显示器　　B. 键盘　　C. 打印机　　D. 绘图仪
E. 鼠标器　　F. 扫描仪　　G. 光笔

5. 计算机的主机主要是由________等器件组成。 (　　)
A. 输入部件　　B. 输出部件　　C. 运算器　　D. 控制器
E. 内存储器　　F. 外存储器

6. 关于 CPU,下面说法中________都是正确的。 (　　)
A. CPU 是中央处理单元的简称　　B. CPU 可以代替存储器
C. 微机的 CPU 通常也叫作微处理器　　D. CPU 是微机的核心部件

7. 计算机系统中________的集合称为软件。 (　　)
A. 目录　　B. 数据　　C. 程序　　D. 有关的文档
E. 路径

8. 在下列有关存储器的几种说法中,________是正确的。 (　　)
A. 辅助存储器的容量一般比主存储器的容量大
B. 辅助存储器的存取速度一般比主存储器的存取速度慢
C. 辅助存储器与主存储器一样可与 CPU 直接交换数据
D. 辅助存储器与主存储器一样可用来存放程序和数据

9. 下列软件中属于系统软件的是 (　　)
A. MS – DOS　　B. Windows　　C. 成绩表. DOC　　D. 可执行程序文件
E. 诊断程序　　F. 编译程序　　G. CRT　　H. 目标程序

三、判断题

1. 微型计算机的核心部件是微处理器。 (　　)
2. 组成微机系统总线的是译码、计数和控制总线。 (　　)
3. 所有计算机的字长都是相同的。 (　　)
4. 鼠标和键盘都是输入设备。 (　　)

5. 外存储器存取速度慢，不直接与 CPU 交换数据，而与内存储器交换信息。（　）

6. CPU 的组成是控制器、运算器和存储器。（　）

7. ROM 是只读存储器。（　）

8. 两个显示器屏幕大小相同，则它们的分辨率必定相同。（　）

9. 内存储器是主机的一部分，可与 CPU 直接交换信息，存取时间快，但价格较贵。（　）

10. 磁盘上的磁道是一组记录密度相等的同心圆。（　）

11. 个人微机使用过程中突然断电，内存 RAM 中保存的信息全部丢失，ROM 中保存的信息不受影响。（　）

12. RAM 中存储的数据信息在断电后部分丢失。（　）

13. 目前专用的 CD－ROM 光盘存储器是一次写入型。（　）

14. 通常硬盘中的数据在断电后不会丢失。（　）

15. 外存储器中的程序只有调入内存后才能运行。（　）

16. 32 位字长的计算机是指能计算最大为 32 位十进制数的计算机。（　）

17. 裸机是指不含外部设备的主机。（　）

18. 计算机硬件由主机、控制器、运算器、存储器和输出设备五大部件组成。（　）

19. 美籍匈牙利数学家冯·诺依曼提出的计算机的基本工作原理是程序存储和程序控制。（　）

20. 计算机区别于其他计算工具的本质特点是能存储数据和程序。（　）

项目四　Windows 7 操作系统

操作系统(Operating System,OS)可以管理计算机系统的全部硬件、软件和数据资源,控制程序运行,改善人机交互界面,为其他应用软件提供支持等,使计算机系统的所有资源最大限度地发挥作用,为用户提供方便的、有效的、友善的服务界面。

操作系统通常是最靠近硬件的一层系统软件,它把硬件裸机改造成为功能完善的虚拟机,使计算机系统的使用和管理更加方便,计算机资源的利用率更高,上层的应用程序可以获得比硬件提供的功能更多的支持。

Windows 7 作为新一代操作系统,与以往的 Windows 系统相比,用户界面、娱乐功能、网络功能及安全性能等方面都体现出一些新的优点。从操作系统的功能、特点和用途等方面来看,Windows 7 是一种理想的使用范围非常广泛的操作系统。本项目将通过两个典型任务,介绍 Windows 7 的基本操作、外观及个性化设置等。

学习目标

- Windows 7 的基本操作
- Windows 7 的外观及个性化设置

任务一　Windows 7 的基本操作

任务要求

本任务要求掌握 Windows 7 系统的启动与退出,以及图标、窗口和菜单等基本操作。

(1)桌面图标及小工具的显示与隐藏。

(2)截取屏幕并保存。

(3)设置任务栏的位置。

(4)隐藏及显示任务栏。

(5)查看并修改系统时间、日期。

(6)窗口切换方式的设置。

(7)窗口"排列方式"类型的选择。

任务实现

(一)显示及隐藏桌面图标及小工具

在使用计算机的过程中,总会将一些常用的文件、程序放置到桌面上,方便快捷使用程序，在一定程度上能够提升工作效率，带来的副作用是久而久之桌面会变得面目全非。其实 Windows 7 操作系统可快速隐藏桌面图标，在需要的时候能够快速调出来，既提高了工作效率，也能使桌面变得整洁。操作如下。

(1)在 Windows 7 的桌面上单击鼠标右键，打开快捷菜单中的“查看”菜单项，如图 4.1所示。

图 4.1　打开快捷菜单中的“查看”菜单项

(2)在桌面快捷菜单下，取消“查看”菜单下“显示桌面图标”和“显示桌面小工具”的勾选，这样桌面上的图标和小工具就隐藏起来，效果如图 4.2 所示。

图 4.2　桌面上图标和小工具的隐藏效果

(3)如果需要显示桌面图标，在桌面快捷菜单下，重新勾选“查看”菜单下“显示桌面图标”，如图 4.3 所示，即可显示桌面图标。通过上面操作，就可以显示或者隐藏桌面图标。

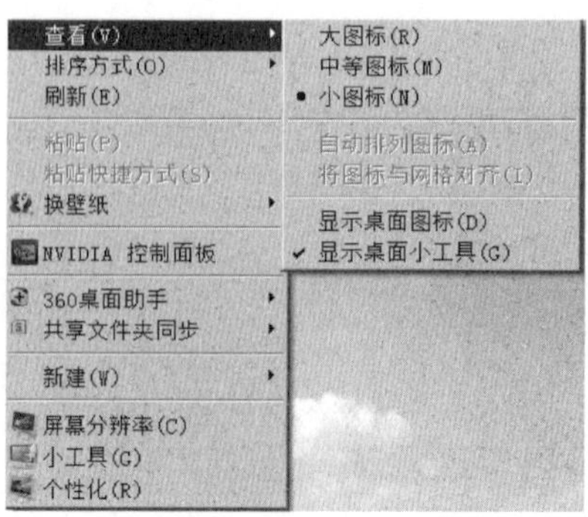

图 4.3　再现桌面上图标

(二)截取屏幕并保存

在图片控的时代,对计算机屏幕上一闪而过的图片绝不能放过,怎样才能顺利而又完美地截取屏幕图片? 可以采用 Windows 7 系统自带的截图工具、用键盘上的按键“Print Scr/Sys RQ”进行截图及用 QQ 等社交工具中的截图器截取图片。下面讲解前两种方法的实现过程。

(1)用 windows 7 系统自带的截图工具截图。

①鼠标单击任务栏左下角的“开始”图标,在弹出的对话窗口中找到“截图工具”,单击运行该程序,如图 4.4 所示。

图 4.4　在开始菜单中运行“截图工具”

②如果弹出的对话框中没有“截图工具”按钮,则单击位于对话窗口下方的“所有程序”,在转换的窗口中依次找到“附件”→“截图工具”,如图 4.5 所示,单击运行该程序。

图 4.5　在“附件”中运行“截图工具”

③截图工具运行时屏幕会变灰白,同时弹出一个小对话框,鼠标变成“ + ”形,这时只

要拖曳鼠标就可以截取图片。单击该对话框上的新建右侧的向下小箭头，可以选择截取图片类型，如图 4.6 所示。

图 4.6　在“截图工具”中选择截取文件类型

④截取好图片以后，系统自动弹出编辑对话框。如果需要保存截图图片，单击“另存为”按钮，如图 4.7 所示，同时选择保存路径，完成截屏图片文件命名及保存。

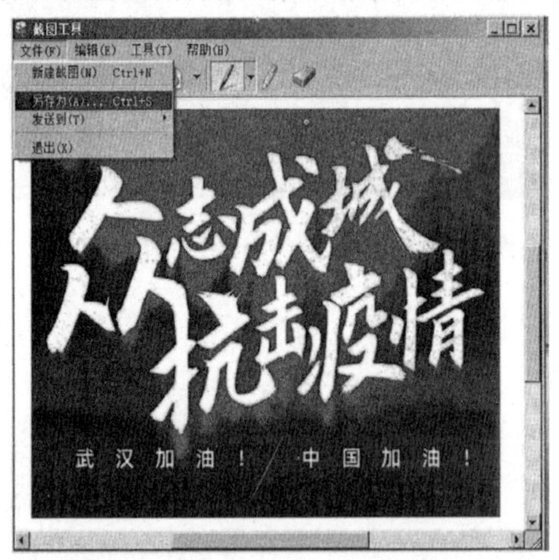

图 4.7　在指定路径下保存截图文件

(2)用键盘上的按键“Print Scr/Sys RQ”进行截图。

①计算机键盘上“Print Scr/Sys RQ”按键是最方便的截取矩形全屏幕图片的按钮，如图 4.8 所示。

图 4.8　全屏幕抓图按键

②只要轻按一下按键“Print Scr/Sys RQ”就可以把当前屏幕的图像全部抓图成像，此

方法最方便用于视频的截屏。

③由于此方法获得的是整个屏幕的图片，所以要用图片编辑软件进行处理，才能获得理想的效果。下面打开 Windows 7 系统自带的画图软件，截屏后选择热键“CTRL + V”，在菜单中单击“另存为”按钮并选择路径存盘，如图 4.9 所示。

图 4.9　全屏幕抓图保存文件

(3)用 QQ 等社交工具中的截图器截取图片。

①大多社交平台的社交工具中都有截图器，如 QQ、微信、旺旺、推特、飞信等，供网友交流时使用。以 QQ 为例，如图 4.10 所示。

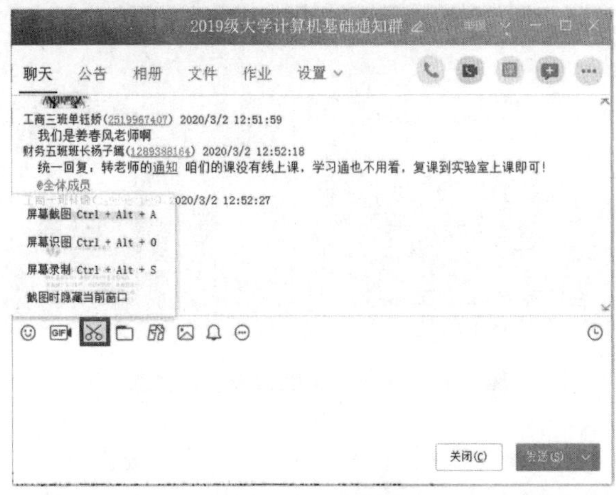

图 4.10　QQ 软件屏幕截图器

②用截图器捕获的图片会按照软件默认的路径保存起来，如果知道文件保存路径，就可以很容易找到它。

③截取好的图片会自动弹到编辑框中，这时用鼠标双击它，在弹出的对话框中右键单击选择存储路径进行保存；也可以在图片对话框的下方找到存盘的按钮，如图 4.11 所示。

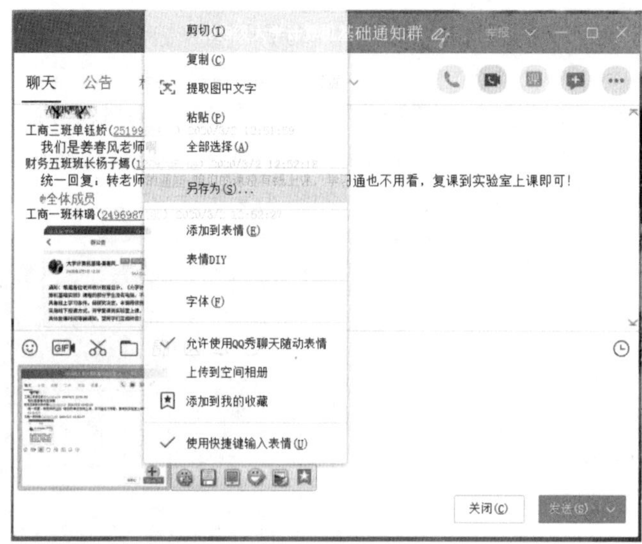

图 4.11　QQ 软件屏幕截图文件的保存

(三)设置任务栏的位置

(1)首先用鼠标右键单击一下任务栏的空白处,然后出现下面这个菜单,如图 4.12 所示。如果你的任务栏是处于锁定状态的,即锁定任务栏前面有打钩的,去掉前面的钩;如果没有打钩的,直接从第二步开始。

图 4.12　设定任务栏为未锁定状态

(2)在任务栏的空白处,单击一下鼠标的左键。然后,按住鼠标左键把任务栏向屏幕的右边进行拖动。如图 4.13 所示,这样任务栏便被固定在了屏幕的右边。如果你喜欢这种方式,就可以改变你以往的使用习惯,把任务栏放在右边。

(3)如果在右边任务栏上按住鼠标左键再向左边拖动,任务栏会出现在屏幕的左边;如果在右边任务栏上按住鼠标左键再向上拖动,任务栏会出现在屏幕的上方,如图 4.14 所示。

图 4.13　任务栏放在桌面的右侧

图 4.14　任务栏放在桌面的上边

(4)如果因为别人动过你的计算机或者你自己不明不白地进行了设置,而使任务栏出现了这样的情况,你想把它还原回默认状态,从方法第一步开始,即在任务栏空白处单击右键,解锁任务栏,然后在任务栏空白处向下拖动任务栏即可。

综上所述, Windows 7 改变任务栏位置的方法很简单,只需要右击任务栏,然后取消锁定任务栏,最后再拖动任务栏即可。

(四)隐藏及显示任务栏

默认情况下,Windows 7 系统桌面默认是显示任务栏的,一些用户觉得任务栏非常碍眼,看起来也不美观,为凸显个性化,可以隐藏任务栏,操作步骤如下。

(1)用鼠标右键单击任务栏的空白处,在弹出的菜单中选择“属性”设置,如图 4.15 所示。

(2)在任务栏和开始菜单工具栏的“任务栏外观”属性设置中勾选“自动隐藏任务栏”选项,如图 4.16 所示,单击“确定”或“应用”完成设置的保存。

图 4.15　选择"任务栏"的"属性"设置

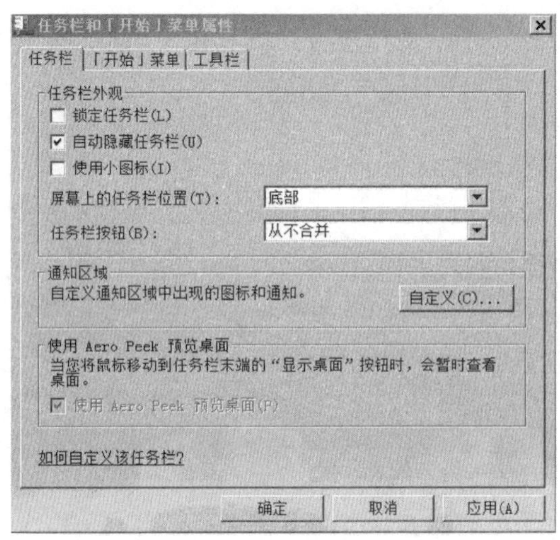

图 4.16　选择"自动隐藏任务栏"选项

(3)勾选"自动隐藏任务栏"选项并确认后,任务栏就自动隐藏,鼠标放在任务栏下方将会自动显示出来,无操作时又会自动地隐藏起来,如图 4.17 所示。

图 4.17　隐藏"任务栏"的效果

(4)如果需要将任务栏设置为显示状态,就将其前面的勾去掉。

上述步骤是 Windows 7 系统完全隐藏任务栏的方法,如果想要恢复只要取消勾选“自动隐藏任务栏”选项即可实现任务栏的显示。

(五)查看并修改系统时间、日期

(1)单击任务栏右下角系统时间日期,打开“更改日期和时间设置”,如图 4.18 所示。

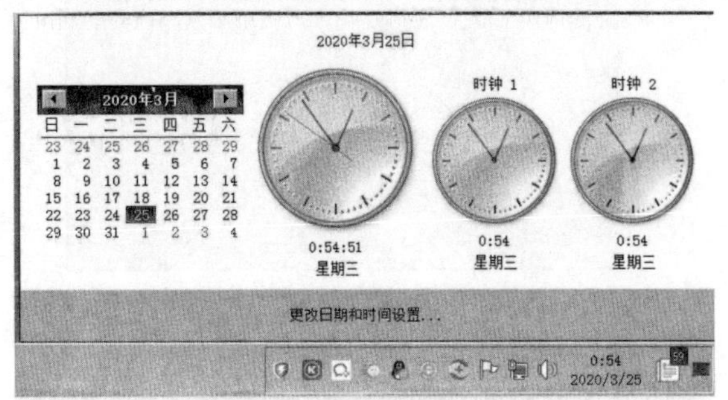

图 4.18　打开“更改日期和时间设置”窗口

(2)打开“更改日期和时间设置”对话框,在弹出的“日期和时间”窗口中,选择“日期和时间”选项卡,单击“更改日期和时间”按钮,如图 4.19 所示。

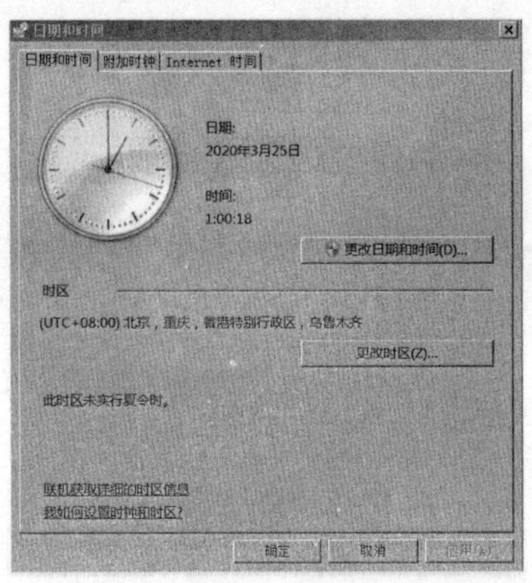

图 4.19　打开“日期和时间”窗口

(3)单击“更改日期和时间按钮”,在“设置日期和时间”对话框中,对系统的日期和时间进行修改,如图 4.20 所示。

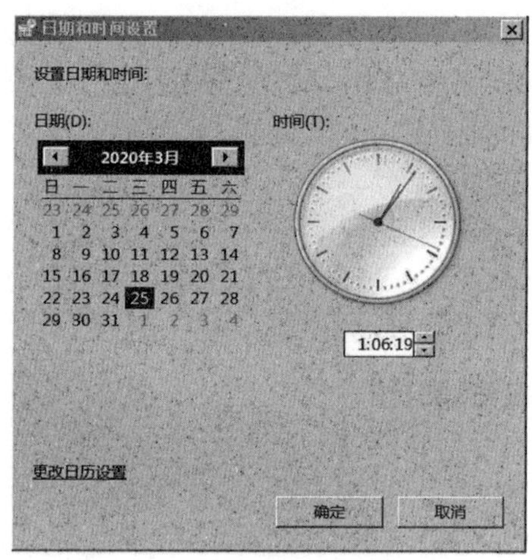

图 4.20　修改系统的日期和时间

(4)如果想修改时间跟日期的显示格式,单击更改“日历设置”,弹出“自定义格式”窗口。在“自定义格式”窗口中,如图 4.21 所示,对窗口中数字、货币、时间、日期及排序等选项设置完成后,单击“确定”按钮。

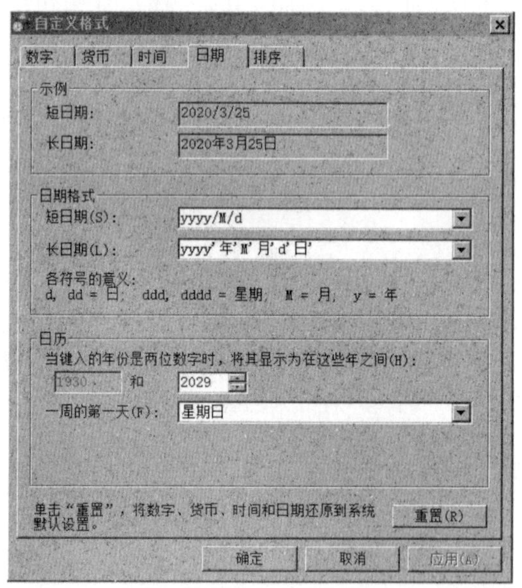

图 4.21　在“自定义格式”窗口中设置日期和时间

(六)设置窗口切换方式

在 Windows 7 系统环境下可以同时打开多个窗口,但是当前活动窗口只能有一个,因此用户在操作的过程中经常需要在不同的窗口间切换。切换窗口的方法有以下三种。

(1)利用“Alt + Tab”组合键。

若想在多个程序间快速地切换窗口到需要的窗口,可以通过“Alt + Tab”组合键实现。在 Windows 7 中切换窗口时,会在桌面上显示切换程序小窗口,桌面同时会即时切换显示窗口。具体操作步骤如下。

先按下“Alt + Tab”组合键，弹出窗口缩略图图标方块。再按住 Alt 键不放，同时按 Tab 键逐一显示窗口图标，当方框移动到需要使用的窗口图标时释放 Alt 键，即可打开相应的窗口。

(2)利用“Alt + Esc”组合键。

如果用户想打开同类程序中的某一个程序窗口，如打开任务栏上多个 Word 文档程序中的某一个，可以按住 Ctrl 键，同时用鼠标单击某个 Word 程序图标按钮，就会弹出不同的 Word 程序窗口，直到找到需要的程序后停止单击即可。或者直接在任务栏上选择同类程序中的一个，然后利用“Alt + Esc”组合键进行快捷操作。

(3)利用 Ctrl 键。

每运行一个程序，就会在任务栏上的程序按钮区中出现一个相应的程序图标按钮。将鼠标停留在任务栏中某个程序图标按钮上，任务栏上方就会显示该程序打开的所有内容的小切换程序窗口。例如，将鼠标移动到 360 安全浏览器上，就会在任务栏上方弹出打开的网页，然后将鼠标移动到需要的切换程序窗口上，就会在桌面上显示该内容的页面状态，单击该预览窗口即可快速打开该内容窗口。

用户也可以不使用鼠标来选择。按住 Alt 键，然后在任务栏中已运行的程序图标上用鼠标左键单击一下，任务栏中该图标的上方就会显示该类程序打开的文件切换程序窗口。然后松开 Alt 键，按下 Tab 键，就会在该类程序的几个文件窗口间切换，选定后按下 Enter 键即可。

(七)设置窗口“排列方式”类型

因为工作需要，同时打开多个窗口，同时在多个窗口中操作都是不可避免的。因此在同时打开多个窗口时，窗口的排列、摆布、显示方式就显得尤其重要。好的排列方式有利于提高工作效率，减少工作量。

当同时打开两个或者更多窗口，需要在各个窗口之间移动文件时，如果同时打开几个窗口，然后慢慢地把窗口拖曳分开来，调整窗口大小就很麻烦。快速切换各种显示窗口的方法具体步骤如下。

(1)在 Windows 7 的任务栏空白的地方单击右键，在弹出的菜单栏中有“层叠窗口”“堆叠显示窗口”和“并排显示窗口”三个选项，如图 4.22 所示。可以根据自己的需要，选择自己适用的显示窗口排列方式。

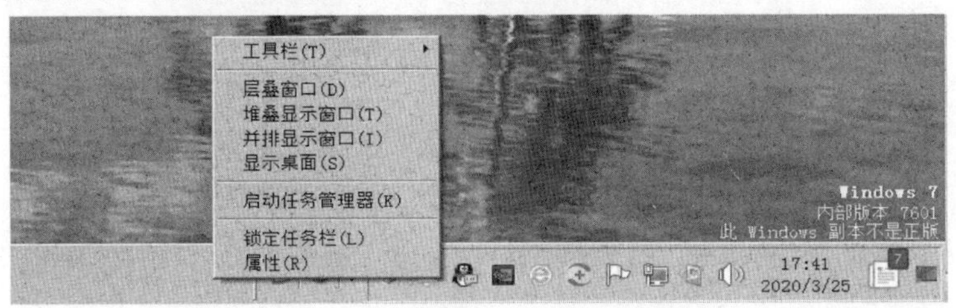

图 4.22 “任务栏”上快捷键菜单

(2)层叠窗口的显示方式是把窗口按照一个叠一个的方式，一层一层地叠起来，如图 4.23 所示。

图 4.23　层叠窗口显示效果

(3)堆叠显示窗口的显示方式是把窗口按照横向两个、纵向平均分布的方式堆叠排列起来,如图 4.24 所示。

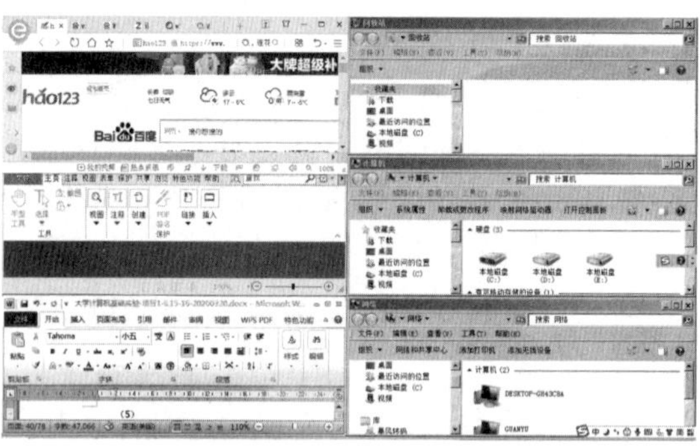

图 4.24　堆叠窗口效果

(4)并排显示窗口的显示方式是把窗口按照纵向两个、横向平均分布的方式并排排列起来,如图 4.25 所示。

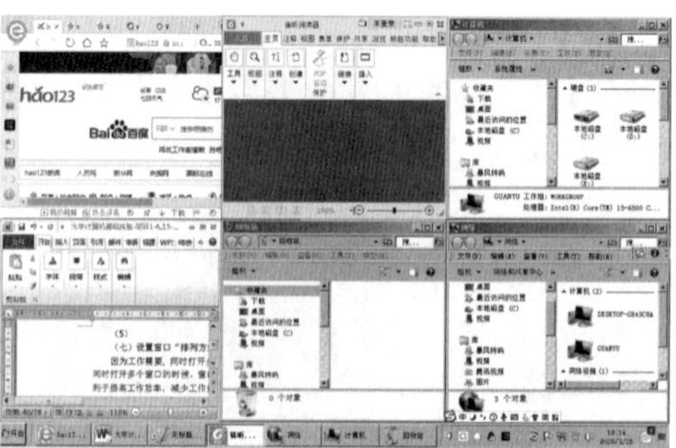

图 4.25　并排窗口显示效果

(5)如果想使用桌面,取消当前显示方式,在图 4.22 中,选择“显示桌面”选项,如图 4.26 所示,就可以恢复桌面的正常显示。

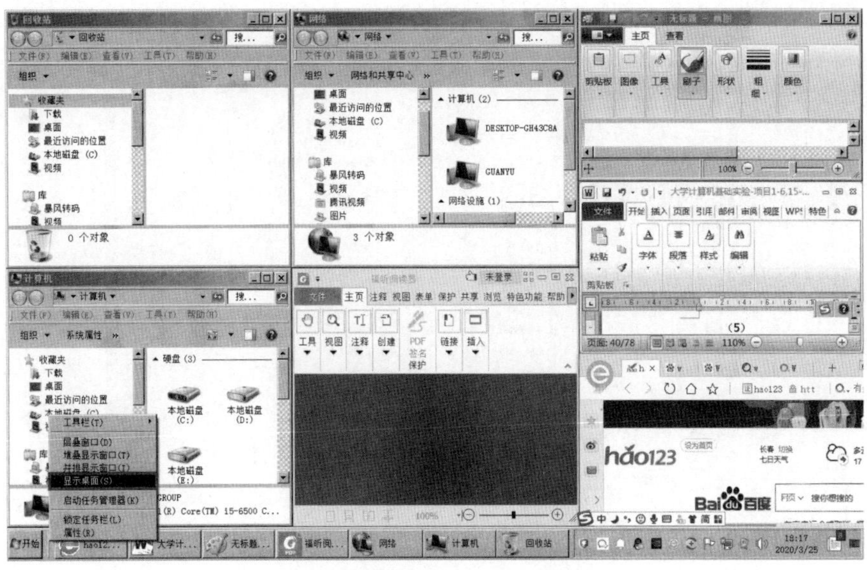

图 4.26　取消窗口显示方式，显示桌面

任务二　Windows 7 的外观及个性化设置

任务要求

本任务要求掌握关于 Windows 7 的外观及个性化设置操作。

(1)更改桌面系统图标。

(2)创建快捷方式。

(3)添加、卸载桌面小工具“日历”。

(4)将桌面主题更改为“人物”。

(5)设置账户图片。

(6)将窗口颜色更改为“紫红色”。

任务实现

(一)将桌面系统“网络”图标更改为

(1)打开“控制面板”，如图 4.27 所示，选择“个性化”选项。

(2)在弹出的“个性化”窗口中，单击“更换桌面图标”。在“桌面图标设置”窗口中，会显示桌面的系统图标，勾选网络选项卡，如图 4.28 所示。

(3)在窗口中先选中网络图标后，单击“更改图标”按钮，弹出“更改图标”窗口。在小窗口中选择更换图标，如图 4.29 所示，单击“确定”按钮。

图 4.27　按小图标显示的控制面板窗口

图 4.28　更换桌面图标对话框

图 4.29　选择更换的桌面图标

(4)在“更改图标”窗口单击“确定”按钮,系统关闭窗口,更改网络系统图标后效果如图 4.30 所示。

图 4.30 网络图标更换的效果

(二)创建快捷方式

将软件安装到计算机上后,有时候软件不会自动在桌面形成快捷方式,而是出现在启动栏中,如果想要将其创建快捷方式,就需要手动创建。

(1)在要保存快捷方式的桌面上右击,在快捷菜单中单击“新建”,在“新建”菜单中选择“快捷方式”,如图 4.31 所示。

图 4.31 在桌面创建快捷方式

(2)在弹出的“创建快捷方式”对话框中,可以创建一个文件的新快捷方式,如图4.32所示。

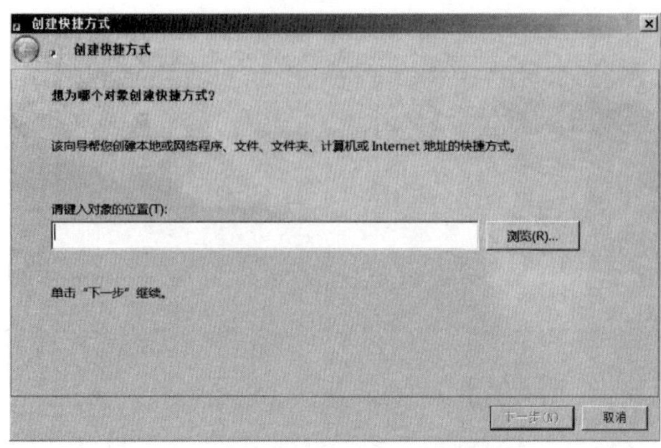

图 4.32　"创建快捷方式"对话框

(3)在"创建快捷方式"对话框里,单击"浏览"按钮,找到要创建快捷方式的文件或文件夹(如"小鸟壁纸"快捷方式),如图 4.33 所示,然后单击"下一步"。

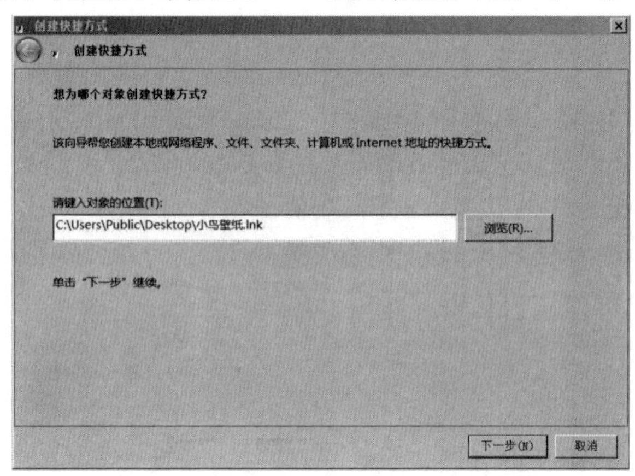

图 4.33　给小鸟壁纸创建"快捷方式"

(4)单击完"下一步",系统会询问要创建快捷方式的名称,用户可以自己定义,也可以保持默认设置。最后单击"完成"按钮,如图 4.34 所示,成功创建快捷方式。

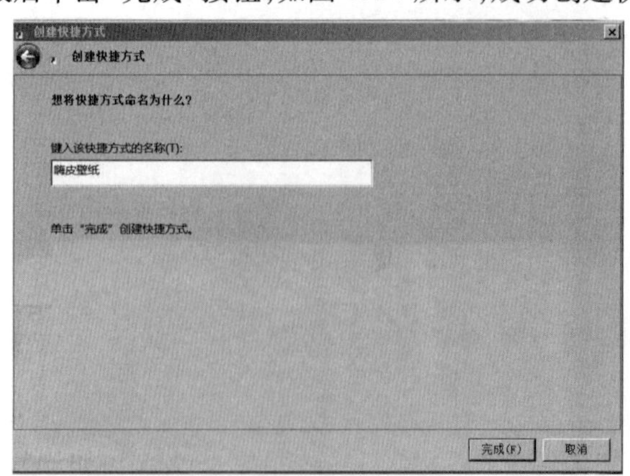

图 4.34　给新创建"快捷方式"命名为"嗨皮壁纸"

(三)添加、卸载桌面小工具"日历"

Windows 7 系统有一些桌面小工具,如日期、天气等,可以在桌面形成一个很直观的界面,下面简单介绍桌面小工具的设置方法。

(1)打开控制面板,在"搜索控制面板"对话框中输入"桌面小工具",就可以看到搜索出的桌面小工具按钮,如图 4.35 所示。

图4.35　在"搜索控制面板"中输入"桌面小工具"

(2)单击"桌面小工具",进入"小工具库"窗口,可以看到系统里已有的一些小工具,如图 4.36 所示。

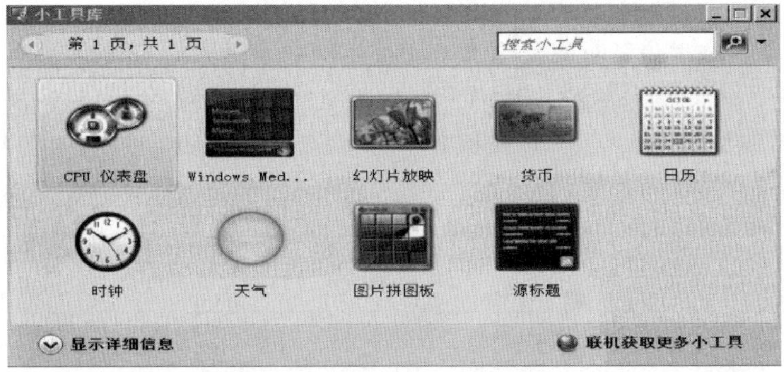

图 4.36　"小工具库"中的小工具

(3)在"小工具库"窗口中,在想添加的小工具上单击鼠标右键,在弹出选项中选择"添加",如图 4.37 所示,就可以在桌面看到这个小工具图标。

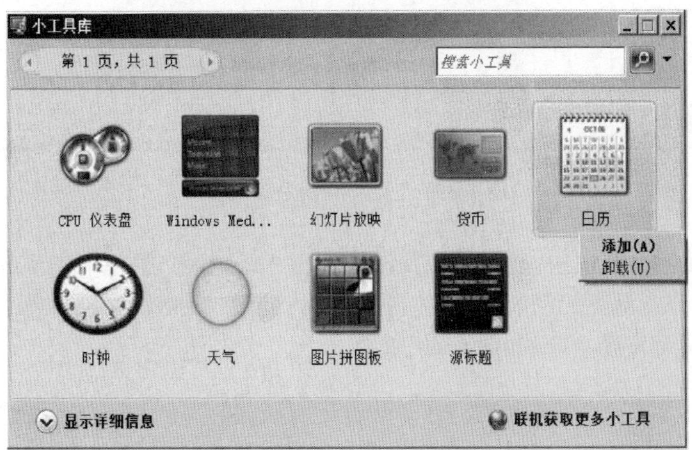

图 4.37　添加"日历"小工具

(4)在桌面添加小工具后,小工具显示效果如图 4.38 所示。如果不要桌面上显示小工具,则在“小工具库”窗口中,在想卸载的小工具上单击鼠标右键,在弹出选项中选择“卸载”即可。

图 4.38　添加“日历”小工具效果图

(四)将桌面主题更改为“人物”

Windows 7 系统主题界面美观,如果想更换不同的主题体验不同的风格,具体操作步骤如下。

(1)在“控制面板”中,打开“外观和个性化”后选择“个性化”按钮,如图 4.39 所示。

图 4.39　“外观和个性化”窗口

(2)在“个性化”窗口中,显示系统预设了 7 套 Aero 主题,第一个是 Windows 7 代表主题,其他 6 套是非常漂亮的动态主题,主题名称为:建筑、人物、风景、自然、场景、中国,以及 6 种基本和高对比度主题,如图 4.40 所示。

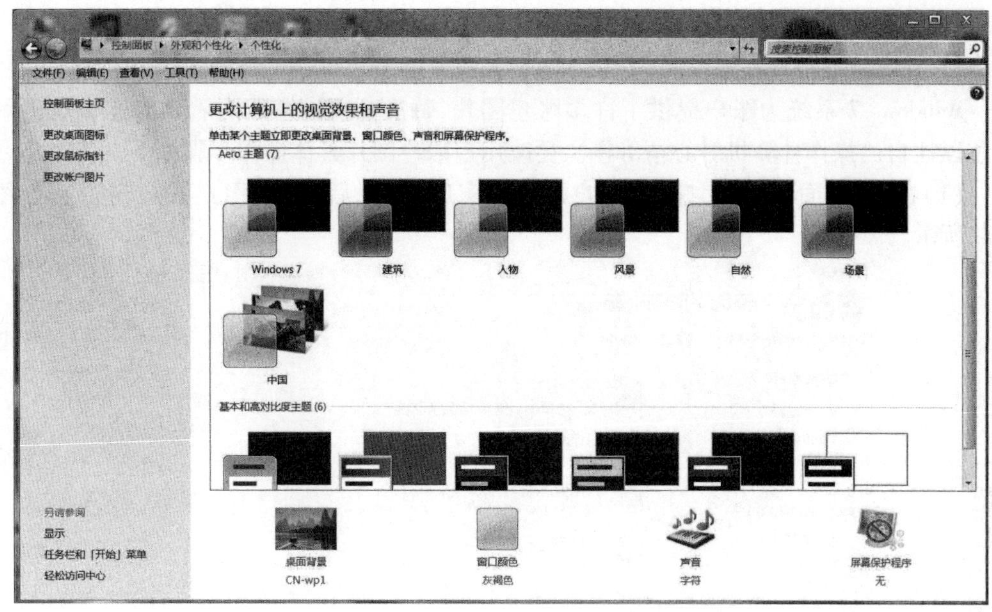

图 4.40 “个性化”窗口中的系统主题

(3)在“个性化”窗口中,选择“更改主题”按钮,选择“人物”的 Aero 主题,系统设置需要等待几秒钟,即可使用,如图 4.41 所示。

图 4.41 设置“个性化”人物主题

(4)如果想要其他风格的主题,可以通过单击右侧的“联机获取更多主题”按钮,选择使用自己喜欢的主题。

(五)将设置账户图片更改为

Windows 7 系统为账户提供了许多账户图片,每次开机输密码时看到自己喜欢的图片可以让自己操作计算机时心情舒畅。更改用户账户图片具体操作步骤如下。

(1)在“控制面板”中, 打开“用户账户和家庭安全”后选择“用户账户”按钮,如图4.42所示。

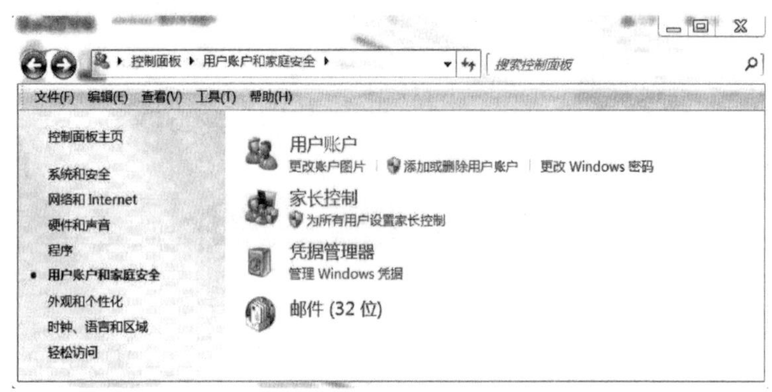

图 4.42　打开“用户账户和家庭安全”窗口

(2)单击“用户账户”按钮,在“更改用户账户”选项中选择“更改图片”,如图 4.43 所示。

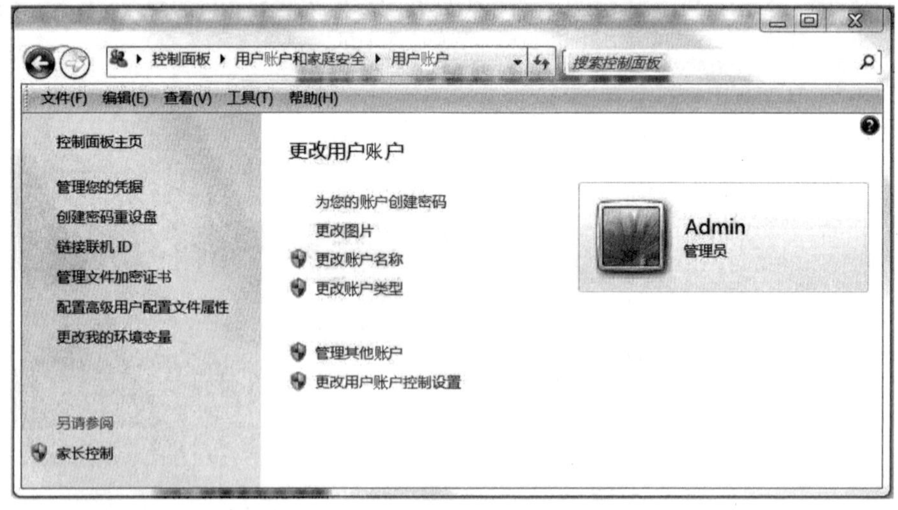

图 4.43　打开“更改用户账户”窗口

(3)打开“更改图片”后,可以看到如图 4.44 所示图片,可以单击选择自己喜欢的图片,也可以通过“浏览更多图片”对话框选择喜欢的图片,单击“更改图片”按钮进行更改,完成账户图片替换。

图 4.44　更改用户账户图片

(六)将窗口颜色更改为“紫红色”

Windows 7 系统桌面的窗口颜色一般是默认的,其实这个颜色是可以自行更改的,具体操作步骤如下。

(1)在“控制面板”中,打开“外观和个性化”后单击“个性化”按钮,选择“窗口颜色”,如图 4.45 所示。

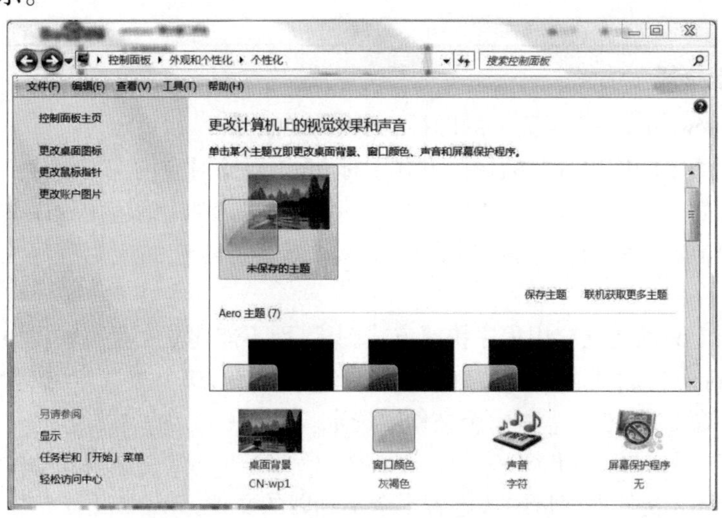

图 4.45　在“个性化”中选择窗口颜色

(2)单击“窗口颜色”按钮,如图 4.46 所示,进入窗口颜色和高级外观设置选项,选择一种喜欢的“颜色”作为窗口颜色。

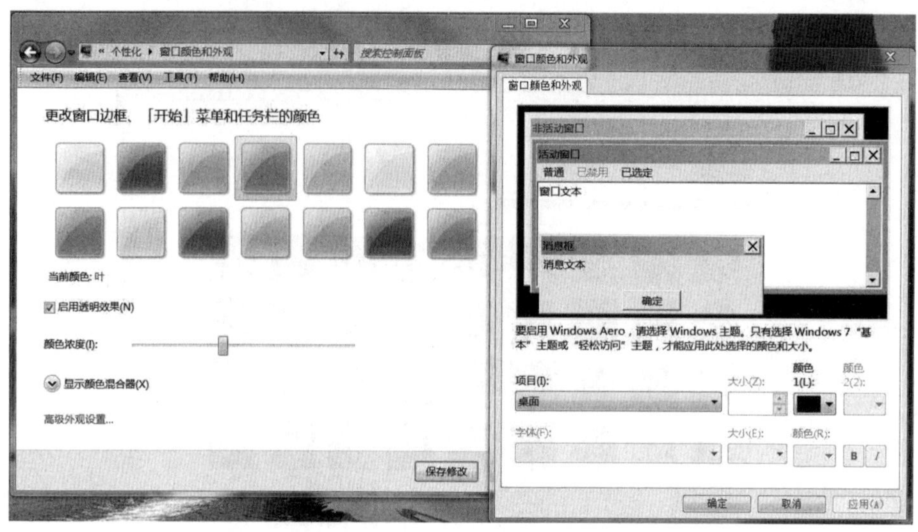

图 4.46　在“窗口颜色”中进行窗口颜色外观设置

(3)在“窗口颜色和外观”窗口中,可以对活动窗口/非活动窗口、消息框及具体项目进行修改,单击“确定”按钮,修改完成。

(4)选择好窗口颜色和高级外观设置选项后,单击右下角的“保存修改”按钮,窗口颜色和高级外观设置完成。

本章习题

一、单项选择题

1. 在 Windows 中,关于桌面上的图标,正确的说法是　(　　)

A. 删除桌面上的应用程序的快捷方式图标,并未删除对应的应用程序文件

B. 删除桌面上的应用程序的快捷方式图标,就是删除对应的应用程序文件

C. 在桌面上建立应用程序的快捷方式图标,就是将对应的应用程序文件复制到桌面上

D. 在桌面上只能建立应用程序快捷方式图标,而不能建立文件夹快捷方式图标

2. 在 Windows 文件夹窗口中共有 45 个文件,其中有 30 个被选定,执行“编辑”菜单中“反向选择”命令后,有________个文件被选定。　(　　)

A. 35　　B. 30　　C. 15　　D. 0

3. 在 Windows 文件夹窗口中选定若干个不相邻的文件,应先按住________键,再单击各个待选的文件。　(　　)

A. Shift　　B. Ctrl　　C. Tab　　D. Alt

4. 在 Windows 文件夹窗口中,执行“编辑”中的________命令,可选定全部文件。　(　　)

A. 反向选择　　B. 复制　　C. 剪切　　D. 全部选定

5. 关于 Windows 文件命名的规定,不正确的是　(　　)

A. 保留用户指定文件名的大小写格式,但不能利用大小写区别文件名

B. 搜索和显示文件时,可使用通配符“?”和“*”

C. 文件名可用字符、数字和汉字命名

D. 文件名可以使用间隔符“.”,因此可能出现无法确定文件扩展名的情况

6. 在 Windows 中,文件名 READ. ME. NEXT. TXT 的扩展名是　(　　)

A. READ　B. ME　C. NEXT　D. TXT

7. 在 Windows 中,以下对文件的命名,不正确的是　(　　)

A. QWER. ASD. ZXC. DAT　B. QWER ASD ZXC DAT

C. QWER ASD ZXC. DAT　D. QWER. ASD\ZXC. DAT

8. 在 Windows 中,打开一个文件夹,以大图标方式显示该文件夹的内容,文件排列示意如下:

ABC1　ABC2　ABC3　ABC4

ABC5　ABC6　ABC7　ABC8

先单击文件“ABC1”,再按住 Shift 键,单击文件“ABC6”,则被选定的文件有　(　　)

A. ABC1、ABC2、ABC3、ABC4、ABC5、ABC6

B. ABC1、ABC2、ABC3、ABC5、ABC6

C. ABC1、ABC2、ABC5、ABC6

D. ABC1、ABC5

9. 在 Windows 文件夹窗口中共有 65 个文件,其中有 30 个被选定,按组合键“Ctrl + A”后,有________个文件被选定。　(　　)

A. 0　B. 35　C. 30　D. 65

10. 在 Windows 中,若要恢复回收站中的文件,在选定待恢复的文件后,应选择文件菜单中________命令。　(　　)

A. 还原　B. 清空回收站　C. 删除　D. 关闭

11. 在 Windows 文件夹窗口中共有 15 个文件,先按住 Ctrl 键,再用鼠标左键依次单击前 5 个文件,有________个文件被选定。　(　　)

A. 0　B. 1　C. 5　D. 15

12. 在 Windows 文件夹窗口中共有 35 个文件,用鼠标左键依次单击前 5 个文件,有________个文件被选定。　(　　)

A. 0　B. 1　C. 5　D. 35

13. 在 Windows 文件夹窗口中共有 50 个文件,全部被选定后,再按住 Ctrl 键用鼠标左键单击其中的某一个文件,有________个文件被选定。　(　　)

A. 50　B. 49　C. 1　D. 0

14. 如果要把 C 盘某个文件夹中的一些文件复制到 C 盘另外的一个文件夹中,在选定文件后,若采用鼠标拖曳操作,________操作可以将选中的文件复制到目标文件夹。　(　　)

A. 直接拖曳　B. Ctrl + 拖曳　C. Shift + 拖曳　D. 单击

15. 在 Windows 中,文件名命名不能　(　　)

A. 使用汉字字符　B. 包括空格字符

C. 长达 255 个字符　D. 使用“?”和“*”

16. 对“回收站”说法正确的是 ( )

A. 它保存了所有系统文件　　B. 其中的文件不能再次使用

C. 可设置成删除的文件不进回收站　　D. 其中的文件只能保存 30 天

17. 在 Windows 中,选定内容并“复制”后,复制的内容放在 ( )

A. 任务栏中　　B. 剪贴板中　　C. 粘贴区　　D. 格式刷中

18. 在 Windows 下恢复被误删除的文件,应使用 ( )

A. 我的电脑　　B. 文档　　C. 设置　　D. 回收站

19. Windows 中文版没有自带的中文输入法是 ( )

A. 智能 ABC　　B. 全拼　　C. 区位　　D. 五笔字型

20. 计算机死机后,按“Ctrl + Alt + Del”组合键后,弹出“关闭程序”对话框,框内包含下列项目。选择________项后,再单击“结束任务”,有可能恢复计算机的正常运行。 ( )

A. My Documents(无响应)　　B. Explorer

C. Mspaint　　D. Starter

21. 计算机死机时,按“Ctrl + Alt + Del”组合键后,弹出“关闭程序”对话框,框内包含如下项目,引起死机的是________项。 ( )

A. My Documents　　B. Explorer　　C. Mspaint　　D. Starter

22. 在 Windows 环境中,若应用程序出现故障或死机,这时按________组合键,将弹出“任务管理器”窗口,通过“结束任务”结束出现故障的程序。 ( )

A. “Ctrl + Alt + Del”　　B. “Ctrl + Alt + Shift”

C. “Ctrl + Alt + Tab”　　D. “Ctrl + Alt + End”

23. 在台式机上安装 Windows 时,若要自由选择组件和程序时应选择________安装方式。 ( )

A. 便携　　B. 最小　　C. 定制　　D. 典型

24. 关于 Windows 正常关机的说法,正确的是 ( )

A. 直接关机

B. 关闭所有应用程序→开始→关机→选择“关机”→是

C. 关闭所有应用程序→开始→注销→是

D. 关闭所有应用程序→开始→运行→输入“Logout”→是

25. Windows 是一个________位的图形界面、多任务并具备通信、网络及多媒体功能的操作系统。 ( )

A. 32　　B. 64　　C. 128　　D. 16

26. Windows 一般从________安装。 ( )

A. 软盘　　B. 局域网　　C. Internet　　D. 光盘(CD - ROM)

27. 在台式机上安装 Windows,系统默认的方式是________安装。 ( )

A. 最小　　B. 典型　　C. 定制　　D. 便携

28. 在 Windows 环境中,若应用程序出现故障或死机,这时按“Ctrl + Alt + Del”组合键的作用是 ( )

A. 重新启动计算机　　B. 关闭计算机

C. 启动“任务管理器”窗口　　D. 重新启动计算机并进入安全模式

29. 在 Windows 中,在已关闭所有应用程序的情况下,试图通过“关闭 Windows”对话框来关闭计算机,应 ( )

A. 选择“关闭 Windows”对话框中的“注销”项并单击“确定”

B. 选择“关闭 Windows”对话框中的“关机”项并单击“确定”

C. 选择“关闭 Windows”对话框中的“等待”项并单击“确定”

D. 再按“Ctrl + Alt + Del”组合键

30. 在 Windows 中,试图通过“任务管理器”窗口来关闭出现故障的应用程序。选择状态为“没有响应”的应用程序项后,再进行的操作是 ( )

A. 单击“应用程序”标签下没有响应的应用程序,再单击“结束任务”按钮

B. 单击“应用程序”标签下没有响应的应用程序,再单击“切换至”按钮

C. 单击“应用程序”标签下的“新任务”按钮

D. 再按 “Ctrl + Alt + Del” 组合键

31. 在 Windows 环境中,若应用程序出现故障,这时应优先考虑的操作是 ( )

A. 关掉计算机主机的电源 B. 连续按两次 “Ctrl + Alt + Del”组合键

C. 按一次“Ctrl + Alt + Del”组合键 D. 按计算机主机上的 RESET 键

32. 在 Windows 中,桌面图标的排列顺序有________五种。 ( )

A. 按名称、按类型、按大小、按日期、自动排列

B. 按名称、按类型、按大小、按属性、自动排列

C. 按名称、按类型、按任务、按大小、自动排列

D. 按任务、按名字、按类型、按大小、自动排列

33. 下列说法错误的是 ( )

A. 单击任务栏上的按钮不能切换活动窗口

B. 窗口被最小化后,可以通过单击它在任务栏上的按钮使它恢复原状

C. 启动的应用程序一般在任务栏上显示一个代表该应用程序的图标按钮

D. 任务按钮可用于显示当前运行程序的名称和图标信息

34. 在“对话框”窗口中,选项前有“□”框的按钮是________按钮。 ( )

A. 单选 B. 复选 C. 命令 D. 滚动

35. 工具栏中________按钮的作用是进入上一级文件夹。 ( )

A. 返回 B. 向上 C. 撤销 D. 恢复

36. 关于启动应用程序的说法,不正确的是 ( )

A. 通过双击桌面上应用程序快捷图标,可启动该应用程序

B. 在“资源管理器”中,双击应用程序名即可运行该应用程序

C. 只需选中该应用程序图标,然后右击即可启动该应用程序

D. 从“开始”中打开“程序”,选择应用程序项,即可运行该应用程序

37. Windows 中,激活快捷菜单的操作是 ( )

A. 单击鼠标左键 B. 移动鼠标 C. 拖放鼠标 D. 单击鼠标右键

38. 当鼠标指针形状为“⟷”(双向箭头),表示可以对窗口进行________操作。 ( )

A. 关闭 B. 移动 C. 缩放 D. 运行

39. 关于应用程序窗口的说法,不正确的是 ( )

A. 应用程序窗口的第一行为标题栏

B. 应用程序一般都在窗口标题栏的左边设置一个图标

C. 在应用程序窗口标题栏的右端一般有三个按钮,分别是“恢复”“关闭”和“移动”

D. 在应用程序窗口标题栏的右端一般有三个按钮,分别是“最小化”“最大化”(或“还原”)和“关闭”

40. 下列说法,错误的是 (　　)

A. 任务按钮用于显示已运行程序的名称和图标信息

B. 窗口被最小化后,可以通过单击它在任务栏上的按钮使它恢复原状

C. 启动的应用程序一般在任务栏上显示一个代表该应用程序的图标按钮

D. 单击任务栏上的按钮不能切换活动窗口

41. ________鼠标,可以移动桌面上的图标。 (　　)

A. 单击　　B. 双击　　C. 拖放　　D. 右击

42. ________鼠标,可打开对象的快捷菜单。 (　　)

A. 单击　　B. 双击　　C. 移动　　D. 右击

43. 在 Windows 中,关于光标移动操作,正确的是 (　　)

A. 按 Home 键,光标移动到行尾

B. 按“Shift + Tab”组合键,光标移动到上一选项

C. 按 End 键,光标移动到行首

D. 按 PageUp 键,光标移动到下一屏

44. 在 Windows 中,不能对窗口进行________操作。 (　　)

A. 大小调整　　B. 打开　　C. 删除　　D. 移动

45. 关于窗口的说法中,不正确的是 (　　)

A. 窗口是屏幕中可见的矩形区域,它的周围有一个边框

B. 应用程序窗口的第一行为标题栏

C. 在窗口中可用图标代表一个程序、数据文件、系统文件或文件夹

D. 在窗口的右上方有三个按钮,分别是“最小化”“关闭”“移动”按钮

46. 在 Windows 中,任务栏有某些应用程序的快捷启动按钮,启动这些应用程序的方法,最快捷的操作是从________运行应用程序。 (　　)

A. 快捷启动按钮区　　B. “开始”按钮　　C. “我的电脑”中　　D. “资源管理器”中

47. ________不是 Windows 窗口的组成部分。 (　　)

A. 标题栏　　B. 任务栏　　C. 菜单栏　　D. 工具栏

48. Windows 的窗口中,用鼠标对________操作,可以滚动显示窗口中的内容。 (　　)

A. 菜单栏　　B. 滚动条　　C. 标题栏　　D. 文件及文件夹图标

49. 关于 Windows 桌面的说法,不正确的是 (　　)

A. 桌面上可以放置工具和应用程序的快捷方式图标

B. Windows 的屏幕可以分为三部分:桌面、任务栏和工具栏

C. Windows 的屏幕可以分为两部分:桌面和任务栏

D. 任务栏中包括“开始”按钮、快捷启动按钮、任务按钮、托盘等

50. 单击任务栏上非当前任务的任务按钮可以 (　　)

A. 使该按钮对应的窗口成为当前窗口　　B. 移动该按钮对应的窗口
C. 删除该按钮对应的窗口　　D. 关闭该按钮对应的窗口

二、多项选择题

1. 就资源管理和用户接口而言,操作系统的主要功能包括:处理器管理、存储管理、________和________。 (　　)
A. 设备管理　　B. 文件管理　　C. 事务管理　　D. 数据库管理
2. 活动窗口的标题栏有按钮 (　　)
A. 最大化　　B. 最小化　　C. 移动　　D. 关闭
3. Windows 窗口的组成部分有 (　　)
A. 标题栏　　B. 任务栏　　C. 菜单栏　　D. 工具栏
4. 鼠标操作有 (　　)
A. 单击　　B. 双击　　C. 拖动　　D. 右击
5. 在 Windows 中,可以对窗口进行________操作。 (　　)
A. 大小调整　　B. 打开　　C. 删除　　D. 移动
6. 使用鼠标________桌面上的图标,再________,可以使图标移动。 (　　)
A. 单击　　B. 双击　　C. 拖放　　D. 右击
7. Windows 中文版自带的中文输入法是 (　　)
A. 智能 ABC　　B. 全拼　　C. 微软全拼　　D. 五笔字型
8. 在 Windows 中,以下对文件的命名,正确的是 (　　)
A. ASDF. DAT　　B. QWE\ZXC. DAT　　C. 156. DAT　　D. 8 * 9. DOCX
9. 在 Windows 的资源管理器中图标的显示方式有 (　　)
A. 列表　　B. 详细信息　　C. 大图标　　D. 超大图标
10. 在 Windows 的资源管理器中图标的排列方式有 (　　)
A. 类型　　B. 修改日期　　C. 名称　　D. 大小

三、判断题

1. Windows 是目前比较流行的操作系统。 (　　)
2. Windows 7 是多任务的操作系统。 (　　)
3. 在"记事本"中可以设置文字的颜色。 (　　)
4. 在 Windows 7 中最小化的程序被关闭。 (　　)
5. 文件可以通过"Ctrl + C"进行快速复制。 (　　)
6. 任务栏上的程序是正在运行的程序。 (　　)
7. 在常用软件中可以通过"Ctrl + S"进行保存。 (　　)
8. 对话框可以最小化。 (　　)
9. 没有最大化的窗口可以移动其位置。 (　　)
10. 剪贴板占用硬盘空间。 (　　)

四、操作题

Windows 7 的基本操作:
(1)将所在机器的桌面图标显示和隐藏;按日期排列桌面上的图标。
(2)双击桌面上的"计算机""网络"和"回收站"3 个图标,在任务栏上进行层叠窗口、堆叠显示窗口和并排显示窗口操作。

(3)如何在上述打开的 3 个窗口间进行切换,给出两种操作方案。

(4)将任务栏位置设置到桌面的最上方,然后还原回原来的位置。

(5)将任务栏设置为隐藏,然后再显示出来。

(6)查看系统的时间、日期是否正确。如不正确,将其调整正确。

(7)打开“计算机”窗口,依次单击“查看”菜单下的“详细资料”“大图标”“小图标”和“列表”命令,观察菜单和窗口中显示内容的变化。

项目五　计算机中的资源管理

计算机由硬件和软件组成，操作系统是计算机资源的管理者。本项目通过 2 个典型任务，介绍了控制面板的使用，以及文件及文件夹的基本操作。

学习目标

- 控制面板的使用
- 文件与文件夹的基本操作

任务一　控制面板的使用

任务要求

本任务要求掌握 Windows 7 控制面板的使用。

(1)设置查看方式为“大图标”。

(2)查看并保存系统基本信息。

(3)设置屏幕保护程序为“气泡”。

(4)设置屏幕显示分辨率为“1440 × 900”。

(5)卸载“2345 网址导航”程序。

(6)打开和关闭 Windows 功能。

任务实现

(一)设置查看方式为“大图标”

(1)打开“控制面板”窗口，默认的查看方式为“类别”，其窗口显示如图 5.1 所示。

(2)在“控制面板”窗口中，单击“查看方式:类别”右侧的向下三角形符号，在其下拉列表中选择“大图标”，控制面板的大图标查看方式如图 5.2 所示。

(二)查看并保存系统基本信息

通常情况下，用户想了解计算机的各种信息，都需要安装使用第三方软件才能查看，这类工具能查看计算机中的各种详细信息，但是使用次数不多，没必要安装。通过系统自带的工具也可以查看计算机系统信息，具体操作步骤如下。

(1)打开“控制面板”，选择“系统和安全”选项，如图 5.3 所示。“系统和安全”里面有“操作中心”“Windows 防火墙”“系统”“Windows Update”“电源选项”等图标。

图 5.1　按类别查看的“控制面板”窗口

图 5.2　“控制面板”用大图标查看方式显示

图 5.3　“系统和安全”窗口

(2)打开“系统”选项,如图 5.4 所示。界面上方显示了 Windows 版本,中间显示了系统的处理器，下方可以查看到计算机在网络中的名称是什么，属于哪个域、哪个工作组。

图 5.4 查看计算机“系统”信息

(3)用 Windows 7 系统的截图工具，选择需要保存区域，命名存盘。

(三)设置屏幕保护程序为“气泡”

屏幕保护程序是为了保护显示器而设计的一种专门的程序。显示器是有一定使用寿命的，如果长时间显示同一画面就会减少使用寿命，这时就需要设置屏幕保护。屏幕保护程序设置过程如下。

(1)打开“控制面板”，如图 5.5 所示。

图 5.5 “控制面板”窗口

(2)单击“外观和个性化”，打开窗口，如图 5.6 所示。

(3)单击“更改屏幕保护程序”，在“屏幕保护程序设置”窗口中单击“屏幕保护程序”中所示向下小三角按钮，在下拉菜单中选择喜欢的屏幕保护动画，如图 5.7 所示。

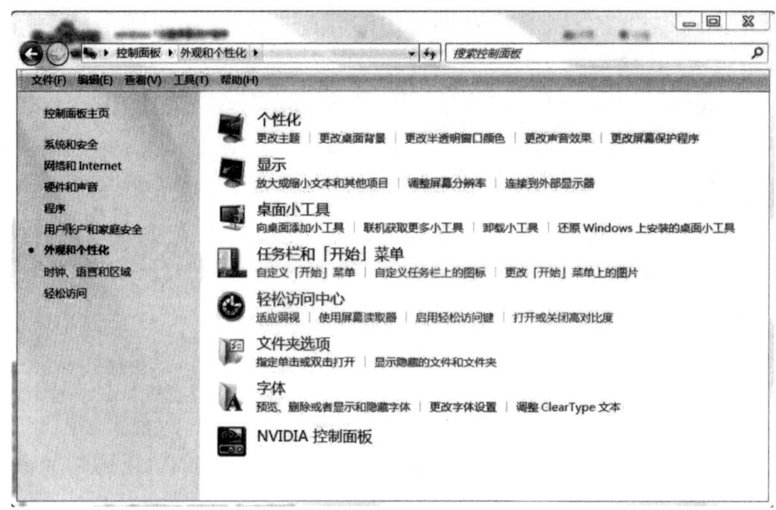

图 5.6 “外观和个性化”窗口

图 5.7 设置气泡“屏幕保护程序”

(4)设定比较人性化的等待时间，设置好以后单击“确定”，屏幕保护程序即设置完成。

(四)设置屏幕显示分辨率为“1440×900”

屏幕分辨率是计算机屏幕显示清晰度的一种体现，其设置具体步骤如下。

(1)在桌面任意位置单击鼠标右键，如图 5.8 所示，在桌面快捷菜单中选择“屏幕分辨率”按钮。

(2)打开“屏幕分辨率”设置窗口，单击分辨率选项中的向下小三角按钮，调整到屏幕显示分辨率为最佳，推荐使用系统设置的默认分辨率，如图 5.9 所示。

图 5.8　桌面快捷菜单中选择“屏幕分辨率”

图 5.9　“屏幕分辨率”窗口

(3)在“屏幕分辨率”窗口中打开“高级设置”按钮,如图 5.10 所示,可以对显示器的“适配器”“监视器”“颜色管理”等属性进行设置。操作完成后需要单击“确定”保存生效,如果不放心可以选择应用查看效果,然后单击“确定”。

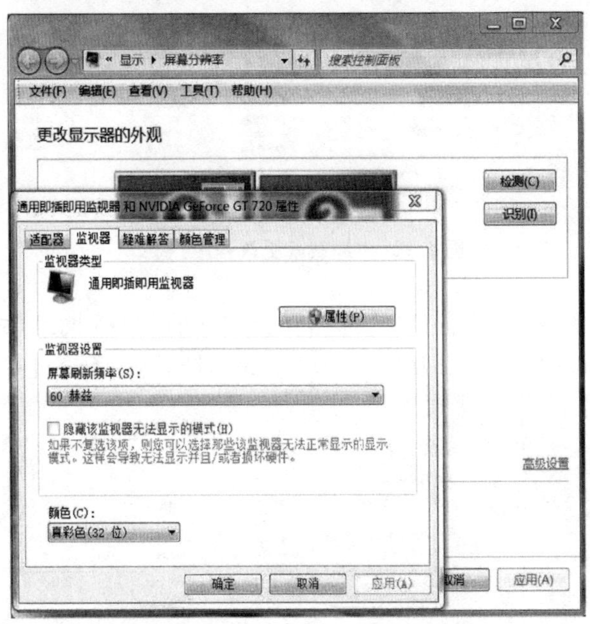

图 5.10　屏幕分辨率“高级设置”窗口

(五)卸载“2345 网址导航”程序

Windows 安装程序不仅是 Windows 的安装和配置服务,它还可以确保从系统方便地卸载已安装的程序。卸载应用程序具体步骤如下。

(1)在“控制面板”中单击“程序”选项,进入“程序”窗口,如图 5.11 所示。

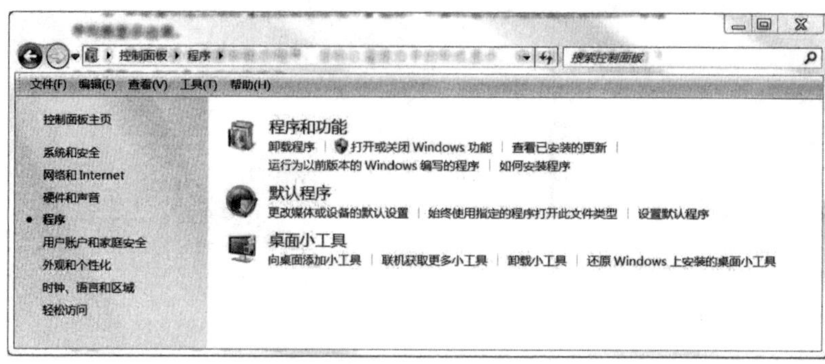

图 5.11 “程序”窗口

(2)在“程序”窗口中选择“卸载程序”选项,打开“卸载或更改程序”窗口,如图 5.12 所示。此时,系统已经安装的程序以列表的形式显示在该窗口中。

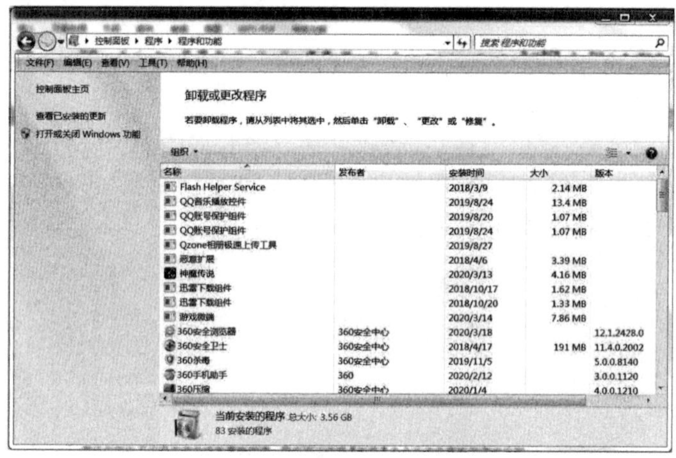

图 5.12 “卸载或更改程序”窗口

(3)在“卸载或更改程序”窗口中,选择需要删除的“2345 网址导航”程序,单击“卸载/更改”按钮,如图 5.13 所示,即可以对该“2345 网址导航”程序进行卸载操作。

图 5.13 卸载“2345 网址导航”程序

(六)打开或关闭 Windows 功能

在 Windows 7 系统的控制面板中可以打开或关闭一些 Windows 自带的功能,具体操作步骤如下。

(1)在“控制面板”的“程序”窗口中,单击“程序和功能”选项下的“打开或关闭 Windows 功能”项,如图 5.14 所示。

图 5.14　**“打开或关闭 Windows 功能”窗口**

(2)在打开的“Windows 功能”窗口中,选择要开启的功能,勾选“游戏”功能的复选框,单击“确定”按钮,系统将弹出更改功能进度的信息框,如图 5.15 所示。系统配置好相应的功能后,返回如图 5.14 所示的对话框中。

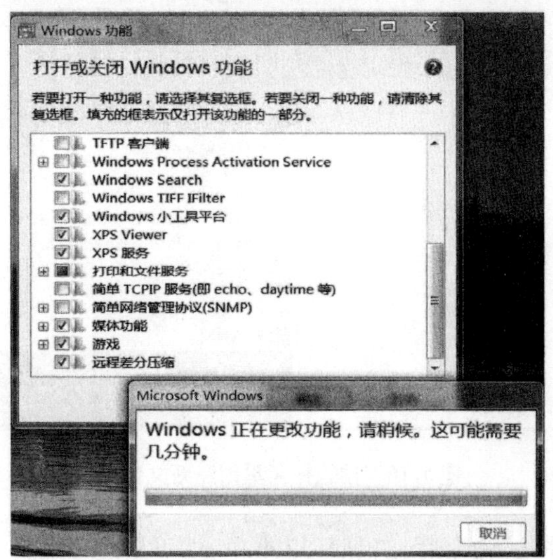

图 5.15　更改功能进度信息框

(3)如果要关闭 Windows 某些功能,在图 5.14 中单击该项功能,将功能前复选框中的选中符号去掉,单击“确定”按钮,系统会弹出如图 5.15 所示的信息框,静待几分钟即可。

任务二　文件与文件夹的基本操作

任务要求

(1)创建“素材库”文件夹。
(2)创建“个人简历.docx”文件。
(3)查找关键词为“MP4”文件。
(4)设置文件属性为“只读”。
(5)显示及隐藏“素材库”文件夹。
(6)显示及隐藏“个人简介.docx”文件的扩展名。

任务实现

(一)创建“素材库”文件夹

在 Windows 7 中新建文件的方法主要有两种:一是使用右键快捷菜单;二是使用“新建文件夹”按钮。

(1)使用右键快捷菜单创建文件夹步骤如下。

①在桌面或磁盘中单击鼠标右键,在弹出的快捷菜单中选择“新建”命令,在其下级菜单中选择“文件夹”命令,如图 5.16 所示。

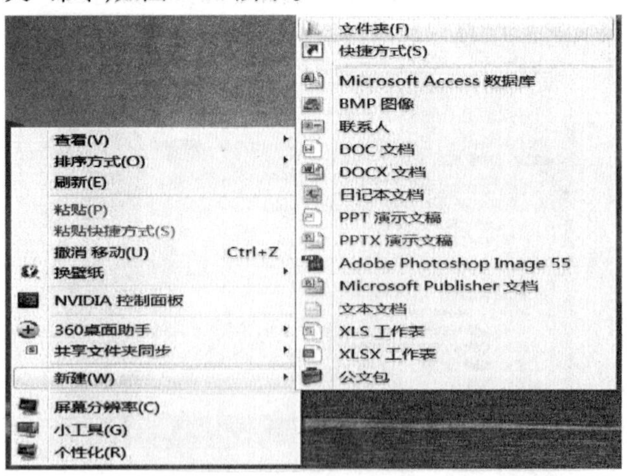

图 5.16　用快捷菜单创建新文件夹

②选择新建“文件夹”命令后,如图 5.17 所示,即可新建一个名为“新建文件夹”的空文件夹。

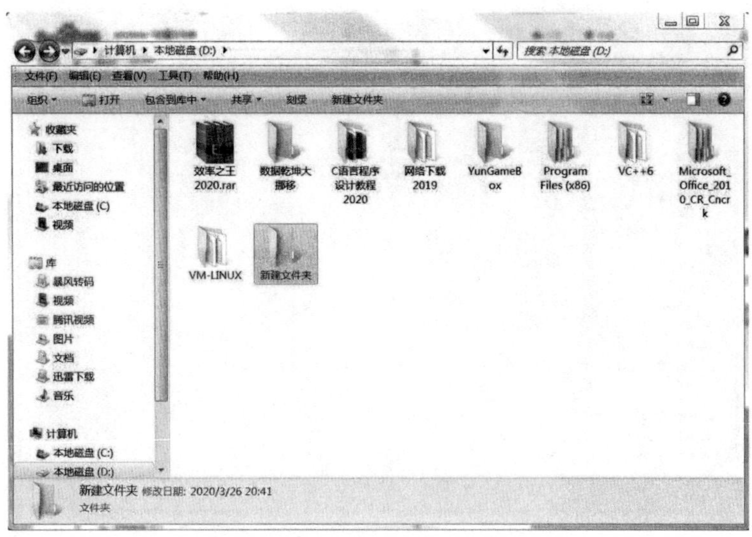

图 5.17　创建一个新文件夹

③新创建的文件夹名称处于可编辑状态,此时即可将其重新命名,如命名为“素材库”,如图 5.18 所示。

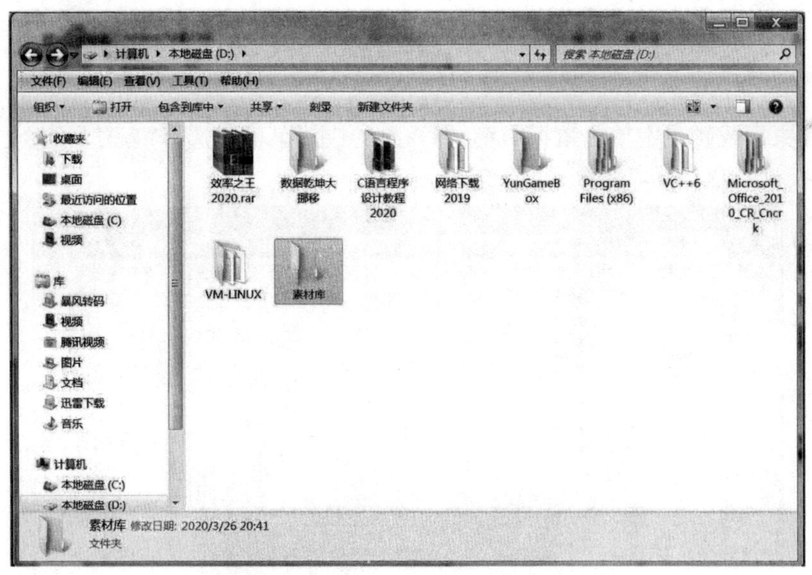

图 5.18　将新文件夹命名为“素材库”

(2)使用“新建文件夹”按钮创建文件夹步骤如下。

①在资源管理器磁盘 D 中,单击工具栏上“新建文件夹”按钮,如图 5.19 所示。

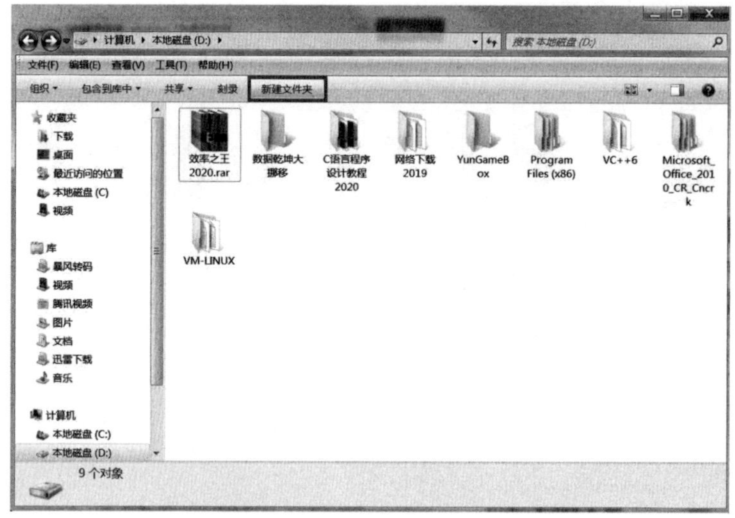

图 5.19　用“新建文件夹”按钮创建文件夹

②此时即可在磁盘 D 上新建一个名为“新建文件夹”的文件夹，如图 5.17 所示。

③新创建的文件夹名称处于可编辑状态，此时即可将其重新命名，如命名为“素材库”，如图 5.18 所示。

（二）创建“个人简历.docx”文件

（1）在桌面或磁盘中单击鼠标右键，在弹出的快捷菜单中选择“新建”命令，在其下级菜单中选择“DOCX 文档”命令，如图 5.20 所示。

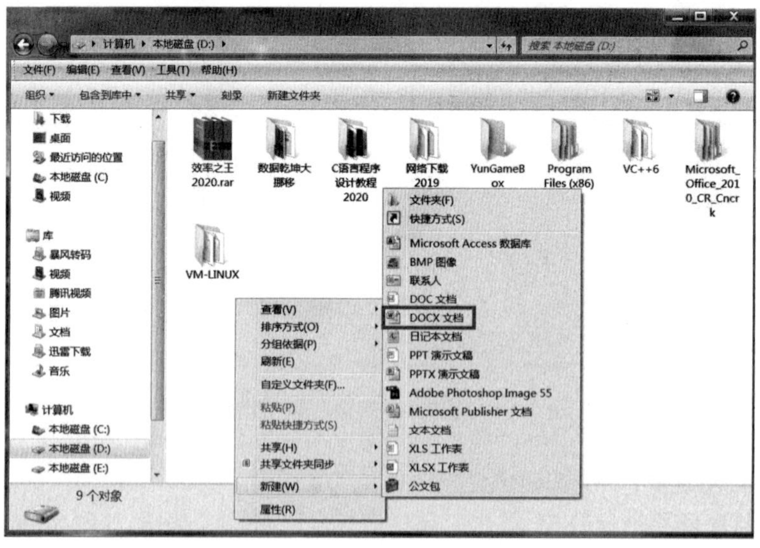

图 5.20　用快捷菜单创建新文件

（2）选择新建“DOCX 文档”命令后，即可新建一个名为“新建 DOCX 文档.docx”类型的空文件，如图 5.21 所示。

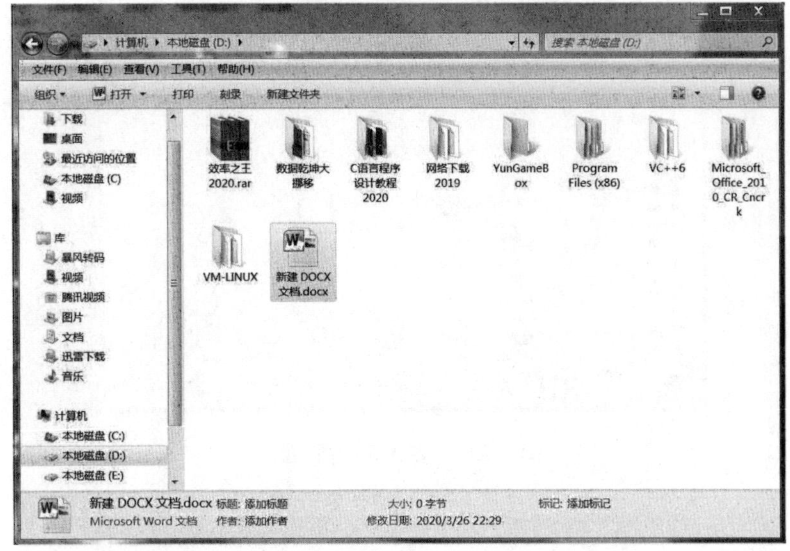

图 5.21　**创建名为"新建 DOCX 文档. docx"文件**

(3)新创建的文件名称处于可编辑状态,此时即可将其重新命名,如命名为"个人简历. docx",如图 5.22 所示。

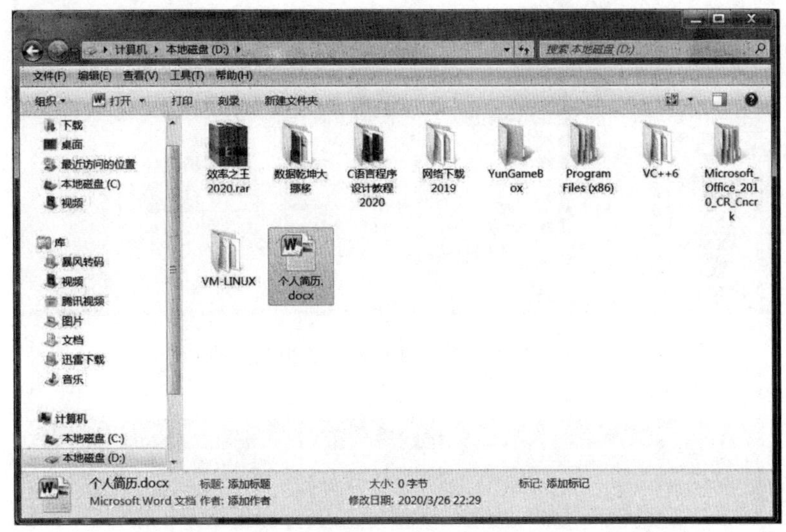

图 5.22　**将新文件命名为"个人简历. docx"**

(三)查找关键词为"MP4"的文件

(1)双击打开桌面"计算机"系统图标,进入"资源管理器"窗口中,如图 5.23 所示。

(2)在"资源管理器"窗口右上角有一个搜索框,在搜索框中输入"MP4",如图 5.24 所示,就会自动搜索并列表显示相应文件及文件信息。

(3)如果搜索速度慢,单击蓝色区域文字提示对话框,如图 5.25 所示,在弹出的菜单中单击"添加到索引"。

图 5.23 “资源管理器”窗口

图 5.24 列表显示查找到的相应文件

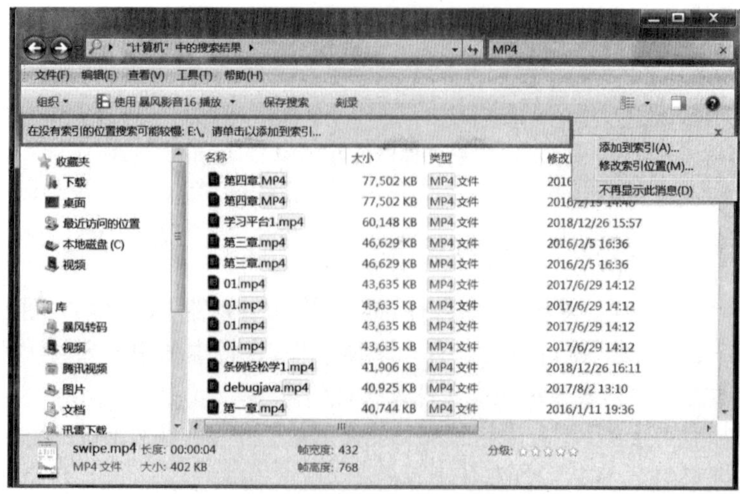

图 5.25 进行索引位置的操作

(4)在“添加到索引”对话框中,单击“添加到索引”按钮,如图5.26所示,完成索引操作,提升索引速度。

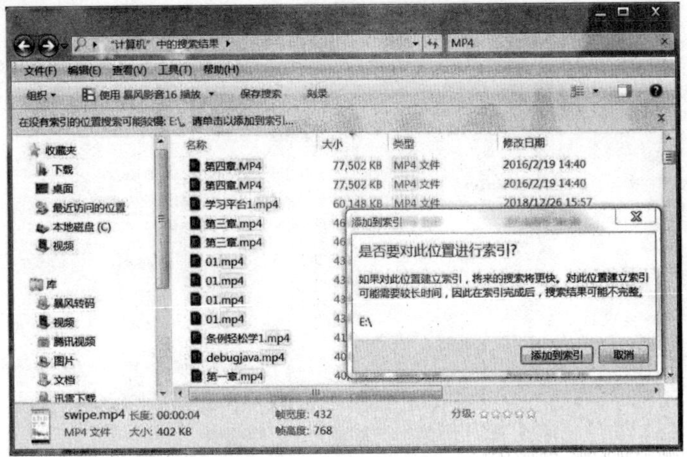

图5.26　完成索引操作

(四)设置文件属性为“只读”

(1)在要设置文件属性的对象上,单击鼠标右键,在快捷菜单中单击“属性”命令,如图5.27所示。

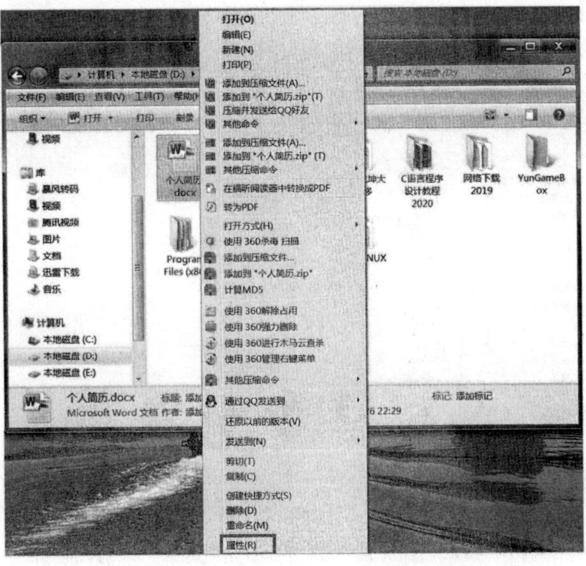

图5.27　打开指定文件的属性窗口

(2)在“个人简介.docx属性”窗口的“常规”选项的“属性”复选框中,勾选“只读”,如图5.28所示。单击“确定”按钮,完成文件属性设置。

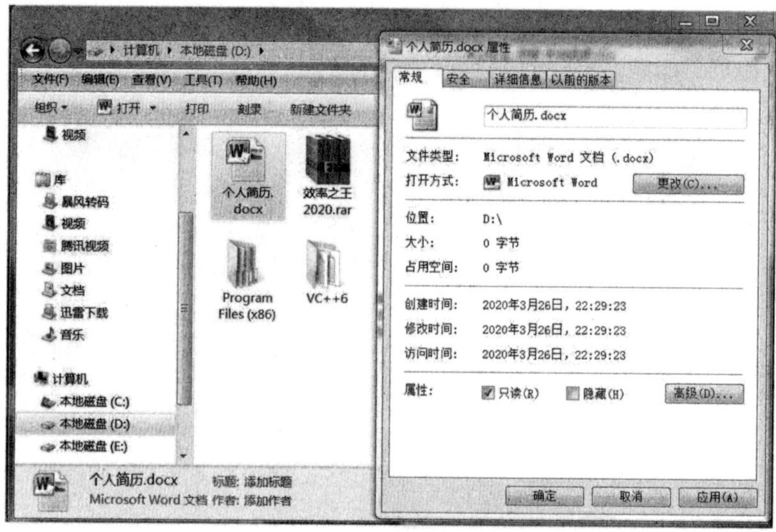

图 5.28　设置“个人简介”文件属性为只读

(五)显示及隐藏“素材库”文件夹

计算机大多数重要数据都以文件的形式储存在系统中,许多人都可以打开文件夹查看,为安全起见会把重要的文件夹给隐藏起来。对文件夹的隐藏和显示操作步骤如下。

(1)在“素材库”文件夹上单击右键,通过快捷菜单中“属性”命令,把“素材库”文件夹属性设置成“隐藏”。

(2)在“计算机”窗口中,选择“工具”菜单中的“文件夹选项”,如图 5.29 所示。

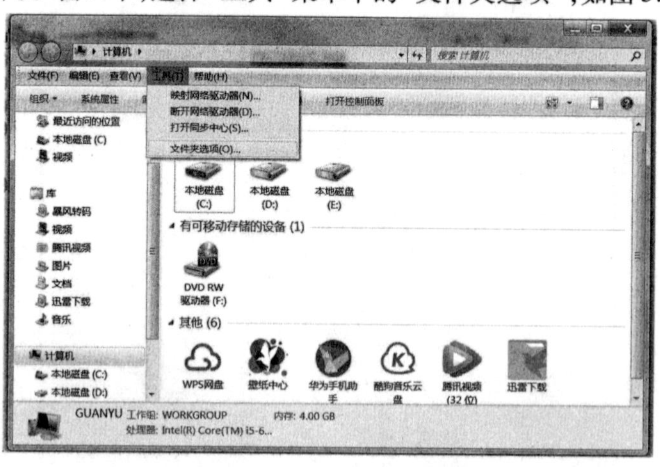

图 5.29　打开“工具”菜单

(3)打开“文件夹选项”对话框,单击“查看”选项,如图 5.30 所示。

(4)在“查看”选项中拉动垂直滚动条,找到“隐藏受保护的操作系统文件”和“不显示隐藏的文件、文件夹或驱动器”, 在前面进行勾选并确定,如图 5.31 所示,实现隐藏属性文件不显示的效果。

图 5.30　打开"查看"选项卡

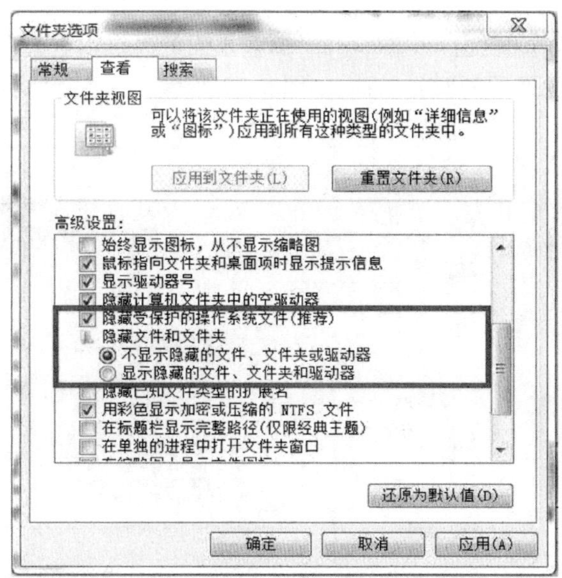

图 5.31　隐藏"素材库"文件夹

(5)如想看到隐藏的文件,在前面勾选"显示隐藏的文件、文件夹或驱动器"并确定,这样就可以看到隐藏文件。

(六)显示及隐藏"个人简介.docx"文件的扩展名

默认情况下,Windows 系统为了安全考虑,会隐藏部分系统文件与文件夹,以及多数文件类型扩展名。显示和隐藏文件扩展名的具体步骤如下。

(1)在"控制面板"的"外观和个性化"菜单下,选择"文件夹选项",如图 5.32 所示。

图 5.32　在“控制面板”中选择“文件夹选项”图标

(2)打开“文件夹选项”窗口,在“查看”标签里面的高级设置选项中,把“隐藏已知文件类型的扩展名”前面选项的对号勾选,如图 5.33 所示。

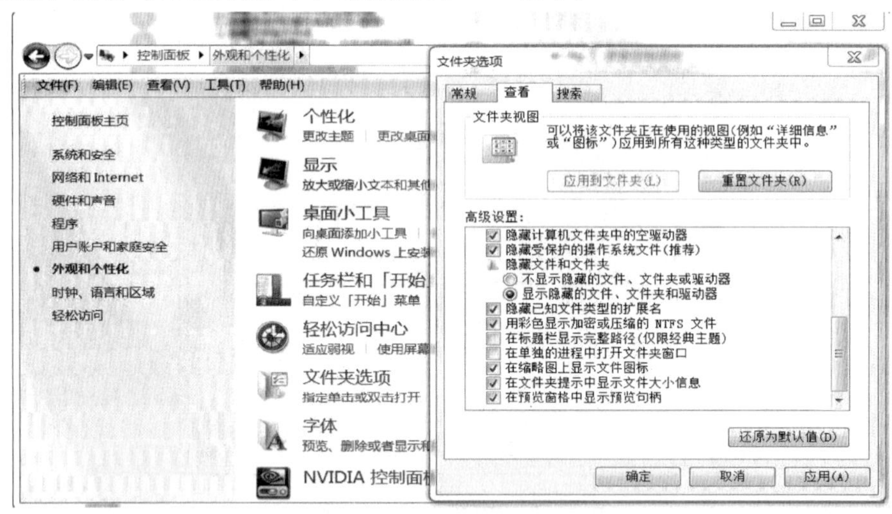

图 5.33　隐藏“个人简介.docx”文件的扩展名

(3)单击“确定”按钮,即可隐藏“个人简介.docx”文件类型扩展名,图 5.34 是隐藏文件扩展名配置确定后的截图。

(4)如要显示“个人简介.docx”文件的扩展名,在“查看”标签里面的高级设置选项中,把“隐藏已知文件类型的扩展名”前面选项的对号去掉即可。图 5.35 是显示文件扩展名配置确定后的截图,图中可见“个人简介.docx”文档后扩展名是.docx。

图 5.34　隐藏文件扩展名效果图

图 5.35　显示文件扩展名效果图

本章习题

一、单项选择题

1. 在 Windows 中,关于文件、文件夹的说法,正确的是 ( )

A. 只有文件夹才有图标,而文件一般没有图标

B. 只有文件才有图标,而文件夹一般没有图标

C. 文件和文件夹一般都有图标,且不同类型的文件一般对应相同的图标

D. 文件和文件夹一般都有图标,且不同类型的文件一般对应不同的图标

2. 关于 Windows 资源管理器的操作,不正确的说法是 ( )

A. 单击文件夹前的“ - ”号,可折叠该文件夹

B. 单击文件夹前的“ + ”号,可展开该文件夹

C. 单击文件夹前的“ + ”号,该文件夹前的“ + ”变成“ - ”

D. 单击文件夹前的“ + ”号,该文件夹前的“ + ”变成“ * ”

3. 在 Windows 中,文件名 READ. ME. DOCX 的扩展名是 ( )

A. READ　　B. ME　　C. ME. DOCX　　D. DOCX

4. 在 Windows 中,以下对文件的命名,不正确的是 ( )

A. 123. DAT　　B. 123 DAT　　C. _123. DAT　　D. 123\. DAT

5. 按文件类型显示文件夹的内容,应在“查看”菜单的“排列图标”选项中选择________命令。 ( )

A. 按名称　　B. 按日期　　C. 按类型　　D. 按大小

6. 启动 Windows 资源管理器后,在文件夹树窗口中,关于文件夹前的“ + ”和“ - ”,说法正确的是 ( )

A. “ + ”表明该文件夹中有子文件夹,“ - ”表明该文件夹中没有子文件夹

B. “ + ”表明在文件夹中建立子文件夹

C. “ - ”表明可删除文件夹中的子文件夹

D. 文件夹前没有“ + ”和“ - ”,表明该文件夹中没有子文件夹

7. 打开 Windows 资源管理器的操作,正确的方法是 ( )

A. 单击“开始”菜单　　B. 使用键盘微软标志键

C. 单击“任务栏”　　D. 右击“开始”菜单

8. 在 Windows 中,文件名命名不能 ( )

A. 使用汉字字符　　B. 包括空格字符

C. 长达 255 个字符　　D. 使用“ * ”

9. 关于 Windows 文件命名的规定,正确的是 ( )

A. 文件名可用字符、数字或汉字命名

B. 文件名可用字符、数字或汉字命名,文件名最多使用 8 个字符

C. 文件名中不能有空格和扩展名间隔符“.”

D. 文件名可用字符、数字、汉字和“?”“\”等符号命名

10. 在 Windows 中,若要恢复回收站中的文件,在选定待恢复的文件后,应选择文件菜

单中________命令。（　　）

A. 还原　B. 清空回收站　C. 删除　D. 关闭

11. Windows 的“控制面板”窗口中不包含________图标。（　　）

A. 日期/时间　B. 记事本　C. 显示　D. 键盘

12. Windows 的“控制面板”窗口中不包含________图标。（　　）

A. 日期/时间　B. 键盘　C. 鼠标　D. C 盘

13. Windows 的“控制面板”窗口中不包含________图标。（　　）

A. 日期/时间　B. 键盘　C. 鼠标　D. office

14. 在“显示属性”窗口的________选项卡中，可以设置启动屏幕保护程序的等待时间。（　　）

A. 外观　B. 屏幕保护程序　C. 背景　D. 效果

15. Windows 的“控制面板”窗口中不包含________图标。（　　）

A. 键盘　B. 鼠标　C. Word 2000　D. 日期/时间

16. 在“显示属性”窗口的________项卡中，可以设置显示器的分辨率。（　　）

A. 效果　B. 设置　C. 外观　D. 屏幕保护

17. 在“显示属性”窗口的________选项卡中，可以将画图软件绘制的图形设置为桌面的背景。（　　）

A. 背景　B. 外观　C. 效果　D. 设置

18. 在“日期/时间”窗口中不能直接设置（　　）

A. 年份　B. 上午/下午标志　C. 月份　D. 时间

19. 按访问时间显示文件夹的内容，应在“查看”菜单的“排列图标”选项中选择________命令。（　　）

A. 按名称　B. 按日期　C. 按类型　D. 按大小

20. 使用“开始”菜单中的________命令可以迅速找到文件和文件夹。（　　）

A. 帮助　B. 查找　C. 程序　D. 运行

21. 对于鼠标操作叙述正确的是（　　）

A. 双击速度不可调　B. 右键不能单击

C. 左右键功能可以交换　D. 左右键不能同时击

22. 在 Windows 中，选定内容并剪切后，剪切后的内容放在（　　）

A. 任务栏中　B. 剪贴板中　C. 粘贴区　D. 格式刷中

23. 在 Windows 桌面上，不能打开“资源管理器”的操作是（　　）

A. 用鼠标右键单击“计算机”图标，然后从菜单中选

B. 用鼠标右键单击“开始”菜单，从弹出菜单中选

C. 用鼠标左键单击“开始”菜单，从下级菜单中选

D. 用鼠标左键双击“计算机”图标，从窗口中选

24. Windows 下恢复被误删除的文件，应使用（　　）

A. 计算机　B. 文档　C. 设置　D. 回收站

25. 在 Windows 的文件夹窗口中，选择________显示方式可显示文件名、大小、类型、修改时间等内容。（　　）

A. 详细资料　B. 列表　C. 小图标　D. 大图标

26. 在 Windows 中,文件名_1. ME. NEXT. PPTX 的扩展名是 (　　)

A. _1　　B. _1. ME　　C. NEXT　　D. PPTX

27. 在 Windows 中,以下对文件的命名,不正确的是 (　　)

A. 你好 123. PPT　　B. 你好. PPTX　　C. 123 你好. DAT　　D. 你好 * 123. DAT

二、多项选择题

1. 文件夹中可以包含 (　　)

A. 文件　　B. 文件夹　　C. 驱动器标志　　D. 目录

2. 在 Windows 7 中,以下对文件的命名,正确的是 (　　)

A. 中国. TXT　　B. 987. PPTX　　C. _ABC. DAT　　D. * SDF. DAT

3. 在 Windows 中,文件名命名不能 (　　)

A. 使用汉字字符　　B. 包括空格字符　　C. 使用“ * ”　　D. 使用“?”

4. Windows 的“控制面板”窗口中包含________图标。 (　　)

A. 键盘　　B. 鼠标　　C. 用户账户　　D. 日期/时间

5. 在 Windows 中,搜索文件可以使用 (　　)

A. 汉字字符　　B. 空格字符　　C. “ * ”　　D. “?”

6. 在 Windows 桌面上,打开“资源管理器”的操作是 (　　)

A. 用鼠标右键单击“计算机”图标,然后从菜单中选

B. 用鼠标右键单击“开始”菜单,从弹出菜单中选

C. 用鼠标左键单击“开始”菜单,从下级菜单中选

D. 用鼠标左键双击“计算机”图标,从窗口中选

7. 在 Windows 的“资源管理器”可以 (　　)

A. 安装软件　　B. 卸载软件　　C. 安装硬件　　D. 更新软件

8. 在 Windows 的文件夹窗口中,可以选择________显示方式显示文件。 (　　)

A. 详细资料　　B. 列表　　C. 小图标　　D. 大图标

9. 在 Windows 的文件夹窗口中,可以按________方式排列文件。 (　　)

A. 大小　　B. 递增　　C. 递减　　D. 大图标

10. Windows 的“资源管理器”可以管理系统的 (　　)

A. 系统软件　　B. 应用软件　　C. 打印机　　D. 鼠标

三、判断题

1. Windows 的“资源管理器”可以管理系统的软件资源。 (　　)

2. Windows 的“资源管理器”可以管理系统的硬件资源。 (　　)

3. Windows 的所有软件的安装都必须通过“资源管理器”实现。 (　　)

4. Windows 的文件名没有长度限制。 (　　)

5. 查找文件可以在磁盘上进行搜索。 (　　)

6. 只能在“开始”菜单中查找文件。 (　　)

7. 软件的启动只能在“开始”菜单中实现。 (　　)

8. Windows 的“资源管理器”可以通过“计算机”打开。 (　　)

9. Windows 的所有软件的卸载都必须通过“资源管理器”实现。 (　　)

10. 文件中可以包含文件和文件夹。 (　　)

四、操作题

1. 控制面板的使用。

(1)打开控制面板窗口,写出类别、大图标和小图标3种不同查看方式的区别。

(2)查看本台计算机系统基本信息,说明本台计算机的CPU型号和内存容量并截图为“计算机信息.jpg”文件,保存在桌面上。

(3)设置Windows桌面为Aero主题中的“中国”,设置背景图片更换时间间隔为10 min。

(4)将屏幕保护程序设置为“变幻线”并将屏保出现等待时间设置为3 min。

(5)将计算机的屏幕分辨率设置为1 920×1 080像素,查看效果,最后将分辨率再恢复到原始状态。

(6)查看本计算机已安装的软件并尝试卸载暂时用不到的应用软件。

2. 文件和文件夹的操作。在Computer文件夹下进行如下操作:

(1)在Computer文件夹下面建立TEST文件夹。

(2)在Computer文件夹范围内查找download.exe文件,并在TEST文件夹下建立它的快捷方式,名称为“下载”。

(3)在TEST文件夹下建立一个名为“大学计算机基础学生名单.xlsx”的Excel文件。

(4)在TEST文件夹下建立一个名为“互联网技术发展趋势.docx”的Word文件。

(5)在Computer文件夹范围内查找以“e”开头,扩展名为.exe的文件,将其设置为仅有“只读”“隐藏”属性。

(6)在Computer文件夹范围查找所有Word文档(扩展名为.docx),将其复制到TEST文件夹下。

项目六　计算机系统维护

计算机系统维护是指提高计算机软、硬件使用效率和延长计算机使用寿命的重要措施。本项目将通过 U 启动系统维护磁盘(U 启动盘)的制作和使用任务,介绍计算机软、硬件出现故障时的解决方法和手段。

学习目标

- 硬件维护和软件维护
- U 启动系统维护磁盘

计算机系统维护包括两个方面:一是硬件维护;二是软件维护。硬件维护包括计算机的硬件部件的使用维护和环境维护,软件维护包括软件更新。

(一)硬件维护

计算机的硬件维护主要包括以下几点:

(1)任何时候都应保证电源线与信号线的连接牢固可靠。

(2)定期清洗软盘驱动器的磁头(如三个月、半年等)。

(3)计算机应经常处于运动状态,避免长期闲置不用。

(4)开机时应先给外部设备加电,后给主机加电;关机时应先关主机,后关各外部设备;开机后不能立即关机,关机后也不能立即开机,中间应间隔 10 s 以上。

(5)软盘驱动器正在读写时,不能强行取出软盘,平时不要触摸裸露的盘面。

(6)在进行键盘操作时,击键不要用力过猛,否则会影响键盘的寿命。

(7)打印机的色带应及时更换,当色带颜色已经很浅,特别是发现色带有破损时,应立即更换,以免杂质沾污打印机的针头,影响打印针动作的灵活性。

(8)注意经常清理机器内的灰尘并擦拭键盘与机箱表面,计算机不用时要盖上防尘罩。

(9)在加电情况下,不要随意搬动主机与其他外部设备。

(二)软件维护

计算机软件的维护主要包括以下几点:

(1)对所有的系统软件要做备份。当遇到异常情况或某种偶然原因,可能会破坏系统软件,此时就需要重新安装系统软件,如果没有备份的系统软件,计算机将难以恢复工作。

(2)对重要的应用程序和数据也应该做备份。

(3)注意经常清理磁盘上无用的文件,以便有效地利用磁盘空间。

(4)避免进行非法的软件复制。

(5)经常检测,防止计算机感染上病毒。

(6)为保证计算机正常工作,在必要时利用软件工具对系统区进行保护。

总之,计算机的使用是与维护分不开的,既要注意硬件的维护,又要注意软件的维护。

任务一 U 启动系统维护磁盘的制作与使用

U 启动是通过 Winpe 启动计算机,并对计算机进行维护和管理的免费软件,可以从 U 启动官网下载。U 盘装系统工具(简称 USBoot)是一款 U 盘启动制作工具,可以一键制作万能启动 U 盘、电脑城专用 U 启动盘等。它是计算机使用过程中的得力助手,是计算机安装系统最佳的选择。

U 启动盘制作工具具备以下特点:

(1)简单易用,一盘两用,携带方便。

不需要任何技术基础,一键制作,自动完成制作;平时当 U 盘使用,需要进行系统维护的时候就是修复盘;完全不需要光驱和光盘,携带方便,是计算机应急最给力的帮手。

(2)写入保护,防止病毒侵袭,读写速度快,安全稳固。

U 盘是病毒传播的主要途径之一,U 启动采用写入保护技术,彻底切断病毒传播途径。光盘和光驱是机械产品,很容易被划伤和损坏,而 U 盘则十分安全,并且其读写次数可达 5 万次,传输速率高。

(3)更换系统自由,方便快捷,全面兼容新旧配置。

自制引导盘光驱无法更新系统,而 U 启动用户则可以自由替换操作系统,支持 GHOST 与原版安装,安装方便快捷,还支持 PE 引导、防蓝屏技术、旧电脑智能加速等功能。

任务要求

U 启动(U 启动盘制作工具)可完成 U 盘一键安装系统的制作,同时可实现 GHOST 系统备份/恢复、Winpe 安装、磁盘分区、内存测试等功能。

(1)下载并安装 U 启动 7.0 软件到计算机。

(2)插入 U 盘并一键制作 U 启动盘。

(3)U 启动盘安装 GHOST Windows 7。

(4)U 启动盘安装原版 Windows 7。

(5)U 启动建立磁盘分区。

任务实现

(一)下载并安装 U 启动 7.0 软件到计算机

(1)到 U 启动官网(http://uqidong.zunjue1.cn/)下载最新版本软件到计算机桌面,这样便于查找,在制作启动盘时速度快,使用方便,如图 6.1 所示。

图6.1　官网下载U启动

(2)双击下载好的U启动安装程序,如图6.2所示,将U启动安装到计算机上(提示:下载的是U启动的安装程序,需要先将其安装到计算机磁盘)。

图6.2　安装U启动

(二)插入U盘并一键制作U启动盘

(1)打开U启动主程序后,将事先准备好的空白(提示:由于制作启动U盘会对U盘进行格式化操作,需要先查看U盘内是否存储重要的资料,如果有,请先将U盘内的重要资料转移到其他磁盘,然后再进行操作)U盘插入到计算机USB插口,在图6.3中选择"开始制作"按钮,此时U启动主程序将会自动识别到U盘的详细信息并且显示出来,如图6.4所示。

(2)在图6.4中选择"高级设置"选项,打开"高级设置"选项窗口,选择"菜单设置"中"自定义菜单"窗口,如图6.5所示,可在"自定义菜单"窗口中定义个性化菜单。

(3)确认一切准备就绪后,在图6.4中单击"开始制作"按钮,将会弹出一个信息提示对话框,如图6.6所示。继续单击"确定"按钮,则开始制作U启动盘。

(4)U启动盘制作均为自动完成,整个制作过程大概需要花费1~3 min的时间。其制作过程包括:数据准备—初始化U盘—写入相关数据—自动拔出U盘,在U启动盘制作数据前,首先要对其进行格式化,如图6.7所示。在完成U盘数据格式化后,系统将对

U 启动盘进行数据写入,如图 6.8 所示,仅需耐心等待其完成即可。

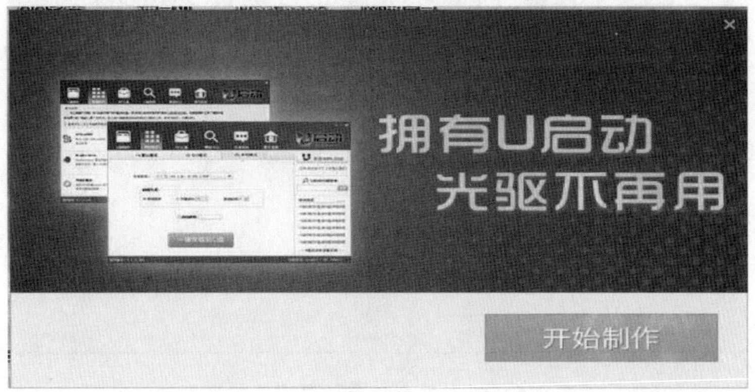

图 6.3　运行 U 启动主程序

图 6.4　制作 U 启动盘

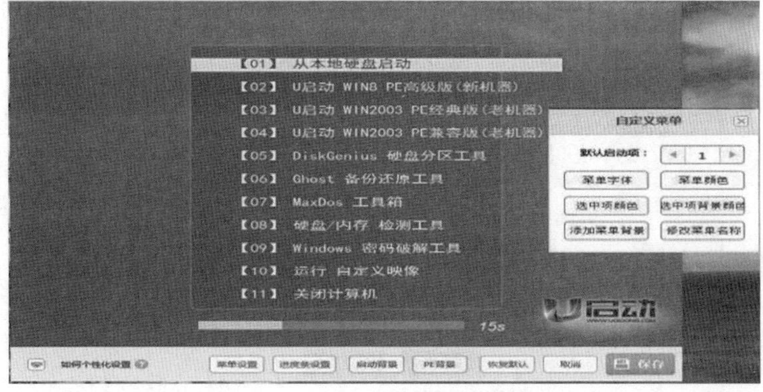

图 6.5　U 启动盘自定义菜单

图 6.6　制作 U 启动盘信息提示对话框

图 6.7　格式化 U 启动盘

图 6.8　制作 U 启动盘进程

(5)自动完成上述过程后，U 启动盘制作成功会弹出一个是否模拟测试的窗口，如图 6.9 所示。如果想看下启动 U 盘是否制作成功，可以单击“是(Y)”按钮进行测试，进入模拟测试的界面，该模拟测试窗口用于测试是否成功(注意：此功能仅做启动测试，切勿进一步操作)。最后按组合键“Ctrl + Alt”释放出鼠标，单击右上角的关闭图标退出模拟启动测试。此时，U 启动盘已经制作完成，可以使用 U 启动盘安装操作系统。

图 6.9　U 启动盘制作成功

(三)U 启动盘安装 GHOST Windows 7

(1)将准备好的 U 启动盘插在计算机 USB 接口上,然后重启计算机,在出现开机画面时通过 U 盘启动快捷键进入到 U 启动主菜单界面,选择“02”U 启动 Win8 PE 标准版(新机器)选项,如图 6.10 所示。

(2)进入 PE 系统后,U 启动 PE 装机工具会自动开启并识别 U 盘中所准备的 Windows 7 系统镜像,可参照如图 6.11 所示的方式选择磁盘安装分区,接着单击“确定”即可。

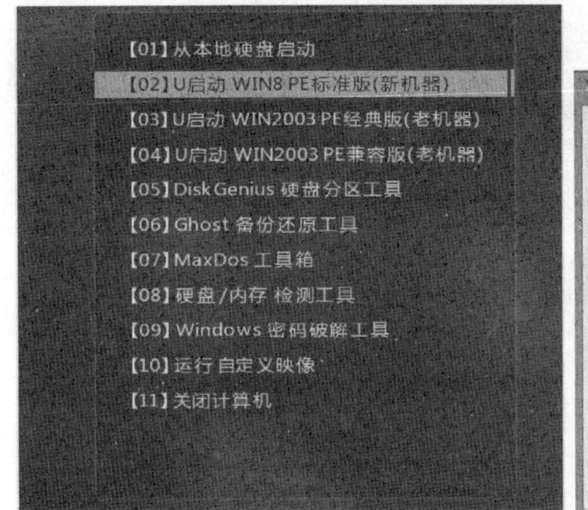

图 6.10　Win8 PE 标准版启动界面

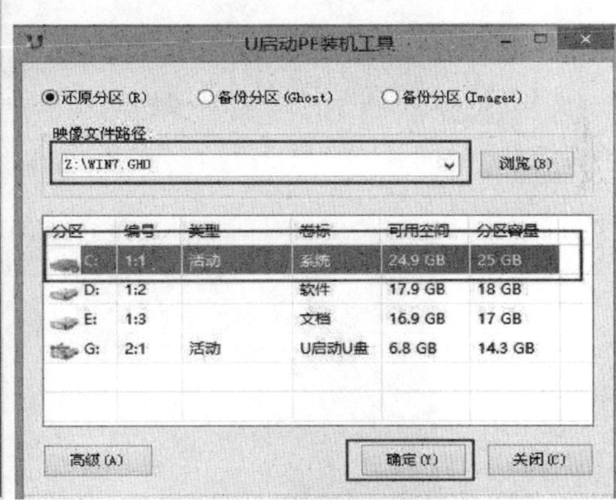

图 6.11　选择磁盘安装分区

(3)在图 6.11 中单击“确定”按钮后,弹出确认提示窗口,如图 6.12 所示,单击“确定”开始执行还原分区操作。

图 6.12　单击“确定”开始执行还原分区操作

(4)在分区 C 中进行系统复制,此过程需要花费 3 ~ 5 min 的时间,如图 6.13 所示,静待过程结束后自动重启计算机。

(5)重启系统后将会继续执行安装 Windows 7 系统的硬件驱动安装过程,如图 6.14 所示。硬件安装结束后可以进入 Windows 7 的系统桌面,完成系统的安装。

(四)U 启动盘安装原版 Windows 7

(1)在图 6.10 中选择“02”U 启动 Win8 PE 标准版(新机器)选项,进入 PE 系统 U 启动 PE 装机工具,自动开启并识别 U 盘中所准备的原版 Windows 7 系统镜像,如图 6.15 所示。建议参考图 6.15 的内容选择系统版本及磁盘安装分区,操作完成后单击确定。

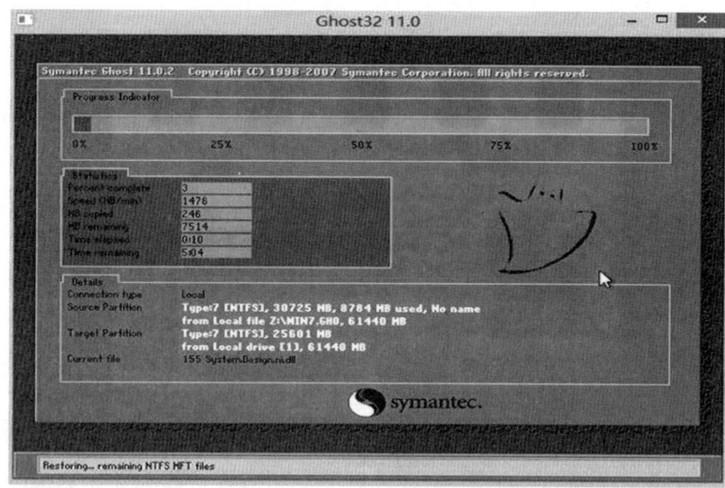

图 6.13　系统制作进程

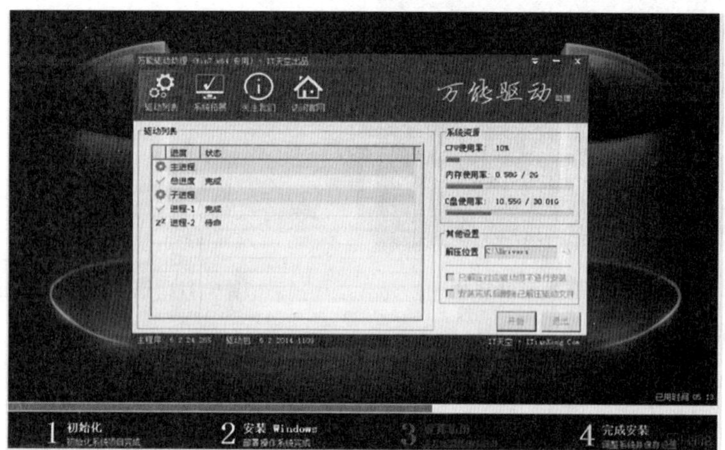

图 6.14　硬件驱动的安装过程

图 6.15　选择系统版本及磁盘安装分区

(2)在弹出的确认提示窗口中,勾选复选框“完成后重启”,接着单击“确定”按钮,如图6.16所示。

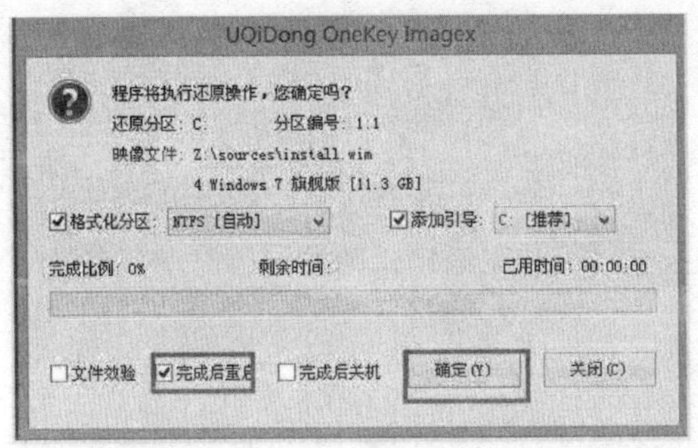

图6.16　格式化分区并重启系统

(3)上述格式化分区过程大约需要几分钟的时间,在此期间切勿进行相关U盘操作,操作结束后在弹出的窗口中单击“是”重启计算机,如图6.17所示。

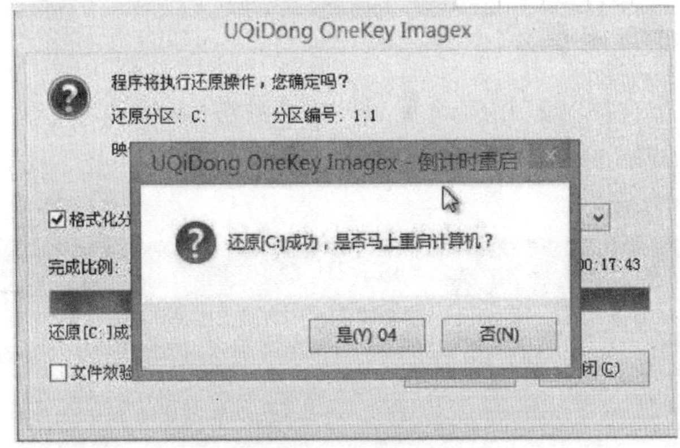

图6.17　还原C分区并重启系统

(4)计算机重新启动后会继续执行剩余原版Windows 7系统硬件设备驱动安装步骤,如图6.18所示。

图6.18　系统驱动硬件设备

(5)硬件设备安装完成之后需要进行系统的相关设置,如图6.19所示,设置完成便能进入Windows 7系统运行窗口。

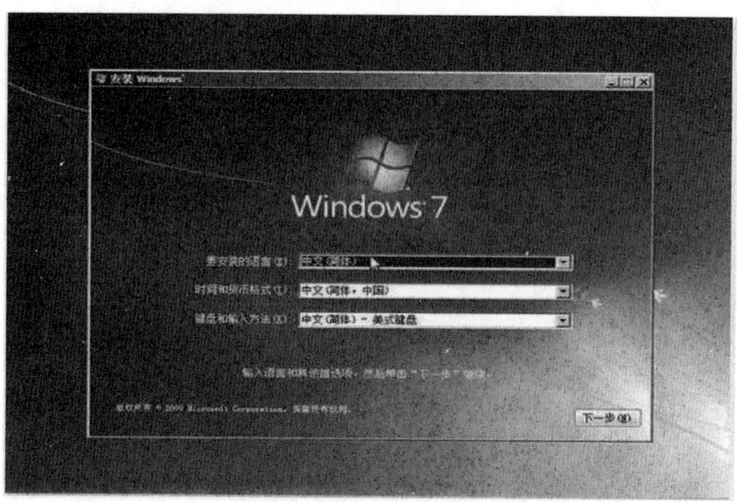

图 6.19　完成系统的相关设置

(五)U 启动建立磁盘分区

(1)在图 6.10 中选择“02”U 启动 Win8 PE 标准版(新机器)选项,进入 Win8 PE 桌面后,打开桌面上“DiskGenius 分区工具”,在分区工具主菜单栏上寻找并单击“快速分区”选项按钮,如图 6.20 所示。

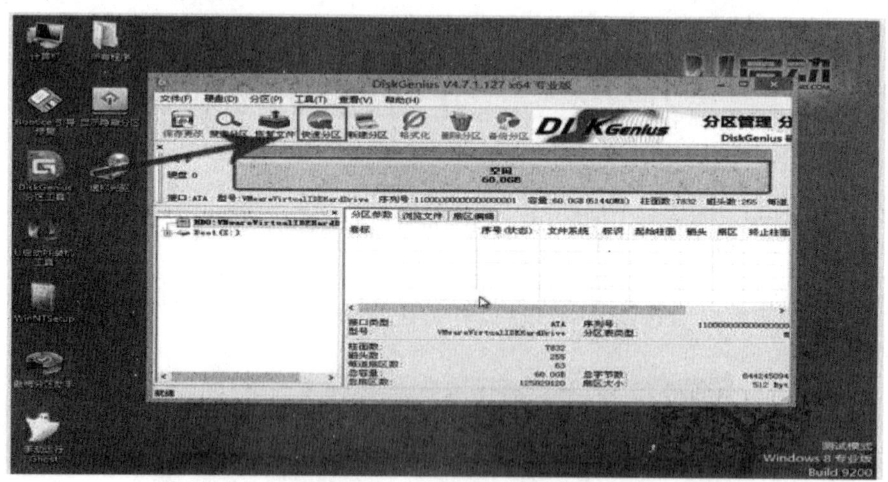

图 6.20　DiskGenius 分区工具

(2)在弹出的窗口中选择“分区数目”,在高级设置中可以设置磁盘格式、大小、卷标及主分区选择,如图 6.21 所示。操作完成后单击“确定”按钮。

(3)在硬盘分区过程中切勿进行其他操作,如图 6.22 所示,保证分区操作顺利完成。

(4)在分区操作自动完成后,稍等数秒后便可看到各分区对应的盘符及属性状态,如图 6.23 所示,完成磁盘格式、大小、卷标的设置及分区操作。

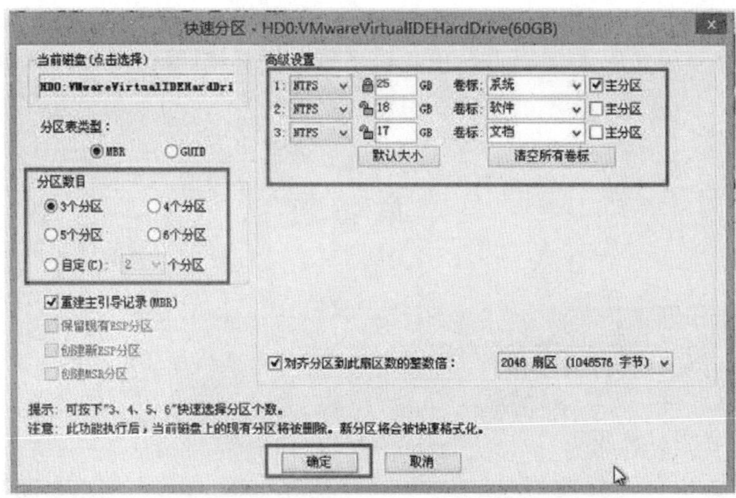

图 6.21　设置磁盘格式、大小、卷标以及主分区

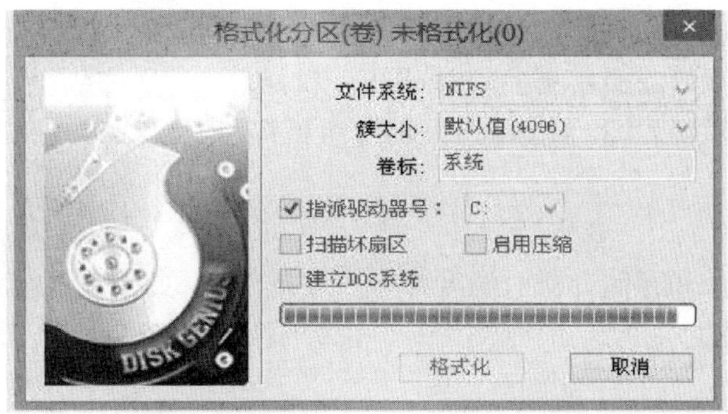

图 6.22　硬盘分区

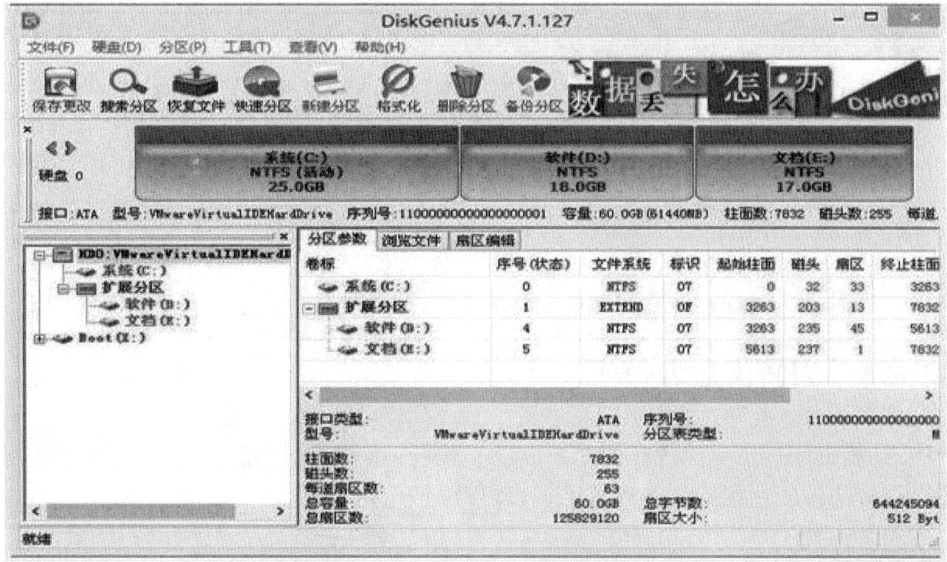

图 6.23　硬盘分区对应的盘符及属性状态

U 启动除了上述功能外，还可以对 Windows 密码进行破译，以及 MaxDos 工具箱、硬盘/内存检查工具等功能，是一款既可以进行常规存储数据，又可以对硬件进行检测和维护的得力工具。

本章习题

一、单项选择题

1. 磁盘是存储计算机程序和________的重要设备，是外存的重要组成部分。（　　）

A. 病毒　　B. 信息　　C. 软盘　　D. 光盘

2. 硬盘的主流转速多为________ r/min。（　　）

A. 1 800　　B. 3 600　　C. 7 200　　D. 20 000

3. 普通磁盘每天的工作时间最好不超过________ h。（　　）

A. 6　　B. 10　　C. 12　　D. 18

4. 当磁盘不连续空间与碎片数量不断增多时，就会影响到磁盘的读取效能。如果数据的增删操作较为频繁或经常更换软件，则应该每隔________就运行 Windows 系统自带的碎片整理工具，进行碎片和不连续空间的重组工作，将磁盘的性能发挥至最佳。（　　）

A. 1 天　　B. 7 天　　C. 一个月　　D. 一年

5. 计算机各部件和存储介质对温度都有严格的规定，如果超过或者无法达到这个标准，计算机的稳定性就会降低，同时使用寿命也会缩短。所以计算机工作环境温度应保持适中，一般温度是在________之间。（　　）

A. －10～0 ℃　　B. 0～10 ℃　　C. 18～30 ℃　　D. －30～30 ℃

6. 计算机的工作环境应保持干燥，一般将计算机房的湿度保持在________之间。（　　）

A. 5%～30%　　B. 40%～80%　　C. 50%～70%　　D. 60%～85%

7. 在计算机运行环境中，常常存在静电现象。如人在干燥的地板上行走，摩擦将产生________以上的静电，当脱去化纤衣物而听见放电声时，静电已高达数万伏。（　　）

A. 200V　　B. 500 V　　C. 1 000 V　　D. 3 000 V

8. 当系统程序长时间没有响应时，如果想要关闭该程序，可通过同时按住________键实现。（　　）

A. “Ctrl + V”　　B. “Ctrl + Alt + Del”

C. “Ctrl + Alt + V”　　D. “Ctrl + Alt + Shift”

9. 磁盘一般指的是计算机的（　　）

A. 软件系统　　B. 内存　　C. 外存　　D. 程序

10. 计算机维护主要体现在两个方面：一是硬件维护；二是软件维护。硬件维护包括计算机硬件部件的使用维护和环境维护，软件维护包括（　　）

A. 开发系统　　B. 硬件维护　　C. 软件更新　　D. 维修磁盘

二、判断题

1. 计算机维护是指对计算机性能实施维护措施，是提高计算机使用效率和延长计算

机使用寿命的重要措施。（　　）

2. 灰尘混杂在润滑油中形成的油泥,会严重影响机械部件的运行。计算机房内灰尘粒度要求小于0.5 μm,每立方米空间的尘粒数应小于1 000粒。（　　）

3. 操作键盘时,力度要大,手指按下后过一段时间再抬起。（　　）

4 不要频繁地开关机,每次关、开机的时间间隔应不小于30 s,因为硬盘等高速运转的部件在关机后仍会运转一段时间。频繁地开关机极易损坏硬盘等部件。（　　）

5. 要经常对计算机进行病毒的检查和清除,对外来的软件在使用前要进行查、杀病毒处理。（　　）

三、操作题

描写以下计算机系统维护的具体过程:

(1)查看系统的硬盘分区,确认本台计算机有几个分区。

(2)启动“磁盘碎片整理”程序,对本地磁盘进行优化。

(3)启动任务管理器,查看正在运行的程序和进程,写出你知道的几个进程。

(4)启动 Windows 7 注册表编辑器,以“注册表. reg”为文件名将注册表备份在 D 盘根目录下。

项目七 Word 2010 基本操作

Word 2010 是一款应用广泛的文字处理器,它是现代职场人士必备的办公技能。本项目通过以下三个任务学习掌握文档的创建、文本的输入和编辑、文本和段落格式的设置等基本操作技能。用 Word 还可以设计出图文并茂的文档,可以用来制作期刊、宣传手册和邀请函等。

学习目标

- 制作求职信
- 制作电子小报
- 制作调查问卷

任务一 制作一封求职信

任务要求

大学生求职往往需要向用人单位投递一封求职信,撰写有说服力的并能吸引注意力的求职信是赢得竞争的第一步。毕业生王明同学获悉某公司要招聘员工,要求应聘人员写一封求职信,以便了解应聘者的基本情况和相关信息,从中筛选出参加面试的对象。王明同学使用 Word 2010 制作了一封如图 7.1 所示的"求职信",具体操作要求如下。

(1)创建一个名为"求职信. docx"的 Word 文档。

(2)输入文档文本。文本具体内容如图 7.2 所示。在输入文本时,养成边输入边保存的良好习惯;灵活使用"即点即输入"功能;注意中/英文标点切换及其他符号的使用。

(3)修改和编辑文本。使用"插入""改写"两种状态对错误内容进行修改,体会其不同之处;使用多种方式对文本进行选定、复制、移动及删除等操作。

(4)查找和替换文本。将文档中所有"贵单位"替换为"贵公司"并加着重号。操作时,注意格式和内容及操作范围的确定。

(5)撤销与恢复操作。使用"撤销"和"恢复"功能,及时纠正各种误操作。

(6)保存"求职信"文档。

求职信

尊敬的闫××女士/先生：

您好！

我是××大学软件工程专业的学生，愿意将本人的学识和能力贡献给贵公司，并尽自己最大所能为贵公司的进步与发展贡献自己的全部力量。诚请贵公司给我一个机会！

在校期间，我抓住一切机会学习各方面知识，锻炼自己各方面的能力。

☞英语达到六级

☞计算机通过国家三级

☞曾获得两年国家级奖学金

☞毕业设计优秀

☞被评为优秀毕业生、优秀学生干部

☞积极参加各种社会实践

☞毕业实习期间参加企业顶岗实习

这些经历为我步入社会奠定了良好的基础，脚下有多少泥土，心中就有多少梦想！时不我待，只争朝夕，我会以满腔的真诚和热情投入工作！

随信附上我的个人简历及相关证明材料，希望贵公司能给予我参加面试的机会。

此致

敬礼！

求职人：王明·电话：186****3655

2020 年 9 月 11 日

图 7.1　求职信效果图

求职信
尊敬的×××女士/先生：
您好！
我是××大学××××专业的学生，愿意将本人的学识和能力贡献给贵单位，并尽自己最大所能为贵单位的进步与发展贡献自己的全部力量。诚请贵单位给我一个机会！
在校期间，我抓住一切机会学习各方面知识，锻炼自己各方面的能力。
☞计算机通过国家三级
☞英语达到六级
☞曾获得两年国家级奖学金
☞毕业设计优秀
☞被评为优秀毕业生、优秀学生干部
☞积极参加各种社会实践
☞毕业实习期间参加企业顶岗实习
这些经历为我步入社会奠定了良好的基础，脚下有多少泥土，心中就有多少梦想！时不我待，只争朝夕，我会以满腔的真诚和热情投入工作！
随信附上我的个人简历及相关证明材料，希望贵单位能给予我参加面试的机会。
此致
敬礼！

图 7.2　求职信内容

任务实现

(一)创建“求职信”文档

在指定文件夹中创建一个名为“求职信.docx”的 Word 文档，具体操作如下。

(1)新建“D:\项目七\任务一”文件夹。

(2)启动 Word 2010 应用程序窗口。单击“任务栏”的“开始”按钮，选择“所有程序”→“Microsoft office”→“Microsoft Word 2010”命令，单击即启动 Word 2010 应用程序，同时创建了一个空白文档。

(二)输入文档文本

(1)选择输入法。

按下“Ctrl + Shift”组合键,选择适当的汉字输入法。

(2)参考图 7.2 输入求职信的具体内容。

在输入过程中,首先应进行单纯的文本录入,然后运用 Word 的排版功能进行有效的排版操作。录入时应注意以下几点:

①输入文本时,用“Ctrl + 空格键”,快速进行中英文切换;用“Shift + 字母键”,进行大小写字母切换;输入汉字时,切勿锁定大写字母,只有小写字母才能作为汉字的编码。

②文本对齐不用空格键或 Tab 键,要用缩进、制表符进行设置。

③适当使用“插入”和“改写”两种状态进行录入操作并对错误内容及时进行修改,体会两种状态的区别。

④在 Word 文档中,单击 Enter 键,开始一个新段落,故不能用 Enter 键来换行。

⑤插入其他符号“☞”时,可以选择“插入”选项卡,在“符号”组中单击“符号”按钮后,执行“其他符号”命令,打开“符号”对话框,在对话框中根据需要选择不同子集,找到并选定“☞”,单击“插入”按钮即可,如图 7.3 所示。

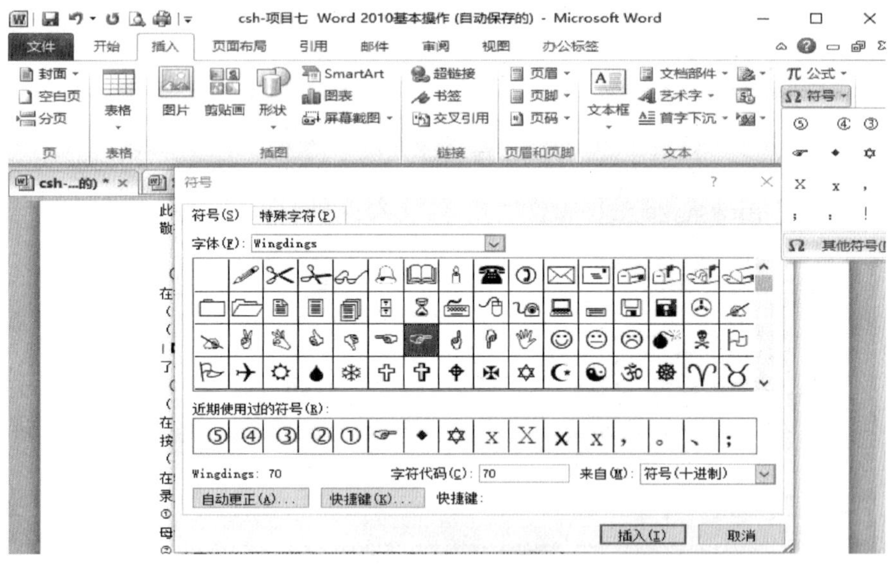

图 7.3　插入其他符号

(三)修改和编辑文本

Word 文档编辑时,如需修改和编辑(复制、移动、删除等),操作前需选定要编辑的文本区域,具体操作如下。

(1)将求职信中的“ × ”修改为具体内容。选定待修改的文本后,输入改后的内容即可。

(2)文本内容的移动。选定“☞计算机通过国家三级”文本后,用鼠标拖动到“☞英语达到六级”前即可实现。如果使用命令按钮，应在选定文本后，单击“开始”选项卡“剪贴板”功能组中的“剪切”按钮，将插入点移至目标处再单击“粘贴”按钮即可实现移动。

(3)文本内容的复制。选定“☞计算机通过国家三级”文本后，按下键盘的 Ctrl 键，同时用鼠标拖动该文本至“毕业实习期间参加企业顶岗实习”后，再释放 Ctrl 键即可实现复制。

如果使用命令按钮，应在选定文本后，单击“开始”选项卡“剪贴板”功能组中的“复制”按钮，将插入点移至目标处再单击“粘贴”按钮即可。

(4)文本内容的删除。选定(3)中复制的“☞计算机通过国家三级”文本，单击“开始”选项卡“剪贴板”功能组中的“剪切”按钮或使用 Del 键即可完成删除。

(5)用“即点即输”功能在求职信结尾插入“求职人:王明 电话:186××××3655”和具体日期。

①将光标移至“敬礼”下一行的右侧，“双击”确定插入点后，输入求职人及电话号码。

②将光标定位于“求职人”下一行的右侧，“双击”确定插入点，在“插入”选项卡中，单击“文本”组中的“日期和时间”按钮，从弹出的对话框中选择一种日期格式，并选择“自动更新”复选项，单击“确定”按钮，系统会自动将当天的日期插入到文档中，如图 7.4 所示。

(6)求职信格式设置。选定标题“求职信”，在“开始”功能组中，字体设置为宋体、四号，居中对齐。选择正文的“您好!”至“此致”之间的所有段落，单击“开始”→“段落”功能组的“扩展”按钮，打开“段落”对话框，设置“首行缩进”2 字符。再将插入点移至最后日期段落，设置“右缩进”3 字符。

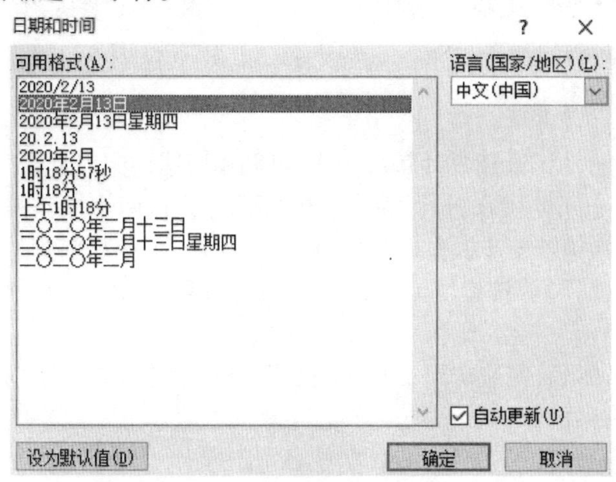

图 7.4　插入可更新的日期

(四)查找与替换文本

查找操作可以在文档中找到特定内容，替换操作不仅可以查找到要替换的内容，而且可以将查找到的内容替换为指定的内容，它是文字编辑工作中常用的操作之一，所以重点介绍替换操作。

将文档中所有“贵单位”替换为“贵公司”并设置着重号，具体操作如下。

(1)将插入点定位在文档开始处，单击“开始”选项卡“编辑”组中的“替换”按钮，打开“查找与替换”对话框。

(2)将插入点定位在“查找内容”文本框中,输入“贵单位”;将插入点定位在“替换为”文本框中,输入“贵公司”,单击“更多”按钮展开对话框,然后单击“格式”按钮,从弹出的列表中选择“字体”选项,如图 7.5 所示。

(3)弹出“替换字体”对话框,在“着重号”下拉列表中选择着重号,单击“确定”按钮,返回“查找与替换”对话框,如图 7.6 所示。

(4)在“查找与替换”对话框中,单击“全部替换”按钮,弹出对话框提示已在文档中完成替换的次数,单击“确定”按钮,即完成替换任务。

图 7.5　“查找与替换”对话框

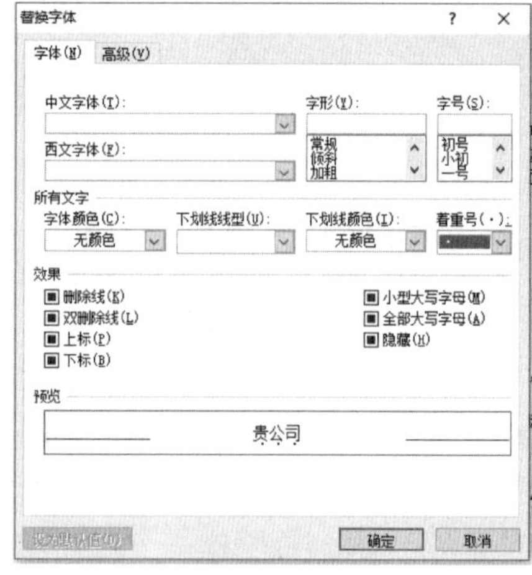

图 7.6　“替换字体”对话框

(五)撤销与恢复操作

在 Word 中,会自动记录用户的每次操作,可利用快速访问工具栏中的“撤销”按钮与“恢复”按钮对所有记录的操作进行“撤销”和“恢复”。这两个操作是互逆操作,可按从后向前的顺序依次撤销若干步操作,对已经撤销的操作,可按从前到后的顺序依次恢复。当无操作可恢复时,“恢复”按钮变为“重复”按钮,“重复”功能可以对最后一步操作进行重复操作。

注意:如图 7.7 所示,快速访问工具栏有三种不同状态,在编辑“求职信”时,应掌握重复、撤销和恢复三种操作。

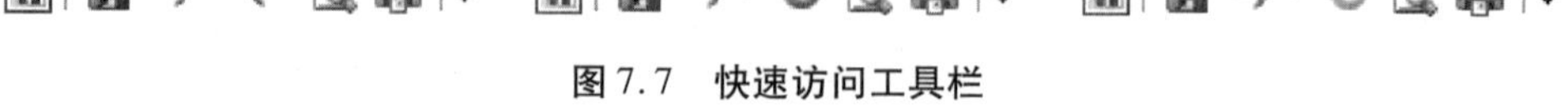

图 7.7　快速访问工具栏

(六)保存“求职信”文档

对于新创建的 Word 文档,可单击“快捷访问工具栏”→“保存”按钮,通过“另存为”对话框来保存文档,也可用以下方法进行保存,具体操作如下。

(1)单击“文件”选项卡,执行“另存为”命令,打开“另存为”对话框,选择“D:\项目七\任务一”文件夹,在“文件名”文本框中输入“求职信”,在“保存类型”组合框的下拉列表中选择“Word 文档”类型,再单击“保存”按钮即可完成保存操作,如图 7.8 所示。

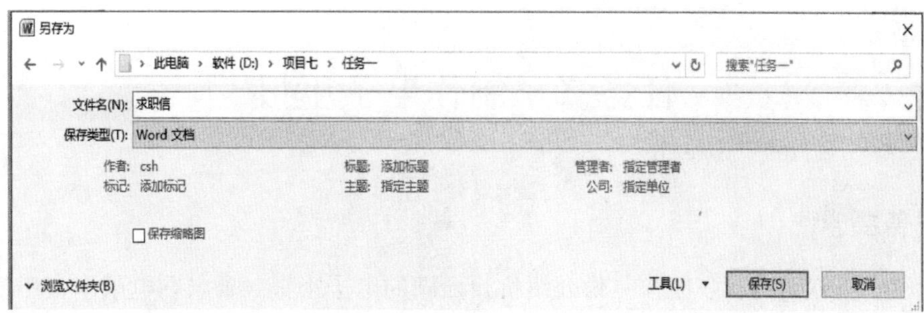

图 7.8　"求职信"文档保存

(2)在文档的编辑过程中,单击"快捷访问工具栏"中的"保存"按钮或按下"Ctrl + S"组合键,随时保存文档。

(3)自动保存文档。在"另存为"对话框中,单击"工具"按钮,单击列表中的"保存选项",在打开的对话框中,勾选"自动保存时间间隔"复选项并在其后的文本框中输入"10",单击"确定"按钮,即设置每隔 10 min 文档自动保存一次。

也可通过选择"文件"选项卡,单击"选项"命令,在打开的"Word 选项"对话框中单击"保存"按钮,参照以上步骤,设置自动保存,如图 7.9 所示。

图 7.9　文档的"自动保存"设置

任务二　制作电子小报

任务要求

公司安排赵凯为客户制作一份介绍杭州西湖的电子小报。要求在电子小报中插入艺术字、图片或剪贴画，使用文本框插入文本信息，用 SmartArt 插入图形，设置页面布局，进行页面背景颜色和页面边框的设置等，效果如图 7.10 所示，具体要求如下。

(1)在“杭州明珠西湖素材.docx”文档中插入艺术字“杭州明珠西湖”并进行格式化设置。

(2)在文档中插入两张素材图片，参考样张设置和美化图片。

(3)在文档中插入一个文本框，输入“人间仙境 最美传说”并进行相关的设置和美化。

(4)在文档中插入 SmartArt 图形，再插入素材图片和文本，以更好的艺术效果呈现“西湖十景”的特有魅力。

杭州明珠西湖

——来源于网络

西湖由来

杭州西湖是我国三十一处（一说“天下西湖三十六”）以“西湖”命名的湖泊中最引人入胜的一处。地质学家竺可桢认为，西湖是在一万二千年以前形成的“泻湖”。古老的神话中有“西湖明珠自天降，龙飞凤舞到钱塘”的说法，至此西湖才有了“明珠”这个雅号。

关于“西湖”的名称最早始于唐朝。汉时称武林水、时圣湖；唐时称龙川、钱源、钱塘湖、上湖等。到了北宋，诗人苏东坡当杭州太守时，他在《饮湖上初晴后雨》七绝中赞美西湖说：“欲把西湖比西子，淡妆浓抹总相宜。”于是，西湖又多了一个“西子湖”的美称。

西湖传说

相传在很久很久以前，天上的玉龙和金凤在银河边的仙岛上找到了一块白玉，他们一起琢磨了许多年，白玉就变成了一颗璀璨的明珠，这颗宝珠的珠光照到哪里，哪里的树木就常青，百花就盛开。但是后来这颗宝珠被王母娘娘发现了，王母娘娘就派天兵天将把宝珠抢走，玉龙和金凤赶去索珠，王母不肯，于是就发生了争抢，王母的手一松，明珠就降落到人间，变成了波光粼粼的西湖，玉龙和金凤也随之下凡，变成了玉龙山（即玉皇山）和凤凰山，永远守护着西湖。

西湖自古以来便流传着许多民间传说和神话故事。其中最为著名的就是《白蛇传》、《梁山伯与祝英台》和《苏小小》。白蛇传中的“断桥相会”、“白娘子被压雷峰塔”等情节与西湖十景有着密切的联系。而传说中梁祝的爱情故事发生在西湖边的万松书院。

西湖十景

西湖十景形成于南宋时期，基本围绕西湖分布，有的就位于湖上。苏堤春晓、曲苑风荷、平湖秋月、断桥残雪、柳浪闻莺、花港观鱼、雷峰夕照、双峰插云、南屏晚钟、三潭印月，西湖十景个擅其胜，组合在一起又能代表古代西湖胜景精华，所以无论杭州本地人还是外地山水客都津津乐道，先游为快。

人间仙境　最美传说

西湖十景

图 7.10　电子小报样张

任务实现

(一)插入艺术字

在素材文档中插入、编辑并格式化艺术字“杭州明珠西湖”，对文档进行分栏操作，具体操作如下。

(1)打开本书配套素材“杭州明珠西湖素材.docx”文档,将其以“杭州明珠西湖.docx”为文件名另存到“D:\项目七\任务二”文件夹中。

(2)将插入点定位到文档开头,单击“插入”选项卡“文本”组中的“艺术字”按钮,从弹出的列表中选择一种艺术字样式单击即可,如图7.11所示。

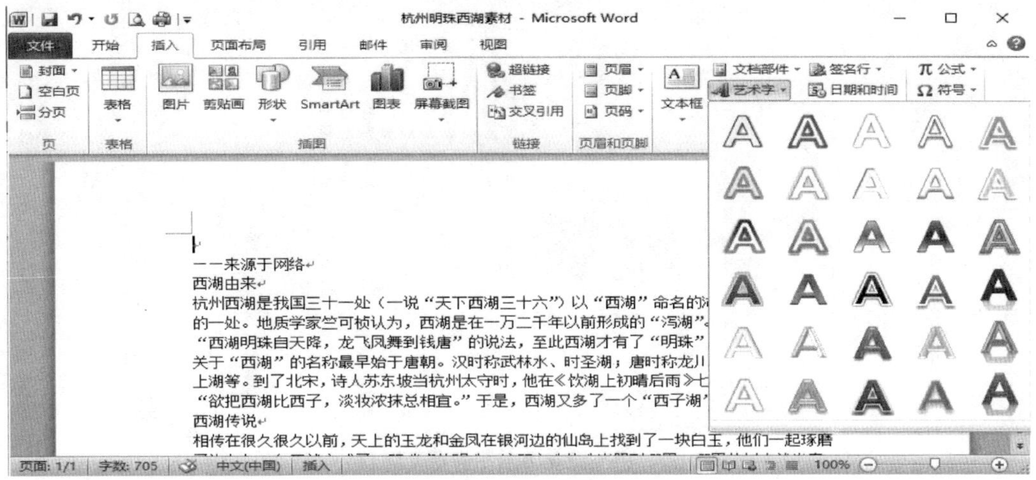

图7.11　艺术字样式

(3)在插入的艺术字文本框中输入文本“杭州明珠西湖”。选中艺术字文本框,单击“绘图工具 格式”选项卡的“自动换行”按钮,在列表中单击“嵌入型”,如图7.12所示;选择“开始”选项卡下的“字体”功能组的“字号”文本框,输入“40”,将艺术字大小设置为40磅;取消文本框的选择并将插入点放在文本框后面,单击“段落”功能组的“居中”按钮,即设置段落为居中对齐方式。

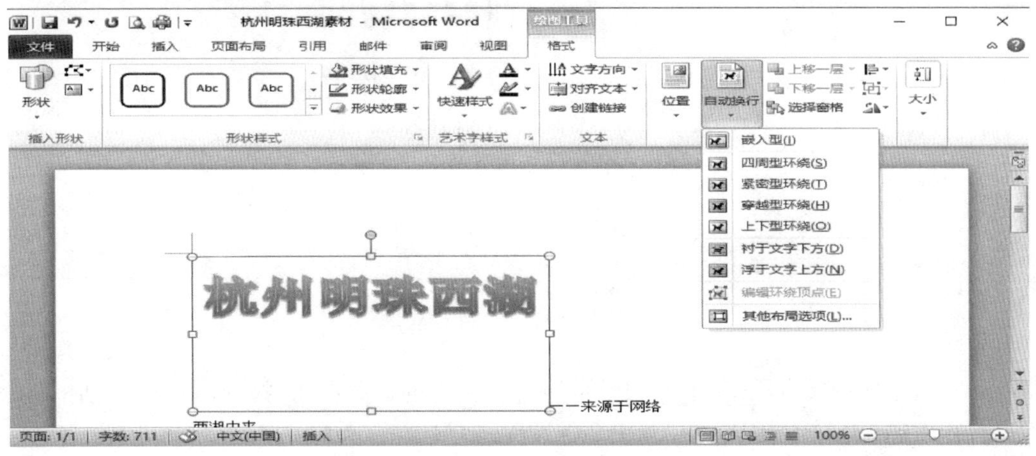

图7.12　设置艺术字环绕方式

(4)选中艺术字文本框,单击“绘图工具 格式”选项卡的“艺术字样式”功能组中的“文本填充”按钮,从弹出的列表中选择“黄色”,如图7.13所示;单击“文本轮廓”按钮,从弹出的列表中选择“橙色”,如图7.14所示;单击“文本轮廓”按钮,从弹出的列表中选择“粗细”为2.25磅;单击“文本效果”按钮,从弹出的列表中选择“转换”→“倒V形”选项单击即可,如图 7.15 所示。

图 7.13　设置艺术字的填充颜色

图 7.14　设置艺术字的轮廓

(5)选中文档所有段落,单击“开始”→“段落”组的扩展按钮,打开“段落”对话框,设置“首行缩进”为 2 字符,“行距”为 1.2 倍行距,如图 7.16 所示。

(6)将插入点移至“——来源于网络”段落中,单击“开始”→“段落”功能组的“文本右对齐”按钮,将该段设置为右对齐方式。

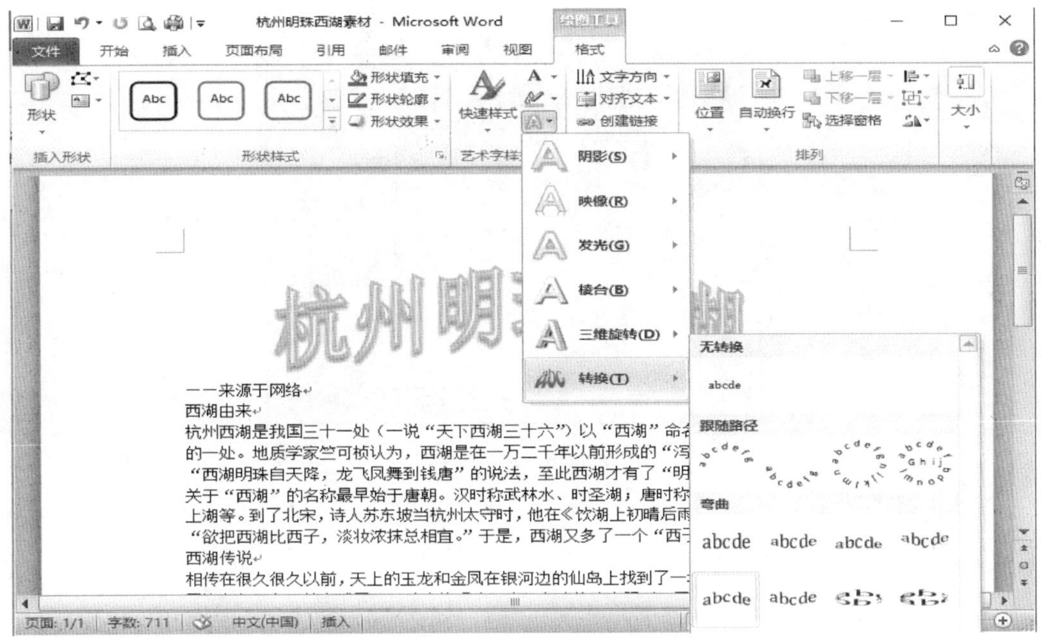

图 7.15　设置艺术字的文字效果

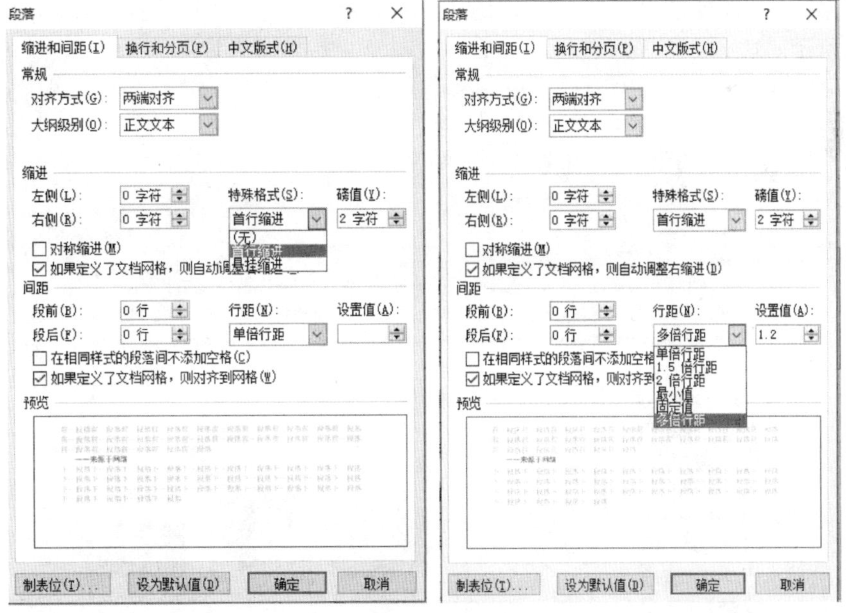

图 7.16　设置段落缩进和行距

(7)选择文档的最后三段文本,然后在“页面布局”选项卡的“页面设置”功能组中,单击“分栏”按钮,在展开的列表中选择“更多分栏”选项,打开“分栏”对话框,选择“两栏”并选中“分隔线”复选项,单击“确定”按钮完成分栏设置,如图 7.17 所示。

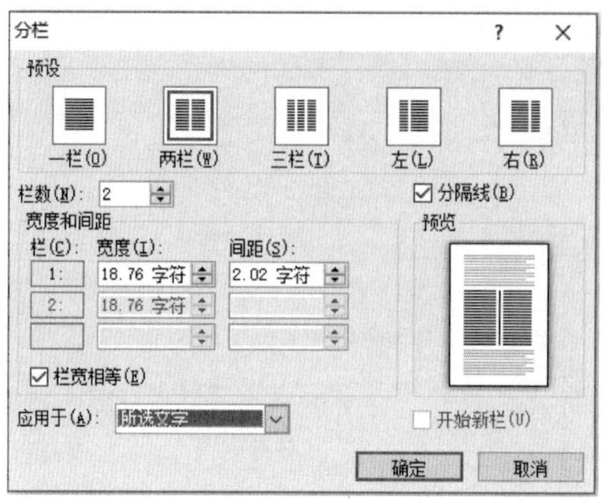

图 7.17　设置分栏

(二)插入图片和剪贴画

在文档中,插入两张图片,设置图片大小、位置和文字环绕方式并编辑和美化图片,具体操作如下。

(1)参考效果图确定图片的插入点后,单击“插入”→“插图”→“图片”按钮,打开“插入图片”对话框,选择素材中的“西湖”图片,单击“插入”按钮,即将图片插入到文档中,如图 7.18 所示。

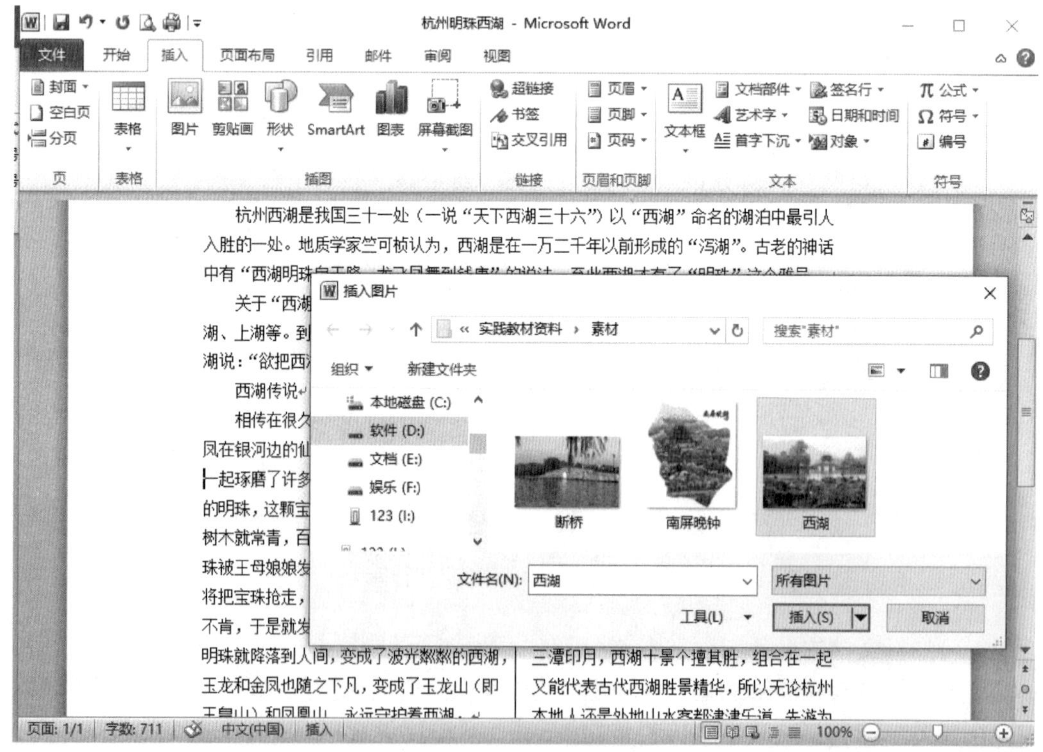

图 7.18　插入图片

(2)在文档中,单击选中图片,在单击“图片工具 格式”选项卡的“排列”功能组中单击“自动换行”按钮，在打开的列表中，单击“四周型环绕”后，再选中图片，用鼠标适当调整图片的大小和位置，如图 7.19 所示。

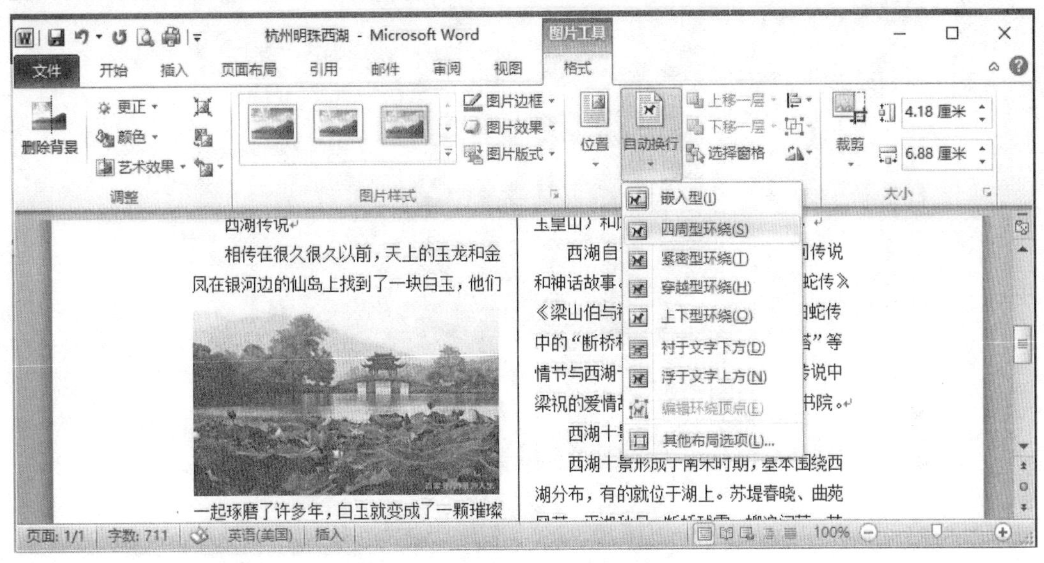

图 7.19　设置图片的环绕方式

(3) 参考以上操作，在文档中插入“断桥”图片并将图片设置“上下型环绕”方式；再右键单击该图片，在下拉列表中单击“大小和位置”命令选项，打开图片“布局”对话框，单击“大小”选项卡，输入图片高“3.5 厘米”，宽“4.5 厘米”，单击“确定”按钮即可。

注意：设置图片绝对大小时，取消勾选“锁定纵横比”“相对原始图片大小”两个复选项，如图 7.20 所示。

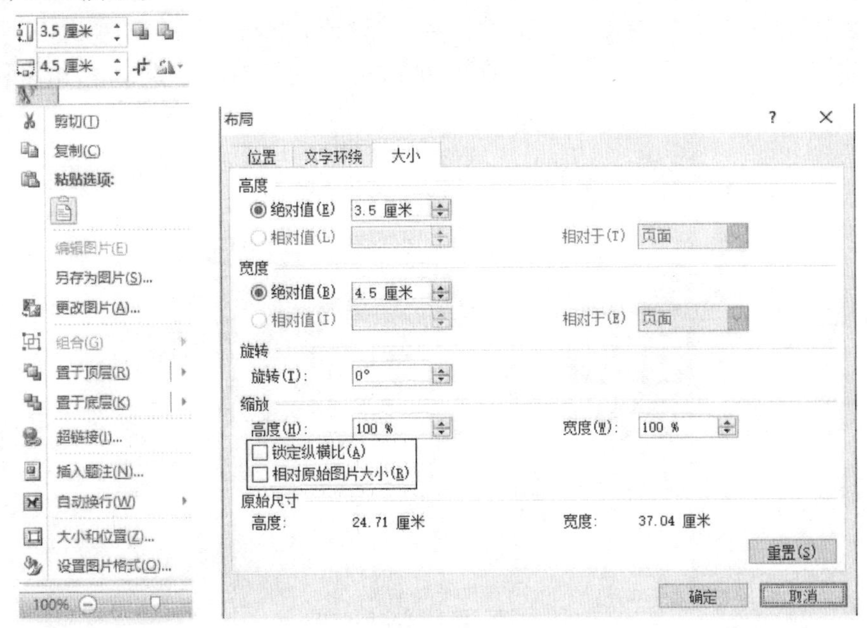

图 7.20　设置图片的大小和位置

(4) 选中该图片，单击“图片工具 格式”选项卡“图片样式”功能组中的“其他”按钮，单击列表中“柔化边缘椭圆”选项，即将图片设置为内置样式，如图 7.21 所示。

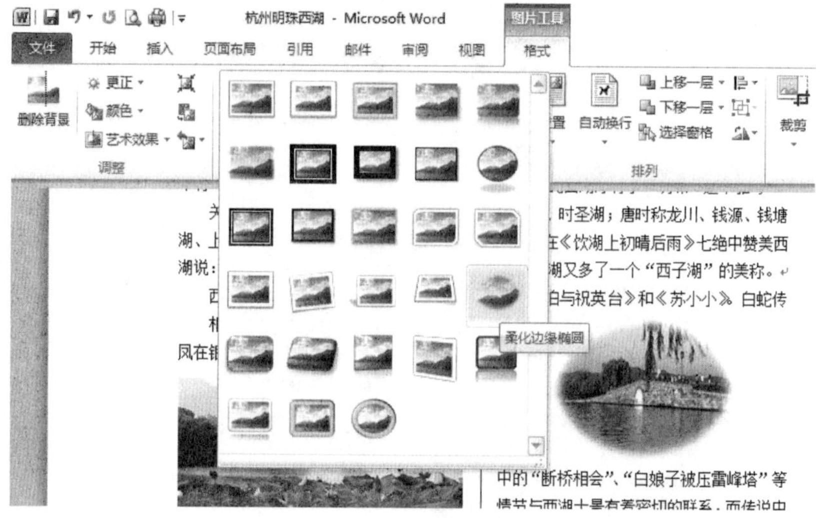

图 7.21　设置图片内置样式

(三)插入并编辑文本框

在 Word 文档中，可以使用文本框对文字进行特殊效果的设置。灵活巧妙地使用文本框进行排版，可以让文字像图片、剪贴画、艺术字等对象一样，拥有丰富多彩的美化效果。具体操作如下。

(1)将插入点移至样张效果图的位置，单击“插入”选项卡“文本”功能组的“绘制文本框”选项，用“十”字光标绘制一个横排文本框。

(2)右键单击文本框，在下拉列表当中，单击“设置形状格式”命令选项，打开“设置形状格式”对话框，参考图 7.22，将“线条颜色”设置为“绿色”，“线型”设置为“由粗到细”的双线。

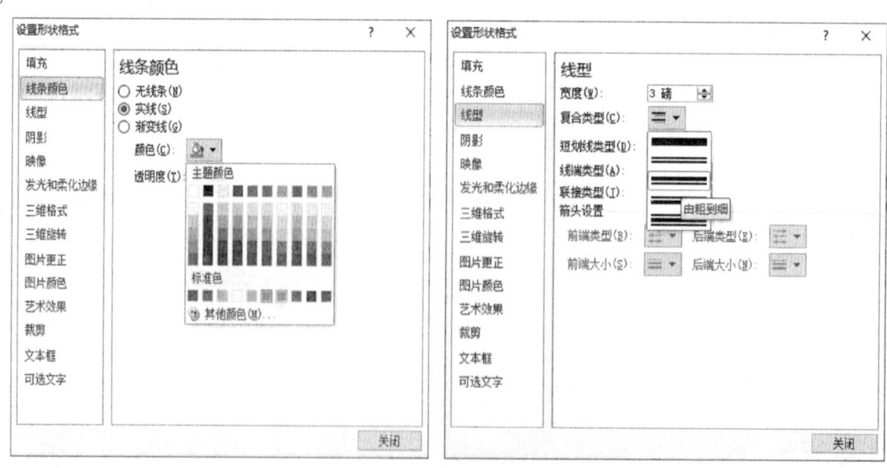

图 7.22　设置文本框效果

(3)右键单击已插入的文本框，在列表中单击“编辑文字”选项，插入点定位在文本框中，输入“人间仙境 最美传说”，如图 7.23 所示。

图 7.23　在文本框中插入文字

(4)选择输入的文本，右键单击选定区域，单击“快捷菜单”列表选项的“字体”命令，在打开的“字体”对话框中，将文本设置为“微软雅黑，三号”，如图 7.24 所示。

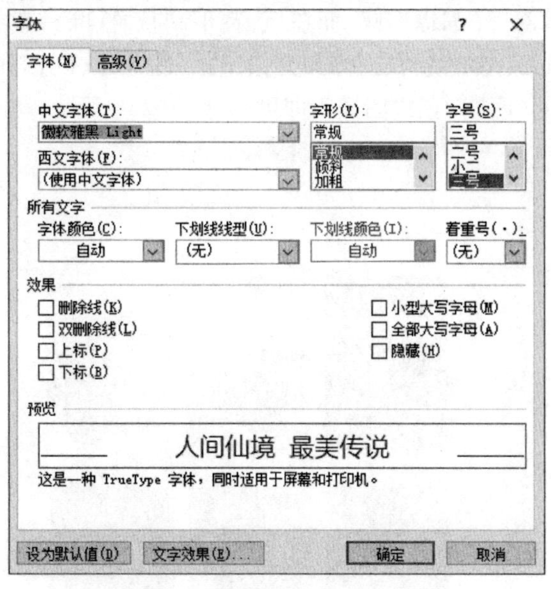

图 7.24　设置文本框的文本格式

(5)选定文本框，单击“绘图工具 格式”→“自动换行”按钮，单击列表中的“紧密环绕型”选项，即将文本框设置为紧密环绕型。

(四)插入 SmartArt 图形

在 Word 文档中，恰当使用 SmartArt 图形，可以让文档有更突出的视觉效果。小报制作的最后，用画龙点睛的 SmartArt 图形，呈现“西湖十景”的美好和优雅，具体操作如下。

(1)将插入点定位在文档的末尾，单击“插入”选项卡“插图”功能组的“SmartArt”选项，打开“选择 SmartArt 图形”对话框。

(2)在对话框中选择“列表”项中的“水平图片列表”，单击“确定”按钮，即插入了一个“水平图片列表”图，如图 7.25 所示。

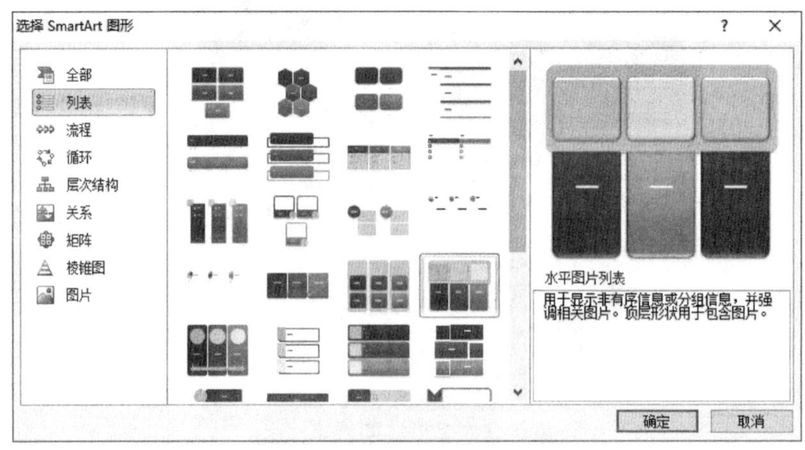

图 7.25　插入 SmartArt 图形

(3)参照效果图，插入文本和图片。单击该 SmartArt 图形，打开“在此处键入文字”输入“西湖十景”的文本部分(苏堤春晓、曲苑风荷、平湖秋月、断桥残雪、柳浪闻莺、花港观鱼、雷峰夕照、双峰插云、南屏晚钟、三潭印月)；单击“图片”，在打开的“插入图片”对话框中，找到素材中对应的“西湖十景”图插入即可，如图 7.26 所示。

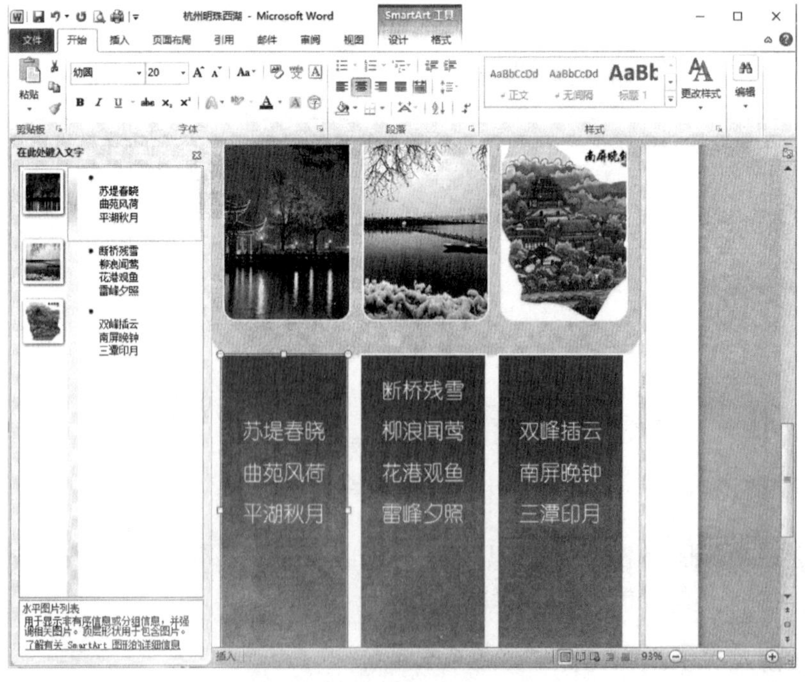

图 7.26　输入文本，插入图片

注意:在该图的文本框中输入文本时,单击“文本”,在插入点处输入文本。换行时,使用“Shift + Enter”组合键进行换行操作。

(4)设置文本框中文本格式和填充效果。按下 Ctrl 键用鼠标连续单击图中三个文本框,右键单击选择区域,在列表中单击“字体”对话框,将字体设置为“幼圆”,字号“20”;再次打开下拉列表,单击“设置形状格式”命令,在对话框中设置“填充效果”为绿色、渐变填充,“预设颜色”为碧海青天,如图 7.27 所示。

(5)保存文档。单击快捷访问工具栏的“保存”按钮或用“Ctrl + S”组合键保存文档。

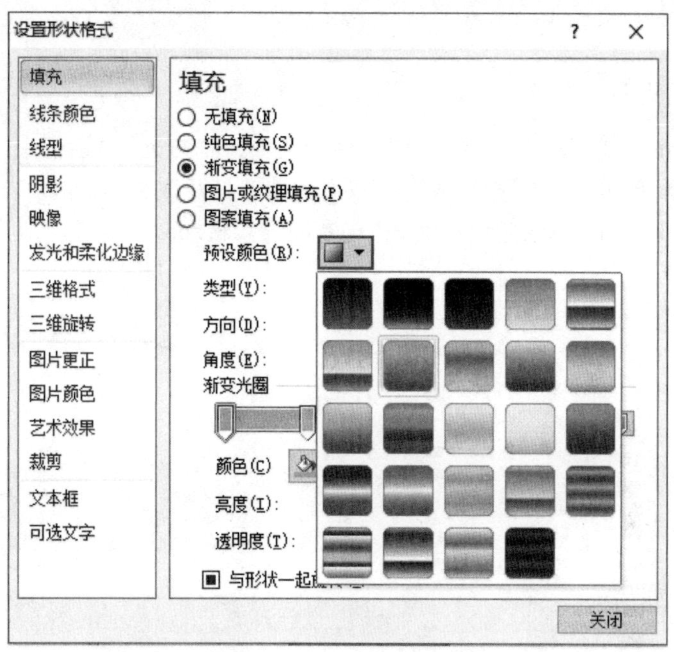

图 7.27　设置文本框填充效果

任务三　制作调查问卷

任务要求

公司为满足员工需求,更好地调动员工劳动积极性,以创造更大利益,拟对目前薪酬体系进行改革。人事部门为使该项工作科学合理,制作好“调查问卷素材.docx”,但未进行字体和段落等相关设置。在下班前的 10 min,公司领导委托秘书张强将“问卷”编辑排版完成。张强为了按时下班,运用一系列的操作技巧,仅用 8 min 就完成了任务,具体操作要求如下。

(1)打开“调查问卷素材.docx”文档并另存为“调查问卷.docx”。

(2)设置字符格式:标题文本“字体”幼圆,“字形”常规,“字号”三号并设置文本效果;正文文本“字体”宋体,“字形”常规,“字号”小四。

(3)标题段落“行间距”为 2.0,居中对齐;正文段落“首行缩进”2 字符,“行距”为

20 磅;“页面布局”为两栏。

(4)将正文文本中“您的职位”“您的年龄”等 15 个问题设置段落编号;将每个问题的备选项设置项目符号。

(5)将“调查问卷”文档中的“本次调查问卷共有 15 个问题,问题采用‘单项’文本选择的方式。”设置边框和 10% 的灰色底纹。

(6)保护文档。

任务实现

(一)打开文档

(1)在 Word 中,单击“文件”→“打开”命令选项,在“打开”对话框中,选择“调查问卷素材. docx”文档,单击“打开”按钮或直接双击文档名打开该文档,如图 7.28 所示。

(2)在 Windows 下,按给定路径查找“调查问卷素材. docx”,直接“双击”打开文档,该方法更方便快捷。

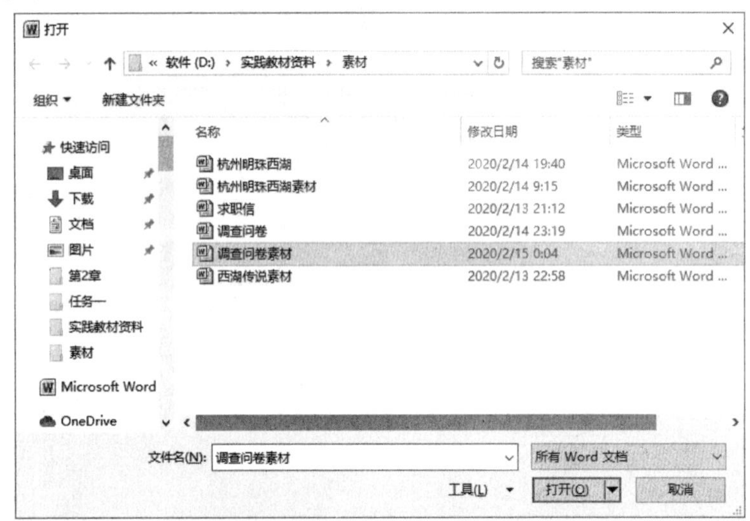

图 7.28 打开“调查问卷素材”文档

(3)将文档“另存为”为“调查问卷. docx”后,再进行其他操作,如图 7.29 所示。在编辑过程中,可以随时使用“快速访问工具栏”的“保存”按钮或“Ctrl + S”进行文档的保存操作,如图 7.30 所示。

(二)设置字符格式

字符格式设置包括改变字符的字体、字号、颜色、突出显示及文本效果等,以及设置粗体、斜体、下划线等修饰效果。在 Word 2010 中,文本格式默认为宋体,五号;西文字体为 Times New Roman 等。进行字符格式设置前,必须先选定文本,否则格式设置只能对插入点后面新输入的文本起作用。一般通过“开始”选项卡的“字体”功能组、浮动工具栏和“字体”对话框三种方法设置字符格式。

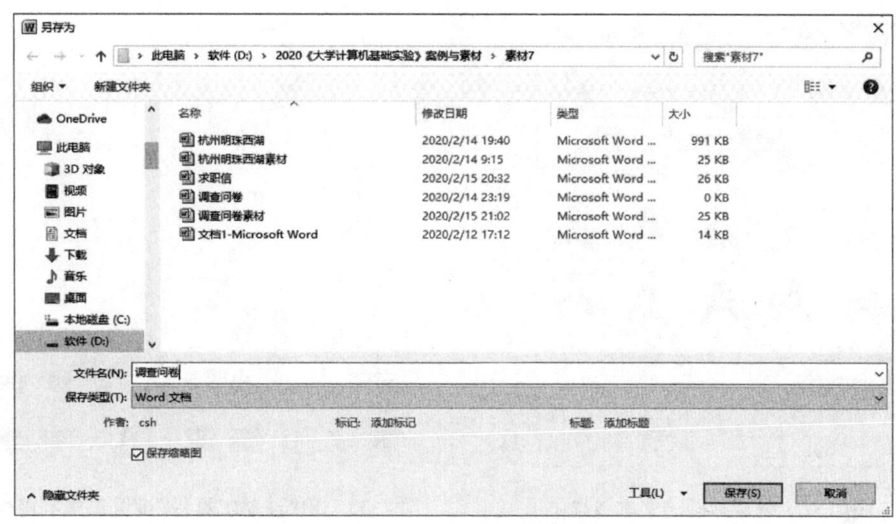

图 7.29　用"另存为"对话框保存文档

图 7.30　用"保存"按钮和组合键保存文档

（1）选择标题文本，单击"开始"选项卡，通过"字体"功能组的命令，将标题的字体设置为幼圆，字号设置为三号，如图 7.31 所示。

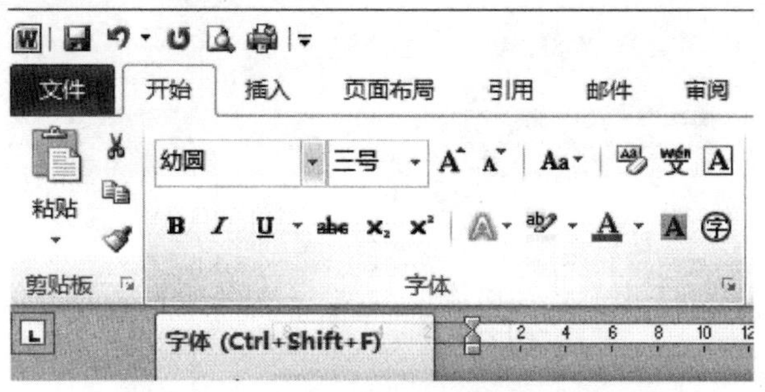

图 7.31　用"字体"功能组设置标题字符格式

（2）在"字体"组中，单击"文本效果"按钮，如图 7.32 所示，在列表中选择文本效果为第一行第二列的"填充 - 无，轮廓 - 强调文字颜色 2"即可。

（3）选择正文文本，用"浮动工具栏"设置正文的字符格式，如图 7.33 所示，将正文文本设置为宋体，小四号。

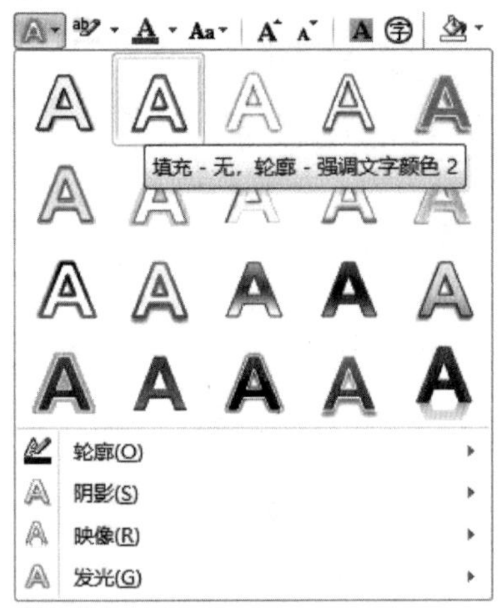

图 7.32　设置标题的文本效果

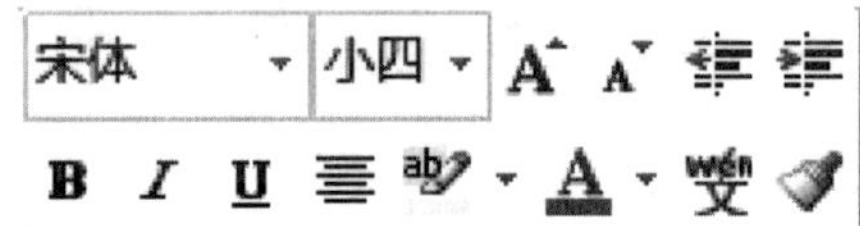

图 7.33　用“浮动工具栏”设置正文字符格式

(三)设置段落格式

段落格式设置包括段落的缩进、对齐方式、行间距和段落间距等。可通过“开始”选项卡的“段落”功能组中的命令选项进行设置,也可以启动“段落”对话框进行设置,具体操作如下。

(1)将插入点移至标题处,单击“段落”功能组“居中”按钮,设置居中对齐;单击“行和段落间距”下拉列表的“2.0”,设置 2.0 倍行间距,如图 7.34 所示。

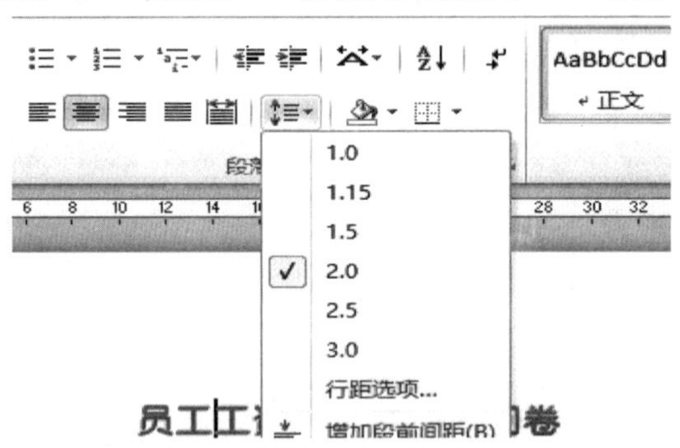

图 7.34　用“行和段落间距”命令设置行间距

(2)选择正文文本,右键单击选定区域,单击快捷菜单中的“段落”选项,打开“段落”对话框,设置正文的段落格式:“首行缩进”为 2 字符,“行距”为固定值 20 磅,如图 7.35 所示。

(3)设置段落的缩进,除以上方法外,也可以通过“标尺”来完成。单击“视图”选项卡,在“显示”功能组中,勾选“标尺”复选项,“标尺”即出现在工作区中。通过左缩进、右缩进、悬挂缩进调整缩进量,若进行精确调整,请结合 Alt 键操作,如图 7.36 所示。

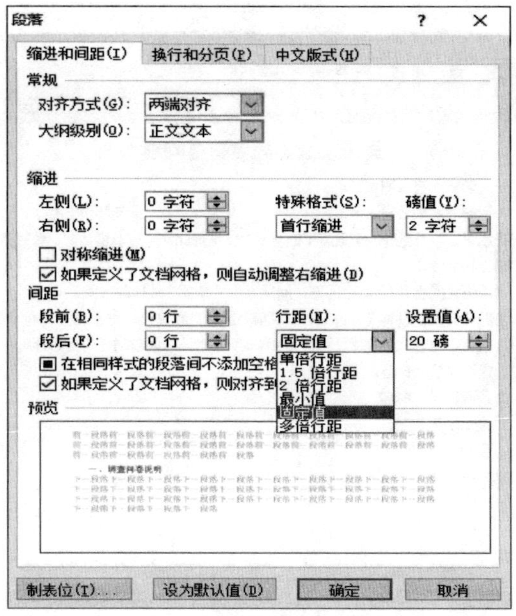

图 7.35　设置正文段落格式

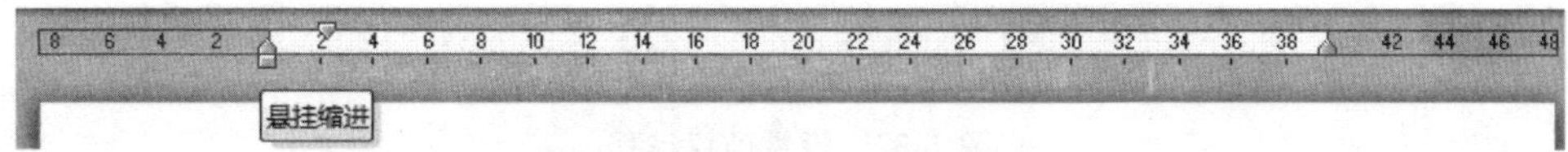

图 7.36　用“标尺”设置缩进

(四)设置项目符号和编号

为了清晰地表示文档中的要点、方法、步骤等层次结构,可以采用 Word 2010 提供的项目符号和编号功能,它是应用于段落的一种格式,可以在已有的段落上添加项目符号和编号,也可以先设置好项目符号和编号,再输入和编辑文本,具体操作如下。

(1)设置项目编号。结合 Ctrl 键选中正文文本中“您的职位”“您的年龄”等 15 个段落,单击“开始”选项卡中“段落”功能组的“编号”按钮,即可设置项目编号,如图 7.37 所示。

(2)设置项目符号。选择“1. 您的年龄?”下面的五个问题段落,选择“开始”选项卡,单击“段落”功能组中的“项目符号”下拉按钮,在打开的列表中选择所需的项目符号,也可以自定义项目符号的样式,如图 7.38、图 7.39 所示。

(3)用“格式刷”复制格式。选择已经设置好的待复制项目符号的段落,点击“开始”→“剪贴板”→“格式刷”按钮后,再用带上格式刷的光标,去刷取待设置同样项目符号的段落,所有被刷过的段落即被设置了同样的项目符号。

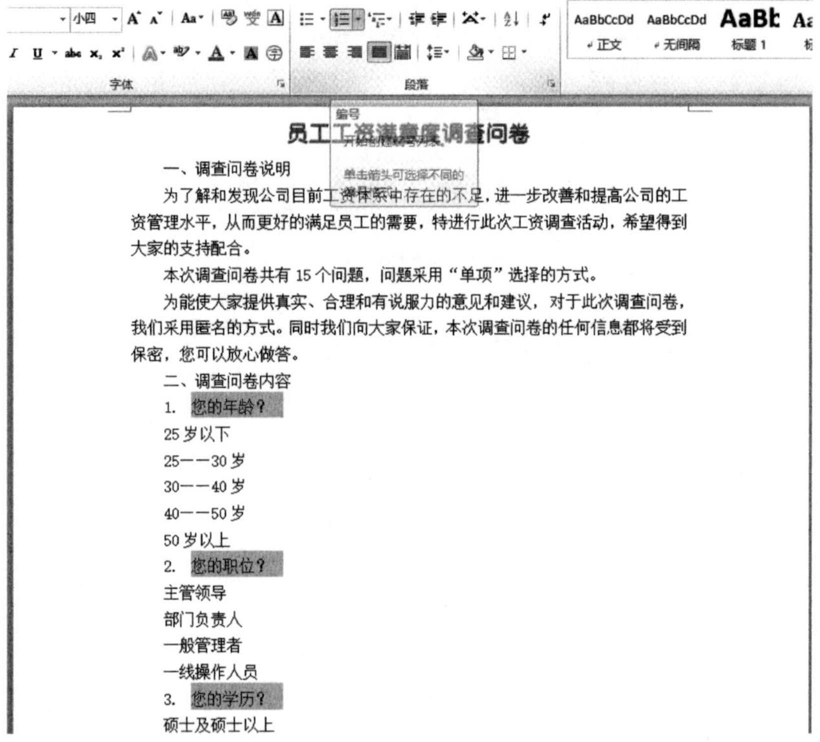

图 7.37　设置项目编号

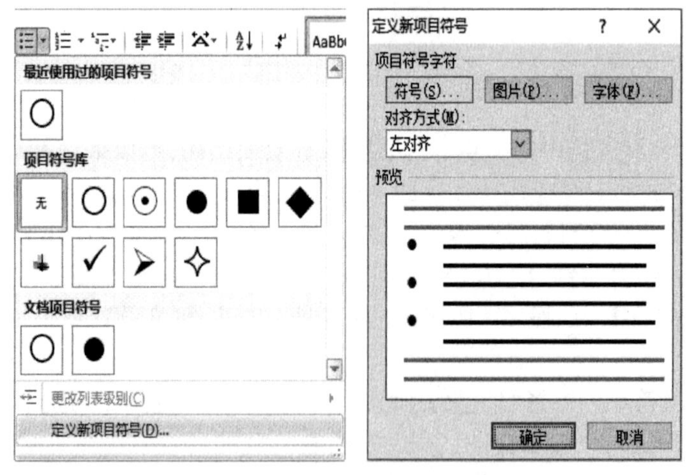

图 7.38　打开“定义新项目符号”对话框

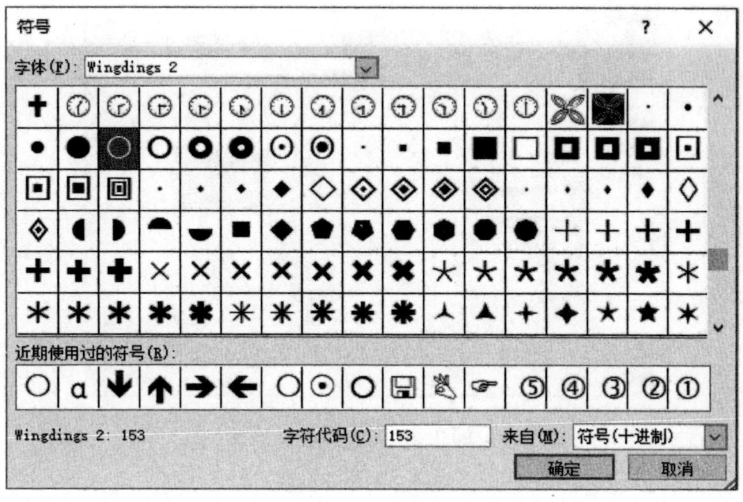

图 7.39 设置新项目符号

(五)设置边框与底纹

为突出内容的重要性,有时为文字或段落设置边框和底纹,具体操作如下。

(1)选择正文第 3 段,选择“开始”选项卡,在“段落”功能组中单击“边框”下三角形按钮,单击列表中“边框和底纹”命令,打开“边框和底纹”对话框,单击“边框”选项卡,“样式”设置为双线,“颜色”设置为红色,“宽度”设置为 1.5 磅,“应用于”设置为段落,在预览区内单击各按钮,当预览效果满足要求后,单击“确定”按钮,即可设置好段落边框,如图 7.40 所示。

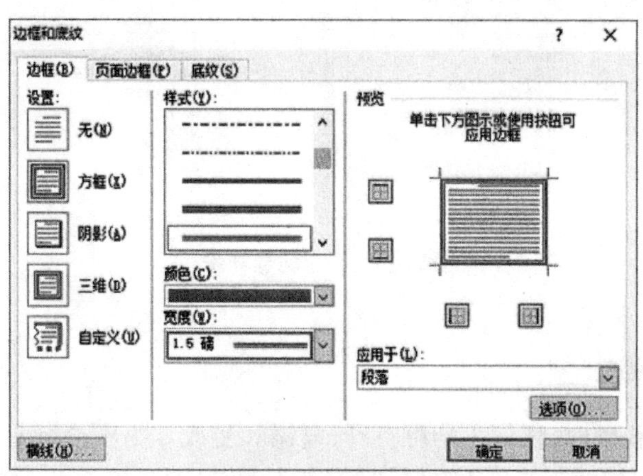

图 7.40 设置段落边框

(2)在“边框和底纹”对话框中,再单击“底纹”选项卡,打开“图案”→“样式”列表,单击“10%”选项,“应用于”设置为段落,单击“确定”按钮,为选定段落设置 10% 的底纹,如图 7.41 所示。

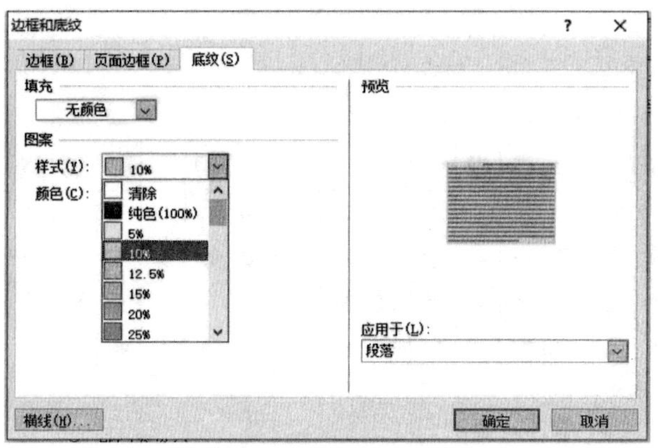

图 7.41　设置底纹

(3)参考图 7.42,设置分栏并保存。

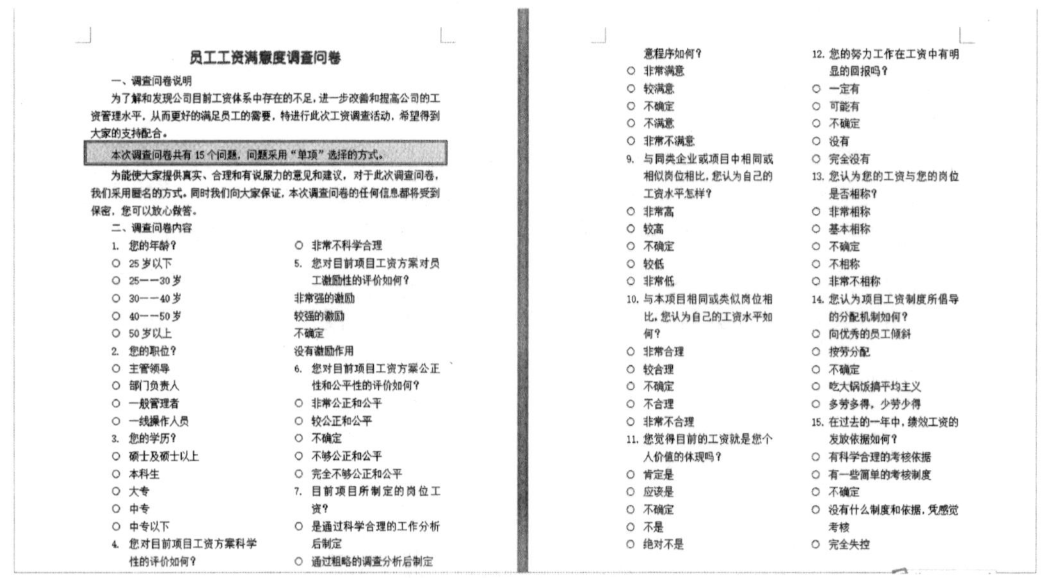

员工工资满意度调查问卷

一、调查问卷说明

为了解和发现公司目前工资体系中存在的不足，进一步改善和提高公司的工资管理水平，从而更好的满足员工的需要，特进行此次工资调查活动，希望得到大家的支持配合。

本次调查问卷共有 15 个问题，问题采用“单项”选择的方式。

为能使大家提供真实、合理和有说服力的意见和建议，对于此次调查问卷，我们采用匿名的方式。同时我们向大家保证，本次调查问卷的任何信息都将受到保密，您可以放心做答。

二、调查问卷内容

1. 您的年龄？
○ 25 岁以下
○ 25——30 岁
○ 30——40 岁
○ 40——50 岁
○ 50 岁以上
2. 您的职位？
○ 主管领导
○ 部门负责人
○ 一般管理者
○ 一线操作人员
3. 您的学历？
○ 硕士及硕士以上
○ 本科生
○ 大专
○ 中专
○ 中专以下
4. 您对目前项目工资方案科学性的评价如何？
○ 非常不科学合理
5. 您对目前项目工资方案对员工激励性的评价如何？
非常强的激励
较强的激励
不确定
没有激励作用
6. 您对目前项目工资方案公正性和公平性的评价如何？
○ 非常公正和公平
○ 较公正和公平
○ 不确定
○ 不够公正和公平
○ 完全不够公正和公平
7. 目前项目所制定的岗位工资？
○ 是通过科学合理的工作分析后制定
○ 通过粗略的调查分析后制定

意程序如何？
○ 非常满意
○ 较满意
○ 不确定
○ 不满意
○ 非常不满意
9. 与同类企业或项目中相同或相似岗位相比，您认为自己的工资水平怎样？
○ 非常高
○ 较高
○ 不确定
○ 较低
○ 非常低
10. 与本项目相同或类似岗位相比，您认为自己的工资水平如何？
○ 非常合理
○ 较合理
○ 不确定
○ 不合理
○ 非常不合理
11. 您觉得目前的工资就是您个人价值的体现吗？
○ 肯定是
○ 应该是
○ 不确定
○ 不是
○ 绝对不是
12. 您的努力工作在工资中有明显的回报吗？
○ 一定有
○ 可能有
○ 不确定
○ 没有
○ 完全没有
13. 您认为您的工资与您的岗位是否相称？
○ 非常相称
○ 基本相称
○ 不确定
○ 不相称
○ 非常不相称
14. 您认为项目工资制度所倡导的分配机制如何？
○ 向优秀的员工倾斜
○ 按劳分配
○ 不确定
○ 吃大锅饭搞平均主义
○ 多劳多得，少劳少得
15. 在过去的一年中，绩效工资的发放依据如何？
○ 有科学合理的考核依据
○ 有一些简单的考核制度
○ 不确定
○ 没有什么制度和依据，凭感觉考核
○ 完全失控

图 7.42　调查问卷样张

(六)保护文档

文档在未设置权限时,任何人均可打开、复制和更改。为安全起见,重要的文档应通过信息的加密、限制编辑、按人员限制权限、添加数字签名等措施保护文档,具体操作如下。

(1)单击“文件”选项卡,单击列表中“信息”→“保护文档”按钮,单击“用密码进行加密”选项,打开“加密文档”对话框,如图 7.43 所示。

(2)在“加密文档”对话框的“密码”文本框中输入“12345”后,单击“确定”按钮即打开“确认密码”对话框,在“重新输入密码”的文本框中再次输入“12345”后,单击“确定”按钮,密码设置成功,如图 7.44 所示。

注意:切勿丢失和遗忘密码,否则将无法恢复和打开文档。

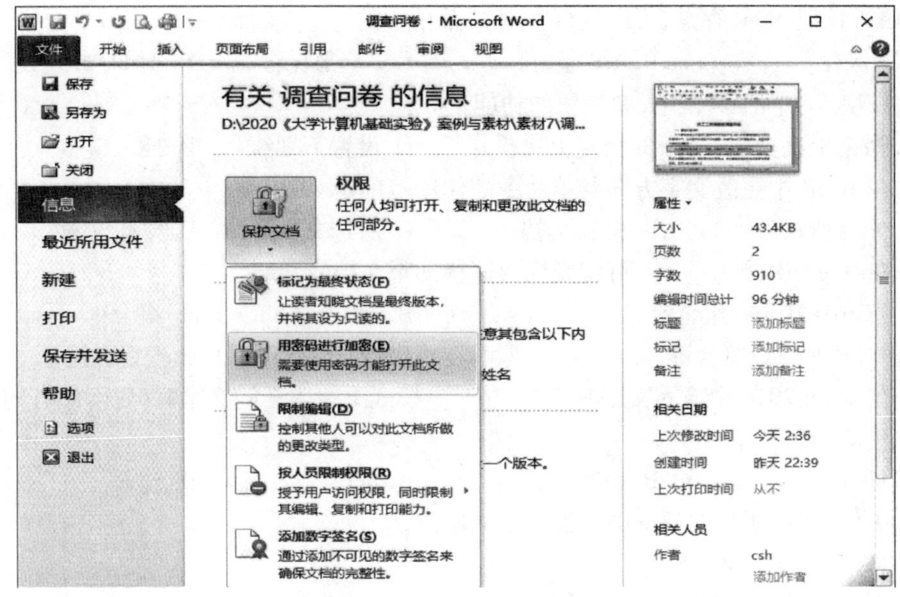

图 7.43　选择文档保护选项

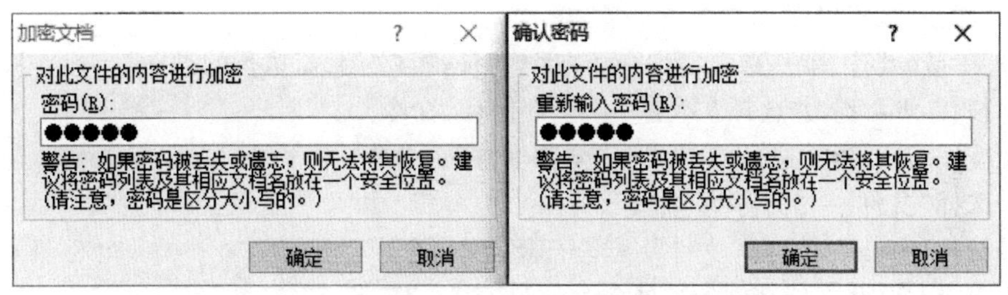

图 7.44　设置文档密码

本章习题

一、单项选择题

1. 在 Word 2010 窗口中编辑文档时，单击文档窗口标题栏右侧的 – 按钮后，会　(　　)

A. 关闭窗口　　B. 最小化窗口

C. 使文档窗口独占屏幕　　D. 使当前窗口缩小

2. 在 Word 2010 主窗口的右上角，可以同时显示的按钮是　(　　)

A. “最小化”“向下还原”和“最大化”　　B. “向下还原”“最大化”和“关闭”

C. “最小化”“向下还原”和“关闭”　　D. “向下还原”和“最大化”

3. 文档窗口利用水平标尺设置段落缩进，需要切换到________视图方式。　(　　)

A. 页面　　B. Web 版式　　C. 阅读版式　　D. 大纲

4. 在 Word 编辑状态下，打开计算机的“日记. docx”文档，若要把编辑后的文档以文

件名“旅行日记.htm”存盘,可以执行“文件”菜单中的________命令。 ( )

A.“保存” B.“另存为” C.“全部保存” D.“保存并发送”

5. 在快速访问工具栏中,↶按钮的功能是 ( )

A. 撤销上次操作 B. 恢复上次操作 C. 设置下划线 D. 插入链接

6. 在 Word 中更改文字方向菜单命令的作用范围是 ( )

A. 光标所在处 B. 整篇文档 C. 所选文字 D. 整段文章

7. 在 Word 中按________可将光标快速移动至文档的开端。 ( )

A.“Ctrl + Home”组合键 B.“Ctrl + Shift + End”组合键

C.“Ctrl + End”组合键 D.“Ctrl + Shift + Home”组合键

8. 在 Word 2010 中输入文字时,在________模式下输入新的文字时,后面原有的文字将会被覆盖。 ( )

A. 插入 B. 改写 C. 更正 D. 输入

9. 在 Word 中不能实现选中整篇文档的操作是 ( )

A. 按“Ctrl + A”组合键

B. 在“开始”→“编辑”组中单击“选择”按钮,在打开的下拉列表中选择“全选”选项

C. 在选定区域内,按住 Ctrl 键,然后单击

D. 在选择栏三击鼠标左键

10. 在 Word 中,要一次全部保存正在编辑的多个文档,需执行的操作是 ( )

A. 按住 Shift 键,并选择“文件”→“全部保存”命令

B. 按住 Ctrl 键,并选择“文件”→“全部保存”命令

C. 选择“文件”→“另存为”命令

D. 按住 Alt 键,并选择“文件”→“全部保存”命令

11. Word 2010 文档文件的扩展名为 ( )

A. txt B. docx C. xlsx D. doc

12. 在 Word 窗口的编辑区,闪烁的一条竖线表示 ( )

A. 鼠标位置 B. 光标位置 C. 拼写错误 D. 文本位置

13. 在 Word 中选取某一个自然段落时,可将鼠标指针移到该段落区域内 ( )

A. 单击 B. 双击 C. 三击 D. 右击

14. 在 Word 中操作时,需要删除一个字,光标在该字的前面时,应按 ( )

A. Del 键 B. 空格键 C. 退格键 D. Enter 键

15. 在 Word 操作过程中能够显示总页数、当前页号、字数等信息的是 ( )

A. 状态栏 B. 菜单栏 C. 快速访问栏 D. 标题栏

16. 要选定文档中的一个矩形区域,应在拖动鼠标前按下 ( )

A. Ctrl 键 B. Alt 键 C. Shift 键 D. 空格键

17. 在 Word 2010 中选定一行文本的方法是 ( )

A. 将鼠标箭头置于目标处并单击

B. 将鼠标置于此行左侧的选定栏,出现箭头形状的选定光标时单击

C. 用鼠标在此行的选定栏三击

D. 将鼠标定位到该行中,当出现闪烁的光标时,连续三次单击

18. 将插入点定位于句子“风吹草低见牛羊”中的“草”与“低”之间,按 Del 键,则该句

子为　(　　)

A. 风吹草见牛羊　B. 风吹见牛羊　C. 整句被删除　D. 风吹低见牛羊

19. 在 Word 2010 中,不属于"开始"功能区的是　(　　)

A. 文本　B. 字体　C. 段落　D. 样式

20. 如果要隐藏文档中的标尺,可以通过________选项卡来实现。　(　　)

A. "插入"　B. "编辑"　C. "视图"　D. "开始"

21. 在 Word 2010 中,要将"中文"文本复制到插入点处,应先将"中文"选中,再　(　　)

A. 直接拖动文本到插入点

B. 在"开始"→"剪贴板"组中单击"剪切"按钮,然后在插入点处单击"粘贴"按钮

C. 在"开始"→"剪贴板"组中单击"复制"按钮,然后在插入点处单击"粘贴"按钮

D. 按"Ctrl + C"组合键,然后按"Ctrl + V"组合键

22. 用"格式刷"可以进行________操作。　(　　)

A. 复制文本格式　B. 保存文本　C. 复制文本　D. 清除文本格式

23. 选择文本,在"字体"组中单击"字符边框"按钮,可　(　　)

A. 为所选文本添加默认边框样式　B. 为当前段落添加默认边框样式

C. 为所选文本所在行添加边框样式　D. 自定义所选文本的边框样式

24. 为文本添加项目符号后,"项目符号库"栏下的"更改列表级别"选项将呈可用状态,此时,　(　　)

A. 在其子菜单中可调整当前项目符号的级别

B. 在其子菜单中可更改当前项目符号的样式

C. 在其子菜单中可自定义当前项目符号的级别

D. 在其子菜单中可自定义当前项目符号的样式

25. Word 中的"格式刷"可用于复制文本或段落的格式,若要将选中的文本或段落格式重复应用多次,应　(　　)

A. 单击格式刷　B. 双击格式刷　C. 右击格式刷　D. 拖动格式刷

26. 在 Word 2010 中,输入的文字默认的对齐方式是　(　　)

A. 左对齐　B. 右对齐　C. 居中对齐　D. 两端对齐

27. "左缩进"和"右缩进"调整的是　(　　)

A. 非首行　B. 首行　C. 整个段落　D. 段前距离

28. 修改字符间距的位置是　(　　)

A. "段落"对话框中的"缩进与间距"选项卡

B. 两端对齐

C. "字体"对话框中的"高级"选项卡

D. 分散对齐

29. 在 Word 2010 中,同时按住________和 Enter 键可以不产生新的段落。　(　　)

A. Alt 键　B. Shift 键　C. Ctrl 键　D. "Ctrl + Shift"键

30. Word 2010 根据字符的大小自动调整行距,此行距称为　(　　)

A. 5 倍行距　B. 单倍行距　C. 固定值　D. 最小值

31. Word 中插入图片的默认版式为　(　　)

A. 嵌入型　B. 紧密型　C. 浮于文字上方　D. 四周型

32. 下列不属于 Word 2010 的文本效果的是　(　　)

A. 轮廓　B. 阴影　C. 发光　D. 着重号

33. 在 Word 2010 中使用标尺可以直接设置段落缩进,标尺顶部的三角形标记用于设置　(　　)

A. 首行缩进　B. 悬挂缩进　C. 左缩进　D. 右缩进

34. 选择文本,按"Ctrl + B"组合键后,字体会　(　　)

A. 加粗　B. 倾斜　C. 加下划线　D. 设置成上标

35. 在 Word 中进行"段落设置",如果设置"右缩进 2 厘米",则其含义是　(　　)

A. 对应段落的首行右缩进 2 厘米

B. 对应段落除首行外,其余行都右缩进 2 厘米

C. 对应段落的所有行在右页边距 2 厘米处对齐

D. 对应段落的所有行都右缩进 2 厘米

二、多项选择题

1. 下列操作中,可以打开 Word 文档的操作是　(　　)

A. 双击已有的 Word 文档

B. 选择"文件"→"打开"菜单命令

C. 按"Ctrl + O"组合键

D. 选择"文件"→"最近所用的文件"菜单命令

2. 在 Word 中能关闭文档的操作有　(　　)

A. 选择"文件"→"关闭"命令

B. 单击文档标题右端的关闭按钮

C. 在标题栏上单击鼠标右键,在弹出的快捷菜单中选择"关闭"命令

D. 选择"文件"→"保存"命令

3. 关于"保存"与"另存为"说法中错误的有　(　　)

A. 在文件第一次保存时,两者功能相同

B. "另存为"是将文件另外再保存一份,但不可以重新命名文件

C. 用"另存为"保存的文件不能与原文件同名

D. 在保存旧文档时,两者功能相同

4. 保存正在编辑的文件可通过________来实现。　(　　)

A. 单击标题栏上的"保存"按钮　B. 选择"文件"→"保存"命令

C. 按"Ctrl + S"组合键　D. 按 F12 键,再单击"保存"按钮

5. Word 2010 中可隐藏　(　　)

A. 功能区　B. 标尺　C. 网格线　D. 导航窗格

6. 在 Word 2010 中,文档可以保存为________格式。　(　　)

A. Web 页　B. 纯文本　C. PDF　D. RTF

7. 拆分 Word 2010 文档窗口的方法正确的有　(　　)

A. 按"Ctrl + Alt + S"组合键

B. 按"Ctrl + Shift + S"组合键

C. 拖动垂直滚动条上方的"拆分"按钮

D. 在“视图”→“窗口”组中单击“拆分”按钮

8. 在 Word 中,若需选定整个段落,可执行________操作。　　(　　)

A. 用鼠标在段首单击,然后按住 Shift 键再单击段尾

B. 在段落左侧的选择栏快速双击

C. 用鼠标在段内任意处快速三击

D. 按住 Ctrl 键在段内任意处单击

9. 在 Word 2010 中的“查找与替换”对话框中查找的内容包括　　(　　)

A. 样式　　B. 字体　　C. 段落标记　　D. 图片

10. 插入手动分页符的方法有　　(　　)

A. 在“页面布局”→“页面设置”组中单击“分隔符”按钮,在打开的下拉列表中选择“分页符”选项

B. 在“插入”→“页”组中单击“分页”按钮

C. 按“Ctrl + Enter”组合键

D. 按“Shift + Enter”组合键

11. Word 中,如果要设置段落缩进,下列操作正确的是　　(　　)

A. 在“开始”→“样式”组中进行设置

B. 在“开始”→“段落”组中进行设置

C. 移动标尺上的段落缩进游标

D. 在“段落”对话框的“缩进”栏中进行设置

12. 在 Word “段落”对话框中能完成的操作有　　(　　)

A. 设置段落缩进　　B. 设置项目符号　　C. 设置段落间距　　D. 设置字符间距

13. 下列段落缩进中,属于 Word 缩进效果的是　　(　　)

A. 左缩进　　B. 右缩进　　C. 悬挂缩进　　D. 首行缩进

14. Word 2010 中,以下有关“项目符号”的说法正确的是　　(　　)

A. 项目符号可以是英文字母　　B. 项目符号可以改变格式

C. 项目符号可以是计算机中的图片　　D. 项目符号可以自动顺序生成

15. 编号可以是　　(　　)

A. 罗马数字　　B. 汉字数字　　C. 英文字母　　D. 带圈数字

16. 在 Word 中,如果要在文档中层叠图形对象,应执行________操作。　　(　　)

A. 在右键菜单中选择“叠放次序”命令

B. 在右键菜单中选择“组合”命令

C. 在“绘图工具”→“格式”→“排列”组中单击“上移一层”按钮或“下移一层”按钮

D. 在“绘图工具”→“格式”→“排列”组中单击“位置”按钮

17. 利用“带圈字符”命令可以给字符加上　　(　　)

A. 圆形　　B. 正方形　　C. 三角形　　D. 菱形

18. 在 Word 2010 中,可以将边框添加到　　(　　)

A. 文字　　B. 段落　　C. 页面　　D. 表格

19. 在 Word 中选择多个图形,可　　(　　)

A. 按住 Ctrl 键,再依次选取　　B. 按住 Shift 键,再依次选取

C. 按住 Alt 键,再依次选取　　D. 按住“Shift + Ctrl”组合键,再依次选取

20. 以下关于“项目符号”的说法正确的是 ( )

A. 可以使用“项目符号”按钮来添加　　B. 可以使用软键盘来添加

C. 可以使用格式刷来添加　　D. 可以自定义项目符号样式

三、判断题

1. Word 可将正在编辑的文档另存为一个纯文本(txt)文件。 ( )

2. Word 允许同时打开多个文档。 ( )

3. 第一次启动 Word 后系统将自动创建一个空白文档并命名为“新文档. docx”。 ( )

4. 使用“文件”菜单中的“打开”命令可以打开一个已存在的 Word 文档。 ( )

5. 修改一个已有文档时，保存时程序不会做任何提示，直接将修改保存下来。 ( )

6. 默认情况下，Word 2010 是以可读写的方式打开文档的，为了保护文档不被修改，用户可以以只读的方式或以副本的方式打开文档。 ( )

7. 在 Word 中向前滚动一页可通过按 PageDown 键来完成。 ( )

8. 按住 Ctrl 键的同时滚动鼠标可以调整显示比例，滚轮每滚动一格，显示比例增大或减小 10%。 ( )

9. 在 Word 2010 中，滚动条的作用是控制文档内容在页面中的位置。 ( )

10. Word 2010 的浮动工具栏只能设置字体的字形、字号和颜色。 ( )

11. 当执行了错误操作后，可以单击“撤销”按钮撤销当前操作，还可以从下拉列表中执行多次撤销或恢复多次撤销的操作。 ( )

12. 在 Word 2010 中，“剪切”和“复制”命令只有在选定对象后才能使用。 ( )

13. 可以同时打开多个文档窗口，但其中只有一个是活动窗口。 ( )

14. 如果需要对文本格式化，则必须先选择被格式化的文本，然后再对其进行操作。 ( )

15. 使用 Del 键删除的图片，可以粘贴回来。 ( )

16. 从第二行开始，相当于第一行左侧的偏移量称为首行缩进。 ( )

17. Word 2010 提供的撤销操作只能撤销最近的上一步操作。 ( )

18. Word 2010 进行高级查找和替换操作时，常使用的通配符有“?”和“ * ”，其中“ * ”表示一个任意字符，“?”表示多个任意字符。 ( )

19. 在进行替换操作时，如果“替换为”文本框中未输入任何内容，则不会进行替换操作。 ( )

20. 在 Word 2010 中，使用“Ctrl + H”组合键可以打开“查找和替换”对话框。 ( )

21. 使用“Ctrl + D”组合键可以打开“段落”对话框。 ( )

22. 对 Word 2010 中的字符进行水平缩放时，应在“字体”对话框的“高级”选项卡中选择缩放的比例，缩放比例大于 100% 时，字体就越趋于宽扁。 ( )

23. Word 2010 提供了横排和竖排两种类型的文本框。 ( )

24. 在文本框中不可以插入图片。 ( )

25. 通过改变文本框的文字方向不可以实现横排和竖排的转换。 ( )

26. Word 中不能插入剪贴画。 ( )

27. 在插入艺术字后，既能设置字体，又能设置字号。 ( )

28. Word 中被剪切的图片,可以粘贴回来。　(　　)

29. SmartArt 图形是信息和观点的视觉表现形式。　(　　)

30. Word 2010 具有将用户需要的页面内容转化为图片的插入对象的功能。　(　　)

四、操作题

1. 对“通知.docx”文档进行编辑、格式化和保存,具体要求如下。

(1)双击打开“通知.docx”文档如下设置。

①选择文档标题,字符设置为宋体,加粗,四号。

②“段落”设置为“居中对齐”。

③选择最后落款的署名和时间 2 个段落,设置为“右对齐”,将日期设置为“右缩进”3 字符。

④其他段落(除“各门店”外)设置为“首行缩进”2 字符。

(2)选择考试时间、地点、内容和方式等内容,单击“项目符号”按钮,为选定段落设置项目符号。

(3)为考试内容的 3 个段落设置项目编号,将段落设置为“首行缩进”4 字符。

(4)选择公司署名所在的段落,单击“开始”→“段落”功能组右下角扩展按钮,打开“段落”对话框,在“段落”对话框中选择“缩进与间距”选项卡,在“间距”栏的“段前”数值框中输入“2 行”,单击“确定”按钮。

(5)选择“文件”→“另存为”菜单命令,打开“另存为”对话框,在左侧文件夹窗格中选择文档的保存位置,在“文件名”文本框中输入“通知 1”。单击“保存”按钮,保存文档。

“通知.docx”文档效果如图 7.45 所示。

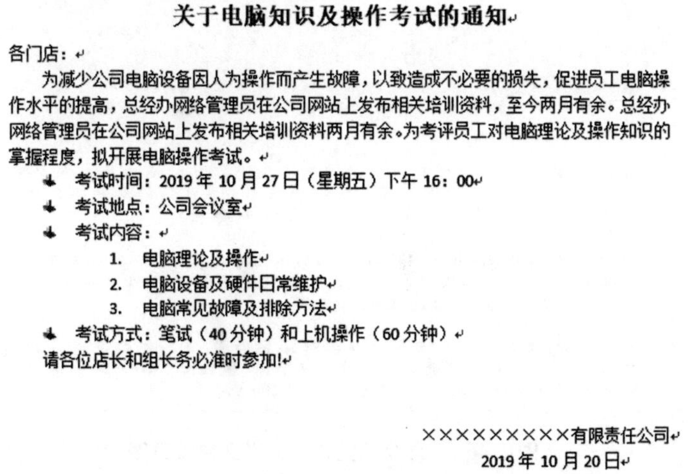

关于电脑知识及操作考试的通知

各门店:

为减少公司电脑设备因人为操作而产生故障,以致造成不必要的损失,促进员工电脑操作水平的提高,总经办网络管理员在公司网站上发布相关培训资料,至今两月有余。总经办网络管理员在公司网站上发布相关培训资料两月有余。为考评员工对电脑理论及操作知识的掌握程度,拟开展电脑操作考试。

- 考试时间:2019 年 10 月 27 日(星期五)下午 16:00
- 考试地点:公司会议室
- 考试内容:
  1. 电脑理论及操作
  2. 电脑设备及硬件日常维护
  3. 电脑常见故障及排除方法
- 考试方式:笔试(40 分钟)和上机操作(60 分钟)

请各位店长和组长务必准时参加!

××××××××××有限责任公司

2019 年 10 月 20 日

图 7.45　“通知.docx”文档效果图

2. 对“化妆品宣传.docx”文档进行美化编辑,包括插入图形、图片和艺术字,设置字符格式,添加底纹效果,具体要求如下。

(1)打开“化妆品宣传.docx”,选择标题,在“插入”→“文本”组中单击“艺术字”按钮,单击下拉列表框中一种“艺术字样式”,即将选定的标题以艺术字形式插入在文档中。设置参考效果图 7.46 艺术字效果。

(2)在“插入”→“插图”组中单击“图片”按钮,选择计算机中保存的图片(也可上网搜索符合主题的图片),单击“插入”按钮插入图片。

(3)选择图片,拖动四角的控制点调整图片大小,在“图片工具 格式”→“排列”组中单击“自动换行”按钮,在打开的下拉列表中选择“四周型环绕”选项,将图片移动到右上角。

(4)选择图片,在“图片工具 格式”→“图片样式”组的列表框中选择“柔化边缘椭圆”选项。

(5)选择下一段文本,设置字体格式为“宋体,小四”,加粗“柔和保湿系列”文本。

注意:参考效果图 7.46 插入自选图形,将该段文本添加到自选图形中。

(6)选择最后四段文本,设置字体为“楷体,小四”,单击“段落”工具栏上的“项目符号”按钮,在其下拉列表框中选择“定义新项目符号”,在对话框中再单击“图片”按钮,插入软件自带的图片项目符号格式。

(7)单击“段落”工具栏右下角的按钮,打开“段落”对话框,在“段落”对话框中选择“缩进和间距”选项卡,在“间距”栏的“段后”数值框中输入“6 磅”。

(8)按“Ctrl + Shift”组合键,分别选择冒号和冒号前的文本,更改颜色为“紫色”。在“开始”→“段落”组中单击“底纹”按钮,为其添加“10%”的灰色底纹,美化后保存文档。

“化妆品宣传. docx”文档内容如图 7.46 所示。

来自浪漫之都的关怀

针对亚洲市场,Butter 品牌现已推出以基础护肤为主的**柔和保湿系列**,共四种,均为法国原装进口产品。

- 去角质柔和洁面乳:能够彻底清除陈旧角质和肌肤污垢。同时,使肌肤有凉爽的感觉,并起到镇定的作用。还能留下淡淡的花草芳香。
- 柔和保湿爽肤水:含有双向调理因子,能够有效地平衡皮肤的酸碱度。另有更多的保湿分子,可以锁住水分,让您的肌肤不缺水,即使在干燥的天气里,也不会出现干涩的感觉。
- 柔和保湿精华霜/乳:蕴含丰富的植物精华,能够有效地清除老化角质细胞,使肌肤纹理细腻,高度滋润。柔和保湿精华霜适合干-中性皮肤和混合性-油性皮肤的使用。
- 紧致抗皱眼霜:富含银杏叶精华和维他命 E、C,能够有效地缓解皮肤老化,给予高营养滋润成份,易被肌肤吸取,促进血液循环,缓解黑眼圈及眼袋困扰。不会产生油脂粒。

图 7.46　“化妆品宣传. docx”文档效果图

项目八　排版文档

排版是 Word 2010 的重要功能之一。对文档中的文本、表格、艺术字、图片、公式等元素和对象进行合理设计布局,使文档呈现出更加整齐、美观、精致的效果。

学习目标

- 制作图书采购单
- 排版考勤管理规范
- 排版和打印年度工作报告

任务一　制作图书采购单

任务要求

图书馆要新购置一批图书,要求采购部上报一份采购申请。领导让小王制作一份图书采购单,要求包括书目名称、数据、类别、单价等信息并汇总出每种图书的金额,效果如图 8.1 所示,具体操作要求如下。

(1)在新建的“图书采购单.docx”文档中创建表格。用“自动创建表格”方式,创建一个“6×8 表格”;删除新建表格,再用“手动创建表格”的方式,在“插入表格”对话框中,创建一个 6 列 8 行的表格,体会两种方式的不同。

(2)输入表格内容。参考效果图 8.1,输入第一行及前 5 列的具体内容。

(3)编辑表格。选择表格的第一行、第一列,将文本设置为“幼圆,小四”;选择其他单元格,将文本设置为“隶书,五号”。

(4)设置单元格对齐方式。选择整个表格,将单元格对齐方式设置为“水平居中”。

(5)在表格上方插入“标题行”,合并单元格,输入“图书采购单”,将文本设置为“幼圆,四号,粗体,居中对齐”。

(6)调整行高、列宽。参考效果图,用“标尺”调整列宽并用“平均分布各行”使各行分布均匀,以增强美感。

(7)设置表格边框线。“外侧框线”为“红色,1.5 磅”的双实线;“内部框线”为“蓝色,1.0 磅”的单实线。

(8)用“表格工具 布局”→“数据”组的公式按钮 *fx* 公式,计算每种图书的总金额。

(9)保存“图书采购单.docx”文档。

图书采购单					
序号	图书名称	图书类别	单价	数量	总金额
1	C 程序设计基础	计算机	49.8	10	498
2	实用数字图像处理与分析	计算机	36.5	5	182.5
3	大学计算机	计算机	49.0	10	490
4	计算机维修维护	计算机	28.5	10	285
5	科学探索者	科技	34.5	5	172.5
6	计算机仿真技术	计算机	29.5	5	147.5
7	疯狂英语 900 句外语	外语	20.0	50	1000
8	我的世界我的梦	传记	25.0	10	250

图 8.1　图书采购单样张

任务实现

(一)创建图书采购单

(1)新建一个 Word 文档,将光标移至插入表格处,双击后出现插入点。

(2)自动创建表格。单击"插入"选项卡的"表格"按钮,在虚拟表格上拖曳鼠标,当屏幕上显示所需的列数和行数"6×8 表格"时,释放鼠标,即可插入一个 6 列 8 行的表格,如图 8.2 所示。

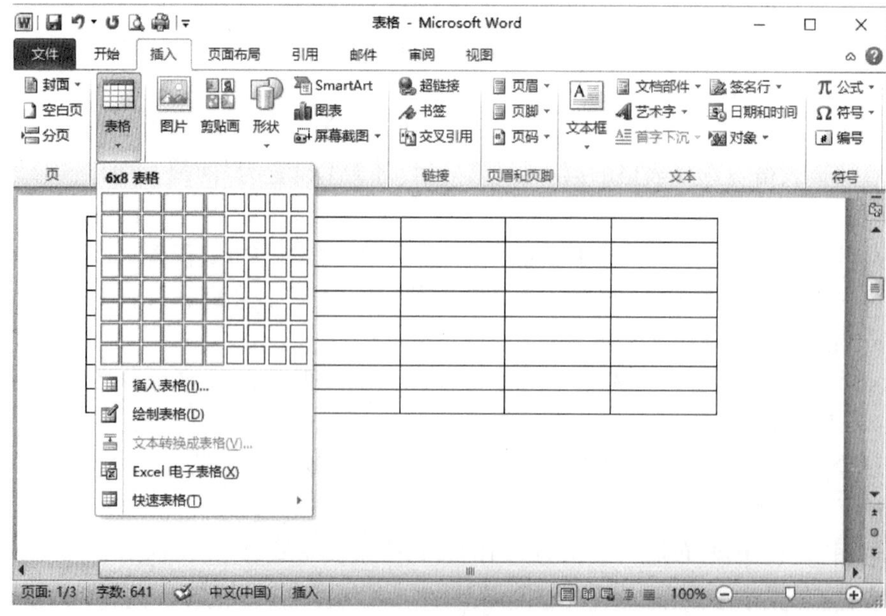

图 8.2　自动创建表格

(3)手动创建表格。

首先将插入点移至表格内,然后单击表格左上角“表格选择”按钮,单击 Backspace 键删除整个表格。

单击“插入”选项卡的“表格”选项,单击列表中“插入表格”选项,打开“插入表格”对话框,如图 8.3 所示,输入列数和行数,单击“确定”按即可。

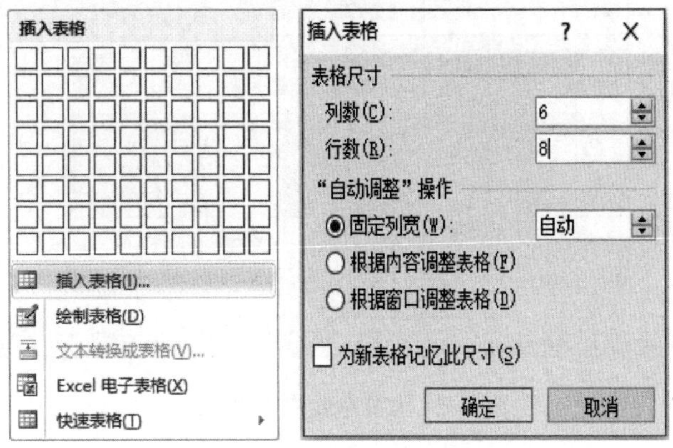

图 8.3　手动创建表格

(二)输入与编辑图书采购单

(1)确定活动单元格。输入文本时,只能对活动单元格输入文本。单击某单元格,插入点出现的单元格即是活动单元格。

注意:Tab、←、→、↑、↓键可以改变活动单元格的位置。

(2)参考图 8.1,输入表格内容。

(3)选择表格的第一行、第一列文本,用“字体”功能组的命令将文本设置为“幼圆,小四”;选择表格其他文本,设置为“隶书,五号”。

(4)选择整个表格,单击“表格工具 布局”选项卡,单击“对齐方式”功能组的“水平居中”按钮,将单元格中文本的对齐方式设置为“水平居中”,如图 8.4 所示。

(三)设置与美化图书采购单

编辑表格时,往往还会涉及一些增减行、列操作,或对单元格进行相应的合并、拆分及复制、粘贴等操作;为强调显示效果,对表格进行一些美化处理也是十分必要的。具体操作如下。

(1)为表格添加一个标题行。右击表格第一行的任意位置,单击列表“插入”→“在上方插入行”选项,即在第一行前插入了一个新行,如图 8.5 所示。

注意:如在某处一次插入多行,可选择相邻的多行,再执行上述操作,即可插入多行;插入列的操作同上。

(2)选择插入的标题行中的所有单元格,单击“表格工具 布局”→“合并”功能组的“合并单元格”按钮,即完成合并单元格操作,如图 8.6 所示。

注意:选择待合并的单元格,右键单击打开快捷菜单,在列表中单击“合并单元格”,更方便快捷。

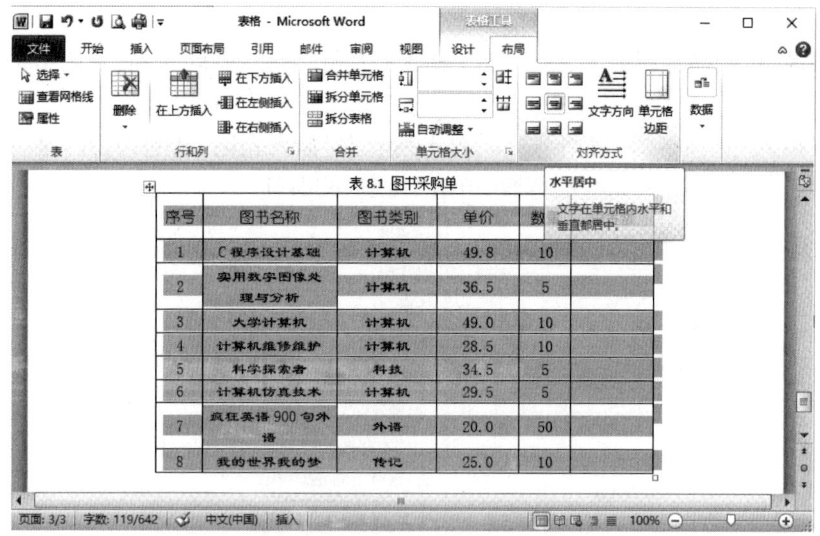

图 8.4　设置单元格对齐方式

图 8.5　插入标题行

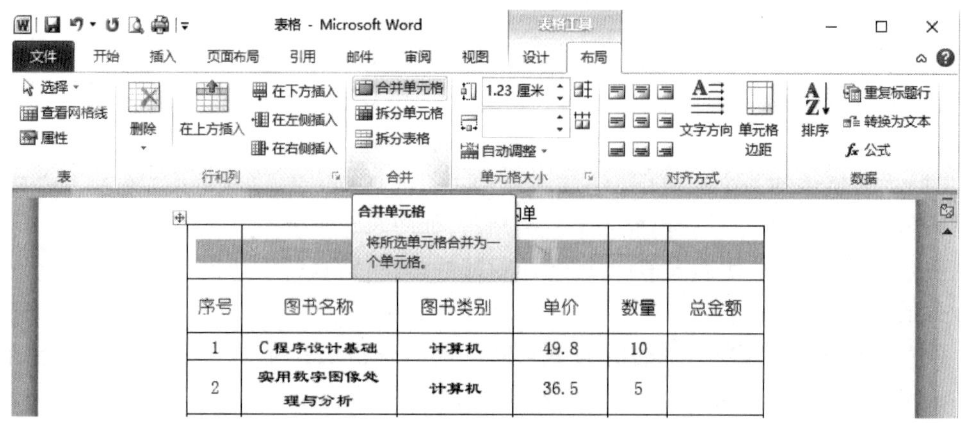

图 8.6　合并单元格

(3)将插入点定位在合并的单元格中,输入“图书采购单”,选定文本,在“开始”→“字体”功能组中,将文本设置为“幼圆,四号,粗体”;右键单击选定区域,在列表中单击“单元格对齐方式”的水平居中按钮,将单元格对齐方式设置为“水平居中”。

(4)单击“视图”,勾选“标尺”复选项,参考图8.1样张调整列宽设置。

(5)如图8.7所示,单击“平均分布各行”,将行高调整均匀。

注意:选择各行时,必须包括最后一列外的回车符,否则无法进行此操作。

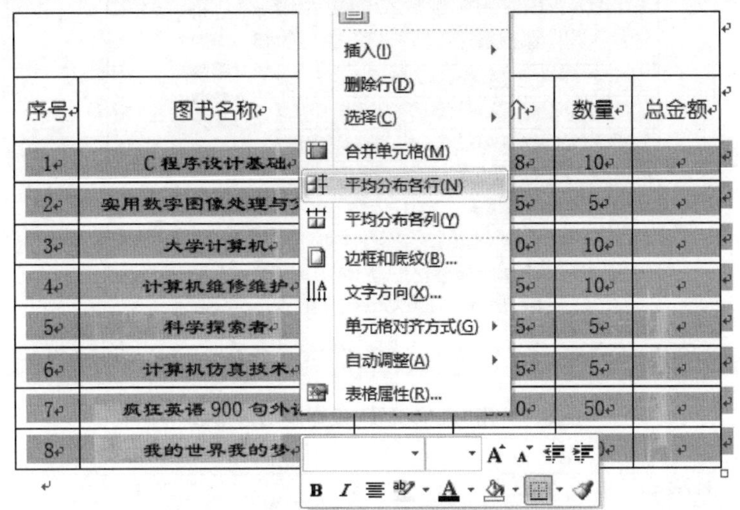

图8.7　平均分布各行

(6)用“边框”命令直接设置表格边框线,如图8.8所示。将鼠标指针向表格左上角移动,单击按钮选定整个表格,在“表格工具 设计”→“绘图边框”功能组中,单击“笔样式”,在下拉列表中单击选择双实线;单击“笔画粗细”,在下拉列表中单击选择“1.5磅”;单击“笔颜色”,在下拉列表中单击选择红色。接下来单击“表格样式”功能组的“边框”下三角,在下拉列表中单击选择“外侧框线”,即为表格设置了“红色1.5磅的双实线外边框”;依据此方法,为表格设置“蓝色1.0磅的单实线内部框线”。

(7)在“边框和底纹”对话框,设置表格“外侧框线”为“红色,1.5磅”的双实线;设置表格“内部框线”为“蓝色,1.0磅”的单实线。

注意:在对话框中,有时存在“内部框线”不全的现象,如图8.9所示。

(四)计算表格中的数据

Word表格还拥有数据计算、排序等功能,具体操作如下。

(1)将插入点移至F3单元格,单击“表格工具 布局”选项卡的“数据”功能组的“公式”,在“公式”对话框中输入公式“=D3*E3”,如图8.10所示,单击“确定”按钮,即可计算出总金额。

(2)其他计算操作依此类推。

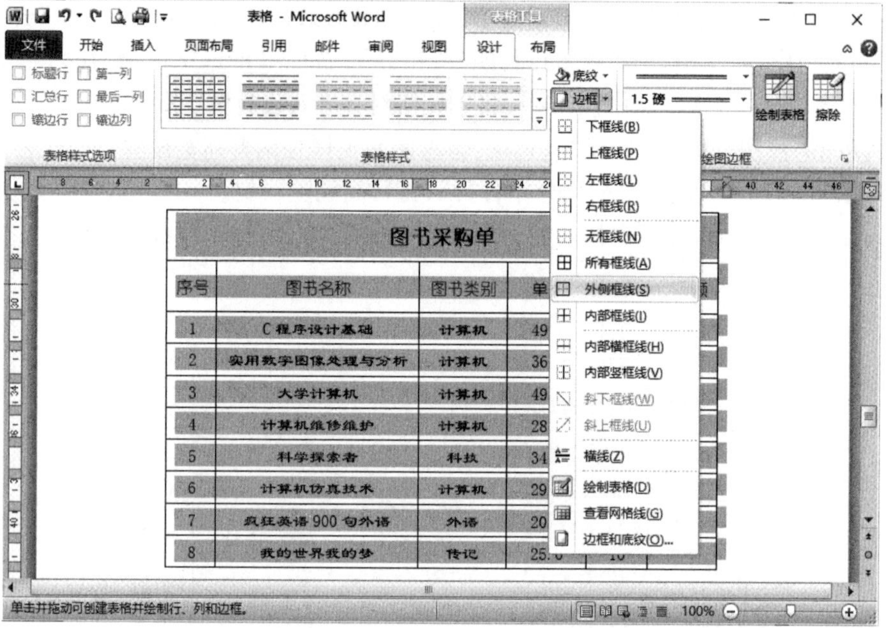

图 8.8 用“表格工具”设置表格边框线

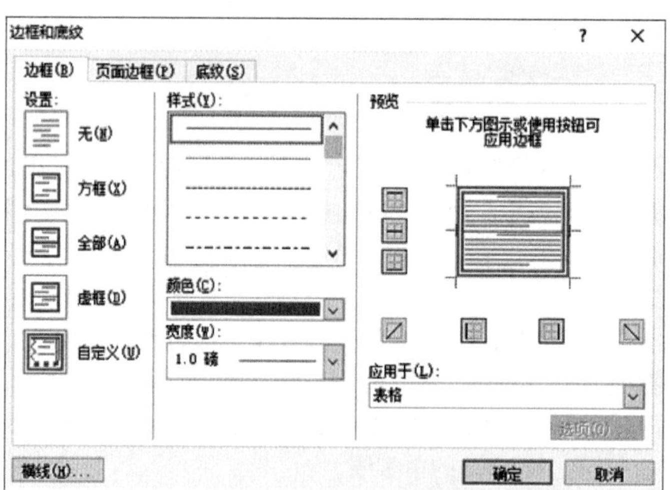

图 8.9 用“边框和底纹”对话框设置边框线

公式

公式(F):

=D3*E3

编号格式(N):

粘贴函数(U):

粘贴书签(B):

确定

取消

图 8.10 计算每种图书的金额

任务二 排版考勤管理规范

任务要求

在长文档的排版过程中,首先要求段落有统一的风格,多个段落具有相同的文本和段落格式。恰当应用样式排版,能大大提高排版效率。其次,除了字符格式和段落格式外,页面格式设置对长文档来说也非常重要,它直接影响文档的整体效果。页面设置主要包括页边距、纸张大小分栏等。排版“考勤管理规范”后的效果,如图 8.11 所示。

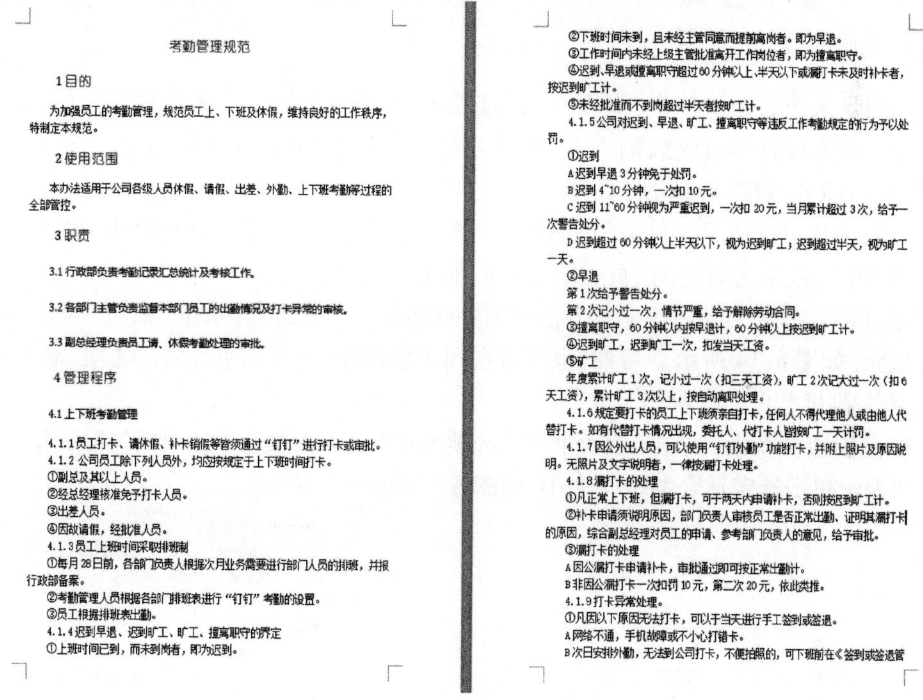

考勤管理规范

1 目的

为加强员工的考勤管理,规范员工上、下班及休假,维持良好的工作秩序,特制定本规范。

2 使用范围

本办法适用于公司各级人员休假、请假、出差、外勤、上下班考勤等过程的全部管控。

3 职责

3.1 行政部负责考勤记录汇总统计及考核工作。

3.2 各部门主管负责监督本部门员工的出勤情况及打卡异常的审核。

3.3 副总经理负责员工请、休假考勤处理的审批。

4 管理程序

4.1 上下班考勤管理

4.1.1 员工打卡、请休假、补卡销假等皆须通过“钉钉”进行打卡或审批。

4.1.2 公司员工除下列人员外,均应按规定于上下班时间打卡。

①副总及其以上人员。

②经总经理核准免予打卡人员。

③出差人员。

④因故请假,经批准人员。

4.1.3 员工上班时间采取排班制

①每月 28 日前,各部门负责人根据次月业务需要进行部门人员的排班,并报行政部备案。

②考勤管理人员根据各部门排班表进行“钉钉”考勤的设置。

③员工根据排班表出勤。

4.1.4 迟到早退、迟到旷工、旷工、擅离职守的界定

①上班时间已到,而未到岗者,即为迟到。

②下班时间未到,且未经主管同意而提前离岗者。即为早退。

③工作时间内未经上级主管批准离开工作岗位者,即为擅离职守。

④迟到、早退或擅离职守超过 60 分钟以上、半天以下或漏打卡未及时补卡者,按迟到旷工计。

⑤未经批准而不到岗超过半天者按旷工计。

4.1.5 公司对迟到、早退、旷工、擅离职守等违反工作考勤规定的行为予以处罚。

①迟到

A 迟到早退 3 分钟免于处罚。

B 迟到 4~10 分钟,一次扣 10 元。

C 迟到 11~60 分钟视为严重迟到,一次扣 20 元,当月累计超过 3 次,给予一次警告处分。

D 迟到超过 60 分钟以上半天以下,视为迟到旷工;迟到超过半天,视为旷工一天。

②早退

第 1 次给予警告处分。

第 2 次记小过一次,情节严重,给予解除劳动合同。

③擅离职守,60 分钟以内按早退计,60 分钟以上按迟到旷工计。

④迟到旷工,迟到旷工一次,扣发当天工资。

⑤旷工

年度累计旷工 1 次,记小过一次(扣三天工资),旷工 2 次记大过一次(扣 6 天工资),累计旷工 3 次以上,按自动离职处理。

4.1.6 规定要打卡的员工上下班须亲自打卡,任何人不得代理他人或由他人代替打卡。如有代替打卡情况出现,委托人、代打卡人皆按旷工一天计罚。

4.1.7 因公外出人员,可以使用“钉钉外勤”功能打卡,并附上照片及原因说明。无照片及文字说明者,一律按漏打卡处理。

4.1.8 漏打卡的处理

①凡正常上下班,但漏打卡,可于两天内申请补卡,否则按迟到旷工计。

②补卡申请须说明原因,部门负责人审核员工是否正常出勤、证明其漏打卡的原因,综合副总经理对员工的申请、参考部门负责人的意见,给予审批。

③漏打卡的处理

A 因公漏打卡申请补卡,审批通过即可按正常出勤计。

B 非因公漏打卡一次扣罚 10 元,第二次 20 元,依此类推。

4.1.9 打卡异常处理。

①凡因以下原因无法打卡,可以于当天进行手工签到或签退。

A 网络不通,手机故障或不小心打错卡。

B 次日安排外勤,无法到公司打卡,不便拍照的,可下班前在《签到或签退管

图 8.11 考勤管理规范样张

具体要求如下。

(1)打开“考勤管理规范. docx”文档,进行基本设置。标题文本设置为“幼圆,小三”,段落为“居中对齐”;正文文本设置为“宋体,小四”,正文段落设置为首行缩进 2 字符,两端对齐,行间距为多位行距 1.2。

(2)设置页边距。在“页面布局”→“页面设置”功能组中,设置上、下页边距为 2.5 厘米,左、右页边距为 3 厘米。

(3)设置纸张大小。打开“页面设置”对话框,单击“纸张”选项卡,设置 A4 纸张;也可以用“预定纸张设置”方式直接选取适用的 A4(21 厘米 ×29.7 厘米)。

(4)设置文档网络。在打开的“页面设置”对话框的“文档网格”选项卡下,设置“字符数”为 38,“行数”为 39。

(5)套用内置样式。将“考勤管理规范. docx”文档中的标题段落“1 目的、2 使用范

围……”套用“标题 1”内置样式；将标题段落“3.1 行政部负责考勤记录汇总统计及考核工作”套用“标题 2”内置样式。

（6）创建新样式。在“新建样式”对话框，设置新样式名称为“自定义标题 1”，类型为“段落”，样式基准为“标题 2”，后续样式为“正文”；设置字体格式为“幼圆，小三，加粗”；段落对齐为“左对齐”。

（7）修改样式。在“修改样式”对话框中，将 “标题 2”样式的“字符格式”修改为“微软雅黑，四号”，“标题 2”样式“段落”格式的间距修改为段前、段后 5 磅。

（8）保存并退出“考勤管理规范. docx”文档。

任务实现

（一）页面设置

（1）自定义页边距。单击“页面布局”选项卡的“页面设置”功能组右下角的“扩展”按钮打开“页面设置”对话框，输入上、下页边距为 2.5 厘米，左、右页边距为 3 厘米，单击“确定”按钮即可，如图 8.12 所示。

（2）使用预定页边距。单击“页面布局”选项卡的“页面设置”功能组的“页边距”按钮，在列表中直接单击需要的“页边距”选项，如图 8.13 所示。

（3）自定义纸张大小。按上述方法打开“页面设置”对话框，单击“纸张”选项卡，选择 A4 纸张，如图 8.14 所示。另外，也可以在列表中选择“自定纸张大小”选项，输入宽度“21 厘米”，高度“29.7 厘米”。

（4）使用预设纸张。单击“页面布局”选项卡的“页面设置”功能组的“纸张大小”按钮，在列表中单击选定适合的纸张大小，如图 8.15 所示。

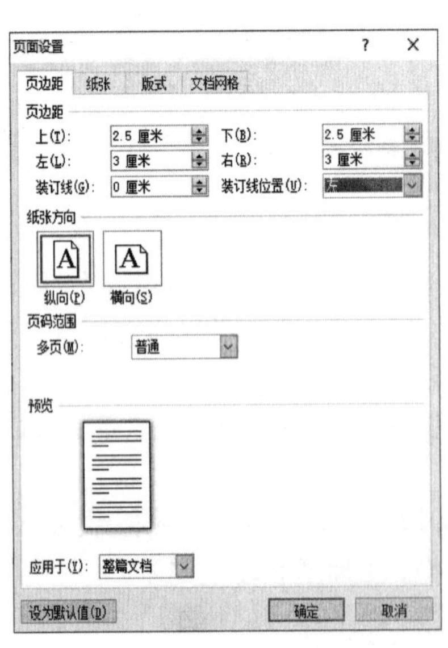

图 8.12　自定义页边距

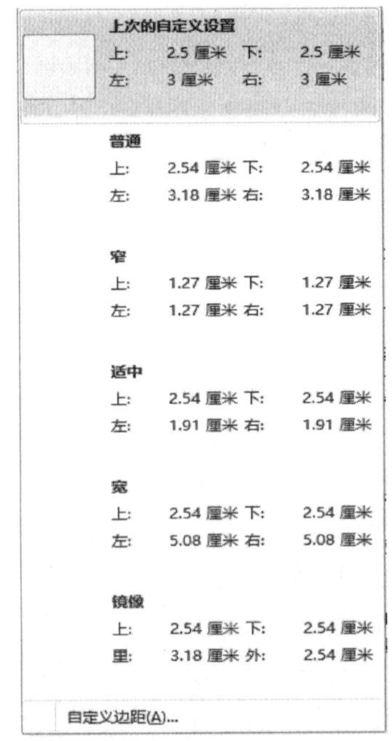

图 8.13　使用预定页边距

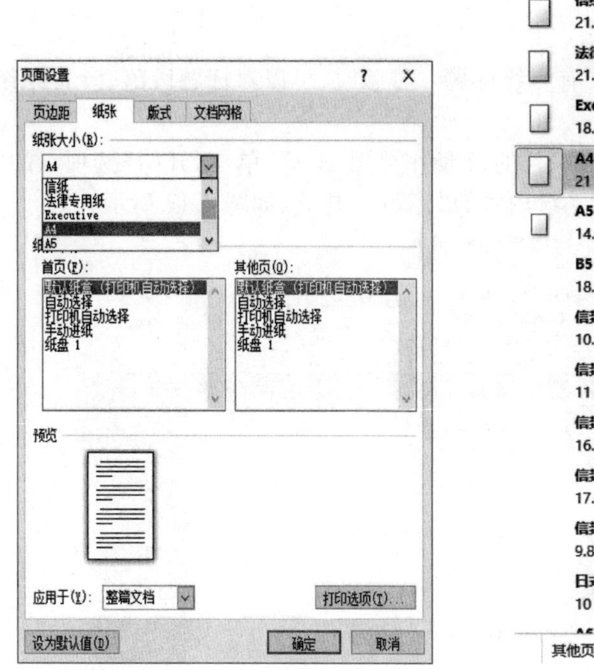

图 8.14　自定义纸张

信纸
21.59 厘米 x 27.94 厘米
法律专用纸
21.59 厘米 x 35.56 厘米
Executive
18.41 厘米 x 26.67 厘米
A4
21 厘米 x 29.7 厘米
A5
14.8 厘米 x 21 厘米
B5 (JIS)
18.2 厘米 x 25.7 厘米
信封 #10
10.48 厘米 x 24.13 厘米
信封 DL
11 厘米 x 22 厘米
信封 C5
16.2 厘米 x 22.9 厘米
信封 B5
17.6 厘米 x 25 厘米
信封 Monarch
9.84 厘米 x 19.05 厘米
日式明信片
10 厘米 x 14.8 厘米
其他页面大小(A)...

图 8.15　设置预定纸张

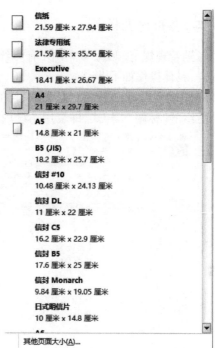

(5)设置文档网格。在打开的"页面设置"对话框中,单击"文档网格"选项卡,单击选择"网格"组的"指定行和字符网格"项,再输入"字符数"为 38,"行数"为 39,可以调整字间距和行间距,如图 8.16 所示。

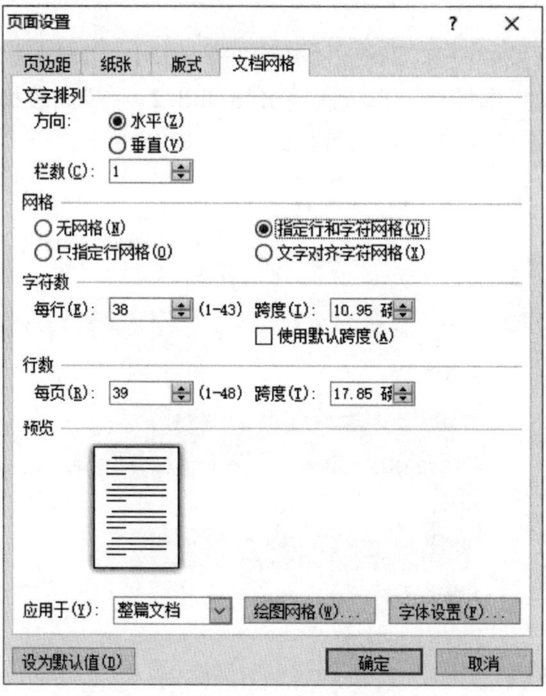

图 8.16　设置文档网格

(二)套用内置样式

“考勤管理规范.docx”文档中,有多级标题。排版时,可以对标题段落套用“系统内置样式”,具体操作如下。

(1)配合 Ctrl 键,选中标题段落“1 目的、2 使用范围……”,单击“开始”选项卡的“样式”功能组的“标题 1”样式,即套用系统内置的“标题 1”样式,如图 8.17 所示。

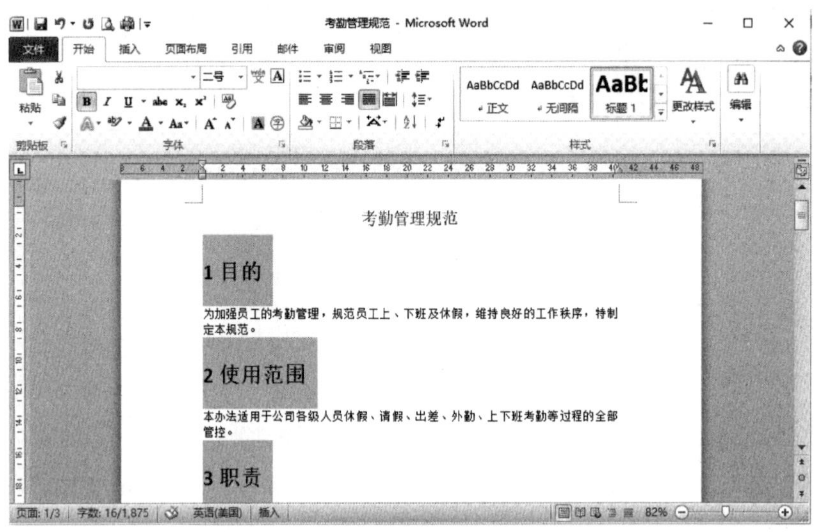

图 8.17 套用内置“标题 1”样式

(2)用上述方法,将标题段落“3.1 行政部负责考勤记录汇总统计及考核工作”套用“标题 2”内置样式。

(3)选中已套用样式的段落,再双击“开始”选项卡中“剪贴板”功能组的“格式刷”,将光标移至正文左侧的“选择栏”,再依次单击“3.1、3.2……”同级标题段落,所有单击过的标题段落,全部套用了“标题 2”的内置样式,如图 8.18 所示。

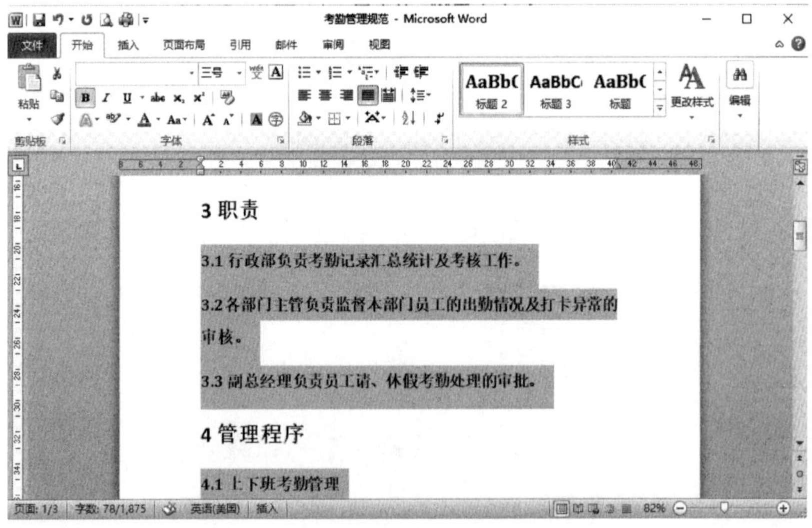

图 8.18 用“格式刷”套用“标题 2”内置样式

(三)创建样式

(1)将插入点移至要应用新样式的任意段落中,如“1 目的”段落,然后单击“样式”功能组右下角的“扩展”按钮,打开“样式”任务窗格,如图 8.19 所示。

(2)单击“样式”任务窗格左下角的“新建样式”按钮,打开“根据格式设置创建新样式”对话框,输入新建样式具体内容,名称为“自定义标题 1”,类型为“段落”,样式基准为“标题 2”,后续段落样式为“正文”;设置字体格式为“幼圆,小三,加粗”;段落对齐为“左对齐”。单击“确定”即可,如图 8.20 所示。

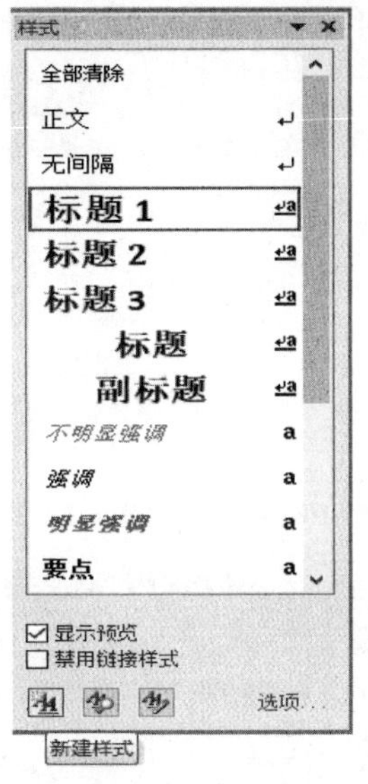

图 8.19　创建样式

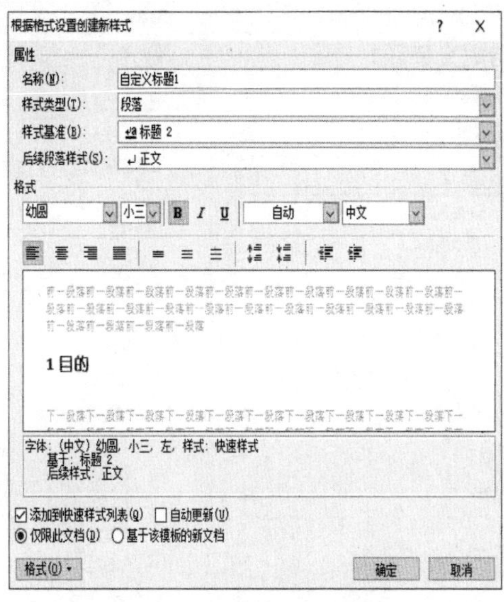

图 8.20　设置新样式格式

(3)单击“确定”按钮,此时在“样式”窗格列表中,就显示“自定义标题 1”,接下来即可将其套用到同级标题中,如图 8.21 所示。

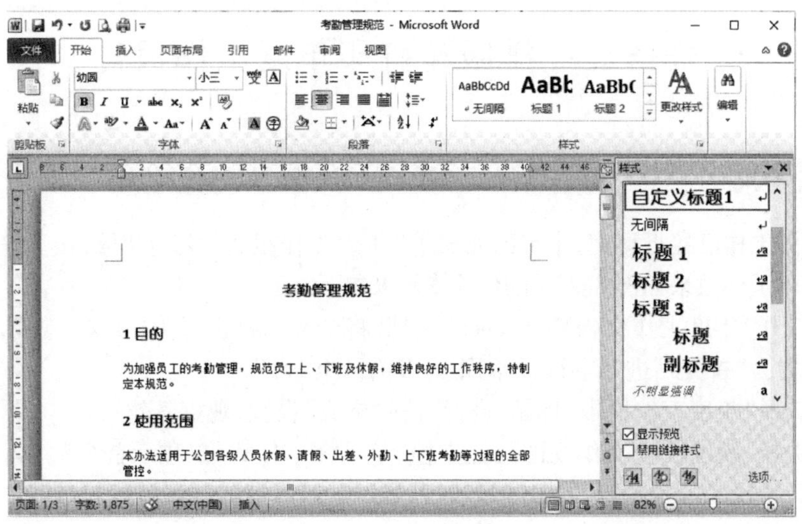

图 8.21　套用新建样式

(四)修改样式

(1)右键单击"样式"功能组的"标题 2"样式,在弹出的快捷菜单中单击"修改"命令。

(2)打开"修改样式"对话框,将"标题 2"样式的字符格式修改为"微软雅黑,四号";单击左下角"格式",在列表中单击"段落",在打开的"段落"对话框中,设置段前、段后 5 磅,单击"确定"按钮,关闭对话框。同时,文档中所套用"标题 2"样式的段落均同步更新,如图 8.22 所示。

(3)单击"Ctrl + S"组合键保存文档。

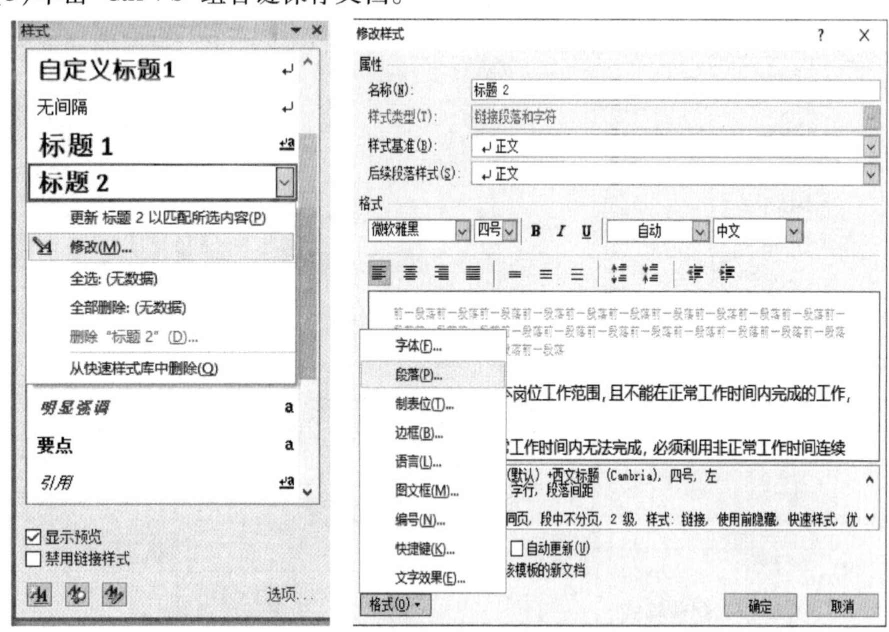

图 8.22　打开"修改样式"对话框

任务三　排版和打印年度工作报告

任务要求

一年的工作已接近尾声,小宇已完成了"年度工作报告"文档初稿,接下来的任务就是排版打印了。效果如图 8.23 所示,具体要求如下。

(1)打开"年度工作报告素材. docx"文档,将全文字符设置为"宋体,常规,五号",全部段落设置为"首先缩进 2 字符,行间距为多倍行距 1.1"。

(2)选择"年度工作报告"标题,进行"清除格式"设置,观察其效果。

(3)选择"视图"→"大纲视图",让文档"显示文本格式,仅显示首行"。选择"1 思想政治学习方面"等一级标题,使用 1 级 按钮和组合框,设置"大纲级别"为 1 级;再选择"1.1 提高党性修养"等二级标题,设置"大纲级别"为 2 级。

(4)退出"大纲视图"。将所有"一级标题"字号设置为"四号",将所有"二级标题"设置为“小四”;将“一、二级标题”段落设置为“单倍行距”,段前、段后为“0 行”。

(5)在“年度工作报告”前,插入一个“分隔符”:分节符(下一页)。

(6)选中文档的“最后一段文本”,将该段文本分成两栏。注意:分栏应均衡。

(7)插入一个内置的“空白”页眉,输入“年度工作报告”。

(8)单击“转至页脚”,选择“页面底部”→“普通数字 1”,即可插入页码。

(9)设置页码。将文档中“第 2 节的页码”通过“设置页码格式”对话框,设置“起始页码”为“1”。

(10)创建目录。将插入点定位于文档“第 1 节”空白页的首位置,提取拥有两级标题的目录,使用目录“更新域”并对文档内容追踪定位。

(11)预览文档。单击“文件”→“打印”命令,进入“打印设置、预览”窗口,预览文档;改变显示比例为 60%;用按钮,将文档“缩放到页面”显示。

(12)打印文档。用“一般打印”“双面打印”“缩放打印”三种方式,对文档进行设置并打印。

图 8.23　年度工作报告效果图

任务实现

(一)设置文档格式

(1)打开“年度工作报告素材. docx”文档,用“Ctrl + A”组合键选择全文,将字符设置为“宋体,常规,五号”;在“开始”→“段落”功能组右下角单击“扩展”按钮,在打开的“段落”对话框中,设置首行缩进为 2 字符,行间距为多倍行距 1.1 后,单击“确定”按钮即可。

(2)清除标题格式。选择第一段落,单击“开始”→“样式”功能组的“样式列表”的“其他”按钮,在列表中单击“清除格式”选项,即可清除前面设置的格式,如图 8.24 所示。

(3)再次选择第一行的标题,在“开始”→“字体”功能组中,将字号设置为“宋体,三号”;在“开始”→“段落”功能组中,设置标题为“居中对齐”。

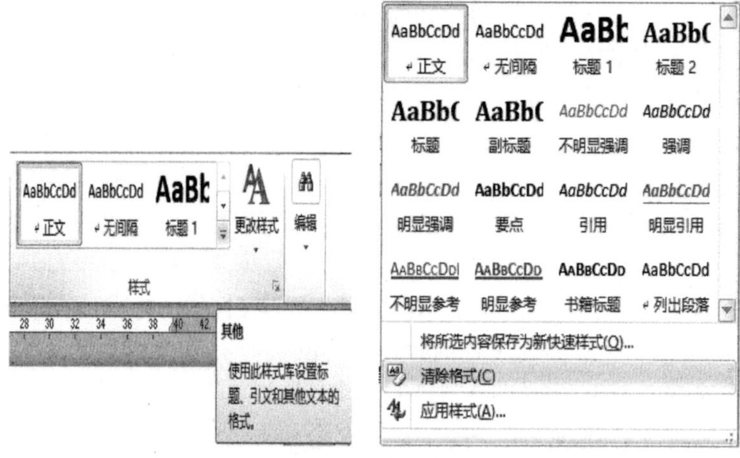

图 8.24　清除格式

(二)使用大纲视图

(1)打开“大纲视图”。单击“视图”选项卡中“文档视图”功能组的“大纲视图”按钮即可,如图 8.25 所示。

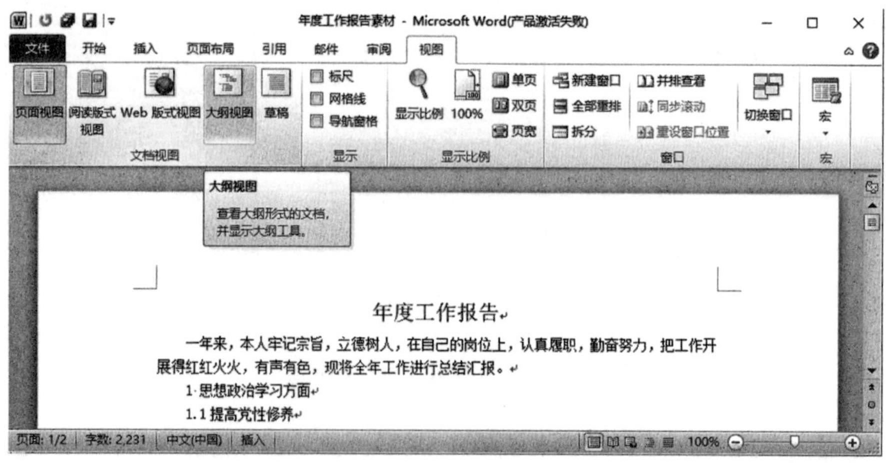

图 8.25　打开“大纲视图”

(2)在“大纲视图”中,选中“大纲工具”功能组中的“显示文本格式”“仅显示首行”两个复选项,如图 8.26 所示。

(3)再选择“1 思想政治学习方面”等一级标题,使用“大纲工具”功能组的 1 级 按钮和组合框,设置“大纲级别”为 1 级。同理,再选择“1.1提高党性修养”等二级标题,设置“大纲级别”为 2 级,如图 8.27 所示。

注意:若调整“大纲级别”,可以灵活使用调整级别的按钮进行升级、降级操作。

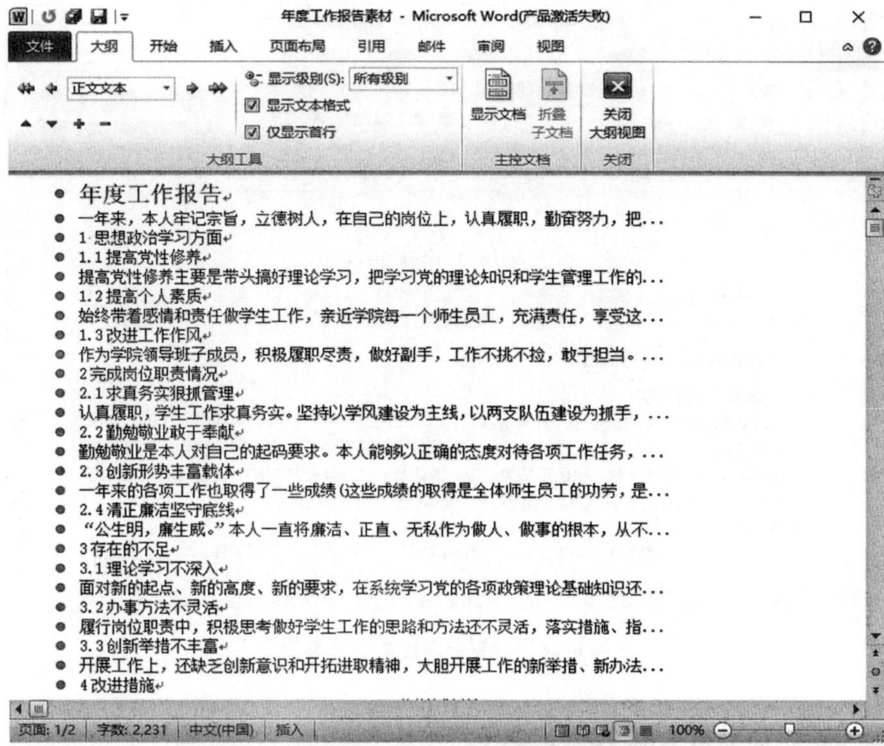

图 8.26 显示文本格式及首行

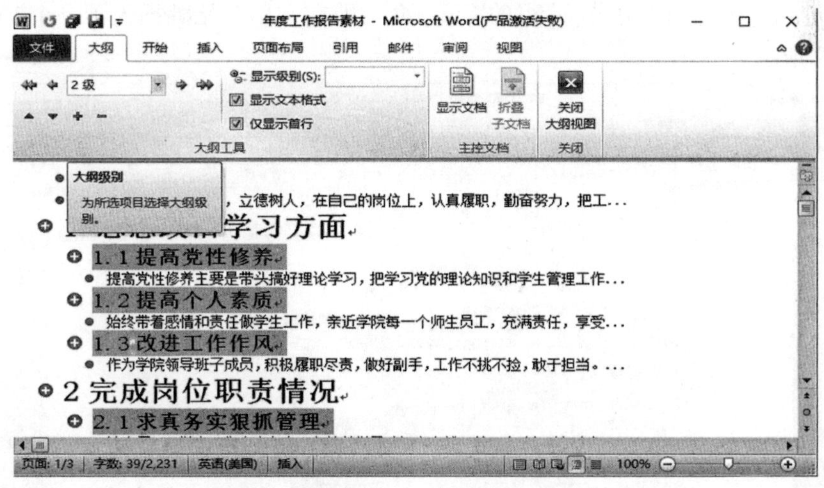

图 8.27 为标题段落设置大纲级别

(4)单击“关闭大纲视图”按钮，退出“大纲视图”。将所有“一级标题”字号设置为“四号”，将所有“二级标题”字号设置为“小四”；将“一、二级标题”段落设置为“单倍行距”，段前、段后为“0 行”，效果如图 8.28 所示。

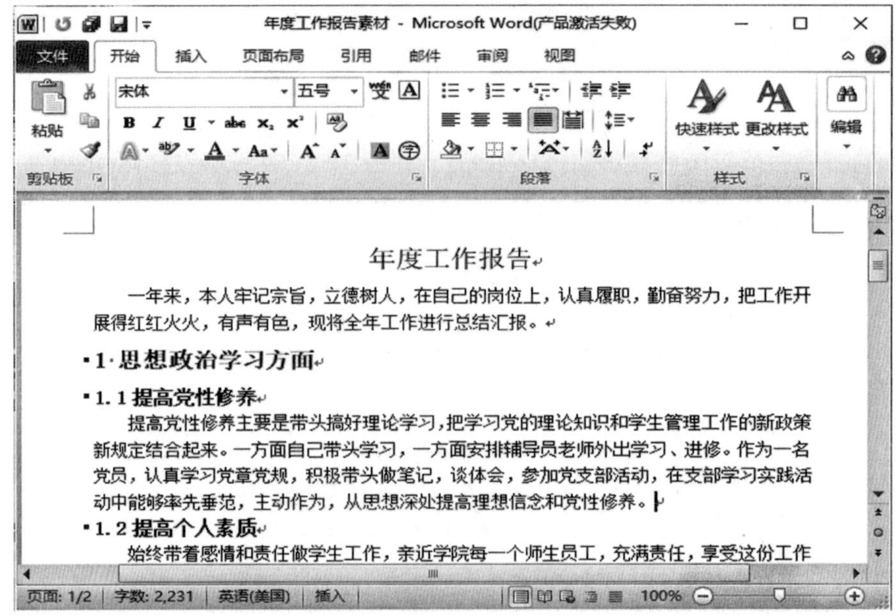

图 8.28　设置标题段落的效果图

(三)分隔符和分栏排版

(1)设置分节符。将插入点移至“年度工作报告”前,单击“页面布局”选项卡中“分隔符”按钮,单击列表中“分节符”组的“下一页”,即在文档开始处插入了一个“分节符”,如图 8.29 所示。

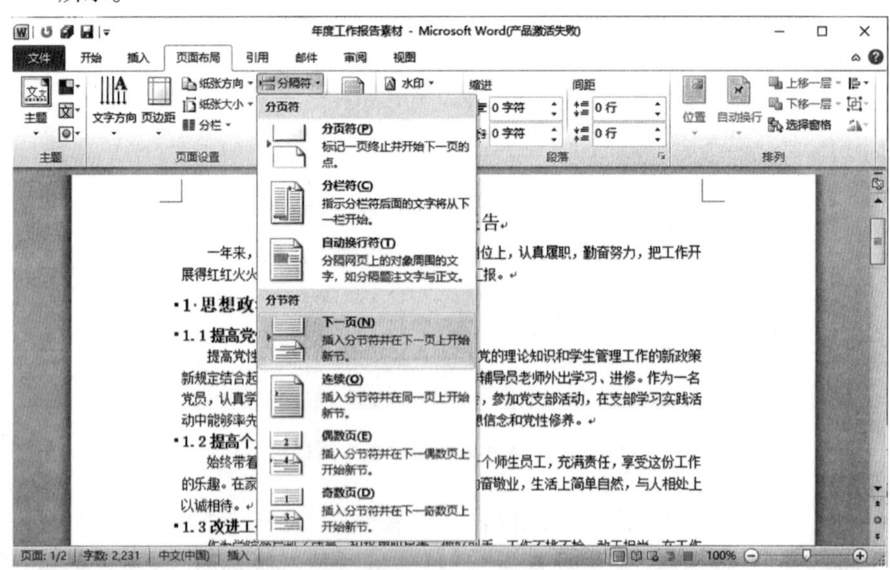

图 8.29　插入分节符

(2)显示分节符。单击“视图”选项卡中“文档视图”的“大纲视图”,切换至“大纲视图”,即可显示“分节符”,如图 8.30 所示。

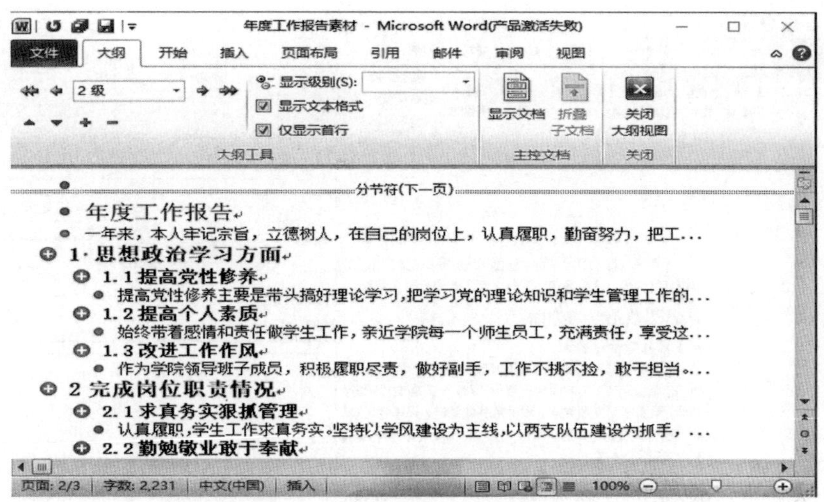

图 8.30　显示分节符

(3)设置分栏。选中文档的“最后一段文本”，单击“页面布局”选项卡中“分栏”列表的“两栏”命令，即可将该段文本分成两栏，如图 8.31 所示。

注意：为使“最后一段文本”分栏均衡，先单击 Enter 键，生成一个新的段落后，再选择文本进行“分栏”操作，即可避免分栏不均衡。

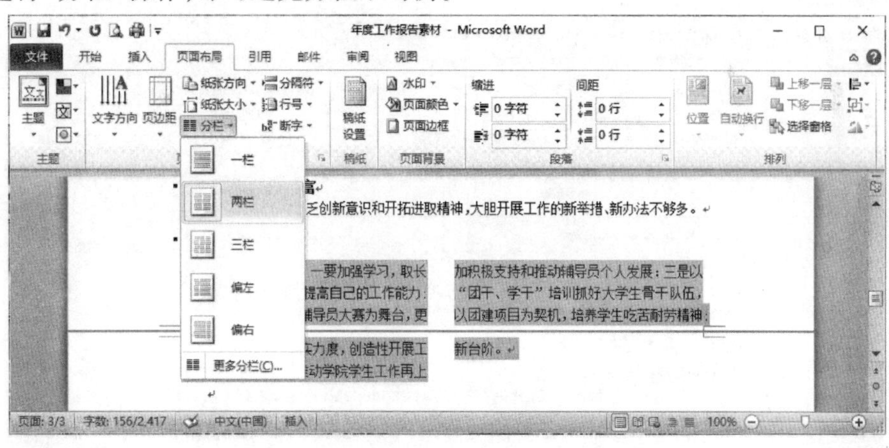

图 8.31　分栏

(四)设置页码、页眉和页脚

Word 提供了创建页眉和页脚的功能，在其中也可以插入页码、文件名或章节名称等内容。创建了页眉和页脚，就会感到版面更加新颖，版式更具风格，需要注意的是页眉和页脚只有在“页面视图”方式下才能看到，具体操作如下。

(1)插入页眉。单击“插入”选项卡中“页眉和页脚”功能组“页眉”按钮，单击内置的“空白”页眉。如图 8.32 所示。

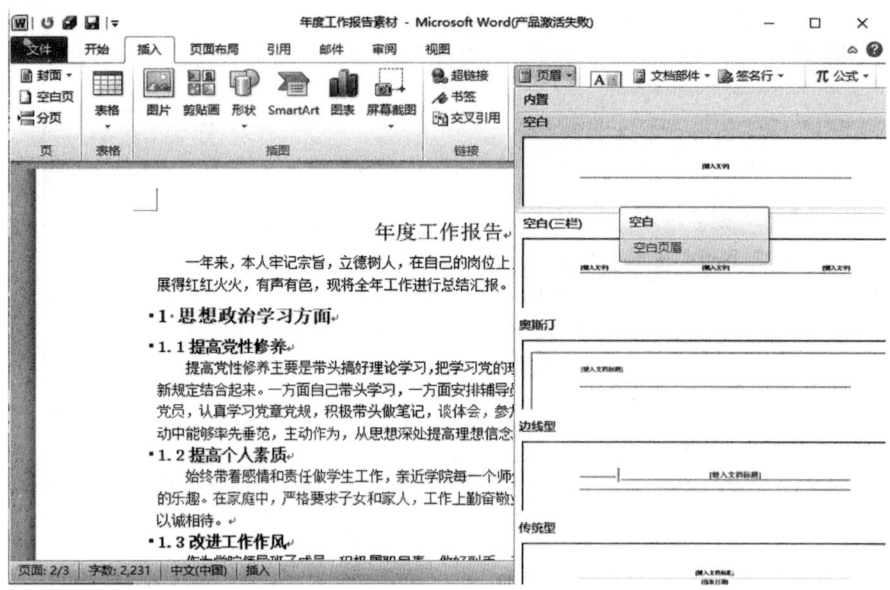

图 8.32 插入“空白”页眉

(2)设置页脚。如图 8.33 所示,在页眉输入“年度工作报告”后,单击“转至页脚” 命令,即可设置页脚。

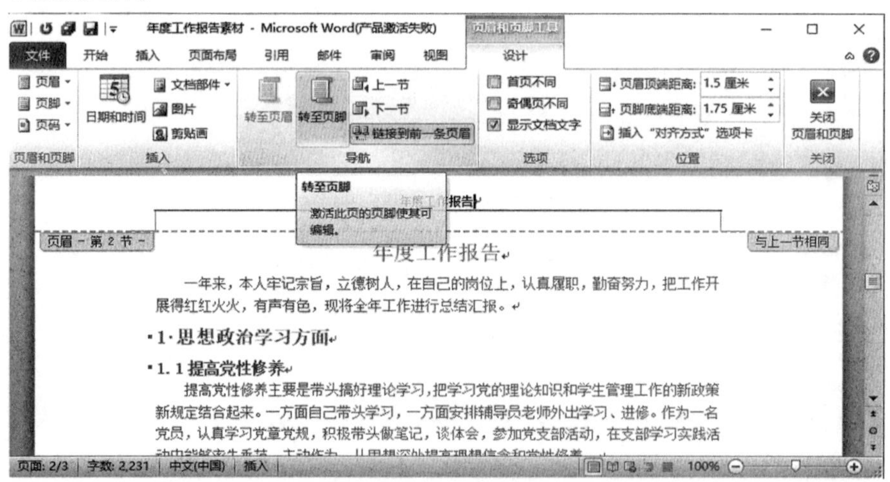

图 8.33 设置页脚

(3)单击“页眉和页脚 设计”功能组中的“页码”按钮,在列表当中,单击“页面底部”→“普通数字 1”,即可插入页码,如图 8.34 所示。

(4)设置页码。将光标定位在第 2 节的页码处,单击“页码”按钮,在列表中单“设置页码格式”,打开其对话框。在对话框中,选中“起始页码”,输入“1”,在本节中重新设置起始页码,单击“确定”按钮即可,如图 8.35 所示。

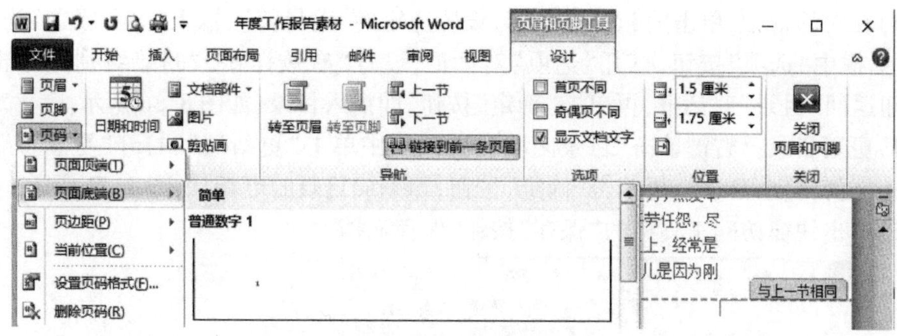

图 8.34　插入页码

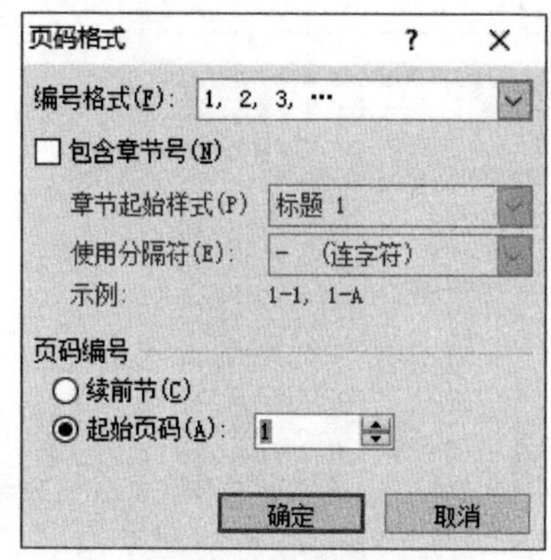

图 8.35　设置页码

(五)创建目录

(1)将插入点定位于“第 1 节”空白页的首位置。

(2)单击“引用”选项卡中“目录”功能组的“目录”按钮,在列表中单击“插入目录”,打开“目录”对话框,如图 8.36 所示。

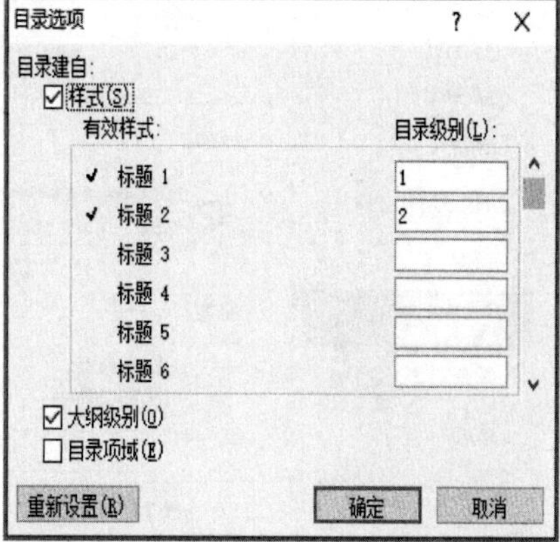

图 8.36　插入目录

(3)在对话框中,单击“目录”选项卡,设置选定的“前导符”,输入“显示级别”为“2”。单击对话框中“选项”按钮,打开“选项”对话框,设置“有效样式”“目录级别”,单击“确定”按钮返回“目录”对话框,再单击“确定”按钮,即插入目录,如图 8.36 所示。

(4)更新目录。右键单击“目录区域”,在列表中单击“更新域”,打开“更新域”对话框,选择“更新整个目录”,再单击“确定”按钮,即完成目录的更新,如图 8.37 所示。

(5)单击快捷访问工具栏的“保存”按钮,保存文档。

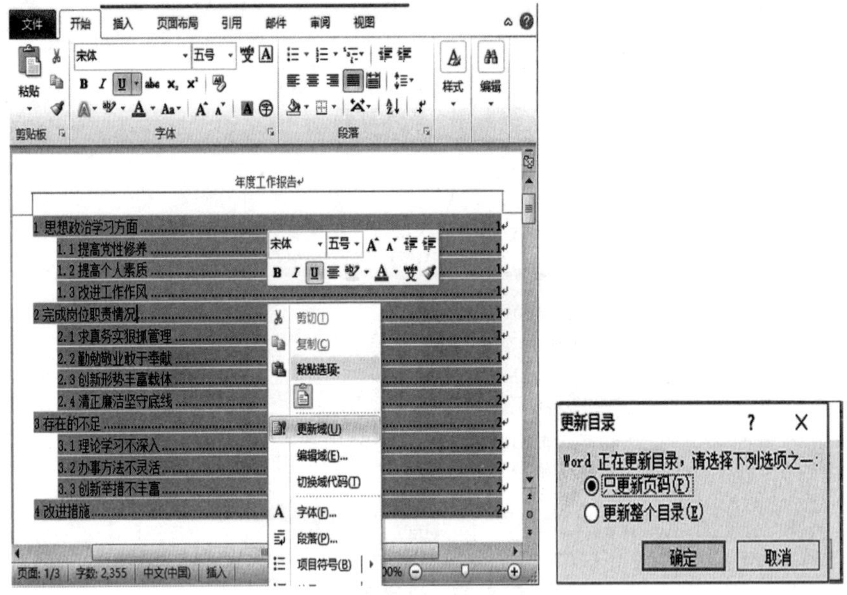

图 8.37　更新目录

(六)预览并打印文档

(1)单击“文件”选项卡的“打印”命令,进入“打印设置、预览”窗口,该窗口可预览文档,如图 8.38 所示。

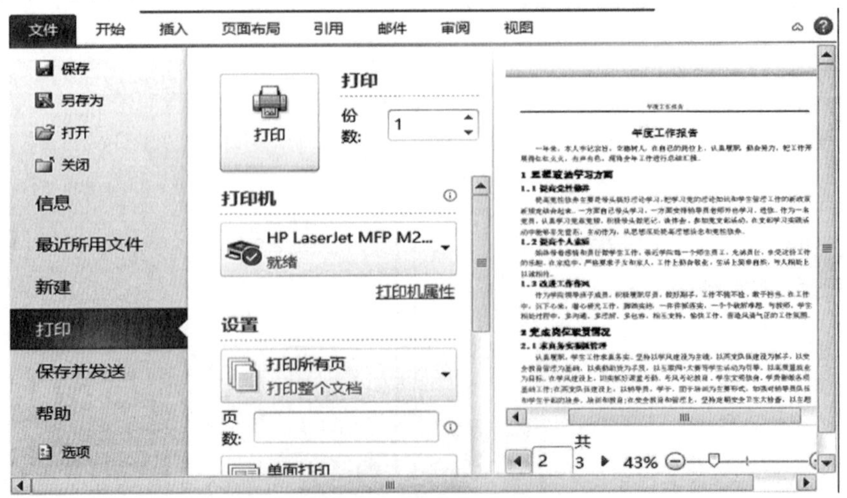

图 8.38　文档的预览

(2)调整显示比例。在“打印设置、预览”窗口中,拖动右下角的“滚动滑块”,改变显示比例为60%。

(3)缩放到页面。单击“缩放到页面”按钮,文档将以当前页面的显示比例显示。

(4)预览其他页。单击◀ 3 共4页 ▶的箭头,可以显示其他页。

(5)一般打印。预览符合要求后,在“打印设置、预览”窗口中,设置打印份数、范围、方向,单击“打印”命令,即可直接打印,如图8.39所示。

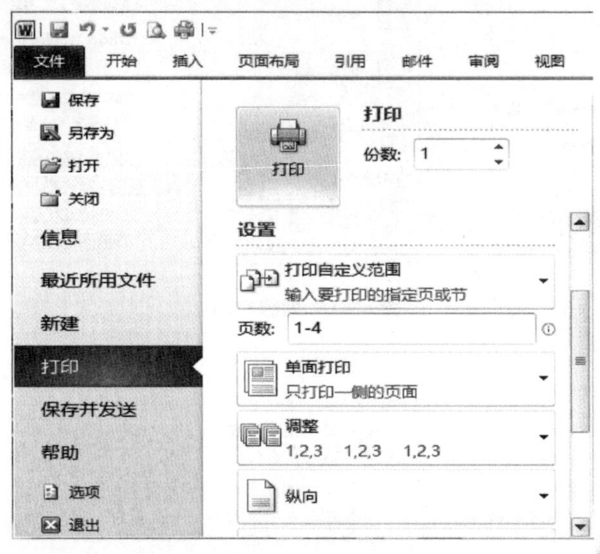

图8.39　打印设置

(6)双面打印。通过页数的奇偶性控制打印。在“设置”选项卡的“打印所有页”列表中,先单击“仅打印奇数页”命令,完成后将纸张翻转,再单击“仅打印偶数页”命令打印偶数页即可,如图8.40所示。

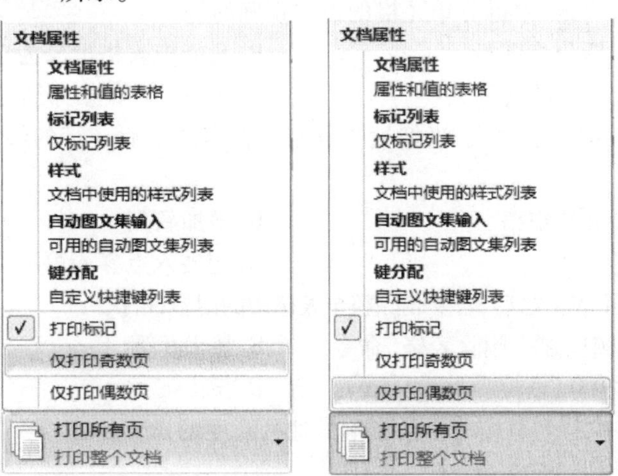

图8.40　双面打印

(7)缩放打印。在“打印所有页”下拉列表中选择“缩放至纸张大小”,在列表中选择适应大小的纸张,单击“打印”命令,如图8.41所示。

图 8.41 缩放打印

本章习题

一、单项选择题

1. 在 Word 中,若要删除表格中的某单元格所在行,则应选择“删除单元格”对话框中的________选项。 ( )

A.“右侧单元格左移” B.“删除整行”

C.“下方单元格上移” D.“删除整列”

2. 下列关于在 Word 中拆分单元格的说法正确的是 ( )

A. 只能把表格拆分为多行 B. 只能把表格拆分为多列

C. 可以拆分成设置的行列数 D. 拆分的单元格必须是合并后的单元格

3. Word 表格功能相当强大,当把插入点定位在表的最后一行的最后一个单元格时,按 Tab 键,将 ( )

A. 增加一个制表符空格 B. 增加新列

C. 增加新行 D. 把插入点移入第一行的第一个单元格

4. 在选定了整个表格之后,若要删除整个表格中的内容,可执行________操作。 ( )

A. 在右键菜单中选择“删除表格”命令 B. 按 Del 键

C. 按 Space 键 D. 按 Esc 键

5. 在改变表格中某列宽度时不会影响其他列宽度的操作是 ( )

A. 直接拖动某列的右边线

B. 直接拖动某列的左边线

C. 拖动某列右边线的同时,按住 Shift 键

D. 拖动某列右边线的同时,按住 Ctrl 键

6. 在 Word 中“页码”格式是在________对话框中设置。 ( )

A. “页面设置”　B. “页眉和页脚”　C. “页码格式”　D. “稿纸设置”

7. Word 具有分栏的功能,下列关于分栏的说法中正确的是　(　)

A. 最多可以设置三栏　B. 各栏的宽度可以设置

C. 各栏的宽度是固定的　D. 各栏之间的间距是固定的

8. 下面对 Word“首字下沉”的说法正确的是　(　)

A. 可设置两个字符的下沉　B. 可设置下沉三行

C. 最多只能下沉三行　D. 不可设置下沉字符与正文的距离

9. Word 2010 的模板文件的后缀名是　(　)

A. dot　B. xlsx　C. dotx　D. docx

10. 在 Word 中进行文字校对时,正确的操作是　(　)

A. 选择“文件”→“选项”命令

B. 在“审阅”→“校对”组中单击“信息检索”按钮

C. 在“审阅”→“校对”组中单击“修订”按钮

D. 在“审阅”→“校对”组中单击“拼写和语法”按钮

11. 在 Word 中使用模板创建文档的过程是________,然后选择模板名。　(　)

A. 选择“文件”→“打开”菜单命令　B. 选择“文件”→“选项”菜单命令

C. 选择“文件”→“新建模板文档”菜单命令　D. 选择“文件”→“新建”菜单命令

12. 有关样式的说法正确的是　(　)

A. 用户可以使用样式,但必须先创建样式

B. 用户可以使用 Word 预设的样式,也可以自定义样式

C. Word 没有预设的样式,用户只能建立后再去使用

D. 用户可以使用 Word 预设的样式,但不能自定义样式

13. 在 Word 中,若光标停在某个字符之前,当选择某样式时,对当前起作用的是(　)

A. 字段　B. 行　C. 段落　D. 文档中的全部段落

14. 当用户输入错误的或系统不能识别的文字时,Word 会在文字下面以________标注。　(　)

A. 红色直线　B. 红色波浪线　C. 绿色直线　D. 绿色波浪线

15. 在 Word 的编辑状态下,为文档设置页码,可以使用　(　)

A. “引用”→“目录”组　B. “开始”→“样式”组

C. “插入”→“页”组　D. “插入”→“页眉页脚”组

16. Word 的页边距可以通过________设置。　(　)

A. “插入”→“插图”组　B. “开始”→“段落”组

C. “页面布局”→“页面设置”组　D. “文件”→“选项”菜单命令

17. 在 Word 中要为段落插入书签可以通过________设置。　(　)

A. “页面布局”→“段落”组　B. “开始”→“段落”组

C. “页面布局”→“页面设置”组　D. “插入”→“链接”组

18. 在 Word 中预览文档打印后的效果,需要使用________功能。　(　)

A. 打印预览　B. 虚拟打印　C. 提前打印　D. 屏幕打印

19. 以下关于 Word 2010 页面布局的功能,说法错误的是　(　)

A. 页面布局功能可以为文档设置首字母下沉

B. 页面布局功能可以设置文档分隔符

C. 页面布局功能可以设置稿纸效果

D. 页面布局功能可以为段落设置缩进与间距

20. 打印一个文件的第 7 页、第 12 页,页码范围设定正确的是　(　)

A. 7 - 12　B. 7/12　C. 7,12　D. 7~12

21. 在 Word 2010 中,要想对文档进行翻译,需执行________操作。　(　)

A. 在“审阅”→“校对”组中单击“信息检索”按钮

B. 在“审阅”→“语言”组中单击“翻译”按钮

C. 在“审阅”→“校对”组中单击“语言”按钮

D. 在“审阅”→“语言”组中单击“语言”按钮

22. 下面有关 Word 2010 校对功能的描述正确的是　(　)

A. 可以查出文档中的拼写和语法错误,但不能提供改错功能

B. 可以查出文档中的拼写和语法错误,并能给出相应的修改意见

C. 不能查出文档中的拼写和语法错误,也不具有改错功能

D. 不能查出文档中的拼写和语法错误,但可以就文档中的错误给出相应的修改意见

23. 下面关于 Word 页码与页眉页脚的描述,正确的是　(　)

A. 页眉页脚就是页码

B. 页眉页脚与页码分别设定,所以二者毫无关系

C. 页码只能插入到页眉页脚中

D. 页码可以插入到页眉页脚中

24. 在 Word 中打印文档时,取消打印应该　(　)

A. 选择“文件”→“取消打印”菜单命令

B. 关闭正在打印的文档

C. 按 Esc 键

D. 在“开始”菜单中选择“设备和打印机”菜单命令。在打印机图标上单击鼠标右键,在弹出的快捷菜单中选择“查看正在打印什么”命令,然后在打开的窗口中选择需取消打印的文件,选择“文档”→“取消”菜单命令

25. 对于 Word 2010 中表格的叙述,正确的是　(　)

A. 表格中的数据可以进行公式计算　B. 表格中的文本只能垂直居中

C. 表格中的数据不能排序　D. 只能在表格的外框画粗线

二、多项选择题

1. 在 Word 中,人工设定分页符的方法是　(　)

A. 选择“文件”→“页面设置”菜单命令

B. 单击“视图”→“显示”组中的“分隔符”按钮

C. 单击“插入”→“页”组中的“分页”命令

D. 单击“页面布局”→“页面设置”组中的“分隔符”中的“分页符”命令

2. 下面关于 Word 样式的叙述,正确的是　(　)

A. 修改样式后将自动修改使用样式的文本格式

B. 样式可以简化操作,能节省更多的时间

C. 样式不能重复使用

D. 样式是 Word 中最强有力的工具之一

3. 在 Word 2010 中打开"打印"界面的快捷键有 ( )

A. "Ctrl + P" B. "Ctrl + F2" C. "Ctrl + M" D. "Ctrl + F3"

4. Word 2010 对文档可做的检查有 ( )

A. 英文拼写 B. 英文语法 C. 中文拼写 D. 中文语法

5. 在设置打印文档时,用户可以选择的打印方式有 ( )

A. 打印整个文档 B. 打印当前页 C. 打印指定的页 D. 打印选定的内容

6. 下面关于 Word 排版的说法,正确的有 ( )

A. 在同一页上可同时存在不同的分栏格式

B. 通过使用样式,用户可以统一设置文本的字体、字号和段落对齐方式

C. 用户可以自定义多个字符或段落样式

D. 用户可以为新样式设置一个快捷键,以使排版更方便

7. 下面有关 Word 文档分页的叙述,正确的有 ( )

A. 分页符不能被打印出来

B. Word 文档可以自动分页,也可以人工分页

C. 将插入点置于分页符上按任意键可将其删除

D. 分页符标志着前一页的结束和一个新页的开始

8. 在 Word 2010 中,不能在"打印"界面中进行设置的项目有 ( )

A. 打印份数 B. 打印范围 C. 页眉页脚的设置 D. 页码的位置

9. 在 Word 2010 中,在文档中插入图片对象后,可以通过设置图片的文字环绕方式进行图文混排,下列属于 Word 提供的文字环绕方式有 ( )

A. 四周型 B. 衬于文字下方 C. 嵌入型 D. 左右型

10. Word 2010 中可设置的视图方式有 ( )

A. 页面视图 B. 阅读版式视图 C. Web 版式视图 D. 草稿视图

三、判断题

1. 文本可以转换为表格内容,表格内容不能转换为文本内容。 ( )

2. 在 Word 2010 中编辑文本时,编辑区显示的"网格线"不会打印在纸上。 ( )

3. 将文档分为左右两个版面的功能称为分栏,将段落的第一个字放大突出显示是首字下沉功能。 ( )

4. Word 表格由若干行、若干列组成,行和列交叉的地方称为单元格。 ( )

5. 在 Word 2010 的表格中,多个单元格不能合并成一个单元格。 ( )

6. 在 Word 2010 中可以插入表格,而且可以对表格进行绘制、擦除、合并和拆分单元格,插入和删除行列等操作。 ( )

7. 在 Word 2010 中,只能设置整个表格底纹,不能对单个单元格进行底纹设置。( )

8. 在 Word 2010 中只要插入的表格选取了一种表格形式,就不能更改表格样式和进行表格的修改。 ( )

9. 页边距可以通过标尺设置。 ( )

10. 对当前文档的分栏最多为三栏。 ( )

11. 页眉和页脚一经插入,就不能修改了。 ( )

12. 在 Word 2010 中,不但可以给文本套用各种样式,而且还可以更改样式。 ( )

13. 用户可以使用系统定义的样式，也可以使用自定义样式。 （ ）

14. 在 Word 2010 中，不能使用“书法字帖”模板新建文档。 （ ）

15. 在 Word 2010 中，可以插入“页眉和页脚”，但不能插入“日期和时间”。 （ ）

16. 在 Word 2010 中，不但能插入封面和页码，而且可以制作文档目录。 （ ）

17. 在 Word 2010 中，不但能插入内置公式，还可以插入新公式并可通过“公式工具”功能区进行公式编辑。 （ ）

18. 被红色波浪线划出的单词一定有错误。 （ ）

19. 当出现语法错误时，不进行改正而直接忽略，绿色的波浪线也会消失。 （ ）

20. 向文档中插入页码后，只会在当前页显示页码。 （ ）

21. 通过插入分栏，用户可以对未填满一页的文本进行强制性分页。 （ ）

22. 在编辑页眉页脚时，可同时编辑正文。 （ ）

23. 在 Word 2010 中，用户可以对自己所建立的公式进行修改。 （ ）

24. 在“打印”界面中，用户可以进行“中止或暂停打印”的操作。 （ ）

25. 在 Word 2010 中，页面设置是针对整个文档进行的。 （ ）

26. 在 Word 2010 中，在大纲视图下不能显示页眉和页脚。 （ ）

27. 在 Word 2010 中，文档默认的模板名为 Doc。 （ ）

28. 打印时，如果只打印第 2、第 6 和第 7 页，应设置“页面范围”为“2,6,7”。 （ ）

29. 打印预览时，打印机必须是已开启的。 （ ）

30. 通过按下“Ctrl + F2”组合键可以打开也可以关闭打印预览状态。 （ ）

四、操作题

1. 打开“报到通知书. docx”文档，其操作要求如下。

（1）将文本插入点定位到标题文本处或选择标题文本，选择“开始”→“样式”组，单击“选择样式”列表框右侧的下拉按钮，在打开的列表框中选择“标题”选项，为其应用标题样式。

（2）选择所有正文文本，在“快速样式”列表框中选择“列出段落”选项，为正文文本应用该样式。

（3）选择“注意事项”下面的两段文本，然后为其应用“不明显参考”样式。

（4）将最后两段设置为右对齐，“人事部”右缩进“3 字符”。

“报到通知书. docx”文档效果如图 8.42 所示。

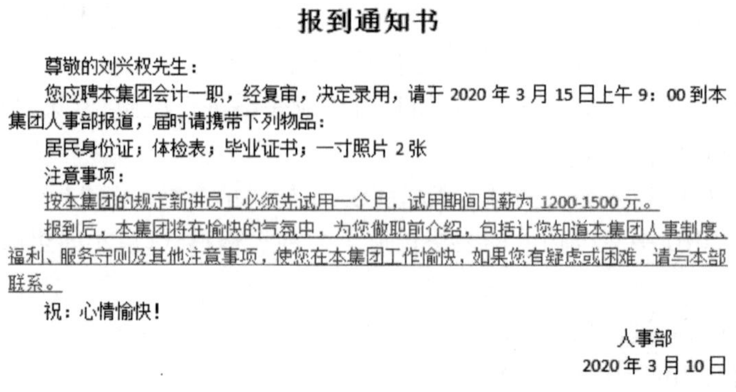

报到通知书

尊敬的刘兴权先生：

您应聘本集团会计一职，经复审，决定录用，请于 2020 年 3 月 15 日上午 9：00 到本集团人事部报道，届时请携带下列物品：

居民身份证；体检表；毕业证书；一寸照片 2 张

注意事项：

按本集团的规定新进员工必须先试用一个月，试用期间月薪为 1200-1500 元。

报到后，本集团将在愉快的气氛中，为您做职前介绍，包括让您知道本集团人事制度、福利、服务守则及其他注意事项，使您在本集团工作愉快，如果您有疑虑或困难，请与本部联系。

祝：心情愉快！

人事部

2020 年 3 月 10 日

图 8.42 “报到通知书. docx”文档效果

2. 在“推广方案. docx”文档中，插入艺术字、SmartArt 图形及表格，并对艺术字、SmartArt 图形及表格的样式和颜色等按“文档效果”进行设置，其操作要求如下。

(1)打开“推广方案. docx”文档，插入和编辑艺术字。

(2)添加、编辑和美化 SmartArt 图形。

(3)添加表格和输入表格内容。

(4)编辑和美化表格，完成后保存文档。

“推广方案. docx”文档效果如图 8.43 所示。

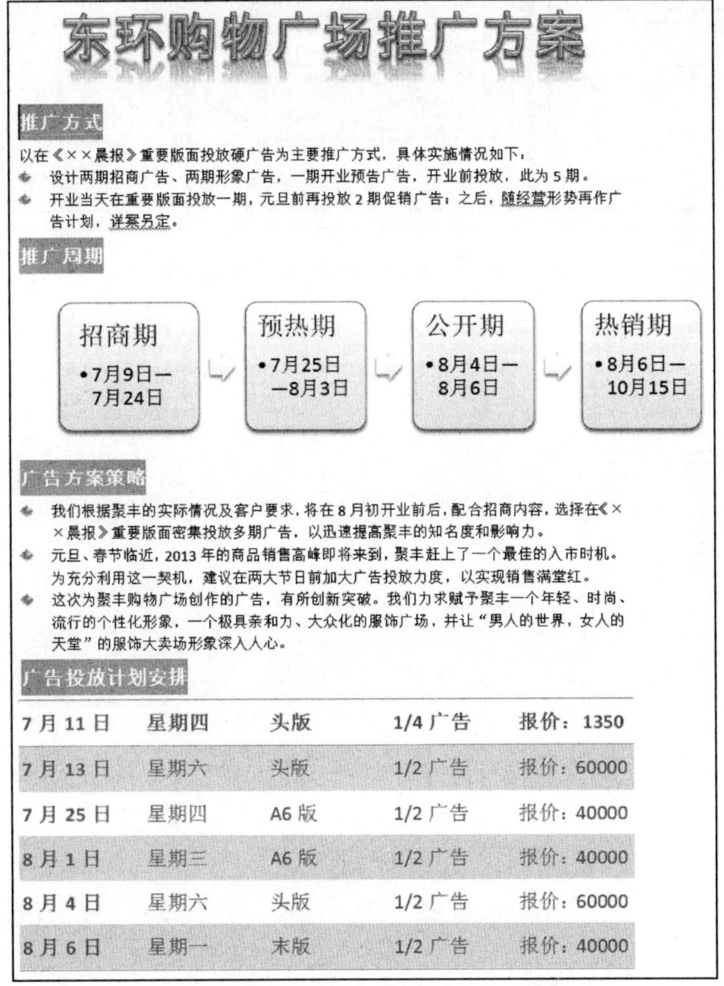

东环购物广场推广方案

推广方式

以在《××晨报》重要版面投放硬广告为主要推广方式，具体实施情况如下：

- 设计两期招商广告、两期形象广告，一期开业预告广告，开业前投放，此为 5 期。
- 开业当天在重要版面投放一期，元旦前再投放 2 期促销广告；之后，随经营形势再作广告计划，详案另定。

推广周期

广告方案策略

- 我们根据聚丰的实际情况及客户要求，将在 8 月初开业前后，配合招商内容，选择在《××晨报》重要版面密集投放多期广告，以迅速提高聚丰的知名度和影响力。
- 元旦、春节临近，2013 年的商品销售高峰即将来到，聚丰赶上了一个最佳的入市时机。为充分利用这一契机，建议在两大节日前加大广告投放力度，以实现销售满堂红。
- 这次为聚丰购物广场创作的广告，有所创新突破。我们力求赋予聚丰一个年轻、时尚、流行的个性化形象，一个极具亲和力、大众化的服饰广场，并让“男人的世界，女人的天堂”的服饰大卖场形象深入人心。

广告投放计划安排

7 月 11 日	星期四	头版	1/4 广告	报价：1350
7 月 13 日	星期六	头版	1/2 广告	报价：60000
7 月 25 日	星期四	A6 版	1/2 广告	报价：40000
8 月 1 日	星期三	A6 版	1/2 广告	报价：40000
8 月 4 日	星期六	头版	1/2 广告	报价：60000
8 月 6 日	星期一	末版	1/2 广告	报价：40000

图 8.43　“推广方案. docx”文档效果

3. 对“市场分析报告. docx”文档进行设置并打印，其操作要求如下。

(1)打开“市场分析报告. docx”文档，通过修改、创建样式等操作设置文档格式。

(2)在文档中插入“饼图”图表，然后对图表的标题和图表布局进行设置。

(3)通过插入图片和输入文字来设置文档“页眉”，通过插入页脚样式来设置文档页面。

“市场分析报告. docx”文档效果如图 8.44 所示。

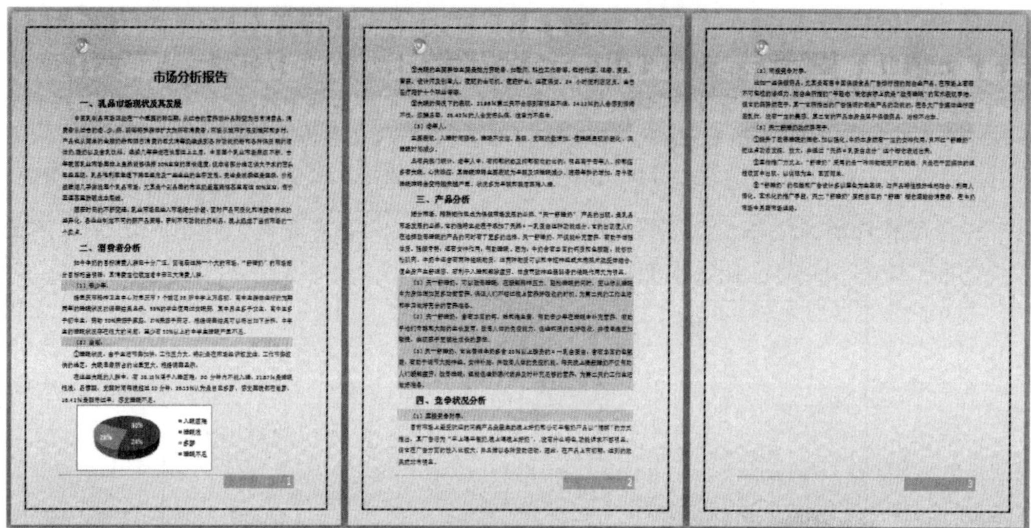

图 8.44　“市场分析报告.docx”文档效果

项目九　制作 Excel 2010 电子表格

Word 2010 虽然具有图形绘制、图表制作的功能，但无法对数据进行更复杂的分析和处理。对于复杂的数据分析和处理就需要使用 Excel 2010 电子表格应用程序。它不仅具有强大的数据组织、计算、分析和统计功能，还可以通过图表、图形及强大的函数功能形象地显示数据处理结果，更能方便地与 Office 其他组件相互调用数据，实现资源共享。

学习目标

- 制作员工信息表
- 编辑产品价格表

任务一　制作员工信息表

任务要求

崔亮是某高校人事部门工作人员，统计员工的基本信息是人事部门日常工作，崔亮应用 Excel 2010 制作员工信息表，参考效果如图 9.1 所示，相关要求如下。

	A	B	C	D	E	F	G	H
1	员工信息表							
2	编号	姓名	性别	工作日期	工龄	职称	部门	工资
3	001	岳强	女	1987年3月6日	33	教授	外语学院	3500
4	002	张扬	男	1997年9月20日	23	副教授	信息学院	2900
5	003	于淼	女	2004年8月14日	16	讲师	人文学院	2700
6	004	宋伟伟	男	2008年10月26日	12	助教	管理学院	2300
7	005	李明贺	男	2012年3月10日	8	助教	中药学院	2300
8	006	黄明玉	女	1995年6月20日	25	副教授	人文学院	2900
9	007	齐立伟	男	1997年5月6日	23	副教授	管理学院	2900
10	008	裴勇	男	1998年3月16日	22	副教授	中药学院	2900
11	009	张玉鹏	男	2001年10月10日	19	讲师	外语学院	2700
12	010	王琪鑫	女	2013年4月29日	7	助教	人文学院	2300

图 9.1　“员工信息表”工作簿效果

(1)创建名为“员工信息表.xlsx”的工作簿文件。

(2)输入表格名称和列标题。在 A1 单元格中输入文本“员工信息表”，在 A2:I2 单元格区域中依次输入“编号”“姓名”“性别”“工作日期”“工龄”“职称”“部门”和“工资”。

(3)使用序列填充输入“编号”列数据。

(4)输入“姓名”列、“性别”列、“职称”列、“部门”列、和“工资”列数据。

(5)输入“工作日期”列数据,数据格式为“＊＊＊＊年＊＊月＊＊日”。

(6)输入“工龄”列数据,设置数据有效性条件为介于“0～50”之间的整数。

(7)合并 A1:H1 单元格区域,设置单元格格式为“方正粗黑宋简体,20 号”。

(8)选择 A2:H2 单元格区域,设置单元格格式为“华文中宋,14 号,居中对齐”,设置底纹为“橄榄色,强调文字颜色 3,淡色 40%”。

(9)选择 A3:H12 单元格区域,设置单元格格式为“华文仿宋,12 号,居中对齐”。

(10)自动调整 A～H 列的列宽,分别设置第 1 行行高为“30”,第 2 行行高为“25”,第 3～12 行行高为“20”。

(11)选择 A2:H12 单元格区域,为其添加边框线,其中外边框颜色为“红色”。

任务实现

(一)新建并保存工作簿

启动 Excel 2010,系统将自动新建名为“工作簿 1”的空白工作簿工作簿,根据用户的需要还可以同时新建多个空白工作簿,创建名为“员工信息表”的工作簿文件的具体操作如下。

(1)选择“开始”→“所有程序”→“Microsoft Office”→“Microsoft Excel 2010”命令,启动 Excel 2010,系统自动新建了一个名为“工作簿 1”的空白工作簿。

(2)选择“文件”→“保存”命令,在打开的“另存为”对话框的“地址栏”下拉列表框中选择文件保存路径,在“文件名”下拉列表框中输入“员工信息表. xlsx”,然后单击“保存”按钮。

(二)输入工作表数据

输入数据是制作表格的基础,为“员工信息表”输入基本数据的具体操作如下。

(1)输入表格名称和列标题。选择 A1 单元格,在其中输入文本“员工信息表”,按 Enter 键将切换到 A2 单元格,在其中输入文本“编号”,然后按 Tab 键将切换到 B2 单元格,在其中输入文本“姓名”,使用相同的方法依次在 C2:H2 单元格中输入文本“性别”“工作日期”“职称”“部门”和“工资”。

(2)输入“编号”列数据。选择 A3 单元格,“编号”列为文本型,首先在 A3 单元格中输入一个英文标点符号状态的单引号“'”,再输入数值“001”,按 Enter 键,然后将鼠标指针移动到 A3 单元格右下角的填充柄处,按住鼠标左键不放并向下拖曳至 A12 单元格,此时 A4:A12 单元格区域将自动生成序号“002”～“010”。

(3)“姓名”列、“性别”列、“工龄”列、“职称”列、“部门”列、和“工资”列数据如图 9.1 所示。

(4)输入“工作日期”列数据。选择 D3:D12 单元格区域,单击“开始”→“数字”功能组下三角按钮,打开“设置单元格格式”对话框,在“数字”选项卡的“分类”列表框中单击“日期”,在右侧的“类型”列表框中选择“＊2001 年 3 月 14 日”项,如图 9.2 所示。然后按 YY－MM－DD(即年－月－日,且均为两位数)的格式输入日期,即可得到“＊＊＊＊

年＊＊月＊＊日”的数据格式。

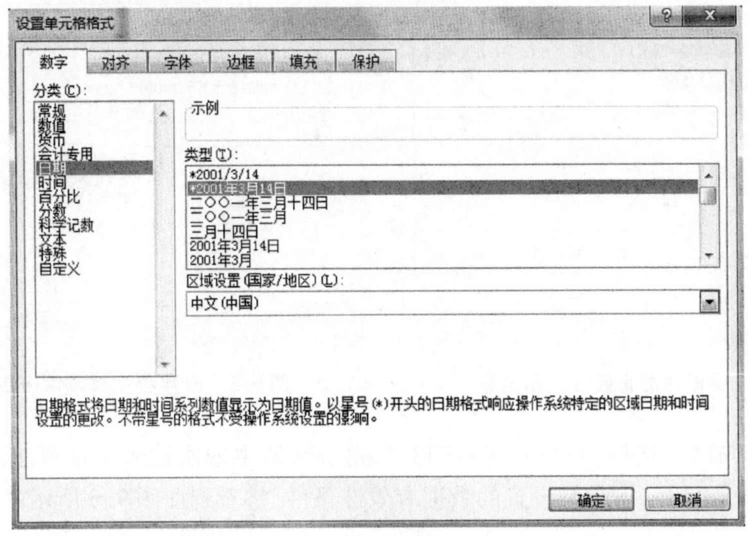

图 9.2　“设置单元格格式”对话框

(三)设置数据有效性

为单元格设置数据有效性后,可保证输入的数据在指定的范围内,从而减少出错率。输入“工龄”列数据的具体操作如下。

(1)选择 E3:E12 单元格区域,在“数据”→“数据工具”组中单击“数据有效性”按钮,打开“数据有效性”对话框,在“设置”选项卡下设置数据的有效性条件,在“允许”下拉列表中选择“整数”选项,在“数据”下拉列表中选择“介于”选项,在“最小值”和“最大值”文本框中分别输入“0”和“50”,如图 9.3 所示。

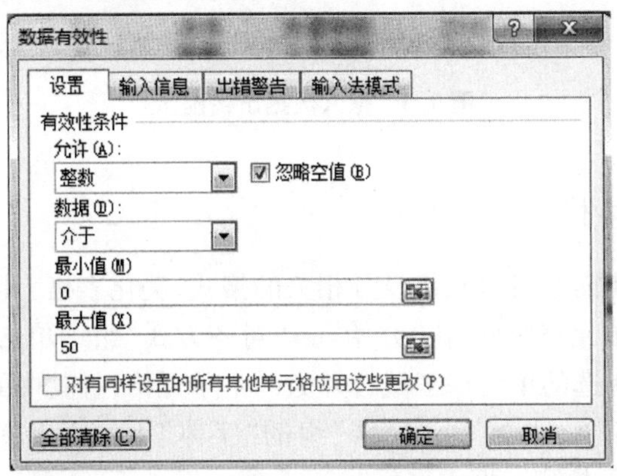

图 9.3　设置数据有效性条件

(2)保持选择状态,单击“输入信息”选项卡,在“标题”文本框中输入文本“注意”,在“输入信息”文本框中输入文本“请输入 0－50 之间的整数”,如图 9.4 所示。

(3)保持选择状态,单击“出错警告”选项卡,在“标题”文本框中输入文本“出错”,在“错误信息”文本框中输入文本“输入的数据不在正确范围内,请重新输入”,如图 9.5 所示。

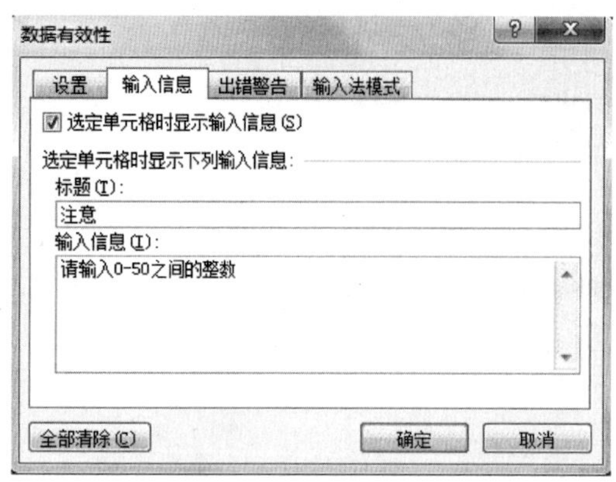

图 9.4　设置数据有效性提示信息

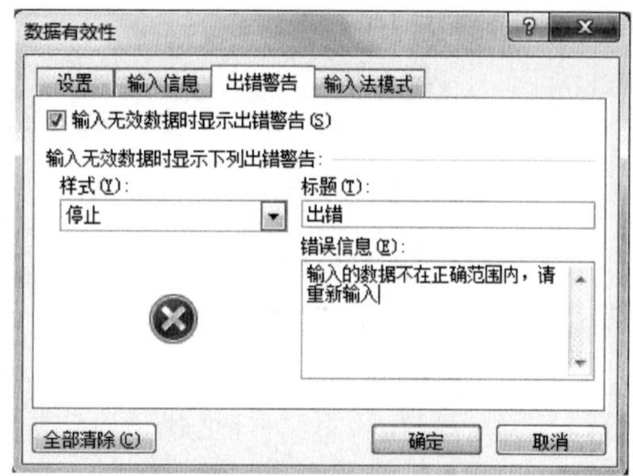

图 9.5　设置数据有效性出错警告

(4)单击“确定”按钮,然后在 E3:E12 单元格区域中依次输入每位员工的工龄。如果输入的数据是“80”,不满足设置的数据有效性条件,将看到如图 9.6 所示的提示信息。

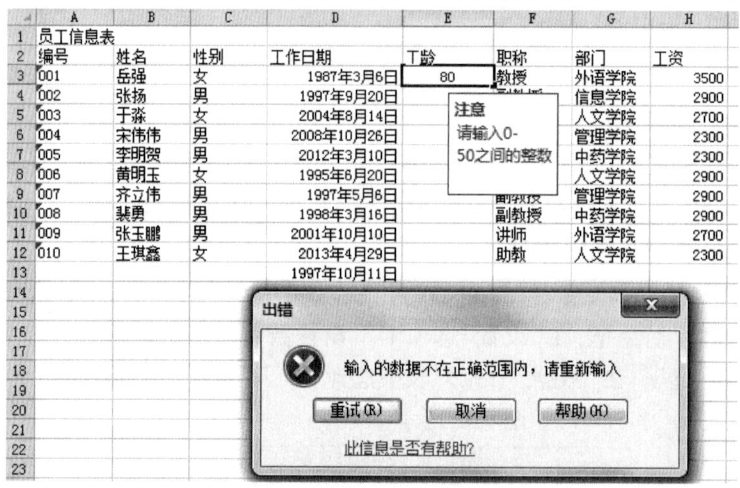

图 9.6　输入数据出错提示

(四)设置单元格格式

输入数据后通常还需要对单元格设置相关的格式,美化表格,其具体操作如下。

(1)选择 A1:H1 单元格区域,在“开始”→“对齐方式”组中单击“合并后居中”按钮。返回工作表中可看到所选的单元格区域合并为一个单元格,且其中的数据自动居中显示。

(2)保持选择状态,在“开始”→“字体”组的“字体”下拉列表框中选择“方正粗黑宋简体”选项,在“字号”下拉列表框中选择“20”选项。

(3)选择 A2:H2 单元格区域,设置其字体为“华文中宋”,字号为“14”,在“开始”→“对齐方式”组中单击“居中对齐”按钮。在“开始”→“字体”组中单击“填充颜色”按钮右侧的下拉按钮,在打开的下拉列表中选择“橄榄色,强调文字颜色 3,淡色 40%”选项,如图 9.7 所示。

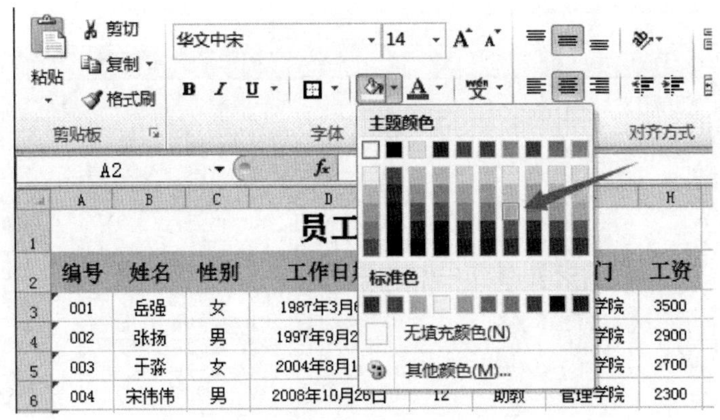

图 9.7　设置单元格底纹

(4)选择 A3:H12 单元格区域,设置其字体为“华文仿宋”,字号为“12”,在“开始”→“对齐方式”组中单击“居中对齐”按钮。

(五)调整行高与列宽

默认状态下,单元格的行高和列宽是固定不变的,但是当单元格中的数据太多不能完全显示其内容时,则需要调整单元格的行高或列宽,使其符合单元格大小,其具体操作如下。

(1)选择 A~H 列,在“开始”→“单元格”组中单击“格式”按钮,在打开的下拉列表中选择“自动调整列宽”选项,如图 9.8 所示。返回工作表中可以看到 A~H 列根据各自单元格中数据的长度改变了列宽,其中的数据都能够完整地显示出来,如图 9.9 所示。

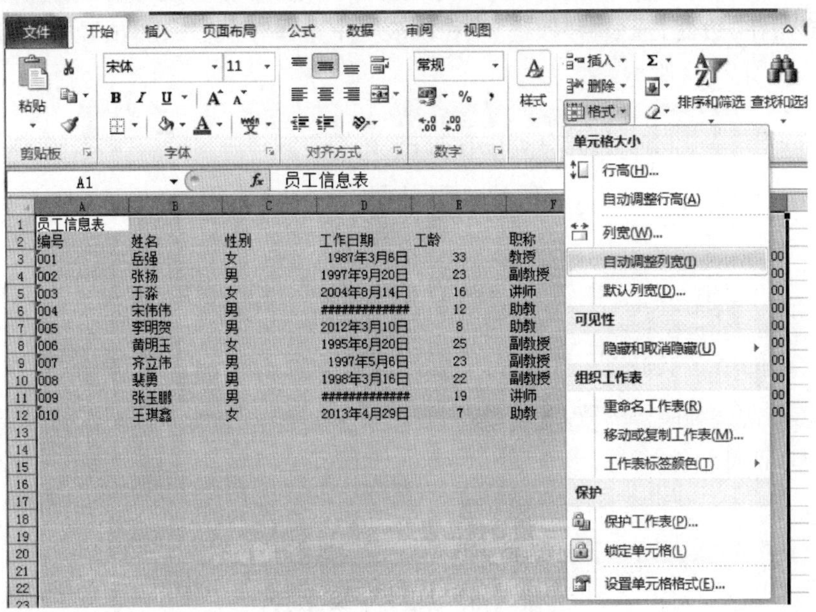

图 9.8　自动调整列宽的设置

A1　　f_x　员工信息表

	A	B	C	D	E	F	G	H
1	员工信息表							
2	编号	姓名	性别	工作日期	工龄	职称	部门	工资
3	001	岳强	女	1987年3月6日	33	教授	外语学院	3500
4	002	张扬	男	1997年9月20日	23	副教授	信息学院	2900
5	003	于淼	女	2004年8月14日	16	讲师	人文学院	2700
6	004	宋伟伟	男	2008年10月26日	12	助教	管理学院	2300
7	005	李明贺	男	2012年3月10日	8	助教	中药学院	2300
8	006	黄明玉	女	1995年6月20日	25	副教授	人文学院	2900
9	007	齐立伟	男	1997年5月6日	23	副教授	管理学院	2900
10	008	裴勇	男	1998年3月16日	22	副教授	中药学院	2900
11	009	张玉鹏	男	2001年10月10日	19	讲师	外语学院	2700
12	010	王琪鑫	女	2013年4月29日	7	助教	人文学院	2300

图 9.9　表格列宽自动调整后效果

(2)选择第 1 行,在“开始”→“单元格”组中单击“格式”按钮,在打开的下拉列表中选择“行高”选项,在打开的“行高”对话框的数值框中输入“30”,单击“确定”按钮。同样方法,将第 2 行的行高设置为“25”,将第 3 ~ 12 行的行高设置为“20”。

(六)设置工作表边框

默认情况下,Excel 工作表中的表格没有边框线,在使用 Excel 制作表格时,为了数据能够显示清楚,经常要设置边框线,其具体操作如下。

(1)选择 A2:H12 单元格区域,右键单击该单元格区域,在弹出的快捷菜单上选择“设置单元格格式”选项,在打开的“设置单元格格式”对话框中选择“边框”选项卡。

(2)在“边框”选项卡“线条”列表框的“样式”中选择“单实线”,在“预置”列表框中选择“内部”;在“边框”选项卡“颜色”下拉列表框中选择“红色”,在“预置”列表框中选择“外边框”,如图 9.10 所示。

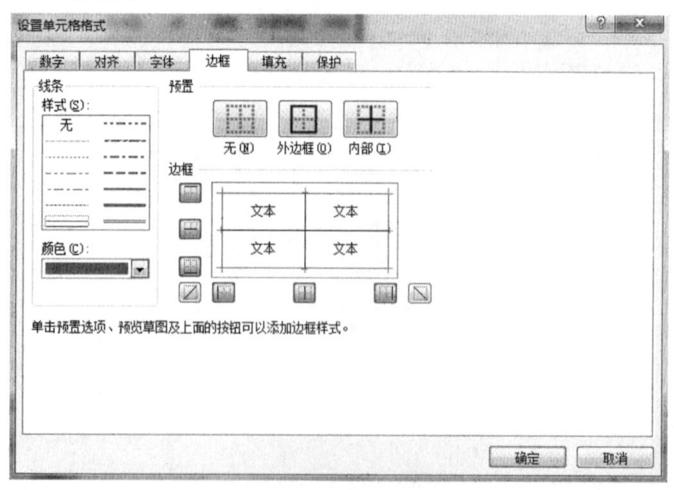

图 9.10　设置单元格边框

(3)单击“确定”按钮,完成工作表边框的设置。如图 9.11 所示。

	A	B	C	D	E	F	G	H
1	员工信息表							
2	编号	姓名	性别	工作日期	工龄	职称	部门	工资
3	001	岳强	女	1987年3月6日	33	教授	外语学院	3500
4	002	张扬	男	1997年9月20日	23	副教授	信息学院	2900
5	003	于淼	女	2004年8月14日	16	讲师	人文学院	2700
6	004	宋伟伟	男	2008年10月26日	12	助教	管理学院	2300
7	005	李明贺	男	2012年3月10日	8	助教	中药学院	2300
8	006	黄明玉	女	1995年6月20日	25	副教授	人文学院	2900
9	007	齐立伟	男	1997年5月6日	23	副教授	管理学院	2900
10	008	裴勇	男	1998年3月16日	22	副教授	中药学院	2900
11	009	张玉鹏	男	2001年10月10日	19	讲师	外语学院	2700
12	010	王琪鑫	女	2013年4月29日	7	助教	人文学院	2300

图 9.11　设置工作表边框后的效果

任务二　编辑学生信息表

任务要求

某高校新生入学过程中，李老师将学生信息临时录入到文本文档“学生档案. txt”中，为了使信息显示更加规范，利于管理和维护，现将其录入 Excel 表格中，编辑完成的 Excel 电子表格效果如图 9.12 所示，具体要求如下。

(1)打开素材文件“学生信息表. xlsx”工作簿。

(2)将 “Sheet2”和“Sheet3”两个工作表删除，将“Sheet1”工作表重命名为“学生信息表”。

(3)将文本文档“学生档案. txt”导入到“学生信息表. xlsx”工作簿的“学生信息表”工作表中。

(4)在第 8 行和第 9 行之间插入一行并填入数据“11310202”“刘禹”“女”“061001”“160610199808312415”“1998/08/31”。

(5)在“学号”一列之前插入一列并填入“序号”，序号内容分别为“1、2、3、…”。

(6)将“邮编”一列移动到“身份证号码”一列之后。

(7)通过“自动套用表格样式”的方法，为表格设置样式“表样式中等深浅 10”。

	A	B	C	D	E	F	G
1	学生信息表						
2	序号	学号	姓	性别	身份证号码	邮编	出生日期
3	1	11310101	李煜	男	160610199701051242	061001	1997/1/5
4	2	11310211	何阳	男	211019199810112312	082010	1998/10/11
5	3	11310122	楚萧然	男	160610199802205123	061001	1998/2/20
6	4	11310130	邓明玉	女	160610199707061425	061001	1997/7/6
7	5	11310220	方凯文	男	211019199701163254	073004	1997/1/16
8	6	11310109	高明启	男	160610199902100412	082010	1999/2/10
9	7	11310202	刘禹	女	160610199808312415	061001	1998/8/31
10	8	11310215	韩倩文	女	211019199811115317	073004	1998/11/11
11	9	11310111	林珊	女	160610199811304236	082010	1998/11/30
12							

图 9.12　“学生信息表”效果图

任务实现

(一)打开工作簿

日常工作和学习中,人们通常需要将已经创建并保存的工作簿打开,继续查看或编辑,具体操作如下。

(1)单击"开始"→"所有程序"→"Microsoft Office"→"Microsoft Excel 2010",启动 Excel 2010 程序,进入 Excel 窗口界面,如图 9.13 所示。

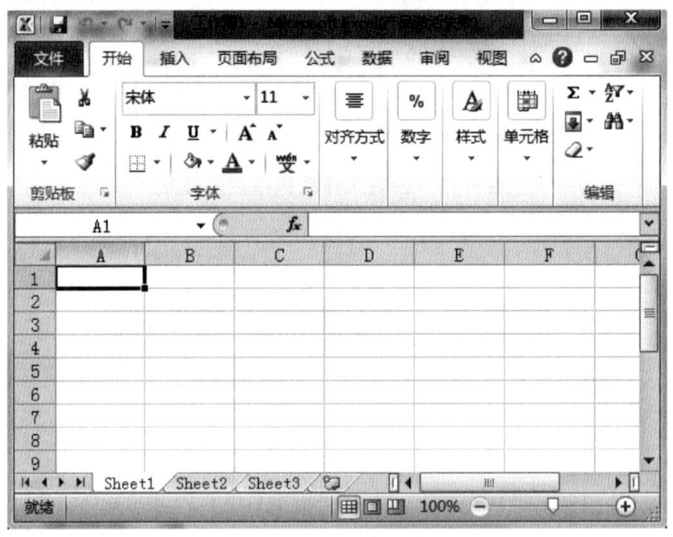

图 9.13　Excel 窗口界面

(2)选择"文件"→"打开"命令,在打开的"打开"对话框的地址栏下拉列表框中选择需打开文件的保存路径,在工作区选择"学生信息表. xlsx"工作簿,如图 9.14 所示。单击"打开"按钮即可打开选择的工作簿,如图 9.15 所示。

图 9.14　"打开"对话框

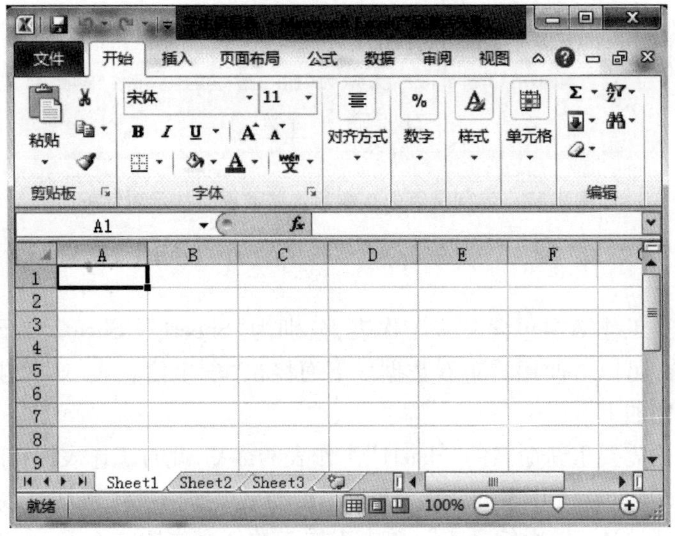

图 9.15　打开“学生信息表.xlsx”工作簿

(二)删除工作表

编辑工作簿过程中,如果存在多余的工作表或不需要的工作表时,可以将其删除。下面将删除“学生信息表.xlsx”工作簿中的“Sheet2”和“Sheet3”工作表,具体操作如下。

(1)左键单击工作表标签“Sheet2”,选中工作表“Sheet2”,右键单击工作表标签“Sheet2”,在弹出的快捷菜单中,选择“删除”命令。

(2)返回工作簿,可以看到已将工作表“Sheet2”删除,同样方法,将工作表“Sheet3”删除,如图 9.16 所示。

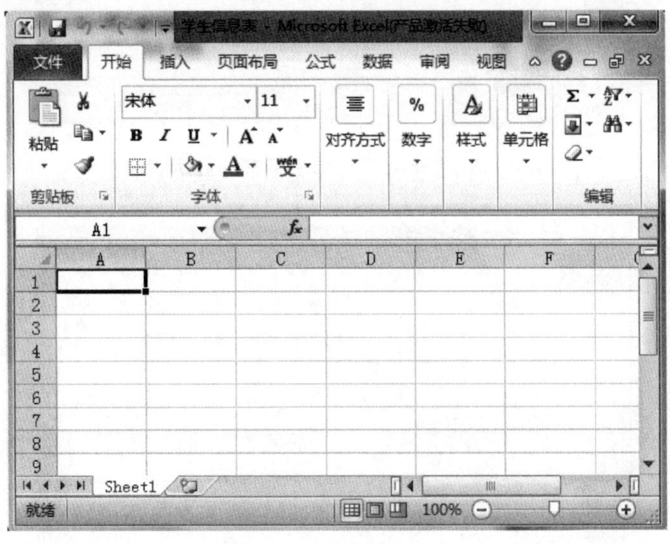

图 9.16　删除工作表

注意:若要删除有数据的工作表,将打开询问是否永久删除这些数据的提示对话框,单击“删除”按钮将永久删除工作表和工作表中的数据,单击“取消”按钮将取消删除工作表的操作。

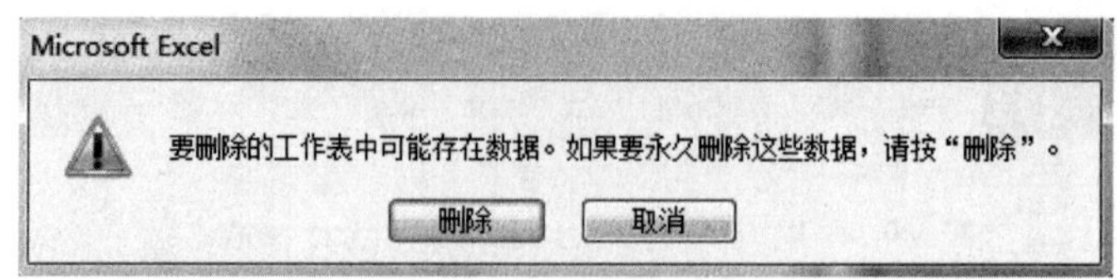

图 9.17　询问是否永久删除这些数据的提示对话框

(三)重命名工作表

默认情况下,工作簿中包含三张工作表,分别为“Sheet1”“Sheet2”“Sheet3”,通过重命名工作表名称,可以方便用户查看数据。下面将在“学生信息表. xlsx”工作簿中重命名工作表,具体操作如下。

(1)左键双击需要重新命名的“Sheet1”工作表的标签,此时工作表标签的显示状态将呈现为可编辑状态,同时该工作表的名称“Sheet1”自动呈黑底白字状态显示,如图 9.18 所示。

(2)直接输入文本“学生信息表”,单击工作表的任意位置或按 Enter 键退出工作表标签的编辑状态,完成对“Sheet1”工作表的重命名,如图 9.19 所示。

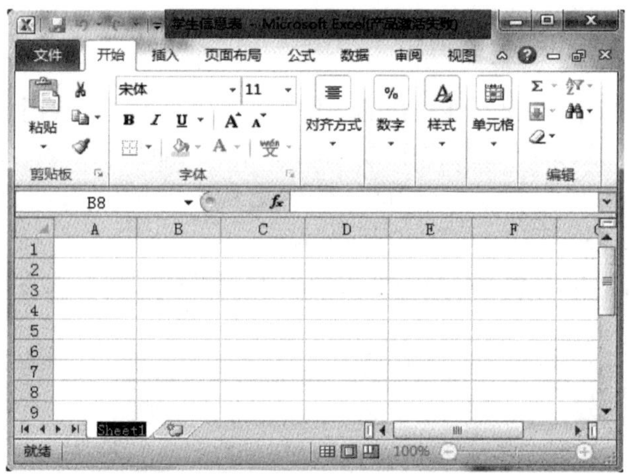

图 9.18　“Sheet1”工作表标签的显示状态

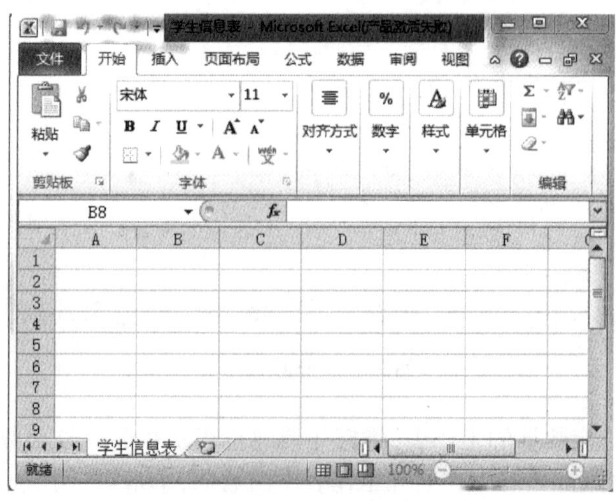

图 9.19　重命名工作表

（四）获取外部数据

在 Excel 2010 中，可以通过导入外部数据的功能来获取所需要的数据，提供素材做数据处理和分析。这样就不需要手动输入数据，既能够提高效率，同时也能够避免错误的数据输入。下面将文本文档“学生档案. txt”导入到“学生信息表. xlsx”工作簿的“学生信息表”工作表中，其具体操作如下。

（1）选择“数据”→“获取外部数据”功能组的“自文本”命令，在打开的“导入文本文件”对话框中的地址栏下拉列表框中选择需打开的文本文档的保存路径，在工作区选择“学生档案. txt”文本文档，如图 9.20 所示。

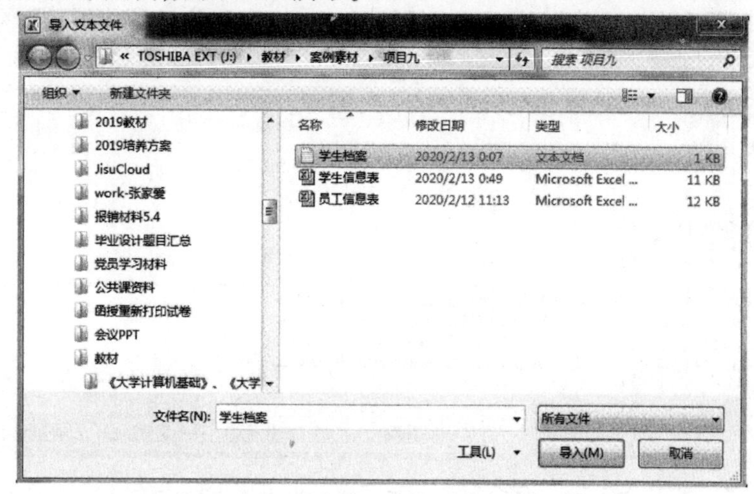

图 9.20　选择文本文档“学生档案. txt”

（2）单击“导入”按钮，在打开的“导入文本向导 - 第 1 步，共 3 步”对话框中，“原始数据类型”→“请选择最合适的文件类型”文本框区域选择“分隔符号”选项，“导入起始行”设置为“1”，在“文件原始格式”下拉列表中选择“20936：简体中文(GB2312 - 80)”，如图 9.21 所示。

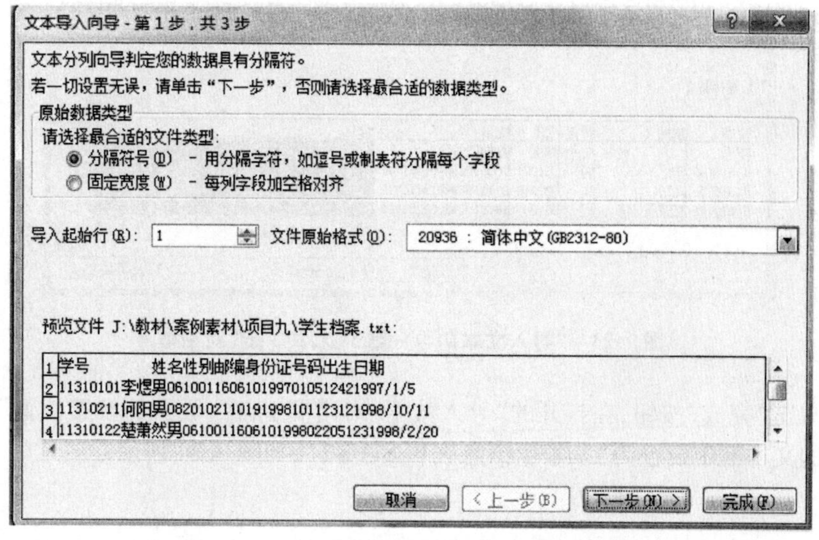

图 9.21　“导入文本向导 - 第 1 步，共 3 步”对话框

(3)单击“下一步”按钮,在打开的“导入文本向导 - 第 2 步,共 3 步”对话框中,在“分隔符号”文本框区域选择“Tab 键”选项,如图 9.22 所示。

(4)单击“下一步”按钮,在打开的“导入文本向导 - 第 3 步,共 3 步”对话框中,“数据预览”列表框区域中各列数据格式默认为“常规”,在“数据预览”列表框区域选择“学号”列数据,然后在“列数据格式”文本框区域选择“文本”选项。用同样的方法,将“邮编”列和“身份证号码”列的数据格式设置为“文本”,将“出生日期”列数据格式设置为“日期”,设置完成后效果如图 9.23 所示。

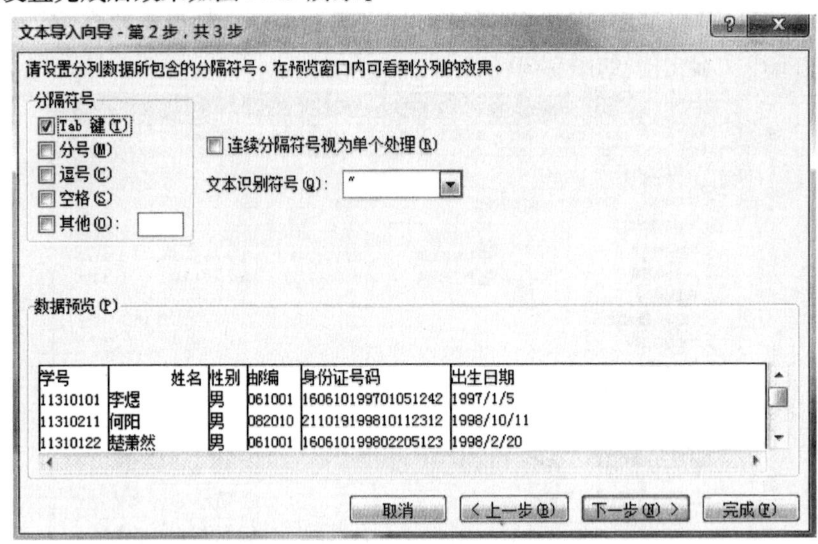

图 9.22　“导入文本向导 - 第 2 步,共 3 步”对话框

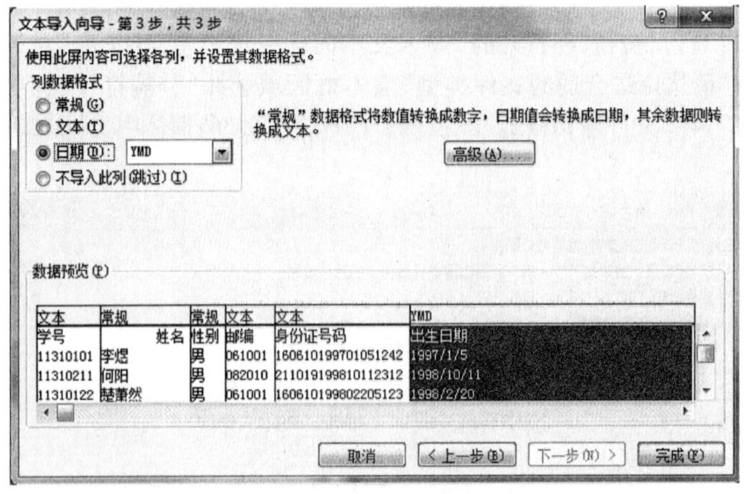

图 9.23　“导入文本向导 - 第 3 步,共 3 步”对话框

(5)单击“完成”按钮,在打开的“导入数据”对话框中,在“数据的放置位置”→“现有工作表”的文本框中设置为“ = 学生信息表! $A$2”,如图 9.24 所示。

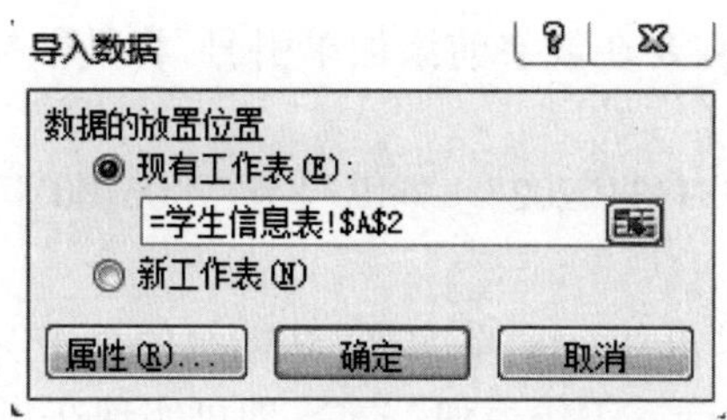

图 9.24　“导入数据”对话框

(6)单击“确定”按钮,完成外部数据的获取工作,如图 9.25 所示。

	A	B	C	D	E	F	G
1							
2	学号	姓名	性别	邮编	身份证号码	出生日期	
3	11310101	李煜	男	061001	160610199701051242	1997/1/5	
4	11310211	何阳	男	082010	211019199810112312	1998/10/11	
5	11310122	楚萧然	男	061001	160610199802205123	1998/2/20	
6	11310130	邓明玉	女	061001	160610199707061425	1997/7/6	
7	11310220	方凯文	男	073004	211019199701163254	1997/1/16	
8	11310109	高明启	男	082010	160610199902100412	1999/2/10	
9	11310215	韩倩文	女	073004	211019199811115317	1998/11/11	
10	11310111	林珊	女	082010	160610199811304236	1998/11/30	
11							
12							
13							

学生信息表

图 9.25　获取外部数据效果

(五)插入行和列

数据输入完成后,通常都需要对表格的格式进行设置,制作更加美观的表格。为“学生信息表. xlsx”工作簿插入行和列的具体操作如下。

(1)选择需要插入行的位置 A9 单元格,然后在“开始”→“单元格”功能组中单击“插入”按钮旁的下拉按钮,在打开的下拉列表中选择“插入工作表行”命令,即可实现在当前选定行的上方插入一个空白行的工作,如图 9.26 所示。

	A	B	C	D	E	F	G
1							
2	学号	姓名	性别	邮编	身份证号码	出生日期	
3	11310101	李煜	男	061001	160610199701051242	1997/1/5	
4	11310211	何阳	男	082010	211019199810112312	1998/10/11	
5	11310122	楚萧然	男	061001	160610199802205123	1998/2/20	
6	11310130	邓明玉	女	061001	160610199707061425	1997/7/6	
7	11310220	方凯文	男	073004	211019199701163254	1997/1/16	
8	11310109	高明启	男	082010	160610199902100412	1999/2/10	
9							
10	11310215	倩文	女	073004	211019199811115317	1998/11/11	
11	11310111	林珊	女	082010	160610199811304236	1998/11/30	
12							

图 9.26　插入工作表行

(2)在插入的空白行中输入数据“11310202”“刘禹”“女”“061001”“160610199808312415”“1998/8/31”。

输入数据的过程中需要注意,以身份证号码为例,由于身份证号码的长度超过了 11 位,如果直接输入系统将会默认以科学记数法的形式显示。因此输入“学号”“邮编”和

"身份证号码"三列数据时需要在数字前添加单引号,将其数据格式变为文本型,输入确保数据完整显示。

因此,实际输入数据为"11310202""刘禹""女""061001""160610199808312415"和"1998/8/31"。

(3)选择 A 列,然后在"开始"→"单元格"功能组中单击"插入"按钮旁的下拉按钮,在打开的下拉列表中选择"插入工作表列"命令,即可实现在当前选定列的左侧插入一个空白列的操作,如图 9.27 所示。

	A	B	C	D	E	F	G
1							
2		学号	姓名	性别	邮编	身份证号码	出生日期
3		11310101	李煜	男	061001	160610199701051242	1997/1/5
4		11310211	何阳	男	082010	211019199810112312	1998/10/11
5		11310122	楚萧然	男	061001	160610199802205123	1998/2/20
6		11310130	邓明玉	女	061001	160610199707061425	1997/7/6
7		11310220	方凯文	男	073004	211019199701163254	1997/1/16
8		11310109	高明启	男	082010	160610199902100412	1999/2/10
9		11310202	刘禹	女	061001	160610199808312415	1998/8/31
10		11310215	韩倩文	女	073004	211019199811115317	1998/11/11
11		11310111	林珊	女	082010	160610199811304236	1998/11/30
12							

图 9.27 插入工作表列

(4)选择 A2 单元格,输入"序号",按 Enter 键切换到 A3 单元格,在 A3 单元格中输入数字"1",然后将光标定位在 A3 单元格右下角的填充柄上,左键按住不放向下拖曳至 A11 单元格,自动填充序列,如图 9.28 所示。

	A	B	C	D	E	F	G
1							
2	序号	学号	姓名	性别	邮编	身份证号码	出生日期
3	1	11310101	李煜	男	061001	160610199701051242	1997/1/5
4	2	11310211	何阳	男	082010	211019199810112312	1998/10/11
5	3	11310122	楚萧然	男	061001	160610199802205123	1998/2/20
6	4	11310130	邓明玉	女	061001	160610199707061425	1997/7/6
7	5	11310220	方凯文	男	073004	211019199701163254	1997/1/16
8	6	11310109	高明启	男	082010	160610199902100412	1999/2/10
9	7	11310202	刘禹	女	061001	160610199808312415	1998/8/31
10	8	11310215	韩倩文	女	073004	211019199811115317	1998/11/11
11	9	11310111	林珊	女	082010	160610199811304236	1998/11/30
12							

图 9.28 自动填充序列

(六)移动工作表列

选中 E 列,右键单击该列,在弹出的快捷菜单中选择"剪切"命令,然后右键单击 G 列,在弹出的快捷菜单中选择"插入剪切的单元格"命令,如图 9.29 所示,即可完成将"邮编"一列移动到"身份证号码"一列之后的操作,如图 9.30 所示。

	A	B	C	D	E	F	G
1							
2	序号	学号	姓名	性别	邮编	身份证号码	出生日期
3	1	11310101	李煜	男	061001	160610199701051242	1997/1/5
4	2	11310211	何阳	男	082010	211019199810112312	1998/10/11
5	3	11310122	楚萧然	男	061001	160610199802205123	1998/2/2
6	4	11310130	邓明玉	女	061001	160610199707061425	1997/7/
7	5	11310220	方凯文	男	073004	211019199701163254	1997/1/1
8	6	11310109	高明启	男	082010	160610199902100412	1999/2/1
9	7	11310202	刘禹	女	061001	160610199808312415	1998/8/31
10	8	11310215	韩倩文	女	073004	211019199811115317	1998/11/1
11	9	11310111	林珊	女	082010	160610199811304236	1998/11/3
12							
13							
14							
15							
16							
17							

剪切(T)
复制(C)
粘贴选项:
选择性粘贴(S)...
插入剪切的单元格(E)
删除(D)
清除内容(N)
设置单元格格式(F)...
列宽(C)...
隐藏(H)
取消隐藏(U)

图 9.29　选择"插入剪切的单元格"命令

	A	B	C	D	E	F	G
1							
2	序号	学号	姓名	性别	身份证号码	邮编	出生日期
3	1	11310101	李煜	男	160610199701051242	061001	1997/1/5
4	2	11310211	何阳	男	211019199810112312	082010	1998/10/11
5	3	11310122	楚萧然	男	160610199802205123	061001	1998/2/20
6	4	11310130	邓明玉	女	160610199707061425	061001	1997/7/6
7	5	11310220	方凯文	男	211019199701163254	073004	1997/1/16
8	6	11310109	高明启	男	160610199902100412	082010	1999/2/10
9	7	11310202	刘禹	女	160610199808312415	061001	1998/8/31
10	8	11310215	韩倩文	女	211019199811115317	073004	1998/11/11
11	9	11310111	林珊	女	160610199811304236	082010	1998/11/30
12							

图 9.30　移动工作表列

(七)自动套用表格样式

Excel 2010 中内置了大量的表格格式,用户可以直接套用这些格式,提高工作效率。

(1)选择 A1 单元格,输入表标题"学生信息表",选择 A1:G1 单元格区域,在"开始"→"对齐方式"功能组中选择"合并后居中"命令,设置"字体"为"加粗","字号"为"18"。选择 A～G 列,在"开始"→"对齐方式"功能组中选择"居中"命令。

(2)选择 A2:G11 单元格区域,在"开始"→"样式"功能组中选择"套用表格格式"命令,在打开的下拉菜单中选择样式"表样式中等深浅 10",如图 9.31 所示。

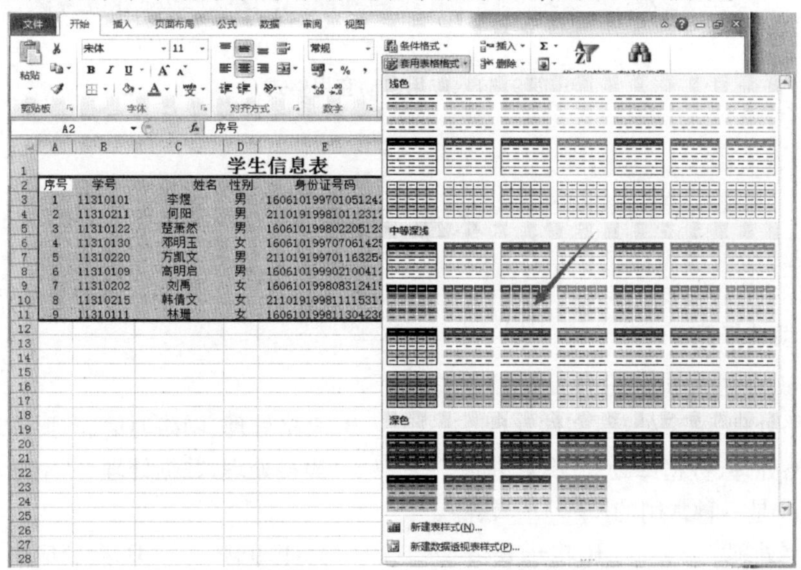

图 9.31　选择套用表格样式

(3)选定套用表格样式后,自动弹出“套用表格式”对话框,如图 9.32 所示,单击“确定”按钮,由于本例表格中数据是通过外部数据导入获取,此时系统将打开如图 9.33 所示的提示对话框,单击“是”按钮,返回工作表,自动套用表格格式后的工作表如图 9.34 所示。

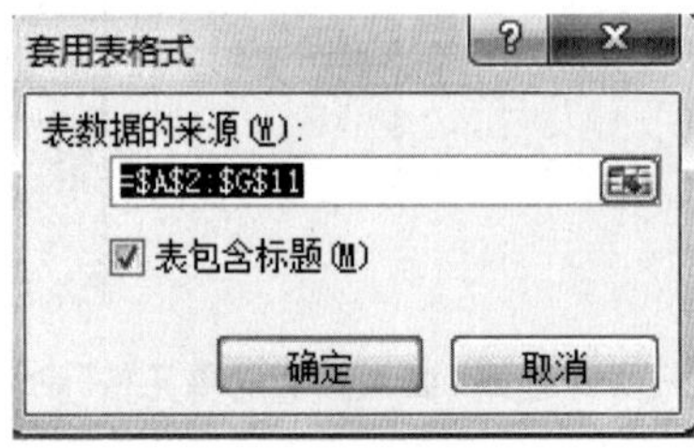

图 9.32　套用表格式

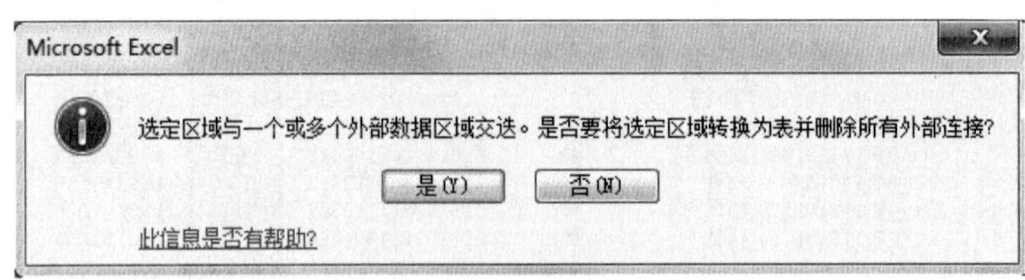

图 9.33　提示对话框

	A	B	C	D	E	F	G
1	学生信息表						
2	序号	学号	姓名	性别	身份证号码	邮编	出生日期
3	1	11310101	李煜	男	160610199701051242	061001	1997/1/5
4	2	11310211	何阳	男	211019199810112312	082010	1998/10/11
5	3	11310122	楚萧然	男	160610199802205123	061001	1998/2/20
6	4	11310130	邓明玉	女	160610199707061425	061001	1997/7/6
7	5	11310220	方凯文	男	211019199701163254	073004	1997/1/16
8	6	11310109	高明启	男	160610199902100412	082010	1999/2/10
9	7	11310202	刘禹	女	160610199808312415	061001	1998/8/31
10	8	11310215	韩倩文	女	211019199811115317	073004	1998/11/11
11	9	11310111	林珊	女	160610199811304236	082010	1998/11/30
12							

图 9.34　应用自动套用格式

本章习题

一、单项选择题

1. Excel 的主要功能是　　(　　)

A. 表格处理、文字处理、文件管理　　B. 表格处理、网络通信、图形处理

C. 表格处理、数据库处理、图形处理　　D. 表格处理、数据处理、网络通信

2. Excel 是一种常用的________软件。　　(　　)

A. 文字处理　　B. 电子表格　　C. 打印印刷　　D. 办公应用

3. Excel 2010 工作簿文件的扩展名为　(　)

A. xlsx　B. pptx　C. docx　D. xls

4. 按________可执行保存 Excel 工作簿的操作。　(　)

A. "Ctrl + C"　B. "Ctrl + E"　C. "Ctrl + S"　D. "Esc"

5. 在 Excel 中,Sheet1、Sheet2 等表示　(　)

A. 工作簿名　B. 工作表名　C. 文件名　D. 数据

6. 在 Excel 中,组成电子表格最基本的单位是　(　)

A. 数字　B. 文本　C. 单元格　D. 公式

7. 工作表是用行和列组成的表格,其行、列分别用________表示。　(　)

A. 数字和数字　B. 数字和字母　C. 字母和字母　D. 字母和数字

8. 工作表标签显示的内容是　(　)

A. 工作表的大小　B. 工作表的属性　C. 工作表的内容　D. 工作表名称

9. 在 Excel 中存储和处理数据的文件是　(　)

A. 工作簿　B. 工作表　C. 单元格　D. 活动单元格

10. 在 Excel 中打开"打开"对话框,可按快捷键　(　)

A. "Ctrl + N"　B. "Ctrl + S"　C. "Ctrl + O"　D. "Ctrl + Z"

11. 一个 Excel 工作簿中含有________个默认工作表。　(　)

A. 1　B. 3　C. 16　D. 256

12. Excel 文档包括　(　)

A. 工作表　B. 工作簿　C. 编辑区域　D. 以上都是

13. 下列关于工作表的描述,正确的是　(　)

A. 工作表主要用于存取数据

B. 工作表的名称显示在工作簿顶部

C. 工作表无法修改名称

D. 工作表的默认名称为"Sheet1,Sheet2,…"

14. Excel 中第二列第三行单元格使用标号表示为　(　)

A. C2　B. B3　C. C3　D. B2

15. 在 Excel 工作表中,按钮的功能为　(　)

A. 复制文字　B. 复制格式　C. 重复打开文件　D. 删除当前所选内容

16. 在 Excel 工作表中,如果要同时选取若干个连续的单元格,可以　(　)

A. 按住 Shift 键,依次单击所选单元格　B. 按住 Ctrl 键,依次单击所选单元格

C. 按住 Alt 键,依次单击所选单元格　D. 按住 Tab 键,依次单击所选单元格

17. 在默认情况下,Excel 工作表中的数据呈白底黑字显示。为了使工作表更加美观,可以为工作表填充颜色,此时一般可通过________进行操作。　(　)

A. "页面布局"→"背景设置"组　B. "页面布局"→"主题"组

C. "页面布局"→"页面设置"组　D. "页面布局"→"排列"组

18. 快速新建新的工作簿,可按快捷键　(　)

A. "Shift + O"　B. "CtrL + O"　C. "Ctrl + N"　D. "Alt + O"

19. 在 Excel 中,A1 单元格设定其数字格式为整数,当输入"11.15"时,显示为(　)

A. 11.11　B. 11　C. 12　D. 11.2

20. 当输入的数据位数太长，一个单元格放不下时，数据将自动改为　（　）

A. 科学记数　B. 文本数据　C. 备注类型　D. 特殊数据

21. 在 Excel 2010 中，输入“(2)”，单元格将显示　（　）

A. (2)　B. 2　C. -2　D. 0、2

22. 在默认状态下，单元格中数字的对齐方式是　（　）

A. 左对齐　B. 右对齐　C. 居中　D. 两边对齐

23. Excel 中默认的单元格宽度是　（　）

A. 9.38　B. 8.38　C. 7.38　D. 6.38

24. 在 Excel 中，单元格中的换行可以按________键。　（　）

A. “Ctrl + Enter”　B. “Alt + Enter”　C. “Shift + Enter”　D. Enter

25. 在 Excel 中，不可以通过“清除”命令清除的是　（　）

A. 表格批注　B. 拼写错误　C. 表格内容　D. 表格样式

26. 在 Excel 中，先选择 A1 单元格，然后按住 Shift 键并单击 B4 单元格，此时所选单元格区域为　（　）

A. A1:B4　B. A1:B5　C. B1:C4　D. B1:C5

27. 将所选的多列单元格按指定数字调整为等列宽的最快捷的方法为　（　）

A. 直接在列标处拖动到等列宽

B. 选择多列单元格拖动

C. 选择“开始”→“单元格”→“格式”→“列”→“列宽”命令

D. 选择“开始”→“单元格”→“格式”→“列”→“最合适列宽”命令

28. 在 Excel 中，删除单元格与清除单元格的操作　（　）

A. 不一样　B. 一样　C. 不确定　D. 确定

29. 在输入邮政编码、电话号码和产品代号等文本时，只要在输入时加上一个________，Excel 就会把该数字作为文本处理，使其沿单元格左边对齐。　（　）

A. 双撇号　B. 单撇号　C. 分号　D. 逗号

30. 在单元格中输入公式时，完成输入后单击编辑栏上的按钮，该操作表示　（　）

A. 取消　B. 确认　C. 函数向导　D. 拼写检查

31. 在 Excel 中的，编辑栏中的 X 按钮相当于________键。　（　）

A. Enter　B. Esc　C. Tab　D. Alt

32. 当 Excel 单元格中的数值长度超出单元格长度时，将显示为　（　）

A. 普通记数法　B. 分数记数法　C. 科学记数法　D. #######

33. 在编辑工作表时，隐藏的行或列在打印时将　（　）

A. 被打印出来　B. 不被打印出来　C. 不确定　D. 以上都不正确

34. 在 Excel 2010 中移动或复制公式单元格时，以下说法正确的是　（　）

A. 公式中的绝对地址和相对地址都不变

B. 公式中的绝对地址和相对地址都会自动调整

C. 公式中的绝对地址不变，相对地址自动调整

D. 公式中的绝对地址自动调整，相对地址不变

35. 下列属于 Excel 2010 提供的主题样式的是　（　）

A. 字体　B. 颜色　C. 效果　D. 以上都正确

36. Excel 2010 图表中的水平 X 轴通常用来作为　(　　)

A. 排序轴　B. 分类轴　C. 数值轴　D. 时间轴

37. 对数据表进行自动筛选后,所选数据表的每个字段名旁都对应着一个　(　　)

A. 下拉按钮　B. 对话框　C. 窗口　D. 工具栏

38. 在对数据进行分类汇总之前,必须先对数据　(　　)

A. 按分类汇总的字段排序,使相同的数据集中在一起

B. 自动筛选

C. 按任何一字段排序

D. 格式化

39. 在单元格中计算“2789 + 12345” 的和时,应该输入　(　　)

A. “2789 + 12345”　B. = “2789 + 12345”　C. “278912345”　D. “2789,1234”

40. 在 Excel 2010 中,除了可以直接在单元格中输入函数外,还可以单击编辑栏上的________按钮来输入函数。　(　　)

A. “∑”　B. “fx”　C. “SUM”　D. “查找和引用”

41. 单元格引用随公式所在单元格位置的变化而变化,这属于　(　　)

A. 相对引用　B. 绝对引用　C. 混合引用　D. 直接引用

42. 在下列选项中,不属于 Excel 视图模式的是　(　　)

A. 普通视图　B. 页面布局视图　C. 分页预览视图　D. 演示视图

43. Excel 日期格式默认为“年/月/日”,若要将日期格式改为“ ×年×月×日”可通过选择　(　　)

A. “开始”→“数字”　B. “开始”→“样式”

C. “开始”→“编辑”　D. “开始”→“单元格”

44. 在下列操作中,可以在选定的单元格区域中输入相同数据的是　(　　)

A. 在输入数据后按“Ctrl + 空格”键　B. 在输入数据后按 Enter 键

C. 在输入数据后按“Ctrl + Enter”键　D. 在输入数据后按“Shift + Enter”键

45. 如果要在 B2:B11 区域中输入数字序号 1,2,3,…,10,可先在 B2 单元格中输入数字 1,再选择单元格 B2,按住________键不放,用鼠标拖动填充柄至 B11。　(　　)

A. Alt　B. Ctrl　C. Shift　D. Insert

46. 合并单元格是指将选定的连续单元区域合并为　(　　)

A. 1 个单元格　B. 1 行 2 列　C. 2 行 2 列　D. 任意行和列

47. 如果将选定单元格(或区域)的内容消除,单元格依然保留,称为　(　　)

A. 重写　B. 删除　C. 改变　D. 清除

48. 为所选单元格区域快速套用表格样式,应通过　(　　)

A. 选择“开始”→“编辑”组　B. 选择“开始”→“样式”组

C. 选择“开始”→“单元格”组　D. 选择“页面布局”→“页面样式”组

49. 在 Excel 中插入超链接时,下列方法错误的是　(　　)

A. 可以通过现有文件或网页插入超链接

B. 可以使其链接到当前文档中的任意位置

C. 可以插入电子邮件

D. 可以插入本地任意文件

50. 工作表被保护后,该工作表中的单元格的内容、格式　(　　)

A. 可以修改　B. 不可修改、删除

C. 可以被复制、填充　D. 可移动

51. Excel 2010 工作簿是计算和储存数据的________,每一个工作簿都可以包含多张工作表,因此可在单个文件中管理各种类型的相关信息。　(　　)

A. 文件　B. 表格

C. 图形　D. 文档

52. Excel 2010 是一个________应用软件。　(　　)

A. 数据库　B. 文字处理

C. 电子表格　D. 图形处理

53. Excel 2010 电子表格应用软件中,所有对工作表的操作都是建立在对________操作的基础上的。　(　　)

A. 工作簿　B. 工作表

C. 单元格　D. 数据

54. 在 Excel 2010 中,一个工作簿中最多可包含________个工作表。　(　　)

A. 3　B. 16

C. 255　D. 以上都不是

55. 在 Excel 2010 中,一个工作表最多有________行。　(　　)

A. 65 536　B. 65 535

C. 3　D. 256

56. Excel 2010 工作表编辑栏中的名称框显示的是　(　　)

A. 单元格的地址　B. 单元格的内容

C. 活动单元格的地址　D. 活动单元格的内容

57. Excel 2010 主菜单的菜单名中带下划线的字母与________功能键合可用来选取该菜单。　(　　)

A. Ctrl　B. Alt

C. Shift　D. Tab

58. Excel 2010 编辑栏中的 × 按钮表示　(　　)

A. 无意义　B. 公式栏中的编辑有效,并接收

C. 编辑栏中的编辑无效,不接收　D. 不允许接收数学公式

59. 在 Excel 2010 中“全选”按钮的作用是选中　(　　)

A. 整个工作表　B. 行

C. 列　D. 一个单元格区域

60. 在 Excel 2010 单元格中,不可以接收的数据是　(　　)

A. 文字　B. 数值

C. 公式　D. 图表

61. 在 Excel 2010 中, 设置数据的显示格式时,需要单击“开始”选项卡,然后在功能区中的________命令组中进设置。　(　　)

A. 字体　B. 对齐

C. 数字　D. 保护

62. 在 Excel 2010 编辑栏中输入数据后，按________组合键，实现在当前所有活动单元格内填充相同的内容。（　）

A. “Alt + Enter”　　B. “Ctrl + Enter”

C. “Del + Enter”　　D. “Shift + Enter”

63. 在 Excel 2010 编辑栏中输入数据后，按________组合键，实现在当前活动单元格内换行。（　）

A. “Alt + Enter”　　B. “Ctrl + Enter”

C. “Del + Enter”　　D. “Shift + Enter”

64. 在 Excel 2010 中，要使单元格中的内容能自动换行，可通过________命令组进行。（　）

A. 文件　　B. 编辑

C. 对齐方式　　D. 格式

65. 在 Excel 2010 中，用________方式选中单元格并进入编辑状态。（　）

A. 鼠标双击被选单元格　　B. Enter 键

C. Alt + 空格组合键　　D. Shift 键

66. 在编辑工作表时，如输入分数，应先输入________，再输入分数。（　）

A. 数字和空格　　B. 字母和零

C. 零和空格　　D. 空格和零

67. 若输入内容为 1/2，Excel 2010 认为是（　）

A. 数值　　B. 字

C. 日期　　D. 时间

68. 在 Excel 2010 中，若拖动填充柄实现填入递减数列数据，应先选中（　）

A. 一个数字单元格　　B. 两个递增数列单元格

C. 一个文字单元格　　D. 两个递减数列单元格

69. 在单元格中输入数字字符串 23763281（电话号码）时，下列选项中正确的输入是（　）

A. # 23763281　　B. ※ 23763281

C. 2376 3281　　D. ○ 23763281

70. 日期 1900－1－20 在系统内部存储的是（　）

A. 1900－1－20　　B. 1，20，1900

C. 20　　D. 1900，1，20

71. 把单元格指针移到 K120 的最简单的方法是（　）

A. 拖动滚动条

B. 按“Ctrl + K120”组合键

C. 在名称框输入“K120”

D. 先用“Ctrl +→”组合键移到 K 列，再用“Ctrl + ↓”组合键移到 120 行

72. 若要选定区域 B2：D5 和 C3：E9，应（　）

A. 按鼠标左键从 B2 拖动到 D5，然后按鼠标左键从 C3 拖动到 E9

B. 按鼠标左键从 B2 拖动到 D5，然后按住 Shift 键，并按鼠标左键从 C3 拖动到 E9

C. 按鼠标左键从 B2 拖动到 D5. 然后按住 Ctrl 键，并按鼠标左键从 C3 拖动到 E9

D. 按鼠标左键从 B2 拖动到 D5，然后按住 Alt 键，并按鼠标左键从 C3 拖动到 E9

73. 某区城由 Al、A2、A3、B1、B2、B3、C1、C2、C3 九个单元格组成，下列选项________不能表示该区域。（　）

A. A1：C3　　B. A3：C1

C. C3：Al　　D. A1：C1

74. 在 Excel 2010 中，复制某个工作表的操作是选中该工作表，按住________键，拖动鼠标到目标位置。（　）

A. Shift　　B. Ctrl

C. Alt　　D. "Ctrl + Shift"

75. 默认情况下，Excel 2010 单元格中的数字________表示是数值。（　）

A. 沿单元格靠左对齐　　B. 沿单元格靠右对齐

C. 居中对齐　　D. 位置任意

76. 如果要选取多个不相邻的工作表，可在按住________键（或组合键）的同时单击要选取的各个工作表。（　）

A. Ctrl　　B. Shift

C. Alt　　D. "Ctrl + Shift"

77. 若输入内容为 1:2，Excel 2010 认为是（　）

A. 分数　　B. 小数

C. 时间　　D. 字符串

78. 在 Excel 2010 单元格中输入计算机当前时间的快捷键是（　）

A. Shift　　B. Ctrl

C. Alt　　D. "Ctrl + Shift"

79. 在 Excel 2010 中，单元格行高的调整可通过________进行。（　）

A. 拖曳列号左边的边框线　　B. 拖曳行号上边的边框线

C. 拖曳列号右边的边框线　　D. 拖曳行号下边的边框线

80. 在 Excel 2010 中，单元格列宽的调整可通过________进行。（　）

A. 拖曳列号左边的边框线　　B. 拖曳行号上边的边框线

C. 拖曳列号右边的边框线　　D. 拖曳行号下边的边框线

81. 在 Excel 2010 中，利用"插图"命令组可在单元格内部设置（　）

A. 曲线　　B. 斜线

C. 箭头　　D. 图形

82. 工作表中某个实际表格的大标题对表格居中显示的方法是（　）

A. 在标题行处于实际表格宽度居中位置的单元格输入表格标题

B. 在标题行任一单元格输入表格标题，然后单击工具栏"居中"按钮

C. 在标题行任一单元格输入表格标题，然后单击工具栏"合并及居中"按钮

D. 在标题行处于实际表格宽度范围内的任一单元格中输入表格标题，选定标题行处于实际表格宽度范围内的所有单元格，然后单击工具栏"合并及居中"按钮

83. 若某单元格中的数值为 18.34，单击工具栏上的"增加小数位数"按钮，该单元格中显示为（　）

A. 18. 340　　B. 1.834

C. 18.3　　D. 1.8340

84. 若某单元格中的数值为 18. 34，单击工具栏上的“百分比样式”按钮，该单元格中显示为（　）

A. 1834%　　B. 18.34%

C. %18.34　　D. %1834

85. 当输入的数字长度超过单元格的列宽或超过 15 位时，将会（　）

A. 以科学记数法形式表示　　B. 产生错误值

C. 产生错误值#VALUE!　　D. 以上都不正确

86. 复制单元格或单元格区域的格式一般用________按钮实现。（　）

A. “复制”　　B. “粘贴”

C. “格式刷”　　D. “剪切”

87. 要把用户在工作表中已经建立的表格按 Excel 2010 提供的表格样式格式化，应选择（　）

A. “编辑”选项卡的“套用表格格式”命令

B. “开始”选项卡的“套用表格格式”命令

C. “格式”选项卡的“套用表格格式”命令

D. “工具”选项卡的“套用表格格式"命令

88. 表格标题按实际表格宽度跨单元格居中，可使用（　）

A. “格式”命令组中的“居中”按钮

B. “常用”命令组中的“居中"按钮

C. “对齐方式”命令组中的“合并及居中”按钮

D. “格式”命令组中的“合并及居中”按钮

89. 若某单元格中的数值为 16.36，单击工具栏上的“千位分割样式”按钮，该单元格中显示为（　）

A. 16.36　　B. 00,0016.36

C. 1636.0000　　D. 0016.36

90. 要取消工作表单元格之间的网格线，单击________中命令设定。（　）

A. “插入”选项卡的“选项”命令组

B. “工具”选项卡的“选项”命令组

C. “开始”选项卡的“字体”命令组

D. “编辑”选项卡的“选项”命令组

二、多项选择题

1. 关于电子表格的基本概念，正确的是（　）

A. 工作簿是 Excel 中存储和处理数据的文件

B. 工作表是存储和处理数据的工作单位

C. 单元格是存储和处理数据的基本编辑单位

D. 活动单元格是已输入数据的单元格

2. 在对下列内容进行粘贴操作时，一定要使用选择性粘贴的是（　）

A. 公式　　B. 文字　　C. 格式　　D. 数字

3. 以下关于 Excel 的叙述中，错误的是（　）

A. Excel 将工作簿的每一张工作表分别作为一个文件来保存
B. Excel 允许同时打开多个工作簿进行文件处理
C. Excel 的图表必须与生成该图表的有关数据处于同一张工作表中
D. Excel 工作表的名称由文件名决定

4. 下列选项中,可以新建工作簿的操作为　(　　)
A. 选择“文件”→“新建”菜单命令　B. 利用快速访问工具栏的“新建”按钮
C. 使用模板方式　D. 选择“文件”→“打开”菜单命令

5. 在工作簿的单元格中,可输入的内容包括　(　　)
A. 字符　B. 中文　C. 数字　D. 公式

6. Excel 的自动填充功能,可以自动填充　(　　)
A. 数字　B. 公式　C. 日期　D. 文本

7. Excel 中的公式可以使用的运算符有　(　　)
A. 数学运算　B. 文字运算　C. 比较运算　D. 逻辑运算

8. 修改单元格中数据的正确方法有　(　　)
A. 在编辑栏中修改　B. 使用“开始”功能区按钮
C. 复制和粘贴　D. 在单元格中修改

9. 在 Excel 中,复制单元格格式可采用　(　　)
A. 链接　B. 复制 + 粘贴
C. 复制 + 选择性粘贴　D. 格式刷

10. 在 Excel 中,使用填充功能可以实现________填充。　(　　)
A. 等差数列　B. 等比数列　C. 多项式　D. 方程组

三、判断题

1. 在启动 Excel 后,默认的工作簿名为“工作簿 1”。　(　　)
2. 在 Excel 中,不可以同时打开多个工作簿。　(　　)
3. 在 Excel 工作簿中,工作表最多可设置 16 个。　(　　)
4. 在同一个工作簿中,可以为不同工作表设置相同的名称。　(　　)
5. Excel 中的工作表可以重新命名。　(　　)
6. 在 Excel 中修改当前活动单元格中的数据时,可通过编辑栏进行修改。　(　　)
7. 在 Excel 中拆分单元格时,像 Word 一样,不但可以将合并后的单元格还原,还可以插入多行多列。　(　　)
8. 所谓的“活动单元格”是指正在操作的单元格。　(　　)
9. 在 Excel 中,表示一个数据区域,如表示 A3 单元格到 E6 单元格,其表示方法为“A3. E6”。　(　　)
10. 在 Excel 中,“移动或复制工作表”命令只能将选定的工作表移动或复制到同一工作簿的不同位置。　(　　)
11. 对于选定的区域,若要一次性输入同样的数据或公式,在该区域中输入数据公式,按“Ctrl + Enter”键,即可完成操作。　(　　)
12. 清除单元格是指删除该单元格。　(　　)
13. 在 Excel 中,隐藏是指被用户锁定且看不到单元格的内容,但内容还在。　(　　)
14. 在 Excel 中的清除操作是将单元格的内容删除,包括其所在的地址。　(　　)

15. 在 Excel 中的删除操作只是将单元格的内容删除,而单元格本身仍然存在。 (　　)

16. 在 Excel 中,如果要在工作表的第 D 列和第 E 列中间插入一列,先选中第 D 列某个单元格,然后再进行相关操作。 (　　)

17. Excel 允许用户将工作表在一个或多个工作簿中移动或复制,但要在不同的工作簿之间移动工作表,这两个工作簿必须是打开的。 (　　)

18. 在 Excel 中,在对一张工作表进行页面设置后,该设置对所有工作表都起作用。 (　　)

19. 在 Excel 中,单元格可用来存储文字、公式、函数和逻辑值等数据。 (　　)

20. Excel 可根据用户在单元格内输入字符串的第一个字符判定该字符串为数值或字符。 (　　)

21. 在 Excel 单元格中输入 3/5,就表示数值五分之三。 (　　)

22. 在 Excel 单元格中输入 4/5,其输入方法为“04/5”。 (　　)

23. 在 Excel 中不可以建立日期序列。 (　　)

24. Excel 中的有效数据是指用户可以预先设置某一单元格允许输入的数据类型和范围,并可以设置提示信息。 (　　)

25. 在 Excel 中,可以根据需要为表格添加边框线并设置边框的线型和粗细。

26. Excel 规定同一工作表中所有的名字是唯一的。 (　　)

27. 在 Excel 中选定不连续区域时要按住 Shift 键,选择连续区域时要按住 Ctrl 键。 (　　)

28. Excel 规定不同工作簿中的工作表名字不能重复。 (　　)

29. 在 Excel 中要删除工作表,首先需选择工作表,然后选择“开始”→“编辑”组中的“清除”按钮。 (　　)

30. 在 Excel 工作簿中可以对工作表进行移动。 (　　)

31. “A”工作簿中的工作表可以复制到“B”工作簿中。 (　　)

32. 在 Excel 中选择单元格区域时不能超出当前屏幕范围。 (　　)

33. Excel 中的清除操作是将单元格的内容清除,包括所在地址。 (　　)

34. Excel 中删除行(或列),则后面的行(或列)可以依次向上(或向左)移动。 (　　)

35. 在 Excel 中插入单元格后,现有的单元格位置不会发生变化。 (　　)

36. 在 Excel 中自动填充是根据初始值决定其填充内容的。 (　　)

37. 直接用鼠标单击工作表标签即可选择该工作表。 (　　)

38. 在工作表上单击该行的列标即可选择该行。 (　　)

39. 为了使单元格区域更加美观,可以为单元格设置边框或底纹。 (　　)

40. 单元格数据的对齐方式有横向对齐和纵向对齐两种。 (　　)

四、操作题

1. “员工信息”工作表内容如图 9.35 所示,按以下要求进行操作。

员工编号	姓名	性别	部门	职务	联系电话
20014001	黄飞龙	男	销售部	业务员	1342569****
	李梅	女	财务部	会计	1390246****
	张广仁	男	销售部	业务员	1350570****
	王璐璐	女	销售部	业务员	1365410****
	张静	女	设计部	设计师	1392020****
	赵巧	女	设计部	设计师	1385615****
	李杰	男	销售部	业务员	1376767****
	张全	男	财务部	会计	1394170****
	徐飞	男	销售部	业务员	1592745****
	于能	男	财务部	会计	1374108****
	张亚明	男	设计部	普通员工	1593376****
	周华	男	销售部	业务员	1332341****
	李洁	女	策划部	普通员工	1351514****
	王红霞	女	设计部	普通员工	1342676****
	周莉莉	女	财务部	会计	1391098****
	张家徽	男	销售部	业务员	1342569****
	李菲菲	女	财务部	会计	1390246****

图 9.35　员工信息表

(1)为 A4:A19 区域自动填充编号。

(2)为 A2:F19 单元格区域快速应用“表样式浅色 8”表格样式。

(3)将所有文本和数据的对齐方式设置为“居中对齐”。

(4)将工作表名称更改为“员工信息”。

(5)将工作簿标记为最终状态。

(6)将 A2:F19 单元格区域的列宽调整为“10”。

(7)保存工作簿。

2.“部门工资表”工作簿的内容如图 9.36 所示,按以下要求进行操作。

	A	B	C	D	E	F	G
1	部门工资表						
2	学号	姓名	职务	基本工资	提成	奖/惩	实得工资
3	20091246	胡倩	业务员	800	400	100	1300
4	20091258	肖亮	业务员	800	700	-50	1450
5	20091240	李志霞	经理	2000	2000	500	5500
6	20091231	谢明	文员	900	500	150	1550
7	20091256	徐江东	业务员	800	500	50	1350
8	20091234	罗兴	财务	1000	900	200	2100
9	20091247	罗维维	业务员	800	800	100	1700
10	20091233	屈燕	业务员	800	900	200	1900
11	20091250	罗慧	文员	900	500	100	1500
12	20091251	向东	财务	1000	1200	100	1300
13	20091252	秦万怀	业务员	800	900	0	1700
14							

Sheet1 Sheet2 Sheet3

图 9.36　部门工资表

(1)将“Sheet1”工作表中的内容复制到“Sheet2”工作表中,并将“Sheet2”工作表的名称更改为“1 月工资表”。

(2)依次在“1 月工资表”中填写“基本工资”“提成”“奖/惩”“实得工资”等数据。

(3)将“基本工资”“提成”“奖/惩”和“实得工资”等数据的数字格式更改为“会计专用”。

(4)将 A3:G13 单元格区域的列宽调整为“15”。

(5)将“学号”“姓名”“职务”的对齐方式设置为“居中对齐”,将 A2:G2 单元格区域的对齐方式设置为“居中对齐”。

(6)将 A1:G1 单元格区域设置为“合并并居中”。

(7)保存工作簿。

项目十　计算和分析 Excel 数据

Excel 2010 是微软公司开发的 Office 2010 套装办公软件中的一个重要组成部分，可以快速实现表格制作、数据计算、数据分析、创建图表等功能。它界面友好、操作方便，广泛应用于财务、统计、办公自动化领域，是用户管理公司和个人财务、统计数据、绘制各种专业化表格的得力助手，是目前最流行的数据处理软件。

学习目标

- 制作产品销售测评表
- 统计分析进货信息表
- 制作旅游趋势分析图

任务一　制作产品销售测评表

任务要求

为总结公司第一、二季度旗下各门店的营业情况，李阳按照经理的要求，针对各门店每个月的营业额进行统计后制作一份“产品销售测评表”，以便了解各门店的营业情况并评出优秀门店予以奖励。李阳利用 Excel 制作上半年产品销售测评表，效果如图 10.1 所示，具体操作要求如下。

(1)使用序列填充功能实现横向填充和纵向填充。

(2)使用求和函数 SUM 计算各门店月营业总额。

(3)使用平均值函数 AVERAGE 计算月平均营业额。使用最大值函数 MAX 和最小值函数 MIN 计算各门店的月最高营业额和月最低营业额。

(4)使用排名函数 RANK 计算各门店的销售排名情况。

(5)使用 IF 嵌套函数计算各个门店的月营业总额是否达到评定优秀门店标准。

(6)使用 INDEX 函数查询“产品销售测评表”中“甲店三月营业额”和“丙店五月营业额”。

任务实现

(一)使用序列填充进行横向、纵向填充

序列填充主要用于输入一系列具有相同特征的数据，如周一到周日、一组按一定顺序编号的产品名称等。使用序列填充功能实现横向填充和纵向填充的具体操作如下。

	A	B	C	D	E	F	G	H	I	J	K
1	上半年产品销售测评表										
2	店名	营业额（万元）						营业总额	月平均营业额	名次	是否优秀
3		一月	二月	三月	四月	五月	六月				
4	甲店	85	95	87	92	90	94	543	91	1	优秀
5	乙店	88	70	80	79	77	75	469	78	7	合格
6	丙店	96	85	88	82	89	80	520	87	5	优秀
7	丁店	83	90	80	85	82	84	504	84	6	合格
8	戊店	88	89	90	91	82	83	523	87	3	优秀
9	己店	90	95	82	83	85	88	523	87	3	优秀
10	庚店	70	75	68	76	69	78	436	73	9	合格
11	辛店	68	75	76	72	71	70	432	72	10	合格
12	壬店	91	86	87	88	89	92	533	89	2	优秀
13	癸店	74	66	78	77	68	78	441	74	8	合格
14	月最高营业额	96	95	90	92	90	94	543	91		
15	月最低营业额	68	66	68	72	68	70	432	72		
16											
17	查询甲店三月营业额	87									
18	查询丙店五月营业额	82									

产品销售测评表

图 10.1　“产品销售测评表”工作簿效果

(1)启动 Excel 2010 程序,选择“文件”→“另存为”命令,打开“另存为”对话框,在“文件名”文本框中输入“产品销售测评表”,单击“保存”按钮。重命名“Sheet1”为“产品销售测评表”。

(2)单击“文件”→“选项”命令,在打开的“Excel 选项”对话框中,选择“高级”→“常规”功能组,如图 10.2 所示。

(3)单击“高级”→“常规”组中的“编辑自定义列表”按钮,打开“自定义序列”对话框,在“输入序列”下方的文本框中输入“甲店、乙店、丙店、…、癸店”后,单击“添加”按钮,该序列即可添加到“自定义序列”中,如图 10.3 所示。

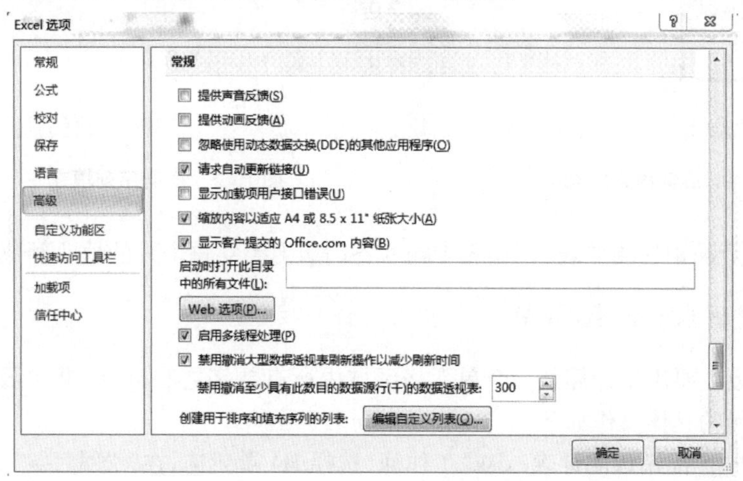

图 10.2　“Excel 选项”对话框

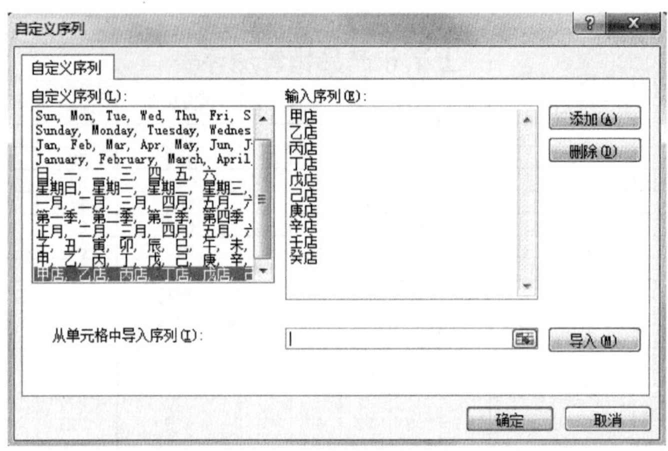

图 10.3　**“自定义序列”对话框**

(4)单击“确定”按钮返回到“产品销售测评表”工作表,在 A4 单元格中输入“甲店”,并拖动填充柄为 A5:A13 单元格区域创建自动填充,完成后效果如图 10.4 所示。在 B3 单元格中输入“一月”,并拖动填充柄为 C3:G3 单元格区域创建自动填充,完成后效果如图 10.5 所示。

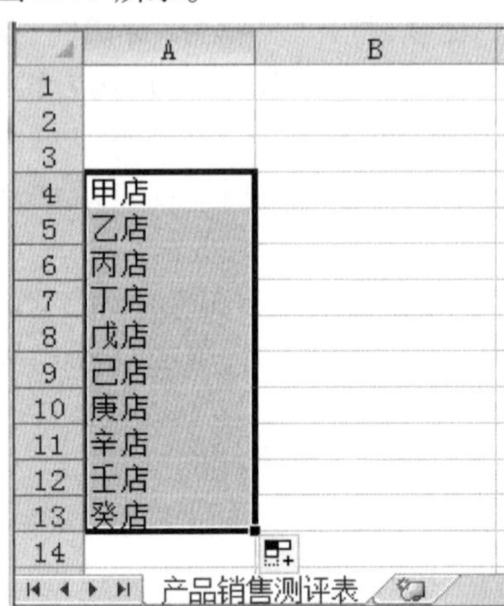

图 10.4　**纵向序列填充**

图 10.5　**横向序列填充**

(5)在“产品销售测评表”工作表中输入各门店上半年每个月的营业额数据。

(二)使用求和函数 SUM

求和函数主要用于计算某一个单元格区域中所有数字之和,使用求和函数计算各门店月营业总额的具体操作如下。

(1)打开“产品销售测评表.xlsx”工作簿,选择 H4 单元格,在“公式”→“函数库”组中单击“自动求和”按钮。

(2)此时,便在 H4 单元格中插入求和函数“SUM”,同时 Excel 将自动识别函数参数“B4:G4”,如图 10.6 所示。

(3)单击 Enter 键,即可完成求和的计算。将鼠标指针移动到 H4 单元格右下角的填充柄处，按住鼠标左键不放，向下拖曳至 H13 单元格释放鼠标左键，系统将自动填充各店月营业总额，如图 10.7 所示。

	A	B	C	D	E	F	G	H	I	J	K
1	上半年产品销售测评表										
2	店名	营业额（万元）						营业总额	月平均营业额	名次	是否优秀
3		一月	二月	三月	四月	五月	六月				
4	甲店	85	95	87	92	90	94	=SUM(B4:G4)			
5	乙店	88	70	80	79	77	75	SUM(number1, [number2], ...)			
6	丙店	96	85	88	82	89	80				
7	丁店	83	90	80	85	82	84				
8	戊店	88	89	90	91	82	83				
9	己店	90	95	82	83	85	88				
10	庚店	70	75	68	76	69	78				
11	辛店	68	75	76	72	71	70				
12	壬店	91	86	87	88	89	92				
13	癸店	74	66	78	77	68	78				

图 10.6　插入求和函数

	A	B	C	D	E	F	G	H	I	J	K
1	上半年产品销售测评表										
2	店名	营业额（万元）						营业总额	月平均营业额	名次	是否优秀
3		一月	二月	三月	四月	五月	六月				
4	甲店	85	95	87	92	90	94	543			
5	乙店	88	70	80	79	77	75	469			
6	丙店	96	85	88	82	89	80	520			
7	丁店	83	90	80	85	82	84	504			
8	戊店	88	89	90	91	82	83	523			
9	己店	90	95	82	83	85	88	523			
10	庚店	70	75	68	76	69	78	436			
11	辛店	68	75	76	72	71	70	432			
12	壬店	91	86	87	88	89	92	533			
13	癸店	74	66	78	77	68	78	441			

图 10.7　自动填充营业总额

（三）使用平均值函数 AVERAGE

AVERAGE 函数用来计算某一单元格区域中的数据平均值，即先将单元格区域中的数据相加再除以单元格个数。使用平均值函数计算月平均营业额的具体操作如下。

（1）选择 I4 单元格，在“公式”→“函数库”组中单击“自动求和”按钮下方的下拉按钮，在打开的下拉列表中选择“平均值”选项。

（2）此时，系统将自动在 I4 单元格中插入平均值函数“AVERAGE”，同时 Excel 将自动识别函数参数“B4:H4”，再将自动识别的函数参数手动更改为“B4:G4”，如图 10.8 所示。

	A	B	C	D	E	F	G	H	I	J	K
1	上半年产品销售测评表										
2	店名	营业额（万元）						营业总额	月平均营业额	名次	是否优秀
3		一月	二月	三月	四月	五月	六月				
4	甲店	85	95	87	92	90	94	543	=AVERAGE(B4:G4)		
5	乙店	88	70	80	79	77	75	469			
6	丙店	96	85	88	82	89	80	520			
7	丁店	83	90	80	85	82	84	504	AVERAGE(number1, [number2], ...)		
8	戊店	88	89	90	91	82	83	523			
9	己店	90	95	82	83	85	88	523			
10	庚店	70	75	68	76	69	78	436			
11	辛店	68	75	76	72	71	70	432			
12	壬店	91	86	87	88	89	92	533			
13	癸店	74	66	78	77	68	78	441			

图 10.8　更改平均值函数参数

(3)单击 Enter 键,即可完成平均值的计算。将鼠标指针移动到 I4 单元格右下角的填充柄处,按住鼠标左键不放,向下拖曳至 I13 单元格释放鼠标左键,系统将自动填充各门店月平均营业额,如图 10.9 所示。

	A	B	C	D	E	F	G	H	I	J	K
1	上半年产品销售测评表										
2	店名	营业额(万元)						营业总额	月平均营业额	名次	是否优秀
3		一月	二月	三月	四月	五月	六月				
4	甲店	85	95	87	92	90	94	543	91		
5	乙店	88	70	80	79	77	75	469	78		
6	丙店	96	85	88	82	89	80	520	87		
7	丁店	83	90	80	85	82	84	504	84		
8	戊店	88	89	90	91	82	83	523	87		
9	己店	90	95	82	83	85	88	523	87		
10	庚店	70	75	68	76	69	78	436	73		
11	辛店	68	75	76	72	71	70	432	72		
12	壬店	91	86	87	88	89	92	533	89		
13	癸店	74	66	78	77	68	78	441	74		

图 10.9　自动填充月平均营业额

(四)使用最大值函数 MAX 和最小值函数 MIN

MAX 函数和 MIN 函数用于返回一组数据中的最大值和最小值。使用 MAX 和 MIN 计算各门店的月最高营业额和月最低营业额的具体操作如下。

(1)选择 B14 单元格,在"公式"→"函数库"组中单击"最近使用的函数"按钮下方的下拉按钮,在打开的下拉列表中选择"MAX"选项,如图 10.10 所示。

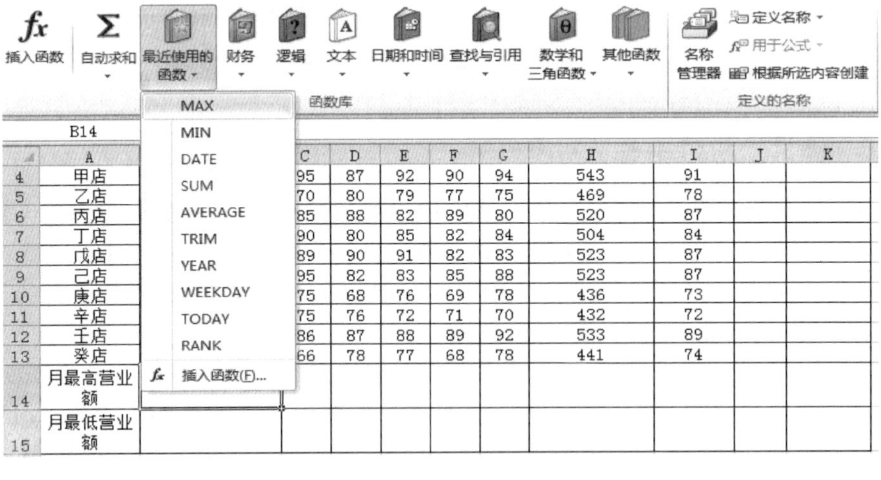

	A	C	D	E	F	G	H	I	J	K
4	甲店	95	87	92	90	94	543	91		
5	乙店	70	80	79	77	75	469	78		
6	丙店	85	88	82	89	80	520	87		
7	丁店	90	80	85	82	84	504	84		
8	戊店	89	90	91	82	83	523	87		
9	己店	95	82	83	85	88	523	87		
10	庚店	75	68	76	69	78	436	73		
11	辛店	75	76	72	71	70	432	72		
12	壬店	86	87	88	89	92	533	89		
13	癸店	66	78	77	68	78	441	74		
14	月最高营业额									
15	月最低营业额									

图 10.10　选择"MAX"选项

(2)在打开的"函数参数"对话框中,Excel 将自动识别函数参数"B4:B13",单击"确定"按钮,即可完成最大值的计算。将鼠标指针移动到 B14 单元格右下角的填充柄处,按住鼠标左键不放,向右拖曳至 I14 单元格释放鼠标,将自动填充各门店月最高营业额、月最高营业总额和月最高平均营业额,如图 10.11 所示。

(3)选择 B15 单元格,在"公式"→"函数库"组中单击"最近使用的函数"按钮下方的下拉按钮,在打开的下拉列表中选择"MIN"选项,打开"函数参数"对话框,如图 10.12 所示。

上半年产品销售测评表										
店名	营业额（万元）						营业总额	月平均营业额	名次	是否优秀
	一月	二月	三月	四月	五月	六月				
甲店	85	95	87	92	90	94	543	91		
乙店	88	70	80	79	77	75	469	78		
丙店	96	85	88	82	89	80	520	87		
丁店	83	90	80	85	82	84	504	84		
戊店	88	89	90	91	82	83	523	87		
己店	90	95	82	83	85	88	523	87		
庚店	70	75	68	76	69	78	436	73		
辛店	68	75	76	72	71	70	432	72		
壬店	91	86	87	88	89	92	533	89		
癸店	74	66	78	77	68	78	441	74		
月最高营业额	96	95	90	92	90	94	543	91		
月最低营业额										

图 10.11　自动填充月最高营业额、月最高营业总额和月最高平均营业额

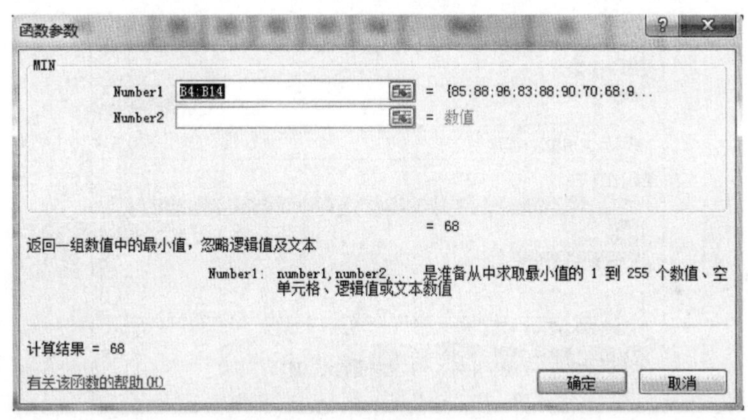

图 10.12　“函数参数”对话框

(4)此时系统自动在 B15 单元格中插入最小值函数“MIN”，同时 Excel 将自动识别函数参数“B4:B14”，再将自动识别的函数参数手动更改为“B4:B13”，单击“确定”按钮，即可完成最小值的计算。

(5)将鼠标指针移动到 B15 单元格右下角的填充柄处，按住鼠标左键不放，向右拖曳至 I15 单元格释放鼠标，将自动计算出各个门店月最低营业额、月最低营业总额和月最低平均营业额，如图 10.13 所示。

(五)使用排名函数 RANK

RANK 函数用来返回某个数字在数字列表中的排位。使用排名函数 RANK 计算各门店的销售排名情况的具体操作如下。

(1)选择 J4 单元格，在“公式”→“函数库”组中单击“插入函数”按钮或“Shift + F3”组合键，打开“插入函数”对话框。

(2)在“搜索函数”下面的文本框中输入“RANK”，然后单击“转到”，在“选择函数”列表框中将显示“RANK”选项，如图 10.14 所示。

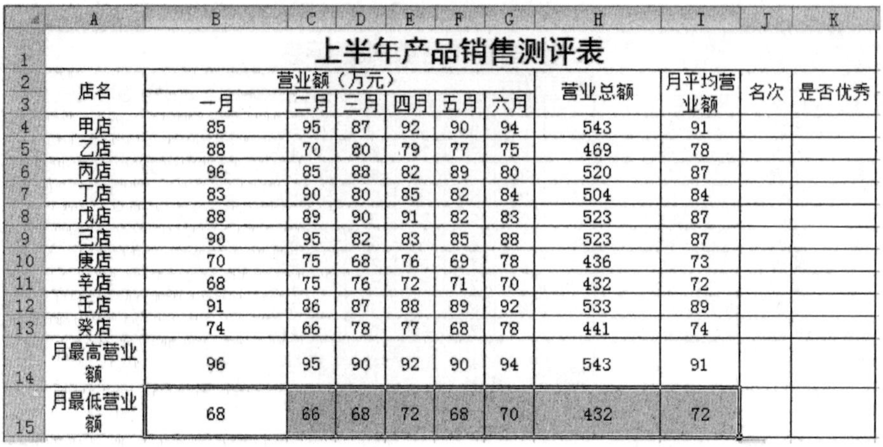

	A	B	C	D	E	F	G	H	I	J	K
1	上半年产品销售测评表										
2	店名	营业额（万元）						营业总额	月平均营业额	名次	是否优秀
3		一月	二月	三月	四月	五月	六月				
4	甲店	85	95	87	92	90	94	543	91		
5	乙店	88	70	80	79	77	75	469	78		
6	丙店	96	85	88	82	89	80	520	87		
7	丁店	83	90	80	85	82	84	504	84		
8	戊店	88	89	90	91	82	83	523	87		
9	己店	90	95	82	83	85	88	523	87		
10	庚店	70	75	68	76	69	78	436	73		
11	辛店	68	75	76	72	71	70	432	72		
12	壬店	91	86	87	88	89	92	533	89		
13	癸店	74	66	78	77	68	78	441	74		
14	月最高营业额	96	95	90	92	90	94	543	91		
15	月最低营业额	68	66	68	72	68	70	432	72		

图 10.13　自动填充月最低营业额、月最低营业总额和月最低平均营业额

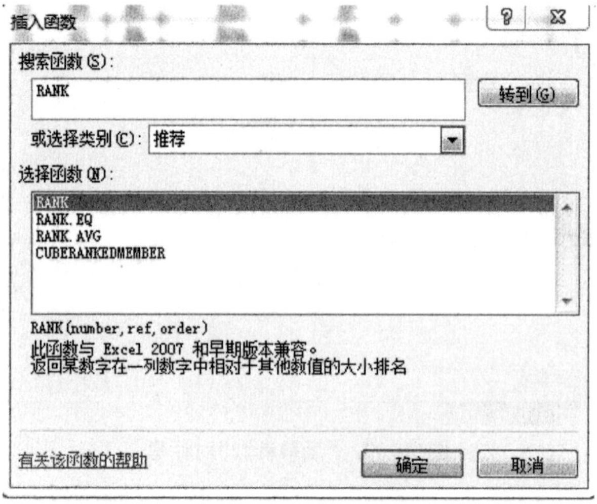

插入函数

搜索函数(S):

RANK　　转到(G)

或选择类别(C): 推荐

选择函数(N):

RANK
RANK.EQ
RANK.AVG
CUBERANKEDMEMBER

RANK(number,ref,order)

此函数与 Excel 2007 和早期版本兼容。

返回某数字在一列数字中相对于其他数值的大小排名

有关该函数的帮助　　确定　　取消

图 10.14　搜索“RANK”函数

(3)单击“确定”按钮，打开“函数参数”对话框。在“Number”文本框中输入“H4”，在“Ref”文本框中输入“$H$4:$H$13”，如图 10.15 所示。

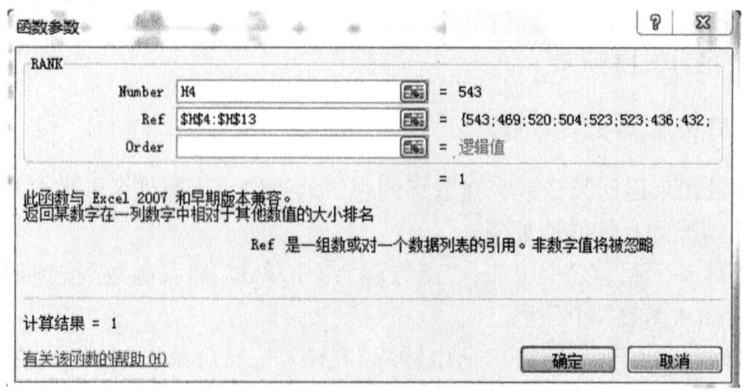

图 10.15　设置函数参数

(4)单击“确定”按钮,返回到操作界面,即可查看排名情况,将鼠标指针移动到 J4 单元格右下角填充柄处,按住鼠标左键不放,向下拖曳至 J13 单元格,释放鼠标左键,即可自动显示出各门店的名次情况,如图 10.16 所示。

	A	B	C	D	E	F	G	H	I	J	K
1	上半年产品销售测评表										
2	店名	营业额(万元)						营业总额	月平均营业额	名次	是否优秀
3		一月	二月	三月	四月	五月	六月				
4	甲店	85	95	87	92	90	94	543	91	1	
5	乙店	88	70	80	79	77	75	469	78	7	
6	丙店	96	85	88	82	89	80	520	87	5	
7	丁店	83	90	80	85	82	84	504	84	6	
8	戊店	88	89	90	91	82	83	523	87	3	
9	己店	90	95	82	83	85	88	523	87	3	
10	庚店	70	75	68	76	69	78	436	73	9	
11	辛店	68	75	76	72	71	70	432	72	10	
12	壬店	91	86	87	88	89	92	533	89	2	
13	癸店	74	66	78	77	68	78	441	74	8	
14	月最高营业额	96	95	90	92	90	94	543	91		
15	月最低营业额	68	66	68	72	68	70	432	72		

图 10.16　自动填充各门店名次

(六)使用 IF 嵌套函数

嵌套函数 IF 用于判断数据表中的某个数据是否满足指定条件,如果满足则返回特定值,不满足则返回其他值。使用 IF 嵌套函数计算各个门店的营业总额是否达到评定优秀门店标准的具体操作如下。

(1)选择 K4 单元格,单击编辑栏中的“插入函数”按钮或按“Shift + F3”组合键,打开“插入函数”对话框。

(2)在“或选择类别”下拉列表框中选择“逻辑”选项,在“选择函数”列表框中选择“IF”选项,如图 10.17 所示。

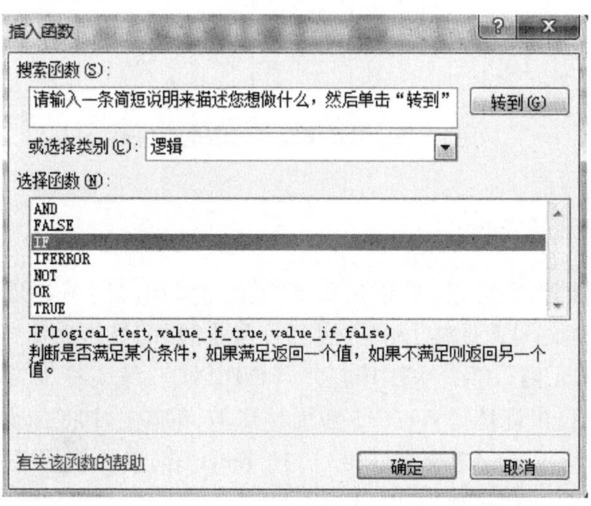

图 10.17　选择“IF”函数

(3)单击“确定”按钮,打开“函数参数”对话框,在“Logical_test”文本框中输入判断条件“H4 >510”，在“Value_if_true”文本框中输入返回值“优秀”，在“Value_if_false”文本框中输入返回值“合格”，如图 10.18 所示。

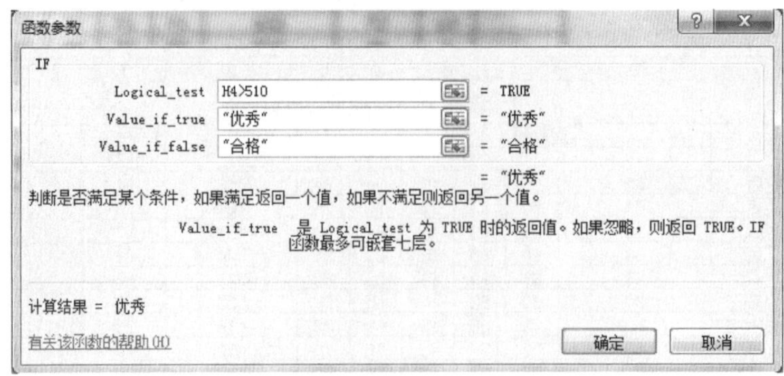

图 10.18　设置 IF 函数判断条件和返回值

(4)单击“确定”按钮，返回到操作界面，H4 单元格中的值大于 510，因此 K4 单元格显示返回值“优秀”。将鼠标指针移动到 K4 单元格右下角填充柄处，按住鼠标左键不放，向下拖曳至 K13 单元格处释放鼠标，即可自动显示其他门店的返回值。若营业总额大于 510 则显示返回值“优秀”，若营业总额小于 510 则显示返回值“合格”，如图 10.19 所示。

	A	B	C	D	E	F	G	H	I	J	K
1	上半年产品销售测评表										
2	店名	营业额（万元）						营业总额	月平均营业额	名次	是否优秀
3		一月	二月	三月	四月	五月	六月				
4	甲店	85	95	87	92	90	94	543	91	1	优秀
5	乙店	88	70	80	79	77	75	469	78	7	合格
6	丙店	96	85	88	82	89	80	520	87	5	优秀
7	丁店	83	90	80	85	82	84	504	84	6	合格
8	戊店	88	89	90	91	82	83	523	87	3	优秀
9	己店	90	95	82	83	85	88	523	87	3	优秀
10	庚店	70	75	68	76	69	78	436	73	9	合格
11	辛店	68	75	76	72	71	70	432	72	10	合格
12	壬店	91	86	87	88	89	92	533	89	2	优秀
13	癸店	74	66	78	77	68	78	441	74	8	合格
14	月最高营业额	96	95	90	92	90	94	543	91		
15	月最低营业额	68	66	68	72	68	70	432	72		

图 10.19　自动填充各门店是否优秀

(七)使用 INDEX 函数

INDEX 函数用于返回表或区域中的值或对值的引用。使用 INDEX 函数查询“产品销售测评表”中“甲店三月营业额”和“丙店五月营业额”的具体操作如下。

(1)选择 B17 单元格，在编辑栏中输入“ = INDEX(”，编辑栏下方将自动提示该函数的参数输入规则，拖曳鼠标选择 A4:G13 单元格区域，编辑栏中将自动录入“A4:G13”。

(2)继续在编辑栏中输入参数“,1,4)”，按 Enter 键，单元格 B17 中将显示函数的计算结果，即甲店第三月的营业额，如图 10.20 所示。

B17　f_x　=INDEX(A4:G13,1,4)　编辑栏

	A	B	C	D	E	F	G	H	I	J	K
1	上半年产品销售测评表										
2	店名	营业额（万元）						营业总额	月平均营业额	名次	是否优秀
3		一月	二月	三月	四月	五月	六月				
4	甲店	85	95	87	92	90	94	543	91	1	优秀
5	乙店	88	70	80	79	77	75	469	78	7	合格
6	丙店	96	85	88	82	89	80	520	87	5	优秀
7	丁店	83	90	80	85	82	84	504	84	6	合格
8	戊店	88	89	90	91	82	83	523	87	3	优秀
9	己店	90	95	82	83	85	88	523	87	3	优秀
10	庚店	70	75	68	76	69	78	436	73	9	合格
11	辛店	68	75	76	72	71	70	432	72	10	合格
12	壬店	91	86	87	88	89	92	533	89	2	优秀
13	癸店	74	66	78	77	68	78	441	74	8	合格
14	月最高营业额	96	95	90	92	90	94	543	91		
15	月最低营业额	68	66	68	72	68	70	432	72		
16											
17	查询甲店三月营业额	87									
18	查询丙店五月营业额										

图 10.20　应用函数计算结果

(3)选择 B18 单元格,在编辑栏中输入" = INDEX(",拖曳鼠标选择 A4:G13 单元格区域,编辑栏中将自动录入"A4:G13",如图 10.21 所示。

IF　f_x　=INDEX(A4:G13

INDEX(**array**, row_num, [column_num])
INDEX(**reference**, row_num, [column_num], [area_num])

	A	B	C	D	E	F	G	H	I	J	K
1	上半年产品销售测评表										
2	店名	营业额（万元）						营业总额	月平均营业额	名次	是否优秀
3		一月	二月	三月	四月	五月	六月				
4	甲店	85	95	87	92	90	94	543	91	1	优秀
5	乙店	88	70	80	79	77	75	469	78	7	合格
6	丙店	96	85	88	82	89	80	520	87	5	优秀
7	丁店	83	90	80	85	82	84	504	84	6	合格
8	戊店	88	89	90	91	82	83	523	87	3	优秀
9	己店	90	95	82	83	85	88	523	87	3	优秀
10	庚店	70	75	68	76	69	78	436	73	9	合格
11	辛店	68	75	76	72	71	70	432	72	10	合格
12	壬店	91	86	87	88	89	92	533	89	2	优秀
13	癸店	74	66	78	77	68	78	441	74	8	合格
14	月最高营业额	96	95	90	92	90	94	543	91		
15	月最低营业额	68	66	68	72	68	70	432	72		
16											
17	查询甲店三月营业额	87									
18	查询丙店五月营业额	=INDEX(A4:G13									

图 10.21　设置函数参数

(4)继续在编辑栏中输入参数",4,6)",按 Enter 键,单元格 B18 中将显示函数的计算结果,即丙店第五月的营业额。

任务二　统计分析进货信息表

任务要求

王瞳是商场的一名工作人员，商场进货信息完整，经理要求他统计分析商场7月份进货信息，掌握货物的价格、数量等基本信息，有利于更好地指定销售计划。“进货信息表”源数据如图10.22所示，相关要求如下。

(1)使用排序，按“进货日期”和“单价”升序对数据表做多关键字排序。

(2)使用自动筛选和自定义筛选，筛选出“进货日期”为“2012年7月5日”同时“金额”高于30 000的数据。

(3)使用高级筛选，筛选出“进货地点”为“丙批发点”且“单价”高于400的数据。

(4)根据“进货地点”对货物数量和金额进行求和分类汇总。

(5)创建数据透视表，要求汇总各部门、各进货日期、各进货地点的数量和金额的和，同时还要汇总不同单位的货物的数量。

(6)创建数据透视图，要求用柱形图表示汇总信息，汇总各进货地点、各进货日期数量和金额的和。

	A	B	C	D	E	F	G	H	I
1	进货信息表								
2	编号	进货日期	进货地点	货物名称	单位	单价	数量	金额	经手人
3	1	2012/7/5	甲批发点	百丽靴子	双	350	160	56000	李先生
4	2	2012/7/1	乙批发点	李宁运动鞋	双	230	120	27600	张小姐
5	3	2012/7/15	甲批发点	鄂尔多斯羊毛衫	件	320	150	48000	李先生
6	4	2012/7/25	丙批发点	红蜻蜓靴子	双	660	80	52800	江先生
7	5	2012/7/1	乙批发点	森达靴子	双	420	100	42000	张小姐
8	6	2012/7/15	甲批发点	哥弟外套	件	810	30	24300	李先生
9	7	2012/7/25	乙批发点	达芙妮单鞋	双	280	180	50400	张小姐
10	8	2012/7/5	丙批发点	圣诺兰外套	件	560	50	28000	江先生
11	9	2012/7/1	甲批发点	耐克运动鞋	双	680	60	40800	李先生
12	10	2012/7/5	丙批发点	阿迪达斯运动服	双	550	150	82500	江先生
13	11	2012/7/5	甲批发点	曼妮芬睡衣	件	260	100	26000	李先生
14	12	2012/7/5	丙批发点	艾格外套	件	330	120	39600	江先生

图10.22　“进货信息表”源数据

任务实现

(一)排序进货信息表数据

数据表中的数据较多，很可能出现数据相同的情况，此时可以单击“添加条件”按钮，添加更多排序条件，这样就能解决相同数据排序的问题。另外，在Excel 2010中，除了可以对数字进行排序外，还可以对字符或日期进行排序。下面在“进货信息表.xlsx”工作簿中按“进货日期”和“单价”升序对数据表做多关键字排序，其具体操作如下。

(1)打开“进货信息表.xlsx”工作簿，选择“排序”工作表，选中数据表区域内的任一单元格。

(2)单击“开始”→“编辑”功能组的“排序和筛选”按钮,在弹出的下拉列表中选择“自定义排序”命令,在打开的“排序”对话框中,设置“主要关键字”为“进货日期”,“排序依据”为“数值”,“次序”为“升序”,设置“次要关键字”为“单价”,“排序依据”为“数值”,“次序”为“升序”,如图 10.23 所示。

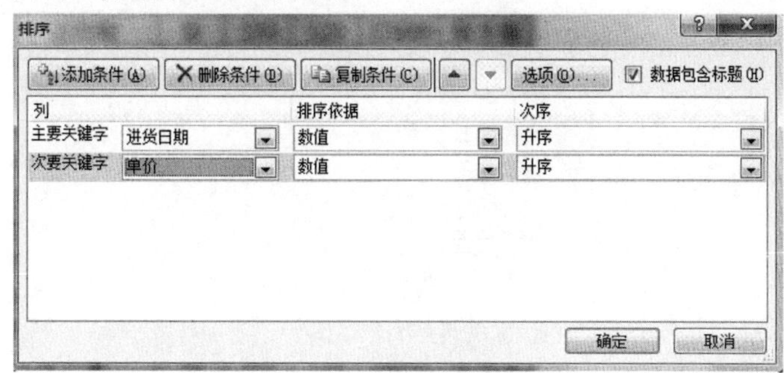

图 10.23　“排序”对话框

(3)单击“确定”按钮,完成对数据表的多关键字排序,效果如图 10.24 所示。

进货信息表

编号	进货日期	进货地点	货物名称	单位	单价	数量	金额	经手人
2	2012/7/1	乙批发点	李宁运动鞋	双	230	120	27600	张小姐
5	2012/7/1	乙批发点	森达靴子	双	420	100	42000	张小姐
9	2012/7/1	甲批发点	耐克运动鞋	双	680	60	40800	李先生
11	2012/7/5	甲批发点	曼妮芬睡衣	件	260	100	26000	李先生
12	2012/7/5	丙批发点	艾格外套	件	330	120	39600	江先生
1	2012/7/5	甲批发点	百丽靴子	双	350	160	56000	李先生
10	2012/7/5	丙批发点	阿迪达斯运动服	双	550	150	82500	江先生
8	2012/7/5	丙批发点	圣诺兰外套	件	560	50	28000	江先生
3	2012/7/15	甲批发点	鄂尔多斯羊毛衫	件	320	150	48000	李先生
6	2012/7/15	甲批发点	哥弟外套	件	810	30	24300	李先生
7	2012/7/25	乙批发点	达芙妮单鞋	双	280	180	50400	张小姐
4	2012/7/25	丙批发点	红蜻蜓靴子	双	660	80	52800	江先生

图 10.24　多关键字排序

(二)筛选进货信息表数据

在 Excel 2010 中,可以通过选择字段同时筛选多个字段的数据,还能通过颜色、数字和文本进行筛选,但是这类筛选方式都需要提前对表格中的数据进行设置。

1. 普通筛选

自动筛选可以快速在数据表中显示指定字段的记录并隐藏其他记录。自定义筛选多用于筛选数值数据,通过设定筛选条件可以将满足指定条件的数据筛选出来,而将其他数据隐藏。下面在“进货信息表. xlsx”工作簿中筛选出“进货日期”为“2012 年 7 月 5 日”同时“金额”高于 30 000 的数据,具体操作如下。

(1)打开文件“进货信息表. xlsx”工作簿,选择“普通筛选”工作表,选中数据表区域内的任一单元格。

(2)单击“数据”→“排序和筛选”功能组的“筛选”按钮。

(3)单击“进货日期”列标题旁的下三角按钮,在弹出的下拉菜单中设置“进货日期”为“2012 年 7 月 5 日”,如图 10.25 所示。

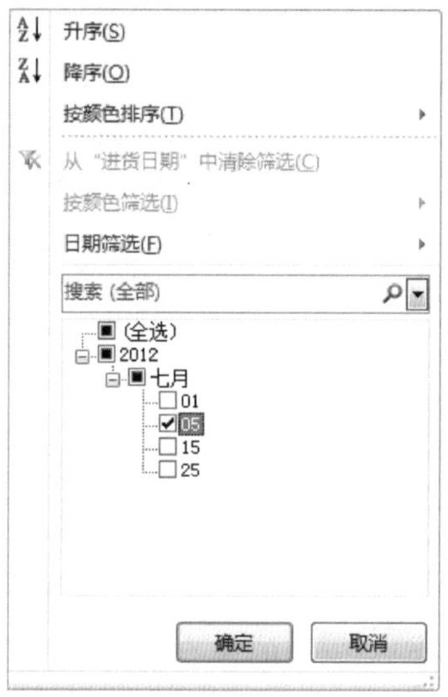

图 10.25　设置“进货日期”筛选条件

(4)单击“确定”按钮,完成“进货日期”条件的筛选。

(5)单击“金额”列标题旁的下三角按钮,在弹出的下拉菜单中选择“数字筛选”命令,在打开的“自定义自动筛选方式”对话框中设定筛选条件,在“金额”下面的列表框中选择“大于或等于”选项,在其后的文本框中输入数值 “30 000”,如图 10.26 所示。

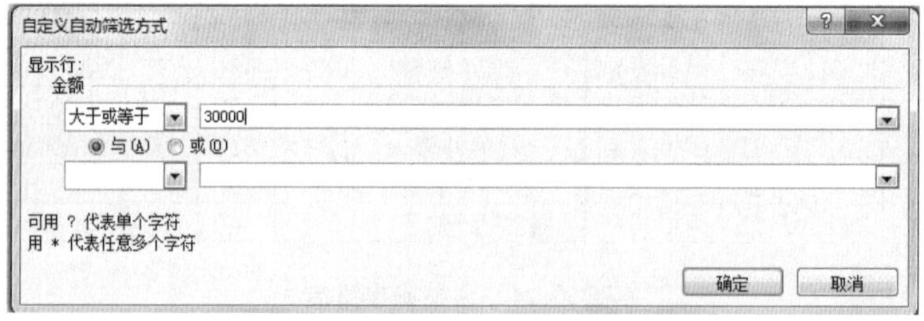

图 10.26　“自定义自动筛选方式”对话框

(6)单击“确定”按钮,完成“金额”条件筛选,筛选结果如图 10.27 所示。

	A	B	C	D	E	F	G	H	I
1	进货信息表								
2	编	进货日期	进货地	货物名称	单	单	数	金额	经手
3	1	2012/7/5	甲批发点	百丽靴子	双	350	160	56000	李先生
12	10	2012/7/5	丙批发点	阿迪达斯运动服	双	550	150	82500	江先生
14	12	2012/7/5	丙批发点	艾格外套	件	330	120	39600	江先生
15									

图 10.27　普通筛选结果

(7)单击“数据”选项卡“排序和筛选”功能组的“清除”按钮可以清除筛选结果,但仍保持筛选状态；单击“筛选”按钮，可直接退出筛选状态，返回到筛选前的数据表。

2. 高级筛选

高级筛选用于条件较复杂的筛选操作，其筛选结果可实现在原数据表格中，不符合筛选条件的记录被隐藏起来，也可以在新的位置显示筛选结果，不符合条件的记录同时保留在数据表中而不会被隐藏起来，便于进行数据的对比。下面在“进货信息表. xlsx”工作簿中筛选出“进货地点”为“丙批发点”且“单价”高于 400 的数据，具体操作如下。

(1)打开文件“进货信息表. xlsx”工作簿，选择“高级筛选”工作表。

(2)建立条件区域，在 C16:D17 区域输入如图 10.28 所示的高级筛选条件。

	A	B	C	D	E	F	G	H	I
1	进货信息表								
2	编号	进货日期	进货地点	货物名称	单位	单价	数量	金额	经手人
3	1	2012/7/5	甲批发点	百丽靴子	双	350	160	56000	李先生
4	2	2012/7/1	乙批发点	李宁运动鞋	双	230	120	27600	张小姐
5	3	2012/7/15	甲批发点	鄂尔多斯羊毛衫	件	320	150	48000	李先生
6	4	2012/7/25	丙批发点	红蜻蜓靴子	双	660	80	52800	江先生
7	5	2012/7/1	乙批发点	森达靴子	双	420	100	42000	张小姐
8	6	2012/7/15	甲批发点	哥弟外套	件	810	30	24300	李先生
9	7	2012/7/25	乙批发点	达芙妮单鞋	双	280	180	50400	张小姐
10	8	2012/7/5	丙批发点	圣诺兰外套	件	560	50	28000	江先生
11	9	2012/7/1	甲批发点	耐克运动鞋	双	680	60	40800	李先生
12	10	2012/7/5	丙批发点	阿迪达斯运动服	双	550	150	82500	江先生
13	11	2012/7/5	甲批发点	曼妮芬睡衣	件	260	100	26000	李先生
14	12	2012/7/5	丙批发点	艾格外套	件	330	120	39600	江先生
15									
16			进货地点	单价					
17			丙批发点	>400					

图 10.28　高级筛选条件

(3)单击“数据”→“排序和筛选”功能组的“高级”按钮，打开“高级筛选”对话框。

(4)在打开的“高级筛选”对话框中，保持“在原有区域显示筛选结果”单选钮的选中状态，将“列表区域”设置为要进行筛选操作的数据区域 A2:I14，将“条件区域”设置为筛选条件所在的单元格区域 C16:D17，如图 10.29 所示。

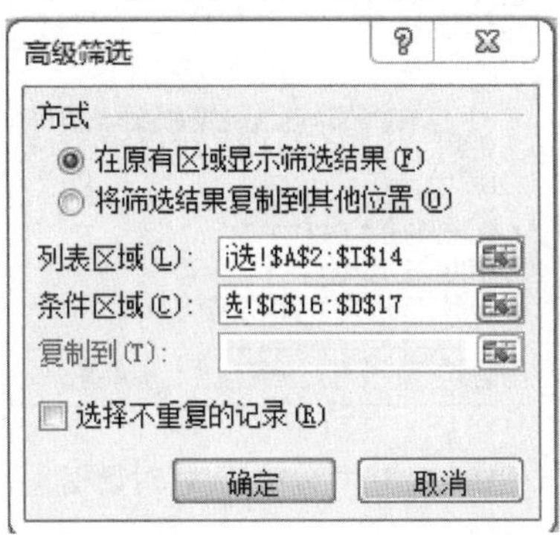

图 10.29　“高级筛选”对话框

(5)单击“确定”按钮，筛选结果如图 10.30 所示。

进货信息表

编号	进货日期	进货地点	货物名称	单位	单价	数量	金额	经手人
4	2012/7/25	丙批发点	红蜻蜓靴子	双	660	80	52800	江先生
8	2012/7/5	丙批发点	圣诺兰外套	件	560	50	28000	江先生
10	2012/7/5	丙批发点	阿迪达斯运动服	双	550	150	82500	江先生

进货地点	单价
丙批发点	>400

图 10.30 高级筛选结果

(三)对数据进行分类汇总

分类汇总是将 Excel 2010 中的数据按照一定的规则进行分类,然后根据所分的类,按照一定的统计要求进行汇总。使用分类汇总工具,可以对数据进行分类求和、计数、求平均值等多种汇总,也可以更方便地移除分类汇总的结果,恢复数据表的原形。下面在“进货信息表.xlsx”工作簿中根据“进货地点”对货物数量和金额进行求和分类汇总,具体操作如下。

(1)打开文件“进货信息表.xlsx”工作簿,选择“分类汇总”工作表,选中数据表区域内的任一单元格。

(2)按“进货地点”排序。

(3)单击“数据”→“分级显示”功能组的“分类汇总”按钮,打开“分类汇总”对话框。

(4)在“分类字段”下拉列表框中选择“进货地点”选项;在“汇总方式”下拉列表框中选择“求和”选项;在“选定汇总项”列表框中选择“数量”和“金额”两个选项,如图 10.31 所示。

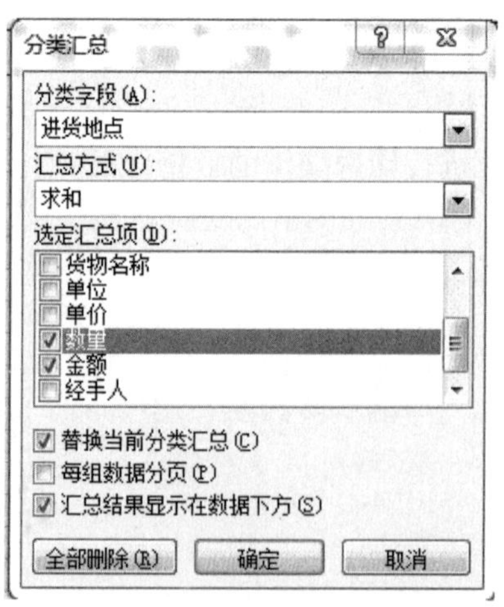

图 10.31 “分类汇总”对话框

(5)单击“确定”按钮,分类汇总结果如图 10.32 所示。

	A	B	C	D	E	F	G	H	I
1	进货信息表								
2	编号	进货日期	进货地点	货物名称	单位	单价	数量	金额	经手人
3	2	2012/7/1	乙批发点	李宁运动鞋	双	230	120	27600	张小姐
4	5	2012/7/1	乙批发点	森达靴子	双	420	100	42000	张小姐
5	7	2012/7/25	乙批发点	达芙妮单鞋	双	280	180	50400	张小姐
6			乙批发点 汇总				400	120000	
7	1	2012/7/5	甲批发点	百丽靴子	双	350	160	56000	李先生
8	3	2012/7/15	甲批发点	鄂尔多斯羊毛衫	件	320	150	48000	李先生
9	6	2012/7/15	甲批发点	哥弟外套	件	810	30	24300	李先生
10	9	2012/7/1	甲批发点	耐克运动鞋	双	680	60	40800	李先生
11	11	2012/7/5	甲批发点	曼妮芬睡衣	件	260	100	26000	李先生
12			甲批发点 汇总				500	195100	
13	4	2012/7/25	丙批发点	红蜻蜓靴子	双	660	80	52800	江先生
14	8	2012/7/5	丙批发点	圣诺兰外套	件	560	50	28000	江先生
15	10	2012/7/5	丙批发点	阿迪达斯运动服	双	550	150	82500	江先生
16	12	2012/7/5	丙批发点	艾格外套	件	330	120	39600	江先生
17			丙批发点 汇总				400	202900	
18			总计				1300	518000	

图 10.32　分类汇总结果

(四)创建数据透视表

数据透视表是一种交互式的数据报表,可以快速汇总大量的数据,同时对汇总结果进行各种筛选以查看源数据的不同统计结果。它可以进行某些计算,如求和与计数等。所进行的计算与数据跟数据透视表中的排列有关,如可以水平或者垂直显示字段值,然后计算每一行或列的合计;也可以将字段值作为行号或列标,在每个行列交汇处计算出各自的数量,然后计算小计和总计。

下面为"进货信息表. xlsx"工作簿创建数据透视表,要求汇总各进货日期、各进货地点的数量和金额的和,同时还要汇总不同单位的货物的数量。其具体操作如下。

(1)打开"进货信息表. xlsx"工作簿,选择"数据透视表"工作表,选中数据表区域内的任一单元格,按"进货日期"和"进货地点"排序。

(2)单击"插入"→"表格"功能组的"数据透视表"按钮,打开"创建数据透视表"对话框,选中"选择一个表或区域"单选钮,将"表/区域"设置为单元格区域 A2:I14;选中"现有工作表"单选钮,数据透视表的"位置"设置为 B22 单元格,参数设置如图 10.33 所示。

(3)单击"确定"按钮,进入"数据透视表视图"界面,如图 10.34 所示。此时的数据透视表是空表,可以通过设置数据透视表字段生成数据透视表。

(4)在空的数据透视表中,在"选择要添加到报表的字段"列表框中,分别将"进货地点"拖入"报表筛选"区域;"进货日期"拖入"行标签"区域;"单位"拖入"列标签"区域;"数量"和"金额"拖入"数值"区域。在数据区中,系统自动将"数量"和"金额"的汇总方式设置为"求和项",即完成数据透视表的创建,如图 10.35 所示。

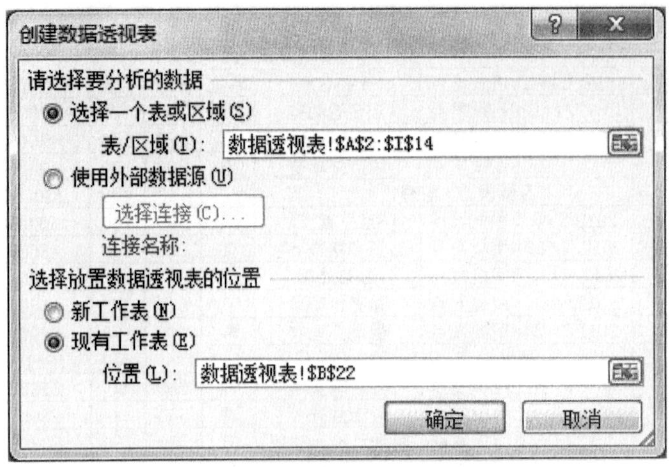

图 10.33 “创建数据透视表”对话框

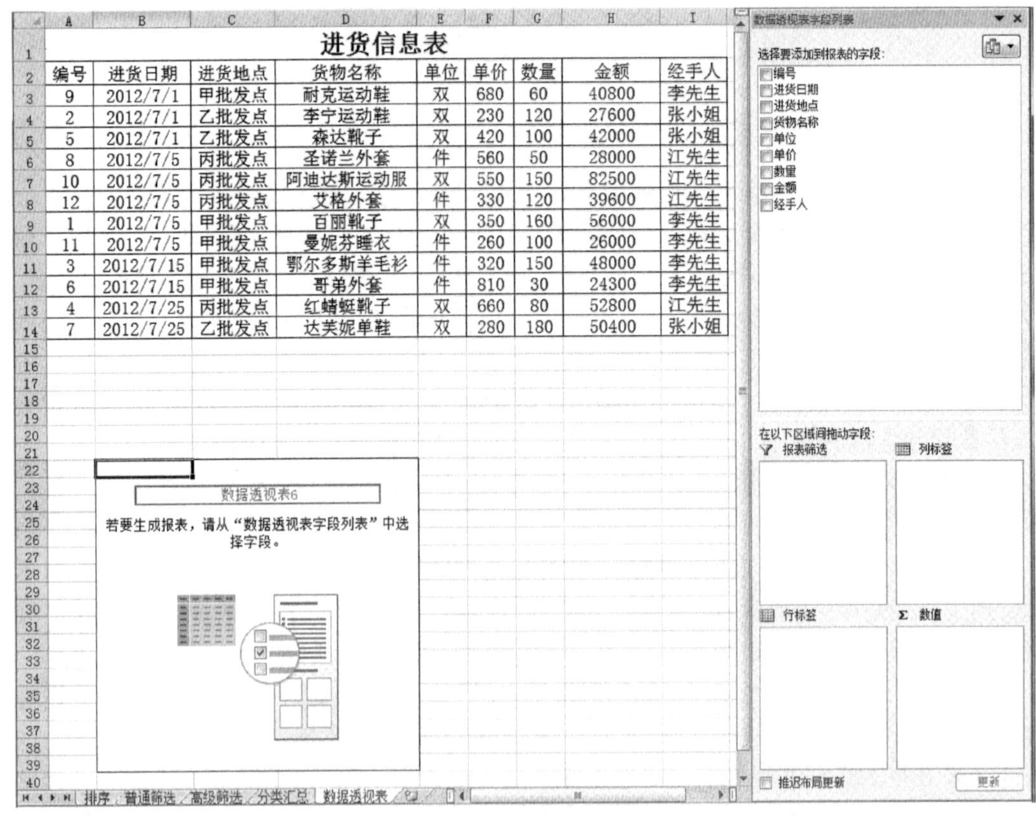

进货信息表

编号	进货日期	进货地点	货物名称	单位	单价	数量	金额	经手人
9	2012/7/1	甲批发点	耐克运动鞋	双	680	60	40800	李先生
2	2012/7/1	乙批发点	李宁运动鞋	双	230	120	27600	张小姐
5	2012/7/1	乙批发点	森达靴子	双	420	100	42000	张小姐
8	2012/7/5	丙批发点	圣诺兰外套	件	560	50	28000	江先生
10	2012/7/5	丙批发点	阿迪达斯运动服	双	550	150	82500	江先生
12	2012/7/5	丙批发点	艾格外套	件	330	120	39600	江先生
1	2012/7/5	甲批发点	百丽靴子	双	350	160	56000	李先生
11	2012/7/5	甲批发点	曼妮芬睡衣	件	260	100	26000	李先生
3	2012/7/15	甲批发点	鄂尔多斯羊毛衫	件	320	150	48000	李先生
6	2012/7/15	甲批发点	哥弟外套	件	810	30	24300	李先生
4	2012/7/25	丙批发点	红蜻蜓靴子	双	660	80	52800	江先生
7	2012/7/25	乙批发点	达芙妮单鞋	双	280	180	50400	张小姐

图 10.34 空的数据透视表

(5)根据需要可以修改字段的汇总方式，将“金额”字段的汇总方式修改为“平均值”。在“数值”区域，单击“金额”字段后的下三角按钮，在弹出的下拉菜单中选择“值字段设置”命令，打开“值字段设置”对话框，在“值汇总方式”区域的“值字段汇总方式”下拉列表框中选择“平均值”，如图 10.36 所示。

进货信息表

编号	进货日期	进货地点	货物名称	单位	单价	数量	金额
9	#######	甲批发点	耐克运动鞋	双	680	60	40800
2	#######	乙批发点	李宁运动鞋	双	230	120	27600
5	#######	乙批发点	森达靴子	双	420	100	42000
8	#######	丙批发点	圣诺兰外套	件	560	50	28000
10	#######	丙批发点	迪达斯运动	双	550	150	82500
12	#######	丙批发点	艾格外套	件	330	120	39600
1	#######	甲批发点	百丽靴子	双	350	160	56000
11	#######	甲批发点	曼妮芬睡衣	件	260	100	26000
3	#######	甲批发点	尔多斯羊毛	件	320	150	48000
6	#######	甲批发点	哥弟外套	件	810	30	24300
4	#######	丙批发点	红蜻蜓靴子	双	660	80	52800
7	#######	乙批发点	达芙妮单鞋	双	280	180	50400

进货地点　(全部)

行标签	件 求和项:数量	件 求和项:金额	双 求和项:数量	双 求和项:金额	求和项:数量汇总	求和项:金额汇总
2012/7/1			280	110400	280	110400
2012/7/5	270	93600	310	138500	580	232100
2012/7/15	180	72300			180	72300
2012/7/25			260	103200	260	103200
总计	450	165900	850	352100	1300	518000

图 10.35　数据透视表结果

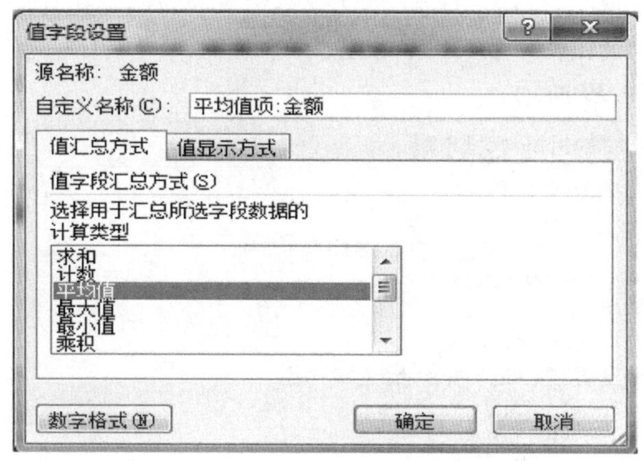

图 10.36　“值字段设置”对话框

(6)单击“确定”按钮,“金额”字段的汇总方式修改后效果如图 10.37 所示。

进货地点　(全部)

行标签	件 求和项:数量	件 平均值项:金额	双 求和项:数量	双 平均值项:金额	求和项:数量汇总	平均值项:金额汇总
2012/7/1			280	36800	280	36800
2012/7/5	270	31200	310	69250	580	46420
2012/7/15	180	36150			180	36150
2012/7/25			260	51600	260	51600
总计	450	33180	850	50300	1300	43166.66667

图 10.37　“金额”字段的汇总方式修改后效果

(7)根据需要可以修改筛选条件,如只看“甲批发点”的各个统计数据,单击“进货地点(全部)”右侧的下三角按钮,在弹出的下拉列表中仅选择“甲批发点”,单击“确定”按钮,筛选条件修改后效果如图 10.38 所示。

进货地点	甲批发点					
	列标签					
	件		双			
行标签	求和项:数量	平均值项:金额	求和项:数量	平均值项:金额	求和项:数量汇总	平均值项:金额汇总
2012/7/1			60	40800	60	40800
2012/7/5	100	26000	160	56000	260	41000
2012/7/15	180	36150			180	36150
总计	280	32766.66667	220	48400	500	39020

图 10.38　筛选条件修改后效果

(五)创建数据透视图

通过数据透视表分析数据后,为了直观地查看数据情况,还可以根据数据透视表制作数据透视图。下面为“进货信息表.xlsx”工作簿创建数据透视图,要求用柱形图表示汇总信息,汇总各进货地点、各进货日期数量和金额的和,具体操作如下。

(1)打开文件“职工工资表.xlsx"工作簿,单击“数据透视图”工作表,单击区域A2:I22。

(2)单击“插入”→“表格”功能组的“数据透视表”旁边的下三角按钮,在打开的下拉列表中单击“数据透视图”按钮。打开“创建数据透视表及数据透视图”对话框,选中“选择一个表或区域”单选钮,将“表/区域”设置为单元格区域 A2:I14,选中“新工作表”单选钮,参数设置如图 10.39 所示。

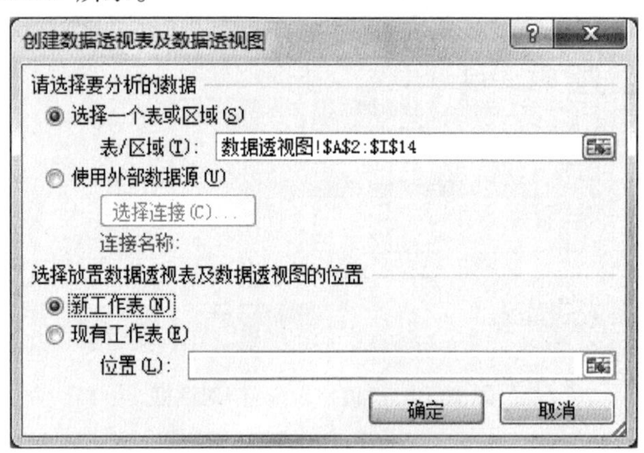

图 10.39　“创建数据透视表及数据透视图”对话框

(3)单击“确定”按钮,此时的数据透视图是空图,若要生成数据透视图,还需要进行数据透视图字段的设置。效果如图 10.40 所示。

(4)在空数据透视图的“选择要添加到报表的字段”列表框中,分别将“进货地点”拖入“报表筛选”区域;“进货日期”拖入“轴字段(分类)”区域;“数量”和“金额”拖入“数值”区域。在数据区中,系统自动将“数量”和“金额”的汇总方式设置为“求和项”,即完成数据透视表的创建,如图 10.41 所示。

图 10.40　空数据透视图

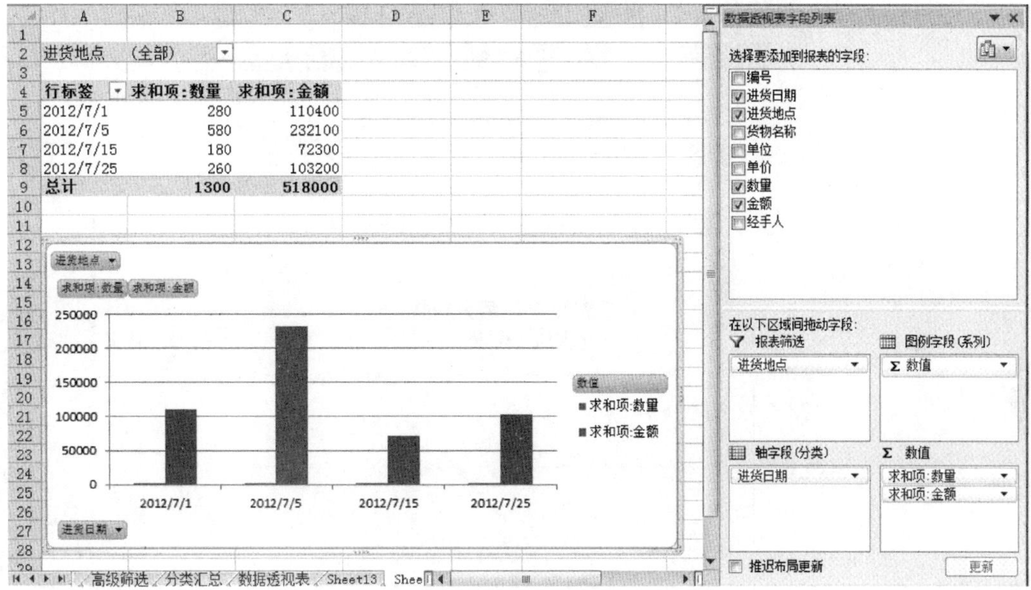

进货地点　(全部)

行标签	求和项:数量	求和项:金额
2012/7/1	280	110400
2012/7/5	580	232100
2012/7/15	180	72300
2012/7/25	260	103200
总计	1300	518000

图 10.41　数据透视图

(5)数据透视图修改字段的汇总方式、修改筛选条件等设置与数据透视表的设置方式相同。

任务三　制作旅游趋势分析图

任务要求

李明在旅行社工作，正值年初，为了制订新的一年的工作计划，经理要求他根据图10.42“各地区游客旅游人数统计表”中的数据，制作游客旅游趋势分析图，效果如图10.43所示。相关要求如下。

(1)打开已经创建并编辑好的表格“各地区游客旅游人数统计表”，根据表格中重庆和四川两个地区各季度游客旅游人数,制作一张带数据点的折线图并将其移动到新的工作表中。

(2)为图表添加标题“游客旅游趋势分析图”,设置图表标题为宋体,20 号字,图例在顶部显示。

(3)设置坐标轴格式:最小值为 15 000,最大值为 35 000,主要刻度单位为 5 000,横坐标轴交叉于 15 000。在 Y 轴刻度上单击鼠标右键,在弹出菜单的最下方,选择“设置坐标轴格式”,在工作表右侧出现的选项中修改参数。

(4)设置横坐标、纵坐标和图例的字体格式为“红色,黑体,加粗倾斜,16 号”。

(5)设置主要网格线的格式:设置线型“宽度”为 1.25 磅,“短划线类型”为虚线第五种“长划线”;设置“线条颜色”为绿色。

	A	B	C	D	E
1	各地区游客旅游人数统计表				
2	地区	1季度	2季度	3季度	4季度
3	重庆	19320	23050	18650	20150
4	四川	21320	18500	25560	19990
5	北京	21360	22000	26000	20980
6	西安	17000	29600	19000	24680

图 10.42　各地区游客旅游人数统计表

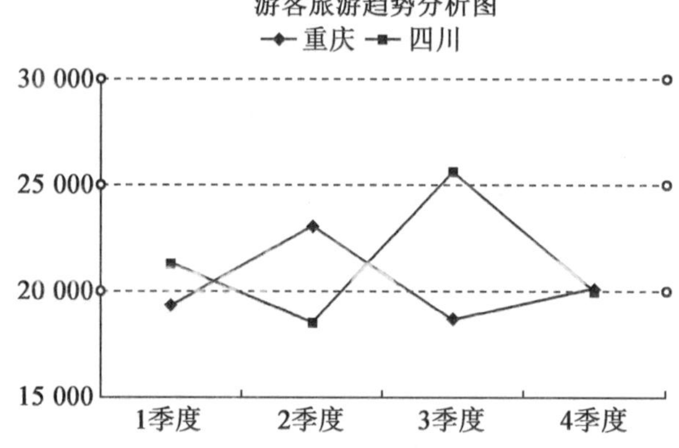

图 10.43　“游客旅游趋势分析图”最终效果

任务实现

(一)创建图表

图表可以将数据表以图例的方式展现出来。创建图表时,首先需要创建或打开数据表,然后根据数据表创建图表。下面为“各地区游客旅游人数统计表”创建图表并将其移动到新的工作表中,其具体操作如下。

(1)打开“制作旅游趋势分析图.xlsx”工作簿,选择 A2:E4 单元格区域,在“插入”→“图表”组中单击“折线图”按钮,在打开的下拉列表中选择“带数据标记的折线图”选项为图表选择类型,如图 10.44 所示。

图 10.44　选择图表类型

(2)此时即可在当前工作表中创建一个折线图,图表中显示了重庆和四川两个地区各季度游客旅游趋势。将鼠标指针移动到图表中的某一系列的数据点,即可查看该系列对应季度的游客旅游人数,如图 10.45 所示。

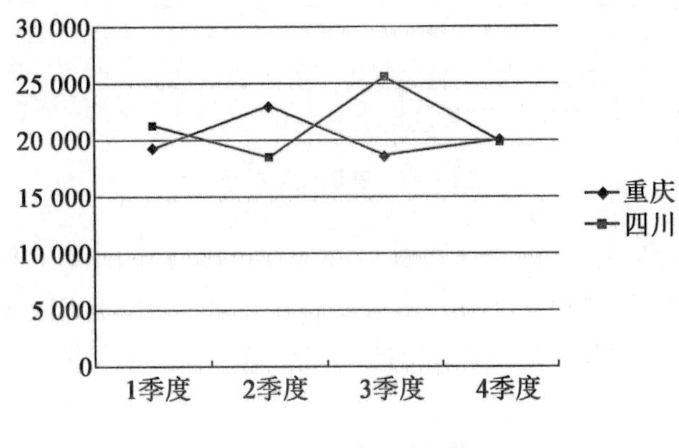

图 10.45　插入图表效果

(二)编辑图表

(1)选中已创建的图表,在“设计”→“位置”组中单击“移动图表”按钮,在打开的“移动图表”对话框中选择“新工作表”单选项,在后面的文本框中输入新工作表的名称“游客旅游趋势分析图”,如图 10.46 所示。

(2)单击“确定”按钮,此时已创建的图表将移动到新工作表“游客旅游趋势分析图”中,同时图表将自动调整为适合工作表区域的大小,如图 10.47 所示。

(三)格式化图表

为了达到图表制作的基本要求,需要进一步编辑图表,其具体操作如下。

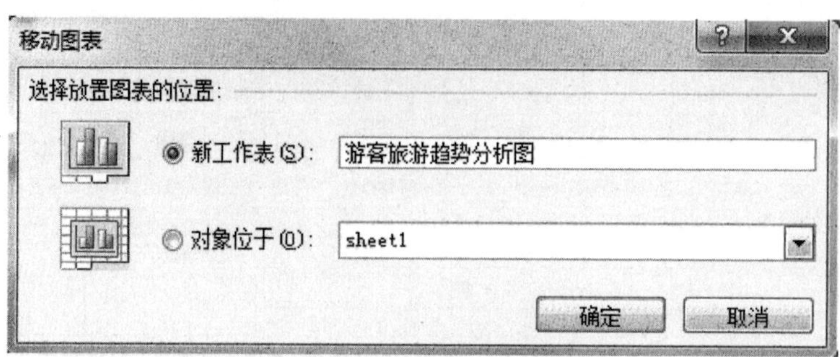

图 10.46　“移动图表”对话框

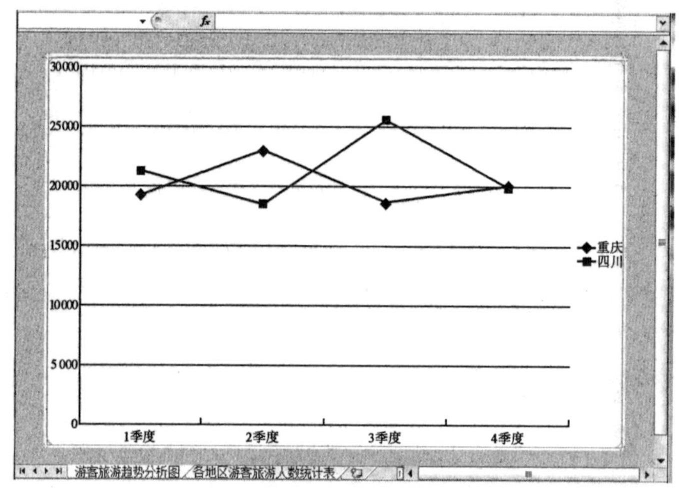

图 10.47　移动图表效果

(1)选择创建好的图表,在“图表工具 - 布局”→“标签”组中单击“图表标题”按钮,在打开的下拉列表中选择“图表上方”选项,此时在图表上方显示图表标题文本框,单击后输入图表标题内容“游客旅游趋势分析图”,单击选中图表右侧的“图例项”,拖曳至图表标题下方,如图 10.48 所示。

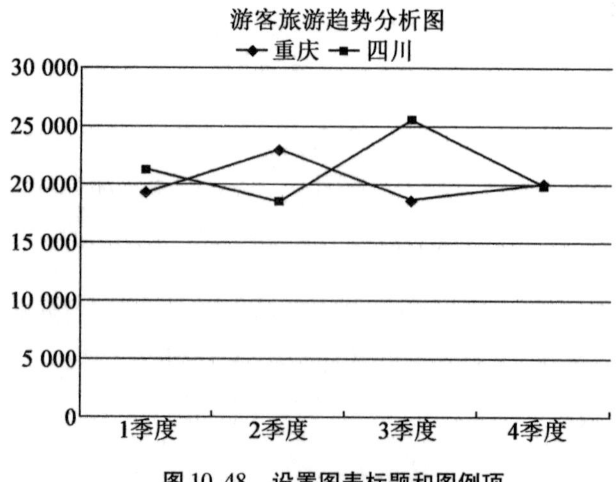

图 10.48　设置图表标题和图例项

(2)选择创建好的图表,在纵坐标轴刻度上单击鼠标右键,在弹出的快捷菜单中选择"设置坐标轴格式"选项,在打开的"设置坐标轴格式"对话框中,选择"坐标轴选项",设置坐标轴格式最小值为 15 000、最大值为 30 000、主要刻度单位为 5 000、横坐标轴交叉于坐标轴值 15 000。参数设置如图 10.49 所示。

图 10.49　"设置坐标轴格式"对话框

(3)单击"关闭"按钮,完成设置坐标轴格式操作后,图表效果如图 10.50 所示。

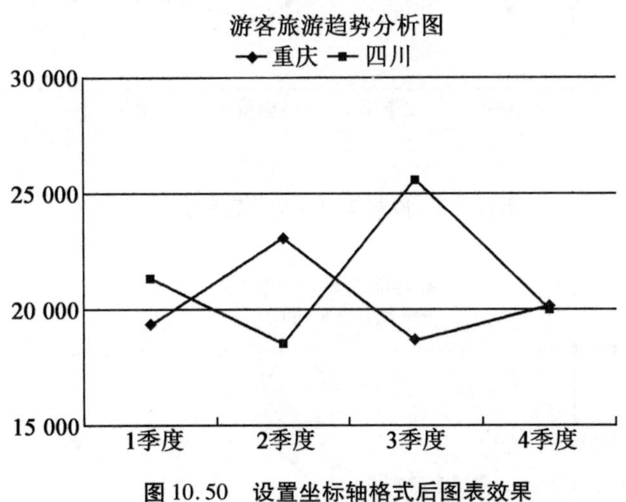

图 10.50　设置坐标轴格式后图表效果

(4)选择创建好的图表,右键单击横坐标轴上的文字,在弹出的快捷菜单中选择"字体"选项,在打开的"字体"对话框中,设置"中文字体"为"黑体","字体样式"为"加粗 倾斜","大小"为"16","字体颜色"为"红色",参数设置如图 10.51 所示。

(5)同样方法,设置纵坐标轴和图例的字体格式为红色,黑体,加粗倾斜,16 号字,如图 10.52 所示。

(6)选择创建好的图表,右键单击图表的主要网格线(线条两端显示小圆圈为选中状态),在弹出的快捷菜单中选择"设置网格线格式"选项,如图 10.53 所示。

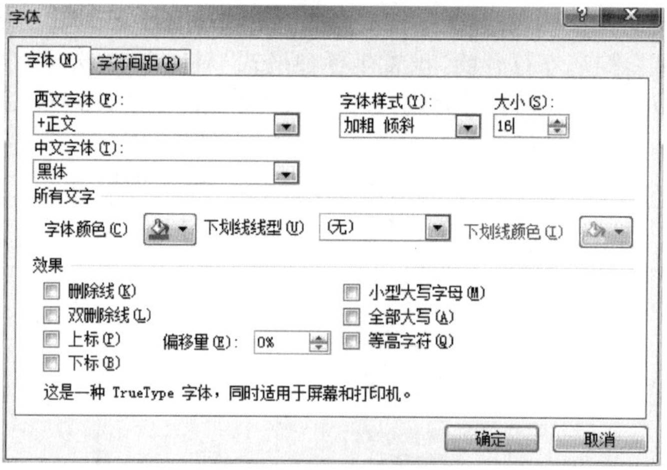

图 10.51　“字体”对话框

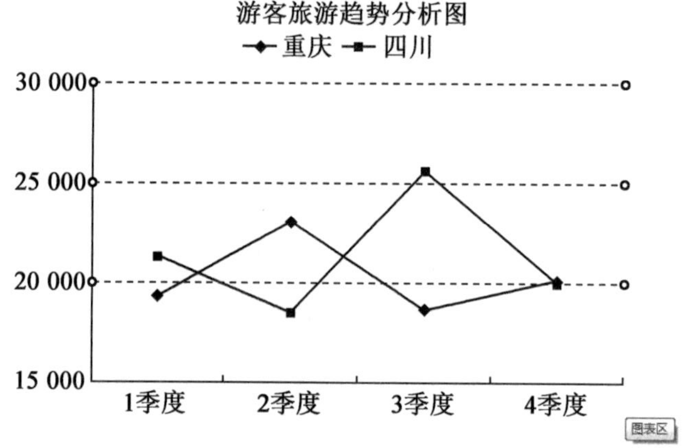

图 10.52　设置字体格式后图表效果

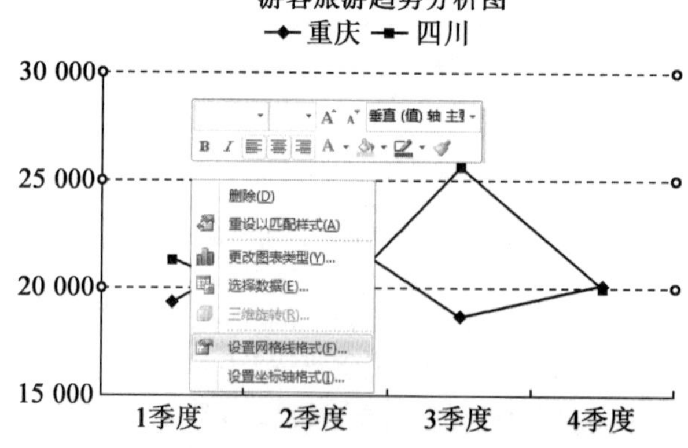

图 10.53　右键单击“主要网格线”状态

(7)在打开的“设置主要网格线格式”对话框中，选择“线条颜色”选项，将线条颜色设置为“实线”“绿色”，参数设置如图 10.54 所示。单击“关闭”按钮，完成线条颜色的设置操作。

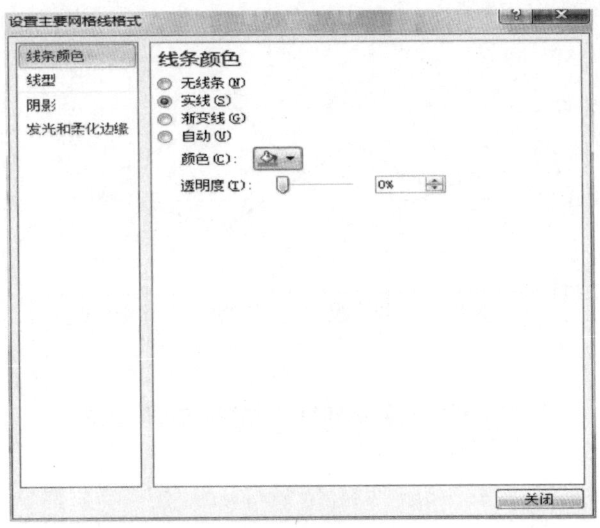

图 10.54 “设置主要网格线格式”→“线条颜色”对话框

(8)在打开的“设置主要网格线格式”对话框中，选择“线型”选项，将“宽度”设置为“1.25 磅”，将“短划线类型”设置为虚线第五种“长划线”，参数设置如图 10.55 所示。

图 10.55 “设置主要网格线格式”→“线型”对话框

(9)单击“关闭”按钮，完成线型的设置操作，如图 10.56 所示。

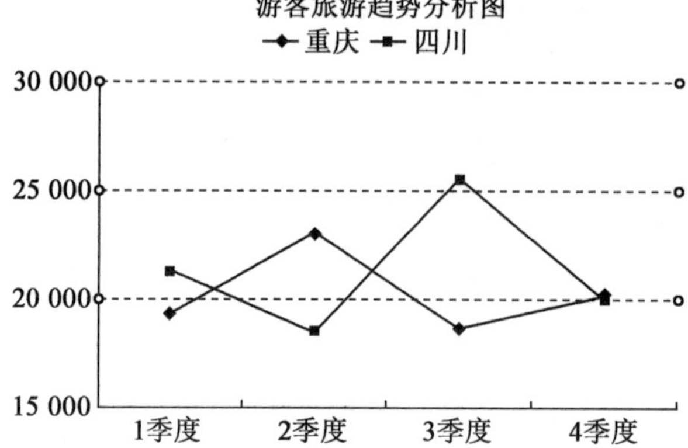

图 10.56 设置线条颜色和线型后的图表效果

本章习题

一、单项选择题

1. Excel 工作表中第 D 列第 4 行处的单元格,其绝对单元格名为 ( )

A. D4 B. ¥D4 C. ¥D¥4 D. D¥4

2. 在 Excel 工作表中,单元格 C4 中的公式为"=A3+¥C¥5",在第 3 行之前插入一行后,单元格 C5 中的公式为 ( )

A. "A4+¥C¥6" B. "=A4 +¥C35"

C. "=A3+¥C¥6" D. "=A3+¥C35"

3. 下列 Excel 的表示中,属于相对引用的是 ( )

A. ¥D¥3 B. ¥D3 C. D¥3 D. D3

4. ________公式时,公式中引用的单元格是不会随着目标单元格与原单元格相对位置的不同而发生变化的。 ( )

A. 移动 B. 复制 C. 修改 D. 删除

5. 常用工具栏上按钮Σ的作用是 ( )

A. 自动求和 B. 求均值 C. 升序 D. 降序

6. 如果要在 G2 单元得到 B2 单元到 F2 单元的数值和,应在 G2 单元格中输入 ( )

A. "=SUM(B2,F2)" B. "=SUM(B2:F2)"

C. "SUM(B2,F2)" D. "SUM(B2:F2)"

7. 在 Excel 工作表的公式中,"SUM(B3:C4)"的含义是 ( )

A. 将 B3 与 C4 两个单元格中的数据求和

B. 将从 B3 到 C4 的矩阵区域内所有单元格中的数据求和

C. 将 B3 与 C4 两个单元格中的数据求平均值

D. 将从 B3 到 C4 的矩阵区域内所有单元格中的数据求平均值

8. 在 Excel 工作表的公式中,“AVERAGE (B3:C4)” 的含义是　(　　)

A. 将 B3 与 C4 两个单元格中的数据求和

B. 将从 B3 与 C4 的矩阵区域内所有单元格中的数据求和

C. 将 B3 与 C4 两个单元格中的数据求平均值

D. 将从 B3 到 C4 的矩阵区域内所有单元格中的数据求平均值

9. 设单元格 A1:A4 的内容为 8,3,83,9,则公式“ = MIN (A1:A4,2)” 的返回值为　(　　)

A. 2　B. 3　C. 4　D. 8

10. 函数 COUNT 的功能是　(　　)

A. 求和　B. 求均值　C. 求最大值　D. 求个数

11. 在 Excel 中,一个完整的函数包括　(　　)

A. “ = ”和函数名　B. 函数名和变量

C. “ = ”和变量　D. “ = ”、函数名和变量

12. 将单元格 L2 的公式“ = SUM(C2:K3)”复制到单元格 L3 中,显示的公式是　(　　)

A. “ = SUM(C2:K2)”　B. “ = SUM(C3:K4)”

C. “ = SUM(C2:K3)”　D. “ = SUM(C3:K2)”

13. 当移动公式时,公式中的单元格的引用将　(　　)

A. 视情况而定　B. 改变

C. 不改变　D. 不存在了

14. 在 Excel 中,要统计一行数值的总和,可以用________函数。　(　　)

A. COUNT　B. AVERAGE　C. MAX　D. SUM

15. 在 Excel 工作表中,求单元格 B5 ~ D12 中的最大值,用函数表示的公式为 (　　)

A. “ = MIN(B5:D12)”　B. “ = MAX(B5:D12)”

C. “ = SUM(B5:D12)”　D. “ = SIN(B5:D12)”

16. G3 单元格的公式是“ = E3 * F3”如将 G3 单元格中的公式复制到 G5,则 G5 中的公式为　(　　)

A. “ = E3 * F3”　B. “ = E5 * F5”

C. “ ¥E¥5 * ¥F¥5”　D. “E5 * F5”

17. 删除工作表中与图表链接的数据时,图表将　(　　)

A. 被复制　B. 必须用编辑删除相应的数据点

C. 不会发生变化　D. 自动删除相应的数据点

18. 在 Excel 中,图表是数据的一种图像表示形式,图表是动态的,改变了图表________后,Excel 会自动更改图表。　(　　)

A. X 轴数据　B. Y 轴数据　C. 数据　D. 表标题

19. 若要修改图表背景色,可双击________,在弹出的对话框中进行修改。　(　　)

A. 图表区　B. 绘图区　C. 分类轴　D. 数值轴

20. 若要修改 Y 轴刻度的最大值,可双击________,在弹出的对话框中进行修改。　(　　)

A. 分类轴 B. 数值轴 C. 绘图区 D. 图例

21. 在 Excel 中,最适合反映单个数据在所有数据构成的总和中所占比例的一种图表类型是 ( )

A. 散点图 B. 折线图 C. 柱形图 D. 饼图

22. 在 Excel 中,最适合反映数据发展趋势的一种图表类型是 ( )

A. 散点图 B. 折线图 C. 柱形图 D. 饼图

23. 假设有几组数据,要分析各组中每个数据在总数中所占的百分比,则应选择的图表类型为 ( )

A. 饼型 B. 圆环 C. 雷达 D. 柱型

24. ________函数用于判断数据表中的某个数据是否满足指定条件。 ( )

A. SUM B. IF C. MAX D. MIN

25. ________函数用来返回某个数字在数字列表中的排位。 ( )

A. SUM B. RANK C. COUNT D. AVERAGE

26. 要在一张工作表中迅速地找出性别为“男”且总分大于 350 的所有记录,输入 ( )

A. 男 >350 B. “男” >350 C. = 男 >350 D. =“男” >350

27. 下列选项中,________不能用于对数据表进行排序。 ( )

A. 单击数据区中任一单元格,然后单击工具栏中的“升序”或“降序”按钮

B. 选择要排序的数据区域,然后单击工具栏中的“升序”或“降序”按钮

C. 选择要排序的数据区域,然后使用“编辑”栏中的“排序”命令

D. 选择要排序的数据区城,然后使用“数据”栏中的“排序”命令

28. Excel 排序操作中,若想按姓名的拼音来排序,则在排序方法中应选择 ( )

A. 读音排序 B. 笔画排序 C. 字母排序 D. 以上均错

29. 以下各项中,对 Excel 中的筛选功能描述正确的是 ( )

A. 按要求对工作表数据进行排序 B. 隐藏符合条件的数据

C. 只显示符合设定条件的数据,而隐藏其他 D. 按要求对工作表数据进行分类

30. 在 Excel 中,在打印学生成绩单时,对不及格的成绩用醒目的方式表示(如用红色表示等),当要处理大量的学生成绩时,利用________命令最为方便。 ( )

A. “查找” B. “条件格式” C. “数据筛选” D. “定位”

31. 关于分类汇总,叙述正确的是 ( )

A. 分类汇总前首先应按分类字段值对记录排序

B. 分类汇总只能按一个字段分类

C. 只能对数值型字段进行汇总统计

D. 汇总方式只能求和

32. 对于 Excel 数据库,排序是按照________来进行的。 ( )

A. 记录的 B. 工作表 C. 字段 D. 单元格

33. 下列选项中,关于表格排序的说法错误的是 ( )

A. 拼音不能作为排序的依据 B. 排序规则有递增和递减

C. 可按日期进行排序 D. 可按数字进行排序

34. 以下主要显示数据变化趋势的图为 ( )

A. 柱形图　B. 圆锥图　C. 折线图　D. 饼图

35. 图表中包含数据系列的区域称为　(　　)

A. 绘图区　B. 图表区　C. 标题区　D. 状态区

36. 用 Del 键不能直接删除　(　　)

A. 嵌入式图表　B. 独立图表　C. 饼图　D. 折线图

37. ________函数是返回表或区域中的值或对值的引用。　(　　)

A. INDEX　B. RANK　C. COUNT　D. AVERAGE

38. ________可以快速汇总大量的数据,同时对汇总结果进行各种筛选以查看源数据的不同统计结果。　(　　)

A. 数据透视表　B. SmartArt 图形　C. 图表　D. 表格

39. 在排序时,将工作表的第一行设置为标题行,若选择标题行一起参与排序,则排序后标题行　(　　)

A. 总出现在第一行　B. 总出现在最后一行

C. 依指定的排列顺序而定其出现位置　D. 总不显示

40. 在 Excel 数据清单中,按某一字段内容进行归类,并对每一类做出统计的操作是　(　　)

A. 排序　B. 分类汇总　C. 筛选　D. 记录处理

41. 在 Excel 2010 中单元格的合并可通过________对话框进行。　(　　)

A. 单元格格式　B. 自动套用格式

C. 条件格式　D. 选项

42. 在 Excel 2010 中,如果单元格数字格式设置为两位小数,此时输入三位小数,则末位四舍五入,Excel 2010 计算时　(　　)

A. 以显示数值为准　B. 以输入数值为准

C. 将重新输入　D. 认为出错

43. 在 Excel 2010 中,当给某一个单元格设置了数字格式,则该单元格　(　　)

A. 只能输入数字

B. 字符数据转换为数字数据

C. 把输入的数据改变了

D. 不改变其中的数据,只改变显示形式

44. 如果要对 A5：A10 单元格区域中数值小于 60 的颜色设置为红色,应使用________命令组中的“条件格式”命令。　(　　)

A.“格式”选项卡的“条件格式”　B.“插入”选项卡的“条件格式”

C.“开始”选项卡的“样式”　D. “视图”选项卡的“条件格式”

45. 在 Excel 2010 中,给单元格添加批注的方法是,先选中单元格然后　(　　)

A. 选择“批注”命令组中的“新建批注”命令

B. 选择“编辑”选项卡

C. 选择“工具”选项卡

D. 通过单击鼠标右键快捷菜单

46. 页眉/页脚的内容不可以是　(　　)

A. 数字　B. 文本

C. 时间 D. 逻辑值

47. 打印预览窗口的________按钮,可用于设置页边距、页眉、页脚等。 ( )

A. "缩放" B. "打印"

C. "设置" D. "页边距"

48. Excel 2010 有________分页符。 ( )

A. 水平和垂直 B. 垂直

C. 水平 D. 斜

49. 在 Excel 2010 打印对话框中,不能进行的设置是 ( )

A. 打印范围 B. 打印区域

C. 打印份数 D. 页眉/页脚

50. 在 Excel 2010 打印预览窗口中,不能完成的操作是 ( )

A. 执行打印输出 B. 重新设置页边距

C. 将预览表放大 D. 修改表中内容

51. 在某单元格中输入公式时,应先输入________符号。 ( )

A. ¥ B. %

C. = D. *

52. 在 Excel 2010 工作表单元格中,输入的下列表达式中________是错误的。

( )

A. =(15－ －A1)/3 B. A2/C1

C. SUM(A2:A4)/2 D. A2＋A3＋D4

53. 在向 Excel 2010 工作表的单元格里输入的公式,运算符有优先顺序,下列说法错误的是 ( )

A. 百分比优先于乘方 B. 乘和除优先于加和减

C. 字符串连接优先于关系运算 D. 乘方优先于负号

54. 在 Excel 2010 中,将 Sheet2 的 B6 单元格内容与 Sheet1 的 A4 单元格内容相加,其结果放入 Sheet1 的 A5 单元格中,则在 Sheet1 的 A5 单元格中应输入公式 ( )

A. =Sheet2MYMB6 ＋ Sheet1MYMA4

B. = Sheet2! B6 ＋Sheet1! A4

C. Sheet2MYMB6 ＋ Sheet1MYMA4

D. Sheet2! B6 ＋Sheet1! A4

55. 在 Excel 2010 中,单元格 A1 的内容为 12,单元格 B2 的内容为 593,则在 C2 中应输入________,使其显示单元格 A1 和 B2 的内容之和。 ( )

A. =A1 ＋B2 B. "A1＋B2"

C. " =A1 ＋B2" D. =SUM (A1: B2)

56. 在 Excel 2010 中,B2 单元格内容为"李四",C2 单元格内容为"97",要使 D2 单元格内容为" 李四成绩为 97",则 D2 单元格应输入 ( )

A. =B2"成绩为"＋C2 B. =B2& 成绩为 &. C2

C. =B2&"成绩为"&C2 D. B2&"成绩为" &C2

57. 当向 Excel 2010 工作表单元格输入公式时,使用单元格地址 DMYM2 引用 D 列 2 行单元格,该单元格的引用称为 ( )

A. 交叉地址引用　　B. 混合地址引用

C. 相对地址引用　　D. 绝对地址引用

58. 在 Excel 2010 工作表中,若单元格 A1 =20,B1 =25,A2 =15,B2 =27。当在单元格 C1 中填入公式"=Al * B1",将此公式复制到 C2 单元格中. 则 C2 单元格的值为 (　　)

A. 0　　B. 675

C. 500　　D. 405

59. 将 D3 单元格的公式"=B2 * MYMC4—D1"复制到 E4 单元格,则 E4 中的公式是 (　　)

A. =B2 * MYMC4—DI　　B. =BZ * MYMC5—E2

C. =C3 * MYMC5—E2　　D. =C2 * MYMEA——DI

60. 单元格 A1 值为 10, A2 值为 5, B1 值为 20, B2 值为 10, B3 单元格"=MYMAMYM1 + AMYM2 + MYMBI + B2"将该公式复制到 B4, B4 单元格的值为 (　　)

A. 45　　B. 30

C. 15　　D. 70

61. A1 =10, B1 = 20, 在单元格 A2 中输入公式"=Al >B1",结果为 (　　)

A. 10　　B. 20

C. TRUE　　D. FALSE

62. 在当前工作表的单元格中,若想引用工作簿"other" 中"成绩"工作表的 D4 单元格,引用形式为 (　　)

A. (OTHER)成绩! MYMDMYM4　　B. "OTHER" 成绩! MYMDMYM4

C. [OTHER]成绩! MYMDMYM4　　D. (OTHER)成绩! MYMDMYM4

63. 在 Excel 2010 中,引用运算符中区域符是 (　　)

A. #　　B. ,

C. 空格　　D. :

64. 下列操作中,不能在 Excel 2010 工作表的选定单元格中插入函数的是 (　　)

A. 编辑栏中的"插入函数"按钮

B. 单击"插入"菜单中的"函数"命令

C. 单击"编辑"菜单中的"对象..."命令

D. 单击"自动求和"按钮右侧的函数列表

65. 在 Excel 工作表的 A1 至 A4 单元格中,分别输入数据"3""4"".05""Abb"四 项内容,在 A5 单元格中输入"=COUNT (A1: A4)",则 A5 单元格中显示的内容是 (　　)

A. 2　　B. 3

C. 4　　D. 0

66. 如果当前单元格是 D10,请写出一个公式________,当 B10 的值不等于 C10 的值时,赋给 D10"OK",否则赋给 D10"NOT OK"。 (　　)

A. =if(b10 < >cl0,ok, not ok)　　B. =if(b10 < >cl0,"ok","not ok")

C. =if(b10 < >c10, not ok ,ok)　　D. =if(b10 < >cl0, "not ok" , "ok")

67. 在 Excel 2010 中 A1 = 18, A2 =29, 在 A3 中输入"=IF (Al <A2,"F","T")",则显示 (　　)

A. T　　B. #REF!

C. F　　D. 以上均不对

68. 在 Excel 2010 中,函数 COUNTIF（ Al：A10,“ >60”）的返回值是　（　）

A. 10

B. 将 A1:A10 这 10 个单元中大于 60 的数据求和

C. 统计 A1：A10 这 10 个单元中大于 60 的数据个数 8

D. 不能执行

69. 在 Excel 2010 中,D1：D5 区域中的内容分别为“26”“30”“32”“50”“35”,则 COUNTIF(D1：D5,“ >30”)值为　（　）

A. 2　　B. 3

C. 4　　D. 1

70. 在 Excel 2010 中,函数 MIN（2，5，FALSE)的执行结果是　（　）

A. 2　　B. 3

C. 0　　D. －1

71. 在 Excel 2010 中,函数 COUNT（A1：A5)的返回值是________，其中 A1 单元格的值是文字“统计”,A2 为时间格式“8：24”,A3 为 0，A4 为数字 50,A5 为逻辑值“TRUE”。　（　）

A. 1　　B. 2

C. 3　　D. 4

72. E6 中的公式为“ = B6 + MYMCMYM5”,删除第四行后,E6 中的公式是　（　）

A. = B5 + MYMCMYM4　　B. = B6 + MYMCMYM5

C. = B6 + MYMCMYM4　　D. = B5 + MYMCMYM5

73. 在 Excel 2010 中,在一个单元格中输入“ = F3 = 500,第一个“ = ”是公式标志,第二个“ = ”是　（　）

A. 数学运算符　　B. 文本运算符

C. 引用运算符　　D. 比较运算符

74. 在 Excel 2010 数据菜单中的排序命令一次最多可以按________个关键字排序。　（　）

A. 1　　B. 2

C. 3　　D. 4

75. 在 Excel 2010 的数据清单中做排序操作时,活动单元格可以选定在　（　）

A. 任何地方　　B. 数据清单之外

C. 列标　　D. 数据清单内的任一单元格

76. 若使用 Excel 2010 工具栏中的升序、降序按钮快速排序,活动单元格应选定在　（　）

A. 工作表的任何地方　　B. 数据清单的任何地方

C. 排序依据数据列任一单元格　　D. 数据清单标题行的任一单元格

77. 在 Excel 2010 中,对表格中的数据进行排序可通过________和排序工具按钮。　（　）

A. 工具菜单下的命令　　B. 数据菜单下的命令

C. 格式按钮　　D. 编辑按钮

78. 在 Excel 2010 中，使用________选项卡中的排序命令可以对整个报表或部分报表进行排序。（　　）

A. 数据　　B. 格式

C. 工具　　D. 插入

79. 在 Excel 2010 中"排序"对话框中可以指定三个关键字，并分别指出它们各自是按升序还是降序排列，其中（　　）

A. 三个关键字都必须指定　　B. "主要关键字"必须指定

C. 主、次关键字都要指定　　D. 三个关键字都可不指定

80. 用记录单的"删除"按钮删除的记录________恢复。（　　）

A. 能够　　B. 不能

C. 去掉删除标记后能　　D. 去掉删除标记后也不能

81. 用菜单命令排序，若要使标题行不参加排序，应在"排序"对话框的当前数据清单栏选中________单选按钮。（　　）

A. 无标题行　　B. 有标题列

C. 有标题行　　D. 无标题列

82. 在对 Excel 2010 工作表取消自动筛选后，工作表中的数据将（　　）

A. 全部消失　　B. 全部复原

C. 只剩下符合筛选条件的记录　　D. 不能取消自动筛选

83. 在 Excel 2010 中，提供了________种命令来筛选数据。（　　）

A. 1　　B. 2

C. 3　　D. 4

84. 在 Excel 2010 中，执行自动筛选命令以后，在数据清单的列标志单元格中会出现（　　）

A. 被选中　　B. 下拉按钮，且下拉箭头变为蓝色

C. 下拉按钮　　D. 虚线框

85. 在 Excel 2010 中，一次只能对工作表中的________个数据清单使用筛选命令。（　　）

A. 任意　　B. 1

C. 2　　D. 3

86. 在 Excel 2010 中，在自动筛选的自定义方式中，最多可以给出________个条件。（　　）

A. 1　　B. 4

C. 3　　D. 2

87. 在 Excel 2010 中，要执行自动筛选操作，在数据列表中必须有（　　）

A. 行标题　　B. 列标题

C. 下拉箭头　　D. 下拉列表

88. 在 Excel 2010 中，下面对于数据筛选说法中正确的是（　　）

A. Excel 2010 只提供了自动筛选数据操作

B. 要执行自动筛选操作，在数据列表中必须有行标题

C. 要取消自动筛选,选择了“全部显示”命令后,筛选箭头并不消失

D. 要取消自动筛选,选择了“自动筛选”命令后,筛选箭头并不消失

89. 在 Excel 2010 中,分类汇总操作是通过________完成的。 ( )

A. 在窗口菜单中选择分类汇总命令

B. 在格式菜单中选择分类汇总命令

C. 在工具菜单中选择分类汇总命令

D. 在数据菜单中选择分类汇总命令

90. 在 Excel 2010 中,在进行自动分类汇总之前必须 ( )

A. 对数据清单进行索引

B. 选中数据清单

C. 对数据清单按要进行分类汇总的列进行排序

D. 使数据清单的第一行里必须有列标记

91. 在 Excel 2010 中,取消所有自动分类汇总的操作是 ( )

A. 按 Del 键

B. 在编辑菜单中选“删除”选项

C. 在文件菜单中选“关闭”选项

D. 在分类汇总对话框中单击“全部删除”按钮

92. 进行分类汇总后,分类汇总结果表左侧出现层次按钮“ + ”“ - ”和概要按钮 ( )

A. “1”“2”“3” B. “1”“2”

C. “2”“3” D. “1”

93. 在 Excel 2010 中,用向导创建图表时,修改图表的分类轴标志,应在________中修改。 ( )

A. “系列”选项卡 B. “数据区域”选项卡

C. 标题文本框 D. 以上都不对

94. 在 Excel 2010 中,________可将选定的图表删除。 ( )

A. 选择“文件”菜单下的命令

B. 按 Del 键

C. 选择“数据”菜单下的命令

D. 选择“图表”菜单下的命令

95. 在 Excel 2010 中,________不属于图表的编辑范围。 ( )

A. 图表类型的更换 B. 增加数据系列

C. 图表数据的筛选 D. 图表中各对象的编辑

96. 在 Excel 2010 中,嵌入式的和独立的图表的相互转换是用 ( )

A. “图表”菜单下的“图表选项”命令

B. 不可以执行

C. “图表”菜单下的“位置”命令

D. “格式”菜单下的“图表区”命令

97. 用图表向导创建图表需要________个步骤。 ( )

A. 1 B. 2

C. 3　　D. 4

98. 在 Excel 2010 中,“图表向导”的最后一个对话框是确定　(　　)

A. 图表存放的位置　　B. 图表选项

C. 图表的数据源　　D. 图表类型

99. 在 Excel 2010 中,使用图表向导为工作表中的数据建立图表,正确的说法是　(　　)

A. 只能建立一张单独的图表工作表,不能将图表嵌入到工作表中

B. 只能为连续的数据区建立图表,数据区不连续时不能建立图表

C. 图表中的图表类型一经选定建立图表后,将不能修改

D. 当数据区中的数据被删除后,图表中的相应内容也会被删除

100. 在 Excel 2010 中,当对选定图表中的数据系列执行“编辑”菜单中“清除”子菜单中的“系列”命令,清除了数据系列,则工作表中的相应数据　(　　)

A. 自动消失　　B. 仍然保留

C. 全部赋值为 0　　D. 显示出错

二、多项选择题

1. 下列关于 Excel 图表的说法,正确的是　(　　)

A. 图表与生成的工作表数据相互独立,不自动更新

B. 图表类型一旦确定,生成后不能再更新

C. 图表选项可以在创建时设定,也可以在创建后修改

D. 图表可以作为对象插入,也可以作为新工作表插入

2. 数据排序主要可分为　(　　)

A. 直接筛选　　B. 自动筛选　　C. 高级筛选　　D. 自定义筛选

3. 下列属于常见图表类型的是　(　　)

A. 柱形图　　B. 环状图　　C. 条形图　　D. 折线图

4. Excel 中可以导入数据的类型有　(　　)

A. Access　　B. Web　　C. Excel　　D. 文本文件

5. 下列选项中,属于 Excel 二维图表类型的有　(　　)

A. XY 散点图　　B. 面积图　　C. 网状图　　D. 柱形图

6. 下列选项中,属于 Excel 标准类型图表的有　(　　)

A. 折线图　　B. 对数图　　C. 管状图　　D. 柱形图

7. 在 Excel 中,数据透视表中拖动字段主要有 4 个区域,分别是　(　　)

A. 行标签区域　　B. 筛选区域　　C. 列标签区域　　D. 数值区域

8. 对工作表窗口冻结分为　(　　)

A. 简单　　B. 条件　　C. 水平　　D. 垂直

9. 下列选项中,属于数据透视表的数据来源的有　(　　)

A. Excel 数据清单或数据库　　B. 外部数据库

C. 多重合并计算数据区域　　D. 查询条件

10. 在 Excel 的数据清单中进行排序操作时,当以“姓名”字段作为关键字进行排序时,系统将以“姓名”的________为序重排数据。　(　　)

A. 拼音字母　　B. 部首偏旁　　C. 输入码　　D. 笔画

三、判断题

1. Excel 中公式的移动和复制是有区别的，移动时公式中单元格的引用将保持不变，复制时公式的引用会自动调整。　（　）
2. 在单元格中输入“ -SUM（A11:A10）”或“ * =SUM(A11:A10)”，结果一样。　（　）
3. Excel 规定在同一工作簿中不能引用其他表。　（　）
4. 图表建成以后，仍可以在图表中直接修改图表标题。　（　）
5. 一个数据透视表若以另一个数据透视表为数据源，则在作为源数据的数据透视表中创建的计算字段和计算项也将影响另一个数据透视表。　（　）
6. 数据透视图跟数据透视表一样，可以在图表上拖动字段名来改变其外观。　（　）
7. 在 Excel 中，在原始数据清单中的数据变更后，数据透视表的内容也随之更新。　（　）
8. Excel 的数据透视表和一般工作表一样，可在单元格直接输入数据或变更内容。　（　）
9. 对于已经建立好的图表，如果源工作表中数据项目(列)增加，则图表将自动增加新的项目。　（　）
10. 降序排序时，列中空白的单元格行将被放置在排序数据清单最后。　（　）
11. Excel 中的记录单是将一条记录的数据信息按信息段分成几项，分别存储在同一行的几个单元格中，在同一列中分别存储有记录的相似信息段。　（　）
12. 在 Excel 中自动排序时，只选定表中的一列数据时，其他列数据不发生变化。　（　）
13. 数据清单的排序，既可以按行进行，也可以按列进行。　（　）
14. 使用 SUM 函数可以计算平均值。　（　）
15. 使用分类汇总之前，最好将数据排序，使同一字段值的记录集中在一起。　（　）
16. 在 Excel 中，数据筛选是指从数据清单中选取满足条件的数据，将所有不满足条件的数据行隐藏起来。　（　）
17. AVERAGE 函数的功能是求最小值。　（　）
18. 清除单元格是指将单元格及其中的内容删除，单元格本身不存在了。　（　）
19. PMT 函数的功能是基于固定利率及等额分期付款方式，返回贷款的每期付款额。　（　）
20. MIN 函数的语法结构为(Value1,Value2,…)。　（　）
21. 在 Excel 中，原始数据清单的数据发生变化，则数据透视表的内容也随之更新。　（　）
22. 应用公式后，单元格中只能显示公式的计算结果。　（　）
23. 绝对引用是指把公式复制到新位置时，公式中的单元格地址固定不变，与包含公式的单元格位置无关。　（　）
24. Excel 不但能计算数据，还可对数据进行排序、筛选和分类汇总等操作。　（　）
25. 在表格中进行数据计算可按列求和或按行求和。　（　）
26. 利用复杂的条件来筛选数据库时，必须使用“高级筛选”功能。　（　）
27. 可以利用自动填充功能对公式进行复制。　（　）

28. 在 Excel 中,对已经保存的图表数据不能进行修改。（　　）

29. 利用 Excel 提供的排序功能可以根据一列或多列的内容按升序、降序或用户自定义的方式对数据进行排序。（　　）

30. 输入公式时必须先输入“ = ”,然后再输入公式。（　　）

31. 绝对地址引用在公式的复制过程中会随着单元格地址的变化而变化。（　　）

32. SUMIF 函数的功能是根据指定条件对若干单元格求和。（　　）

33. 插入图表后,用户不能更改其图表类型。（　　）

34. 进行分类汇总时,应先进行排序操作。（　　）

35 单列数据排序是指在工作表中以一列单元格中的数据为依据,对工作表中的所有数据进行排序。（　　）

36. 如果使用绝对引用,则公式不会改变,如果使用相对引用,则公式会改变。（　　）

37. 混合引用是指一个引用的单元格地址中既有绝对单元格地址,又有相对单元格地址。（　　）

38. 在 Excel 中,单元格的引用为行号加上列标。（　　）

39. 在 Excel 中,同一工作簿中的工作表不能相互引用。（　　）

40. “Sheet3! B5”是指“Sheet3”工作表中第 B 列第 5 行所指的单元格地址。（　　）

41. 用 Excel 绘制的图表,其图表中图例文字的字样是可以改变的。（　　）

42. 在 Excel 中使用公式是为了节省内存。（　　）

43. 在 Excel 中创建图表,是指在工作表中插入一张图片。（　　）

44. 在 Excel 中可以为图表添加标题。（　　）

45. Excel 图表的类型和大小可以改变。（　　）

46. Excel 公式一定会在单元格中显示出来。（　　）

47. 在完成复制公式的操作后,系统会自动更新单元格的内容,但不计算结果。（　　）

48. 迷你图虽然简洁美观,但不利于数据分析工作的展开。（　　）

49. 迷你图无法使用 Del 键删除,正确的删除方法是在迷你图工具的“设计”→“分组”组中单击清除按钮。（　　）

50. 在 Excel 中,可以通过“筛选”命令按钮来筛选数据。（　　）

51. 数据透视表的功能是做数据交叉分析表。（　　）

52. Excel 一般会自动选择求和范围,用户也可自行选择求和范围。（　　）

53. 在 Excel 中排序操作不仅适用于整个表格,而且对工作表中任意选定范围均适用。（　　）

54. 分类汇总是按一个字段进行分类汇总,而数据透视表中的数据则适合按多个字段进行分类汇总。（　　）

55. 对 Excel 中工作表的数据进行分类汇总,汇总选项可有多个。（　　）

四、操作题

1. “日常费用统计表. xlsx”,工作簿的内容如图 10.57 所示,按以下要求进行操作。

日常费用记录表

日期	费用项目	说明	金额（元）
2013/11/3	办公费	购买打印纸、订书针	¥100.00
2013/11/3	招待费		¥3,500.00
2013/11/6	运输费	运输材料	¥300.00
2013/11/7	办公费	购买电脑2台	¥9,000.00
2013/11/8	运输费	为郊区客户送货	¥500.00
2013/11/10	交通费	出差	¥600.00
2013/11/10	宣传费	制作宣传费	¥520.00
2013/11/12	办公费	购买饮水机1台	¥420.00
2013/11/16	宣传费	制作灯箱布	¥600.00
2013/11/18	运输费	运输材料	¥200.00
2013/11/19	交通费	出差	¥680.00
2013/11/22	办公费	购买文件夹、签字笔	¥50.00
2013/11/22	招待费		¥2,000.00
2013/11/25	交通费	出差	¥1,800.00
2013/11/28	宣传费	制作宣传册	¥850.00

日常费用记录表　日常费用 ...

图 10.57　日常费用统计表

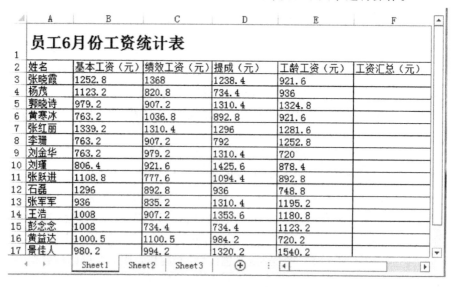

(1)启动 Excel 2010,打开提供的“日常费用统计表.xlsx”,删除 E2:E7 单元格区域。

(2)为对 C3:D17 数据区域制作图表,将图表类型设置为饼图。

(3)对“金额”列进行降序排序查看。

(4)使用“自动筛选”工具,筛选表中大于 5 000 的金额记录,并查看图表的变化。

(5)将工作簿另存为“日常费用记录表.xlsx”。

2.“员工工资表”工作簿的内容如图 10.58 所示,按以下要求进行操作。

员工6月份工资统计表

姓名	基本工资（元）	绩效工资（元）	提成（元）	工龄工资（元）	工资汇总（元）
张晓霞	1252.8	1368	1238.4	921.6	
杨茂	1123.2	820.8	734.4	936	
郭晓诗	979.2	907.2	1310.4	1324.8	
黄寒冰	763.2	1036.8	892.8	921.6	
张红丽	1339.2	1310.4	1296	1281.6	
李珊	763.2	907.2	792	1252.8	
刘金华	763.2	979.2	1310.4	720	
刘瑾	806.4	921.6	1425.6	878.4	
张跃进	1108.8	777.6	1094.4	892.8	
石磊	1296	892.8	936	748.8	
张军军	936	835.2	1310.4	1195.2	
王浩	1008	907.2	1353.6	1180.8	
彭念念	1008	734.4	734.4	1123.2	
黄益达	1000.5	1100.5	984.2	720.2	
景佳人	980.2	994.2	1320.2	1540.2	

Sheet1　Sheet2　Sheet3

图 10.58　员工工资表

(1)使用自动求和公式计算“工资汇总”列的数值,其数值 = 基本工资 + 绩效工资 + 提成 + 工龄工资。

(2)对表格进行美化,设置其对齐方式为“居中对齐”。

(3)将基本工资、绩效工资、提成、工龄工资和工资汇总的数据格式设置为会计专用。

(4)使用降序排列的方式对工资汇总进行排序,并将大于 4 000 的数据设置为红色。

3.“产品销售测评表”工作簿的内容如图 10.59 所示,按以下要求进行操作。

上半年产品销售测评表									
姓名	营业额(万元)						月营业总额	月平均营业额	名次
	一月	二月	三月	四月	五月	六月			
A店	95	85	85	90	89	84	528	88	
B店	92	84	85	85	88	90	524	87	
D店	85	88	87	84	84	83	511	85	
E店	80	82	86	88	81	80	497	83	
F店	87	89	86	84	83	88	517	86	
G店	86	84	85	81	80	82	498	83	
H店	71	73	69	74	69	77	433	72	
I店	69	74	76	72	76	65	432	72	
J店	76	72	72	77	72	80	449	75	
K店	72	77	80	82	86	88	485	81	
L店	88	70	80	79	77	75	469	78	
M店	74	65	78	77	68	73	435	73	

产品销售测评表　Sheet2　Sheet3

图 10.59　产品销售测评表

(1)筛选“月营业总额”小于 450 的销售记录,将其填充为浅蓝色。

(2)筛选“月营业总额”大于 450 且小于 500 的销售记录,将其填充为紫色。

(3)筛选“月营业总额”大于 500 的销售记录,将其填充为绿色。

(4)将“月平均营业额”由低到高进行排序。

项目十一　PowerPoint 2010 基本操作

PowerPoint 2010 是目前最流行的幻灯片演示制作软件之一，它集文字、图形、图像、声音及视频剪辑等多媒体元素于一体。

学习目标

- 制作大学生职业规划演示文稿
- 制作工作汇报演示文稿

任务一　制作大学生职业规划演示文稿

任务要求

聂敏是一名大学老师，主要从事大学生职业规划指导工作。为做好这次讲座，聂敏对“大学生职业生涯规划素材. pptx”进行了必要的补充和完善，在结构上也做了精心的设计和美化，效果如图 11.1 所示。任务的具体操作要求如下。

(1)打开“大学生职业生涯规划素材. pptx”演示文稿，将其另存为“大学生职业规划. pptx”。

(2)新建一张空白幻灯片，插入横排文本框，输入标题“自我介绍”，字体格式设置为“华文行楷，40”，以下称标题文本框。

(3)在“自我介绍”下，再插入加一横排文本框，输入内容“1995 年毕业于上海某师范大学，获学士学位，2015 年毕业于西安电子科技大学，获工学博士学位。2015 年 12 月至 2019 年 4 月，在西安电子科技大学电子科学与技术博士后流动站从事博士后研究工作，2019 年 4 月出站。1996 年至今在某学院从事教学与科研工作。”以下称内容文本框。

(4)设置标题文本框的填充效果及大小。设置文本框的“渐变填充效果”；设置大小为高 1.97 厘米，宽 15.91 厘米。

(5)设置标题文本框的对齐方式。设置文字版式为“顶端对齐，横排”，自动调整“根据文字调整形状大小”，内部边距“左、右 0.25 厘米，上、下 0.13 厘米”。

(6)将幻灯片 1、2 的排列顺序进行更换。

(7)在第 2 张幻灯片后，复制一张同样的幻灯片。

(8)删除第 2 张幻灯片。

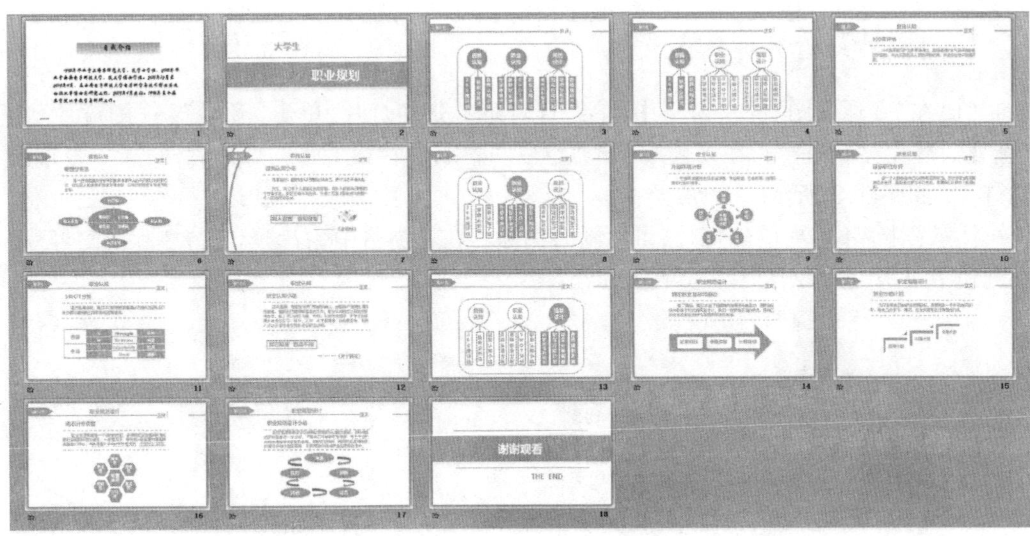

图 11.1　完成的演示文稿效果

任务实现

(一)打开并另存演示文稿

(1)在 Windows 下直接打开演示文稿。计算机启动后,在资源管理器中搜索“大学生职业生涯规划素材. pptx”,双击打开该演示文稿。

(2)用“另存为”对话框,另存演示文稿。单击“文件”→“另存为”命令,打开“另存为”对话框,在“文件名”后的文本框中输入“大学生职业规划”,“保存位置”不变,“保存类型”选择 PowerPoint 演示文稿,单击“保存”按钮即可,如图 11.2 所示。

注意:在演示文稿的编辑过程中,可随时单击“快速访问工具栏”的“保存”按钮或使用“Ctrl + S”组合键,保存文件。

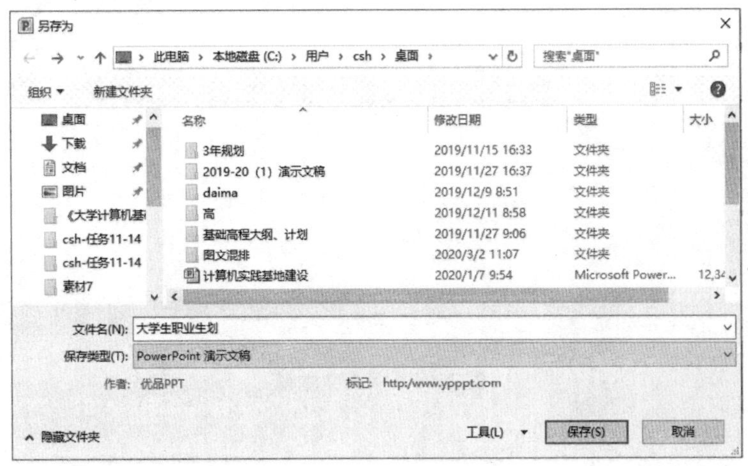

图 11.2　另存演示文稿

（二）新建幻灯片并输入文本

（1）在“普通视图”的左窗格中，单击选定第 1 张幻灯片，单击“开始”→“幻灯片”→“新建幻灯片”的下三角，在列表中单击“空白”选项，即在第 1 张幻灯片后，新建一张空白幻灯片，如图 11.3 所示。

注意：对于不需要的幻灯片，可以随时删除。在左窗格中，右键单击待删除的幻灯片，在列表中单击“删除幻灯片”选项即可。

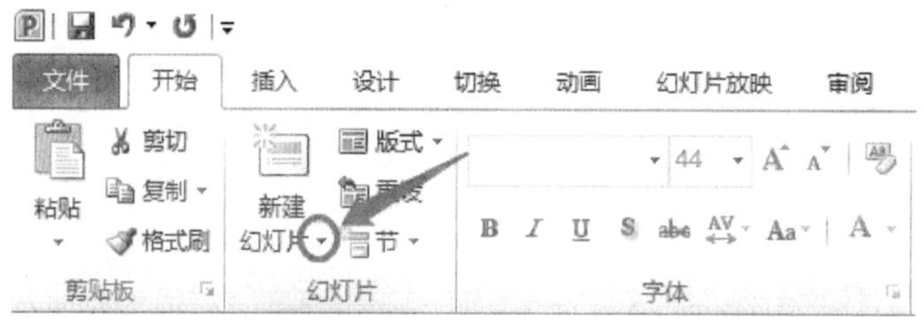

图 11.3　新建空白幻灯片

（2）选中第 2 张幻灯片，在选项卡中单击“插入”→“文本”功能组的“文本框”下三角，在列表中单击“横排文本框”选项，将光标移至幻灯片中拖曳鼠标即插入横排文本框，在插入点处输入“自我介绍”，选定文本，将其设置为“华文行楷，居中，40”。

注意：在横排文本框中可以按平常习惯从左到右输入文本内容；在竖排文本框中则可以按中国古代的书写顺序以从上到下、从右到左的方式输入文本内容，两者插入方法类似。

（3）按照上面的操作，在“自我介绍”下再插入一个“横排文本框”，然后输入文本。文本内容见任务要求第(3)点。如图 11.4 所示。

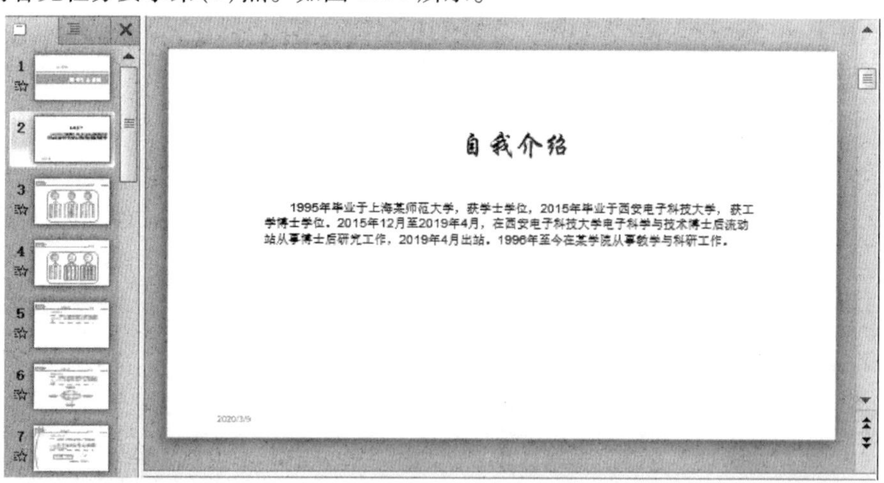

图 11.4　插入文本框

（三）文本框的使用

（1）设置文本框的填充效果及大小。右键单击“自我介绍”文本框，在快捷菜单中，单击“设置形状格式”选项，在打开的对话框中，单击“填充”→“渐变填充”设置文本框的渐变填充效果；单击“大小”选项，在“高度”后的文本框中输入“1.97 厘米”，在“宽度”后的文本框中输入“15.91 厘米”，单击“关闭”按钮即可，如图 11.5 所示。

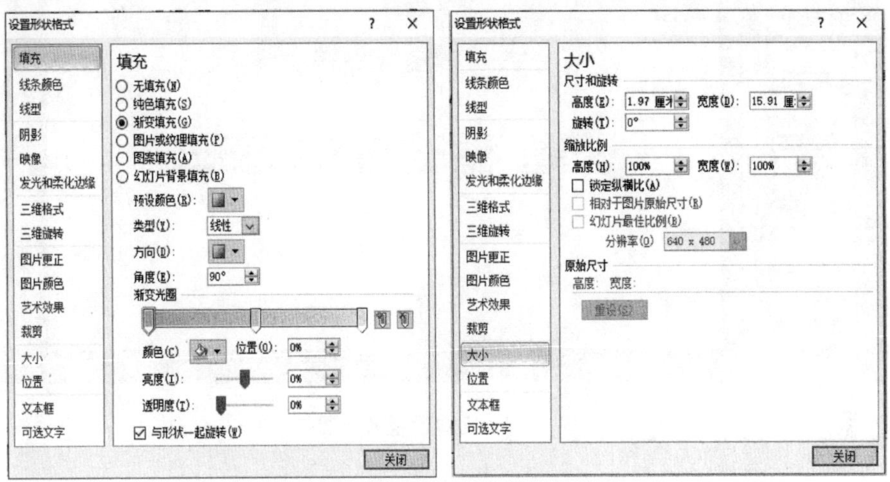

图 11.5 设置文本框填充效果及大小

(2)设置文本框的对齐方式。右键单击标题文本框，打开“设置形状格式”对话框，单击左侧“文本框”选项，如图 11.6 所示，在文本框右侧设置文字版式为“顶端对齐，横排”，自动调整选择“根据文字调整形状大小”，内部边距“左、右 0.25 厘米，上、下 0.13 厘米”，设置完成效果如图 11.7 所示。

注意：选定文本框后，文本框会出现 8 个范围控制点。拖动文本框，或者使用方向键可以将文本框调整到合适位置；拖动 8 个控制点中的任意一个可以调整文本框的空间大小。

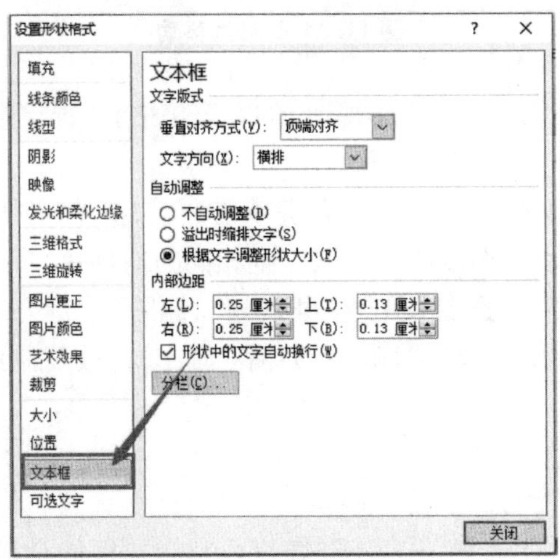

图 11.6 文本框格式设置

(四)复制并移动幻灯片

(1)将第 1 张幻灯片与第 2 张幻灯片交换位置。在“普通视图”的左窗格中，选中第 1 张幻灯片，直接拖曳到第 2 张幻灯片后即可，如图 11.8 所示。

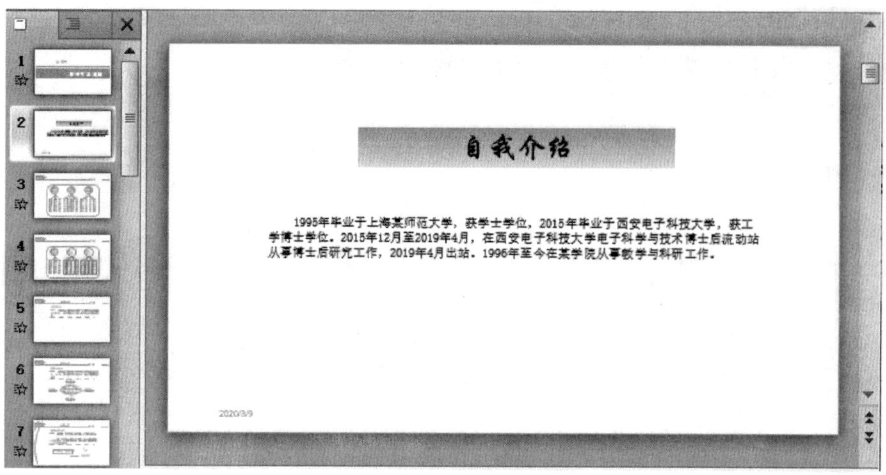

图 11.7　文本设置效果图

图 11.8　幻灯片移动

(2)复制第 2 张幻灯片。在“普通视图”的左窗格中,右键单击第 2 张幻灯片,在快捷菜单中单击 “复制”选项,如图 11.9 所示。

(3)将鼠标定位在第 2 张幻灯片后,右键单击,在快捷菜单中单击“粘贴选项”→“使用目标主题”进行粘贴操作,即复制出一张完全相同的幻灯片。

(4)选定第 3 张幻灯片,选定“职业生涯规划”,删除“生涯”;再右键单击左窗格中的第 2 张幻灯片,在快捷菜单中单击“删除幻灯片”命令,将被复制的原幻灯片删除。如图 11.10 所示。

(五)编辑文本

(1)文本的字体设置。选择第 1 张幻灯片内容文本框的全部文本,在“开始”→“字体”功能组中,设置为“华文行楷,28”。

(2)文本的段落设置。右键单击选定区域,在快捷菜单中单击“段落”命令,如图 11.11所示,在“段落”对话框中,设置“首行缩进”为 2 字符,“行距”为多倍行距 1.2,单击“确定”按钮,编辑后的效果如图 11.12 所示。

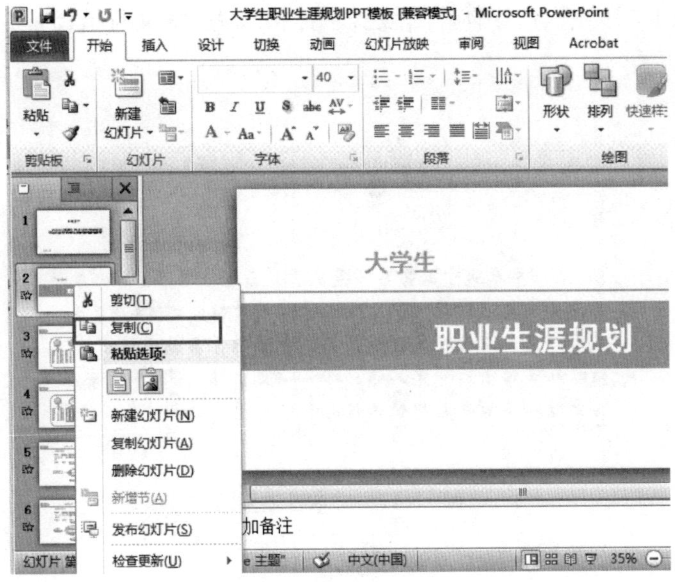

图 11.9　幻灯片的复制

图 11.10　幻灯片复制与删除后的效果图

段落
缩进和间距(I)　中文版式(H)
常规
对齐方式(G):　左对齐
缩进
文本之前(R):　0 厘米　特殊格式(S):　首行缩进　度量值(Y):　2 厘米
间距
段前(B):　0 磅　行距(N):　多倍行距　设置值(A)　1.2
段后(E):　0 磅
单倍行距
1.5 倍行距
双倍行距
固定值
多倍行距
制表位(T)...　确定　取消

图 11.11　设置文字段落格式

（3）在选项卡“开始”→“字体”中，设置字体格式为“华文行楷，24”，效果如图 11.12 所示。

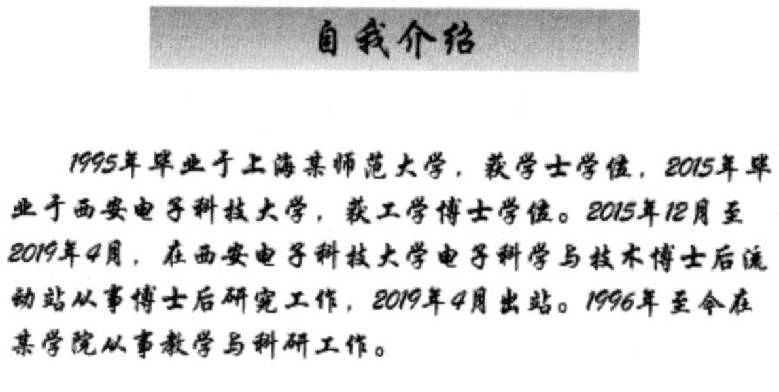

自我介绍

1995年毕业于上海某师范大学，获学士学位，2015年毕业于西安电子科技大学，获工学博士学位。2015年12月至2019年4月，在西安电子科技大学电子科学与技术博士后流动站从事博士后研究工作，2019年4月出站。1996年至今在某学院从事教学与科研工作。

图 11.12　文本框效果图

任务二　制作工作汇报演示文稿

任务要求

李阳作为一名项目总监，在繁忙的工作中又迎来了新的一年，2019 年这一年是有意义的、有价值的、有收获的。为回顾这一年的工作历程，是否对自己满意，让老板满意，有没有达到自己的要求，特此总结 2019 年个人工作，制作 “工作汇报”演示文稿向领导汇报，效果如图 11.13 所示，具体要求如下。

（1）在幻灯片中的第一张插入内容为“工作汇报”的文本框，设置字体格式为“华文行楷，加粗，居中，50”。

（2）在演示文稿第 4 张幻灯片中插入艺术字 “PART01 年度工作总结概述”，设置字体格式为“宋体，54”，艺术字效果为第 4 行第 1 列，文本填充为蓝色，文本轮廓为绿色，文本效果选择发光变体中第 4 行第 1 列的“蓝色，18pt 发光”。

（3）在第 4 张幻灯片中插入一张名为“任务十一”的图片，将其放在幻灯片窗口的右上角并对大小进行适当调整。

（4）在第 8 张幻灯片插入表格并制成图表。插入 2 行 4 列的表格，在表格输入季度数据第 1 行内容 “第一季度（千万），第二季度（千万），第三季度（千万），第四季度（千万）”，第 2 行内容“10.3，8.6，7，3”。将四个季度数据制成折线图，调整图表数据区域为 4 行 5 列，在系列 4 内填入数据“1，1.5，1”，将第 1 行中的文字系列 1、2、3、4 修改为第一季度、第二季度、第三季度、第四季度，将第 1 列的文字类别 1、2、3 修改为第 1 月、第 2 月、第 3 月，制成折线图的效果如图 11.24 所示。

（5）插入 SmartArt 图形功能，添加“聚合射线”项目，在三个外围文本框中依次输入“1 部门”“2 部门”和“3 部门”，在中间“圆形”文本框中填入“总部”。

（6）插入一个格式为“工作总结视频素材.wmv”的视频文件。

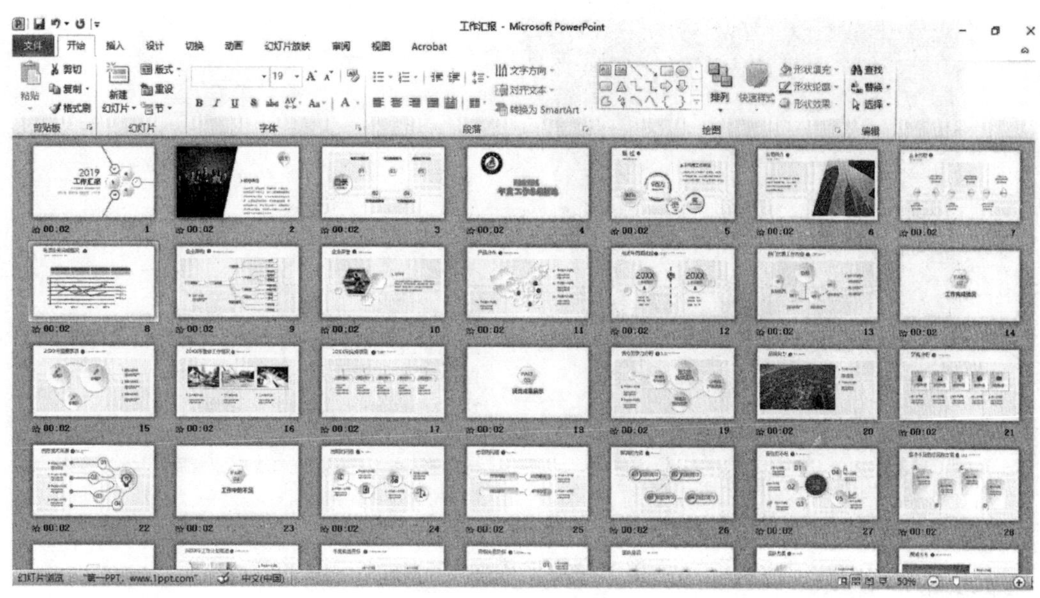

图 11.13 完成效果图

任务实现

(一)设置幻灯片中的文本格式

(1)打开演示文稿。计算机启动完成后,在资源管理器中搜索名为“工作汇报.pptx”并双击打开演示文稿。

图 11.14 打开素材

(2)设置文本框字体格式。在“普通视图”的左窗格中,单击第 2 张幻灯片,选中“领导寄语”下的文字内容,在选项卡“开始”中选择“字体”组,设置字体格式为“宋体,18”,如图 11.15 所示。

图 11.15　设置字体格式

(二)插入艺术字

(1)插入艺术字。在“普通视图”的左窗格中,单击选定第 4 张幻灯片,单击“插入”→“文本”组中“艺术字”按钮,单击选择第 4 行第 1 列艺术字样式,如图 11.16 所示。在幻灯片中出现“请在此放置您的文字”文本框,输入要插入的文字“PART01 年度工作总结概述”。

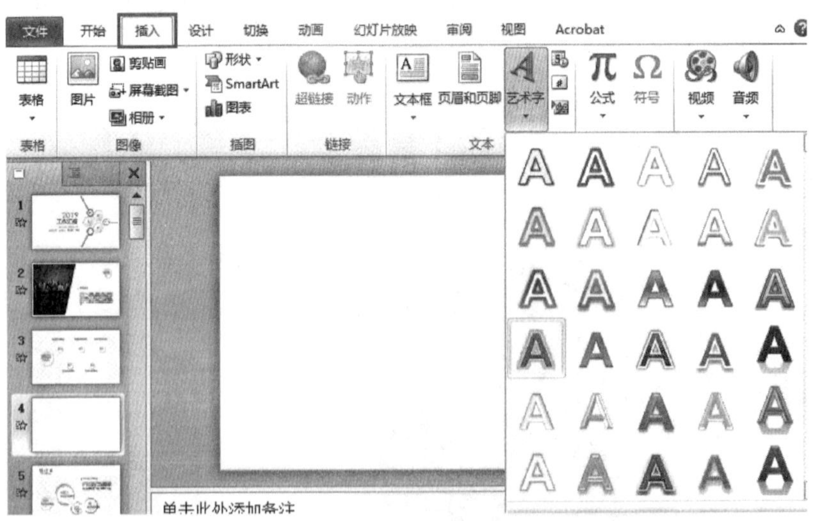

图 11.16　插入艺术字

(2)设置艺术字格式。选中插入的艺术字,在“绘图工具 格式”→“艺术字样式”组中,单击“文本填充”的下三角,设置文本填充颜色为“蓝色”;单击“文本轮廓”的下三角,设置文本轮廓颜色为“绿色”;单击“文字效果”→“发光”→“发光变体”中第 4 行第 1 列的“蓝色,18 pt 发光”,效果如图 11.17 所示。

图 11.17 设置艺术字样式

(三)插入图片

(1)插入图片。在“普通视图”的左窗格中,单击选定第 4 张幻灯片,单击“插入”→“图像”功能组中的“图片”按钮,弹出“插入图片”对话框,找到要插入的“任务十一”图片文件后双击,将其插入到幻灯片中,如图 11.18 所示。

注意:如果未找到计算机中的“任务十一”图片文件,可以在“插入图片”对话框的搜索栏中输入图片文件名,确定图片所在位置后进行搜索。

(2)调整图片大小。单击选中插入的图片,用鼠标调整到合适的大小后拖曳到幻灯片的左上角。

图 11.18 图片的插入

(3)设置图片格式。单击选定图片,在“图片工具 格式”→“调整”功能组中,单击“更正”按钮,在列表中单击选择“锐化和柔化”组的“柔化:25%”选项;再单击“艺术效果”按钮,在列表中单击选择第 1 行第 2 列的“标记”选项,即完成了图片的效果设置,效果如图

11.19 所示。

图 11.19 图片修饰

（四）插入表格和图表

（1）插入表格。在“普通视图”的左窗格中，单击选定第 8 张幻灯片，单击“插入”→“表格”功能组中的“插入表格”选项，如图 11.20 所示，设置列数为 4，行数为 2，移动表格到屏幕中上位置。

（2）根据图 11.21，将文本内容添加到表格中。

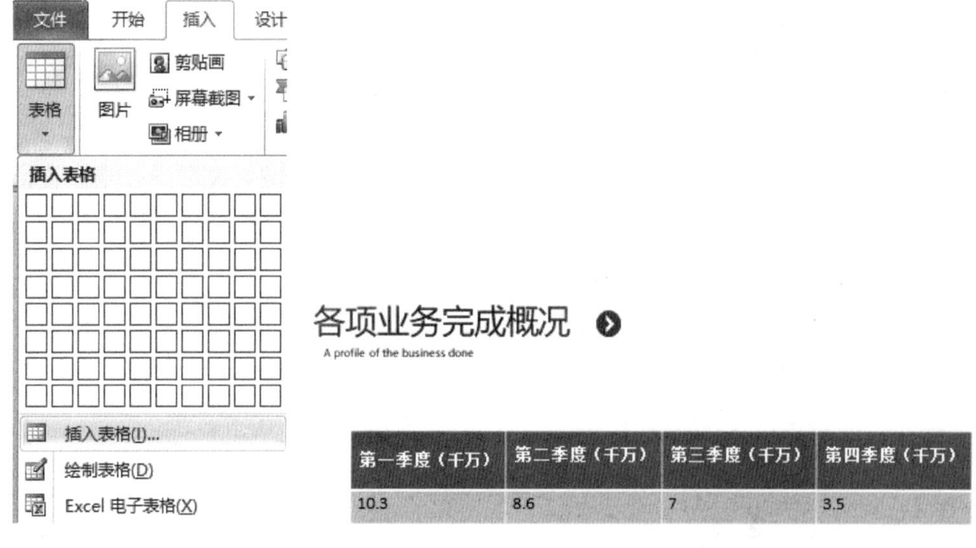

图 11.20 插入图表

图 11.21 表格设置

（3）插入图表。单击“插入”→“插图”功能组中的“图表”，弹出“插入图表”对话框，在对话框的左窗格中选择“折线图”，选择第 1 种“折线图”类型，单击“确定”按钮，在幻灯片中插入一个折线图，如图 11.22 所示。此时，软件将自动打开了一个 Excel 工作簿。

各项业务完成概况

A profile of the business done

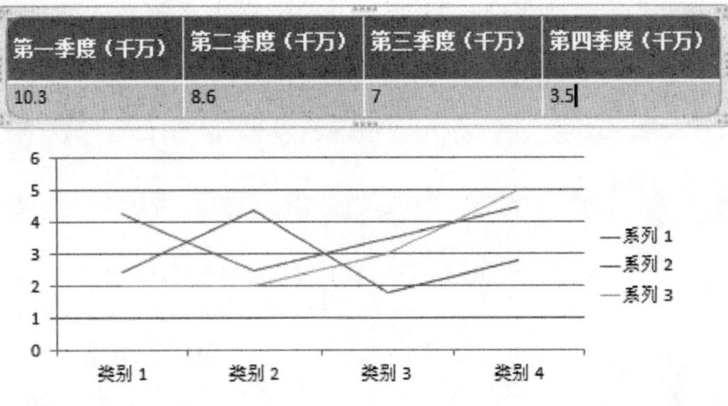

图 11.22　“插入图表”对话框

(4)编辑工作表。参考图 11.23,在 Excel 工作表中输入具体的图表数据,调整图表的数据区域为 A1:E4,删除工作表其他数据。

	A	B	C	D	E
1		第一季度（千万）	第一季度（千万）	第一季度（千万）	第一季度（千万）
2	第1月	4.3	2.4	2	1
3	第2月	2.5	4.4	2	1.5
4	第3月	3.5	1.8	3	1
5					
6					
7		若要调整图表数据区域的大小，请拖曳区域的右下角。			

图 11.23　输入表格内容

(5)单击“关闭”按钮关闭 Excel 工作簿,折线图将自动更新。选中折线图,调整大小和位置,如图 11.24 所示。

各项业务完成概况

A profile of the business done

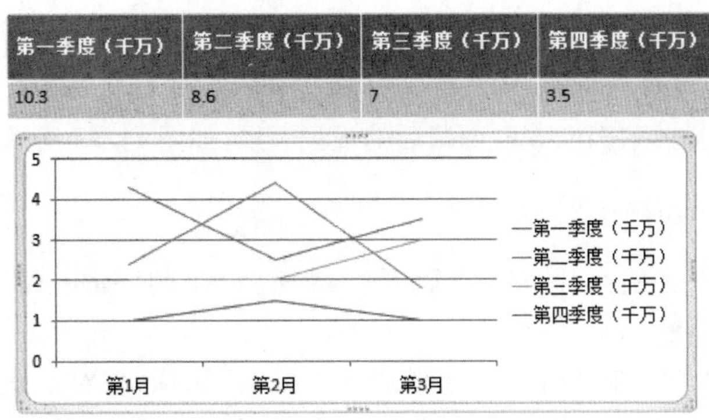

图 11.24　图表效果图

(五)插入媒体文件

(1)插入视频文件。在“普通视图”的左窗格中,单击第20张幻灯片,单击“插入”→“媒体”组中的“视频”命令,如图11.25所示,打开“插入视频文件”对话框。

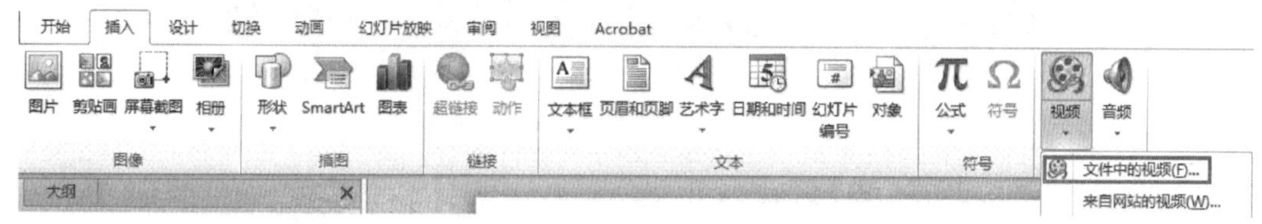

图11.25　插入媒体文件

(2)在对话框中,搜索“工作总结视频素材.wmv”并选中,单击“插入”按钮,即在幻灯片中插入了视频,如图11.26所示,单击“播放”按钮即可进行视频的播放。

注意:若找不到视频素材文件,可用“搜索”的方式进行查找;插入的视频格式要求必须为.asf、.avi、.mpg、.mpeg和.wmv其中的一种。

图11.26　插入视频文件

(3)视频的播放设置。单击“视频工具 播放”→“编辑”→“剪裁视频”命令,打开“剪裁视频”对话框。在对话框中,将“开始时间”设置为00:04.200,“结束时间”设置为00:22.400,单击“播放”按钮,观看剪裁后的视频效果,如图11.27所示。

(六)插入SmartArt图形

(1)选中第13张幻灯片,单击“插入”→“插图”组的“SmartArt”命令,打开“选择SmartArt图形”对话框。

(2)参考图11.28,在对话框的左侧,单击“关系”选项,在对话框右侧,拖动滚动滑块,找到第6行第4列图形,单击选定该图形,单击“确定”按钮,即在幻灯片中插入了一个“聚合射线”图,如图11.29所示。

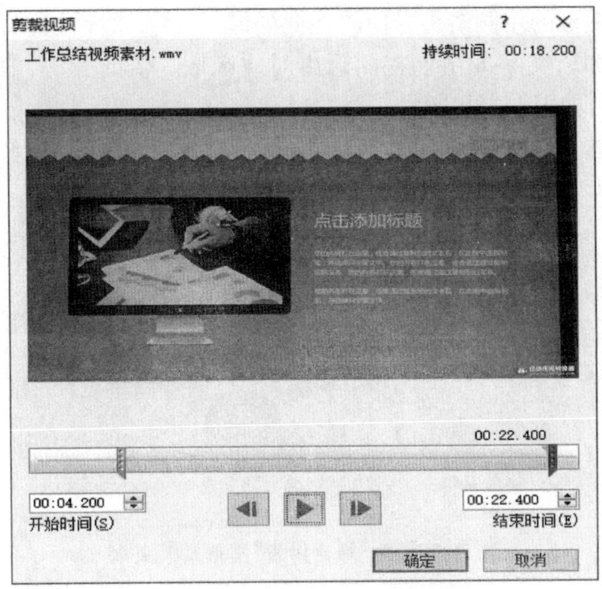

图 11.27　视频的播放设置

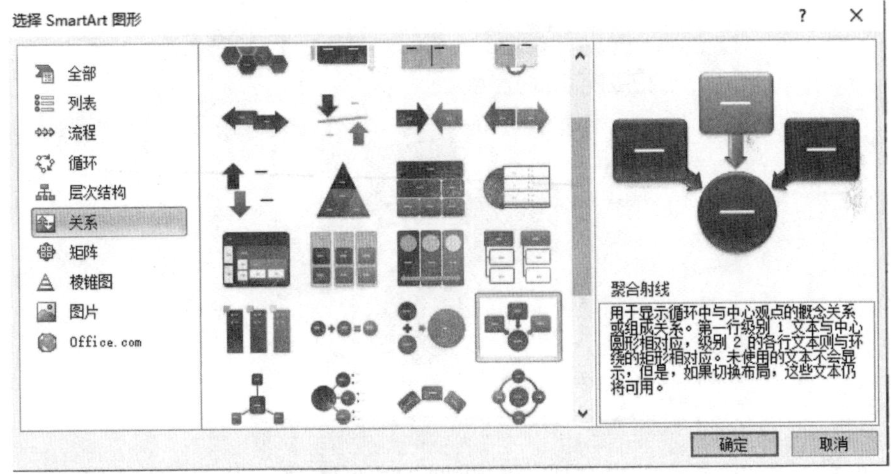

图 11.28　选择 SmartArt 图形

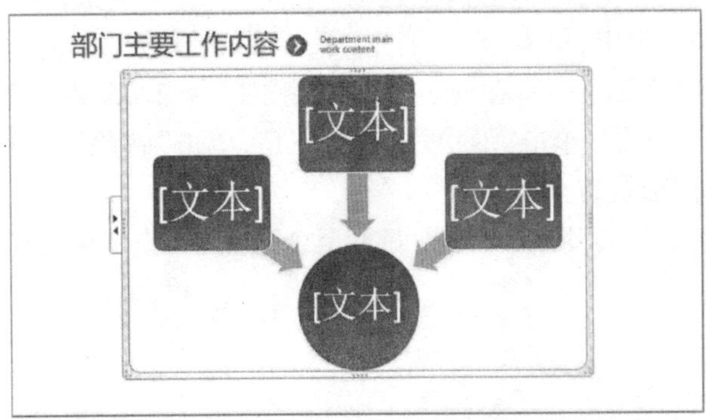

图 11.29　插入“聚合射线”图

(3)单击插入图形的左侧箭头,打开"在此处键入文字"对话框,单击一级"文本",在插入点处输入"总部",文字即出现在图形中对应区域。依此方法,输入二级文本"1 部门;2 部门;3 部门",如图 11.30 所示。

(4)设置图形样式。选中插入的图形,单击"SmartArt 设计"→"SmartArt 样式"组的"砖块场景",为图形设置新的样式,如图 11.31 所示。

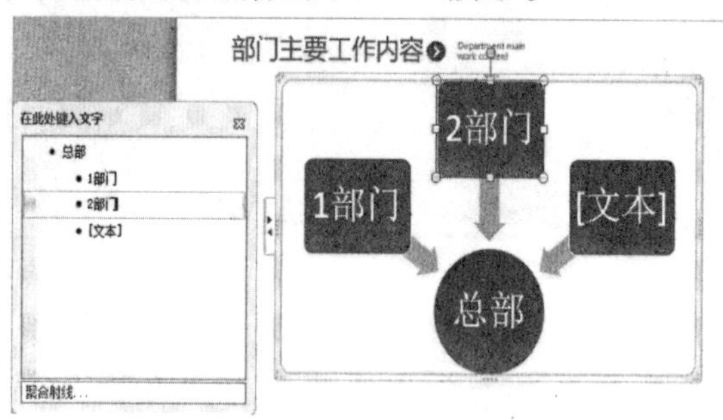

图 11.30　为"聚合射线"图形输入文本

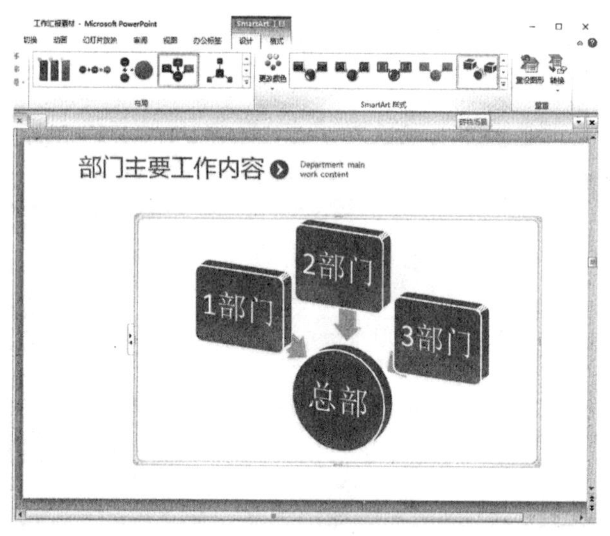

图 11.31　为图形设置"砖块场景"

(5)设置图形格式。结合 Ctrl 键,全选图形中的 4 个文本框,单击"Said 格式"选项卡,在"形状样式"功能组中,单击"形状填充"下三角,在列表中单击"浅蓝",为图形填充浅蓝色;单击"形状轮廓"下三角,在列表中单击"粗细"→"2.25 磅",再单击"浅绿",为图形设置 2.25 磅的浅绿轮廓;单击"形状效果"下三角,单击"映象"→"映象变体"→"全映象 4 pt 偏移量",为图形设置全映象效果。

(6)单击选择整个图形,用双向箭头调整至合适大小,拖曳到幻灯片中间,效果如图 11.32 所示。

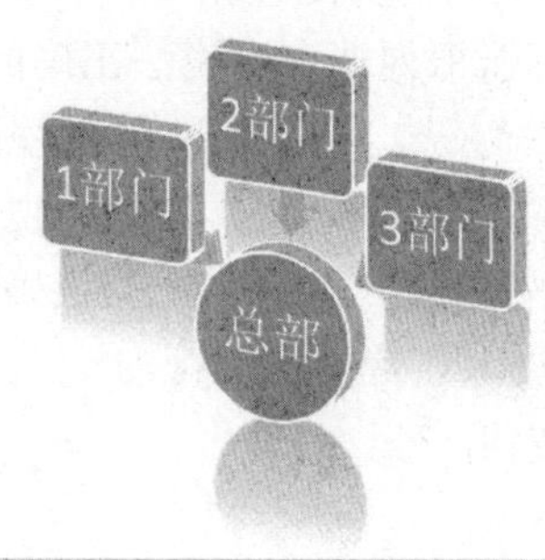

图 11.32 “聚合射线”图形效果图

本章习题

一、单项选择题

1. 插入新幻灯片的方法是 ( )

A. 单击“开始”→“幻灯片”组中的“新幻灯片”按钮

B. 按 Enter 键

C. 按“Ctrl + M”快捷键

D. 以上均可

2. 在 PowerPoint 的浏览视图中，按住 Ctrl 键拖动某张幻灯片，可以完成________的操作。 ( )

A. 移动幻灯片 B. 复制幻灯片 C. 删除幻灯片 D. 选定幻灯片

3. 在 PowerPoint 的浏览视图中，选择并拖动某张幻灯片，可以完成________的操作。 ( )

A. 移动幻灯片 B. 复制幻灯片 C. 删除幻灯片 D. 选定幻灯片

4. 下列有关选择幻灯片的操作，错误的是 ( )

A. 在浏览视图中单击幻灯片

B. 如果要选择多张不连续的幻灯片，则在浏览视图中按 Ctrl 键并单击各张幻灯片

C. 如果要选择多张连续的幻灯片，则在浏览视图中按 Shift 键并单击最后要选择的幻灯片

D. 在幻灯片视图中，不可以选择多个幻灯片

5. 关闭 PowerPoint 时，若不保存修改过的文档，则 ( )

A. 系统会发生崩溃 B. 刚刚编辑过的内容将会丢失

C. PowerPoint 将无法正常启动 D. 硬盘产生错误

6. 下列操作中，是关闭 PowerPoint 的正确操作的是 ( )

A. 关闭显示器

B. 拔掉主机电源

C. 按“Ctrl + Alt + Del”组合键
D. 单击 PowerPoint 标题栏右上角的关闭按钮

7. 关于 PowerPoint 的视图模式，下列选项中说法正确的是　(　　)
A. 大纲视图是默认的视图模式　B. 普通视图显示主要的文本信息
C. 普通视图最适合编辑幻灯片　D. 阅读视图用于查看幻灯片的播放效果

8. 在 PowerPoint 中，如需在占位符中添加文本，其正确的操作是　(　　)
A. 单击标题占位符，将文本插入点置于占位符内
B. 单击功能区中的“插入”按钮
C. 通过“粘贴”命令插入文本
D. 通过“新建”按钮来创建新的文本

9. 在 PowerPoint 中，对占位符进行操作一般是在________中进行。　(　　)
A. 幻灯片区　B. 状态栏　C. 大纲区　D. 备注区

10. 在 PowerPoint 中，如需通过“文本框”工具在幻灯片中添加竖排文本，则　(　　)
A. 默认的格式就是竖排
B. 将文本格式设置为竖排排列
C. 选择“文本框”栏的“横排文本框”命令
D. 选择“文本框”栏的“垂直文本框”命令

11. 在 PowerPoint 中，如需用文本框在幻灯片中添加文本，则应该在“插入”→“文本”组中单击________按钮。　(　　)
A. “图片”　B. “文本框”　C. “文字”　D. “表格”

12. 在 PowerPoint 中为形状添加文本的方法为　(　　)
A. 在插入的图形上单击鼠标右键，在弹出的快捷菜单中选择“添加文本”命令
B. 直接在图形上编辑
C. 另存到图像编辑器中编辑
D. 直接将文本粘贴在图形上

13. 下列关于在幻灯片的占位符中添加文本的要求，说法正确的是　(　　)
A. 只要是文本形式就行　B. 文本中不能含有数字
C. 文本中不能含有中文　D. 文本必须简短

14. 下列有关选择幻灯片文本的叙述，错误的是　(　　)
A. 单击文本区，会显示文本控制点
B. 选择文本时，可按住鼠标左键不放并进行拖动
C. 文本选择成功后，所选文本会出现底纹，表示已选择
D. 选择文本后，必须对文本进行后续操作

15. 在 PowerPoint 中移动文本时，在两张幻灯片中进行移动操作，则　(　　)
A. 操作系统进入死锁状态　B. 文本无法复制
C. 文本正常移动　D. 两张幻灯片中的文本都会被移动

16. 在 PowerPoint 中，如要将所选的文本存入剪贴板，下列操作中无法实现的是　(　　)
A. 在“开始”组中单击“复制”按钮　B. 使用右键快捷菜单中的“复制”命令
C. 使用“Ctrl + C”组合键　D. 使用“Ctrl + V”组合键

17. 下列有关移动和复制文本的叙述,不正确的是 ( )

A. 在复制文本前,必须先选择

B. 复制文本的快捷键是"Ctrl + C"组合键

C. 文本的剪切和复制没有区别

D. 能在多张幻灯片间进行复制文本的操作

18. 在 PowerPoint 中进行粘贴操作时,可使用的快捷键为________组合键。 ( )

A. "Ctrl + C" B. "Ctrl + P" C. "Ctrl + X" D. "Ctrl + V"

19. 下列关于在 PowerPoint 中设置文本字体格式的叙述,正确的是 ( )

A. 字号的数值越小,字体就越大 B. 字号是连续变化的

C. 66 号字比 72 号字大 D. 字号决定每种字体的大小

20. 在 PowerPoint 中设置文本字体时,下列选项中,________不属于字体列表中的默认常用选项。 ( )

A. "宋体" B. "黑体" C. "隶书" D. "草书"

21. 下列关于设置文本段落格式的叙述,正确的是 ( )

A. 图形不能作为项目符号

B. 设置文本的段落格式时,一般通过"格式"→"排列"组进行操作

C. 行距可以是任意值

D. 以上说法全都错误

22. 在 PowerPoint 中设置文本的项目符号和编号时,可通过________进行设置。 ( )

A. "字体"命令 B. 单击"项目符号和编号"按钮

C. "开始" →"段落"组 D. 行距

23. 在 PowerPoint 中设置文本段落格式时,一般通过________开始设置。 ( )

A. "开始"→"视图"组 B. "开始"→"插入"组

C. "开始"→"段落"组 D. "开始"→"格式"组

24. 在 PowerPoint 中设置文本的行距时,一般通过________进行设置。 ( )

A. "项目符号和编号"对话框 B. "字体"对话框

C. "段落"对话框 D. 分行

25. 在 PowerPoint 中创建表格时,一般在________中进行操作。 ( )

A. "插入"→"图片"组 B. "插入"→"对象"组

C. "插入"→"表格"组 D. "插入"→"绘制表格"组

二、多项选择题

1. 在 PowerPoint 的幻灯片浏览视图中,可进行________操作。 ( )

A. 复制幻灯片 B. 删除幻灯片

C. 幻灯片文本内容的编辑修改 D. 重排演示文稿所有幻灯片的次序

2. 下列关于在 PowerPoint 中选择文本的说法,正确的有 ( )

A. 文本选择完毕,所选文本会出现底纹 B. 文本选择完毕,所选文本会变成闪烁

C. 单击文本区,会显示文本插入点 D. 单击文本区,文本框会变成闪烁

3. 下列有关移动和复制文本的叙述,正确的有 ( )

A. 剪切文本的快捷键是"Ctrl + P"组合键

B. 复制文本的快捷键是“Ctrl + C”组合键

C. 文本的复制和剪切是有区别的

D. 单击“粘贴”按钮的功能与按“Ctrl + V”组合键一样

4. 下列关于在 PowerPoint 中设置文本字体的叙述,正确的有 (　　)

A. 设置文本字体之前必须先选择文本或段落

B. 文字字号中 50 号字比 60 号字大

C. 设置文本字体可通过“开始”→“编辑”组进行

D. 选择设置效果选项可以加强文字的显示效果

5. 下列关于在 PowerPoint 中创建表格的说法,正确的有 (　　)

A. 打开一个演示文稿,选择需要插入表格的幻灯片,通过“插入”→“表格”组可创建表格

B. 单击 PowerPoint“表格”按钮,在打开的下拉列表中直接设置表格的行数和列数

C. 在表格对话框中要输入插入的行数和列数

D. 完成插入后,表格的行数和列数无法修改

三、判断题

1. 在 PowerPoint 大纲视图模式下,可以实现在其他视图中可实现的一切编辑功能。 (　　)

2. 插入幻灯片的方法一般有在当前幻灯片后插入新幻灯片、在“大纲”选项卡中插入幻灯片和在浏览视图中添加幻灯片 3 种。 (　　)

3. 直接按“Ctrl + N”组合键可以在当前幻灯片后插入新幻灯片。 (　　)

4. 当要移动多张连在一起的幻灯片时,先选择要移动多张幻灯片中的第一张,然后按住“Shift”键单击最后一张幻灯片,再进行移动操作即可。 (　　)

5. PowerPoint 2010 是 Office 2010 中的组件之一。 (　　)

6. 单击“大纲”选项卡后,窗口左侧的列表区中将列出当前演示文稿的文本大纲,在其中可切换幻灯片并进行编辑操作。 (　　)

7. PowerPoint 2010 中的默认视图是幻灯片浏览视图。 (　　)

8. 母版以. potx 为扩展名。 (　　)

9. 占位符中添加的文本无法进行修改。 (　　)

10. PowerPoint 2010 幻灯片中可以处理的最大字号是初号。 (　　)

四、操作题

“年终总结”演示文稿内容如图 11.33 所示,按以下要求进行操作。

(1)启动 PowerPoint 2010,打开“年终总结. ppt”演示文稿。

(2)为演示文稿应用“新闻纸”模板。

(3)依次为每张幻灯片输入内容,设置内容文本格式为“微软雅黑,20”,设置标题文本格式为“微软雅黑,36”。

(4)为文本内容添加项目符号并插入图片。

(5)设置图片格式为“映像圆角矩形”。

(6)在幻灯片中添加图表、表格。

(7)保存演示文稿。

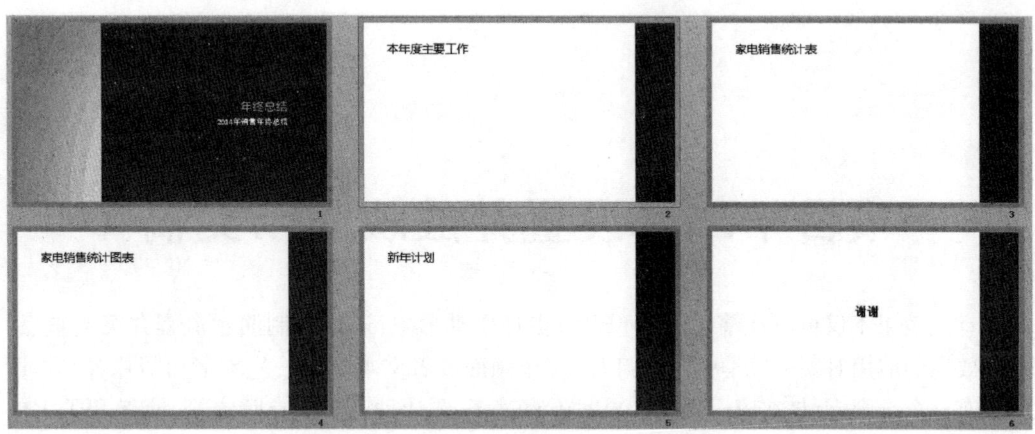

图 11.33　“年终总结”演示文稿

项目十二　设置并放映演示文稿

动画效果不仅可以让演示文稿(PPT)更加生动形象,还可控制演示流程并突出重点。动画效果的应用对象可以是整个幻灯片、每个画面或者文本、图表、艺术字和图片等。不过应该有一个准则,就是在应用动画效果时不宜过多,要让动画成为点睛之笔,使得 PPT 大放异彩。

学习目标

- 设置企业文化培训演示文稿
- 放映并输出员工培训演示文稿

任务一　设置企业文化培训演示文稿

任务要求

李阳在一家旅行社工作,主要从事市场推广方面的工作。随着公司业务的壮大,公司准备委派李阳对新招聘的员工进行企业文化培训。任务来了,企业文化培训的工作该如何开展呢?如何宣传公司企业文化呢?李阳为了完成这个任务,制作了企业文化宣传演示文稿,完成的演示文稿效果如图 12.1 所示,具体操作要求如下。

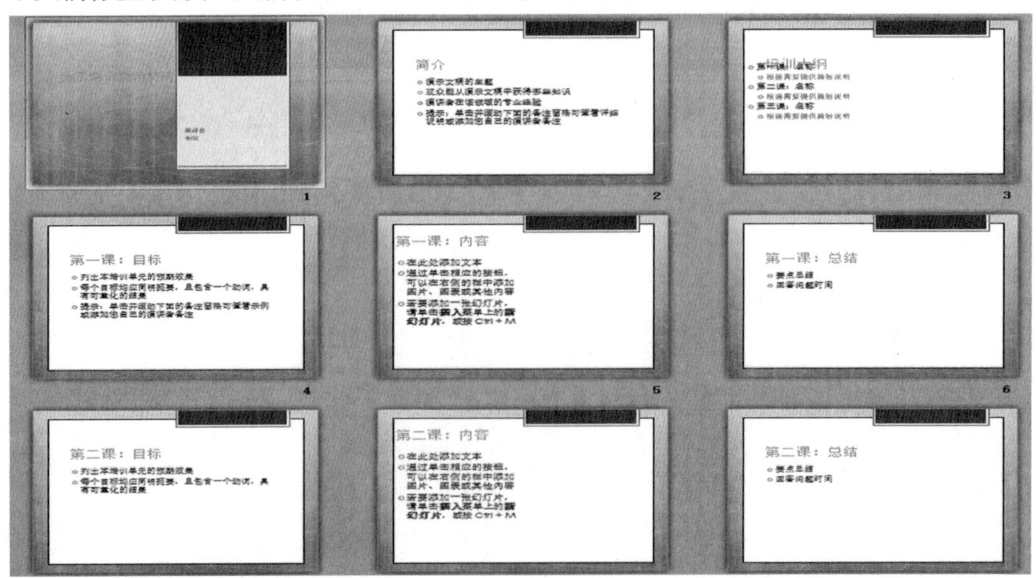

图 12.1　效果图

(1)打开“企业文化培训演示文稿. pptx”,应用幻灯片“奥斯汀”主题,效果选择“复合”,颜色选择“奥斯汀”。

(2)设置幻灯片背景格式为“渐变填充”效果并应用到全部幻灯片中。

(3)编辑幻灯片母版,加入一、二、三级标题,输入标题一内容为“员工分级”,字体格式设置为“幼圆居中,40”。插入名字为“任务十二”的图片,调整到适当大小并删除图片背景。

(4)设置第3张幻灯片切换动画方法选择“闪光”。

(5)设置幻灯片中的动画效果为“淡出”,同时控制幻灯片的切换与放映的时间。

任务实现

(一)应用幻灯片主题

(1)在 Windows 下直接打开演示文稿。计算机启动后,在资源管理器中搜索“员工培训演示文稿. pptx”,找到该文件,双击打开,如图 12.2 所示。

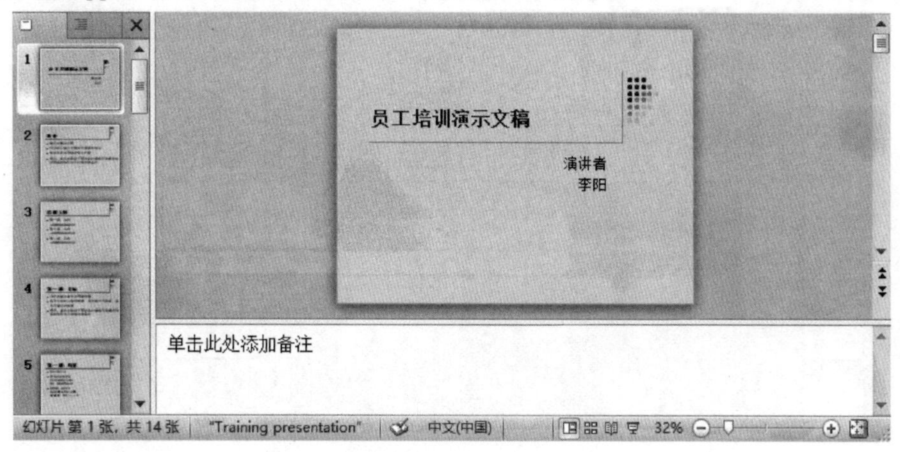

图 12.2　打开素材

(2)应用“奥斯汀”主题。选定任意一张幻灯片,单击“设计”→“主题”组中的“其他”按钮,打开“所有主题”列表,单击选定“内置”中的 “奥斯汀”主题即可。选择标题 “员工培训演示文稿”,将字体格式设置为“宋体,36”, 选择“演讲者 李阳”,将字体格式设置为“宋体,18”,如图 12.3 所示。

(3)设置主题颜色为“奥斯汀”。单击“设计”→“主题”组中的“颜色”按钮,如图12.4 所示,在“内置”下拉列表中单击“奥斯汀”选项即可。

(4)设置主题效果为“复合”。单击“设计”→“主题”组中的“效果”按钮,单击选定“内置”列表中第 3 行第 3 列的“复合”选项,即完成“复合”效果的设置,效果选择如图 12.5 所示。

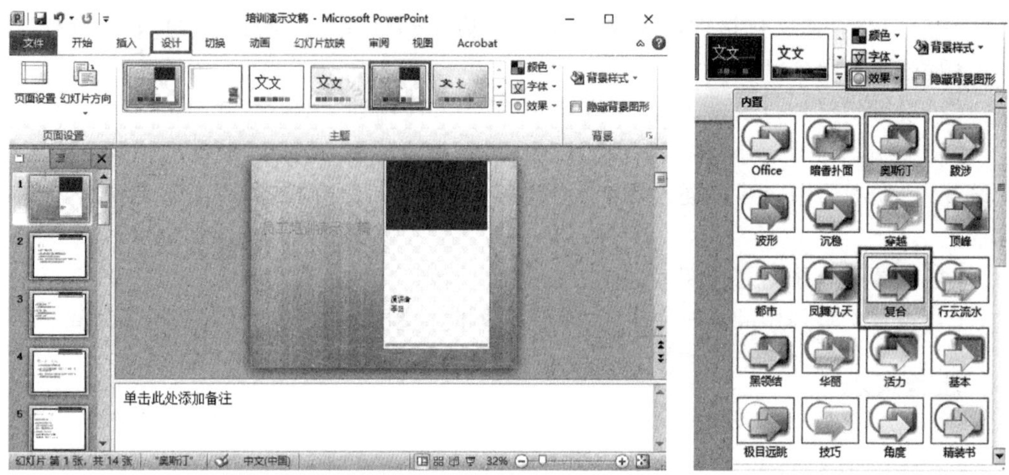

图 12.3　“奥斯汀”主题　　　　图 12.4　颜色选择

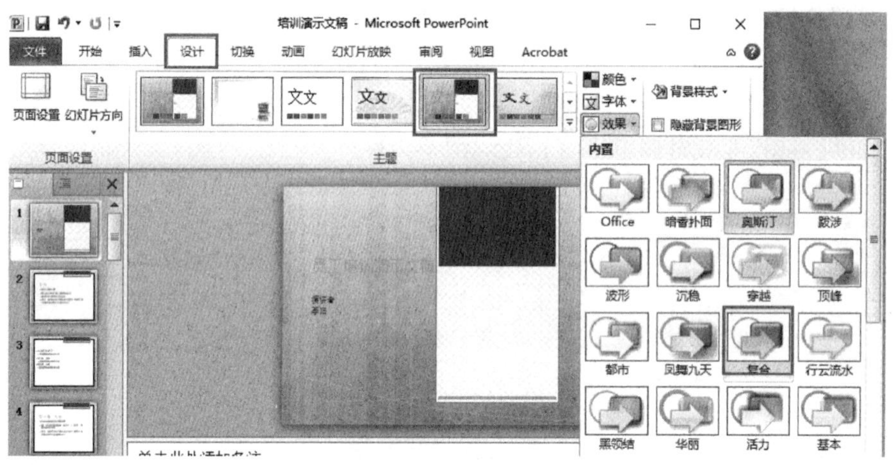

图 12.5　效果选择

(二)设置幻灯片背景

(1)单击“设计”→“背景”组中“背景样式”按钮,单击“设置背景格式”选项,如图 12.6 所示,打开“设置背景格式”对话框。

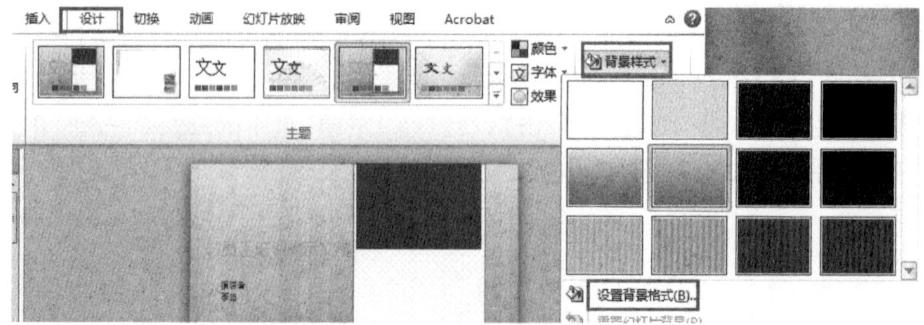

图 12.6　设置背景格式

(2)参考图 12.7,在“设置背景格式”对话框中,单击左侧“填充”选项,在右侧单击“渐变填充”选项,单击“全部应用”按钮后,再单击“关闭”按钮关闭对话框,为全部幻灯片应用渐变填充的背景效果,如图 12.8 所示。

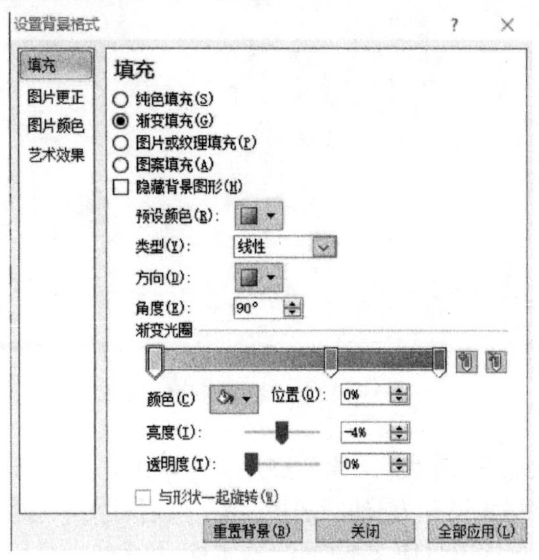

图 12.7　“设置背景格式”对话框

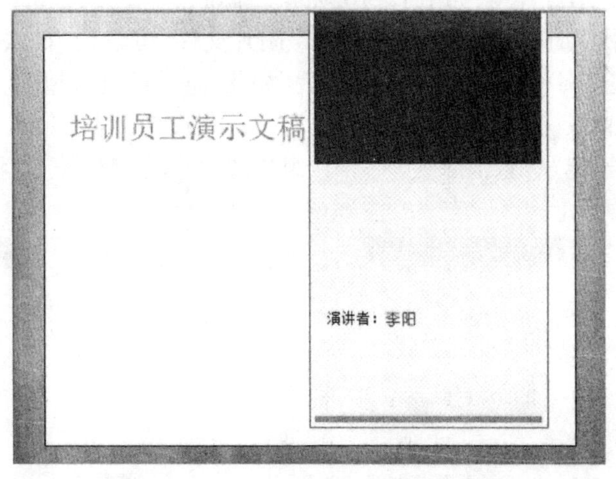

图 12.8　完成幻灯片背景设置效果

(三)制作并使用幻灯片母版

(1)进入母版编辑状态。单击“视图”→“母版视图”组中的“幻灯片母版”,进入母版编辑状态。选择第 3 张幻灯片,将文本框中的文字“单击此处编辑母版标题样式”修改为“员工分级”,字体格式设置为“幼圆居中,40”,单击鼠标左键选中文本框不放将其拖曳到幻灯片中上位置并调整文本框的大小,如图 12.9 所示。将第一、二、三、四级标题分别修改为“老总”“总经理”“主任”和“员工”,字体格式设置为“幼圆居中,20”并删除第五级。

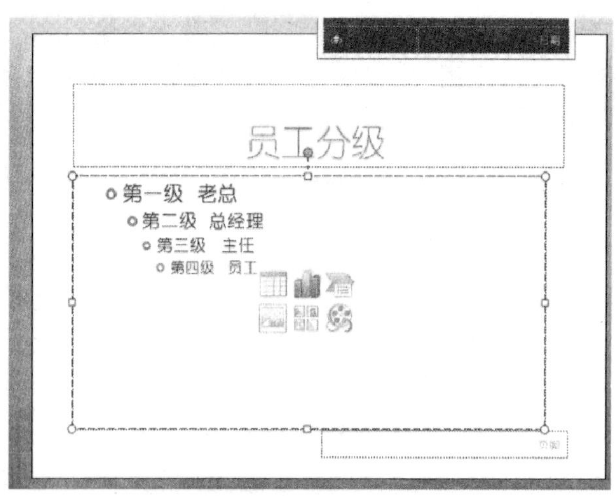

图 12.9　设置母版

(2)在母版编辑状态下,选中第 4 张幻灯片,将“单击此处编辑母版标题样式”文本修改为“工作环境”,字体格式设置为“幼圆居中,40”,然后将文本框移动到幻灯片中上的位置。单击选中“单击此处编辑母版文本样式”文本框,按 Del 键进行删除。单击“插入”→“图像”组中的“图片”按钮,在“插入图片”对话框中,找到要插入的“任务十二”图片文件后双击,将其插入到幻灯片中,如图 12.10 所示。单击选中图片,调整图片大小和位置。

注意:如果未找到计算机中的“任务十二”图片文件,可以在“插入图片”对话框的搜索栏中输入图片文件名,确定图片所在位置后(如此计算机)进行搜索。

(3)删除图片背景。单击选中插入的图片,选择“图片工具 格式”→“调整”组中的“删除背景”,单击选定“背景消除”→“关闭”组中的“保留更改”按钮,将图片背景删除并保存,如图 12.11 所示。

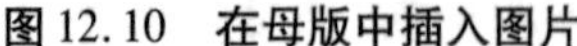
图 12.10　在母版中插入图片

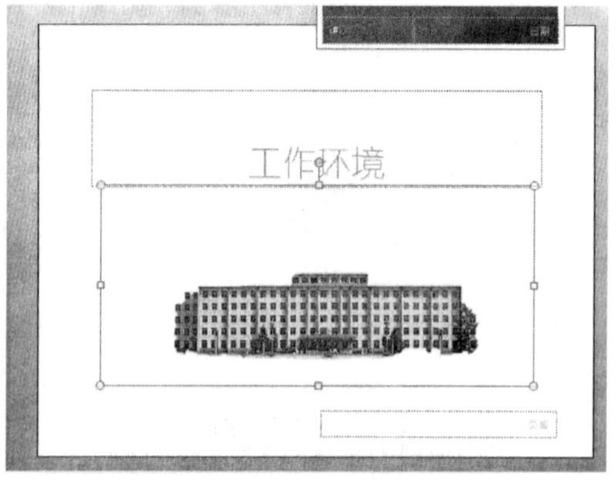

图 12.11　删除图片背景

(4)插入母版幻灯片。单击“幻灯片母版”→“关闭”组中的“关闭母版视图”按钮。选定第 5 张幻灯片,单击“开始”→“幻灯片”组中“新建幻灯片”的下三角,单击添加“节标题”幻灯片,如图 12.12 所示。

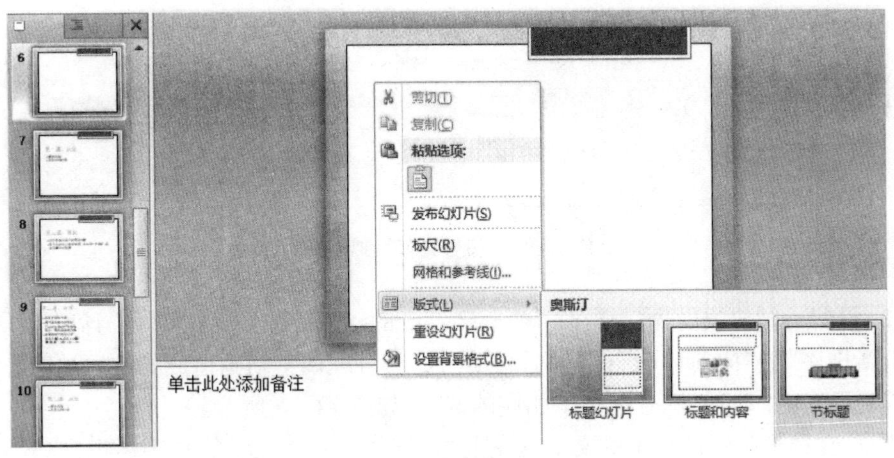

图 12.12　插入母版幻灯片

(四)设置幻灯片切换动画

(1)设置幻灯片切换方式为"闪光"。选中第 6 张幻灯片,单击"切换"→"切换到此张幻灯片"组中的"其他"按钮,在列表的"细微型"中单击"闪光"即可。

(2)单击"切换"→"计时"组中"全部应用"命令,将"闪光"效果应用到全部幻灯片。如图 12.13 所示。

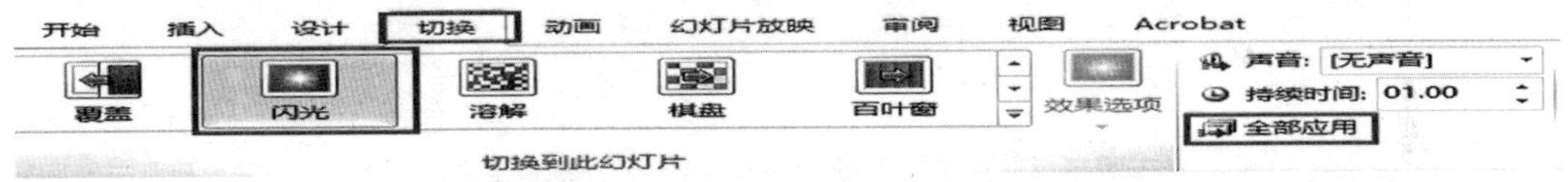

图 12.13　幻灯片切换设置

(五)设置幻灯片动画效果

(1)在"普通视图"的左窗格中,单击选定第 1 张幻灯片中"员工培训演示文稿"文本框,单击"动画"→"动画"组中的"淡出"命令,即为该文本设置了"淡出"的动画效果。同样方法,将"演讲者 李阳"文本框设置"出现"的动画效果,如图 12.14 所示。

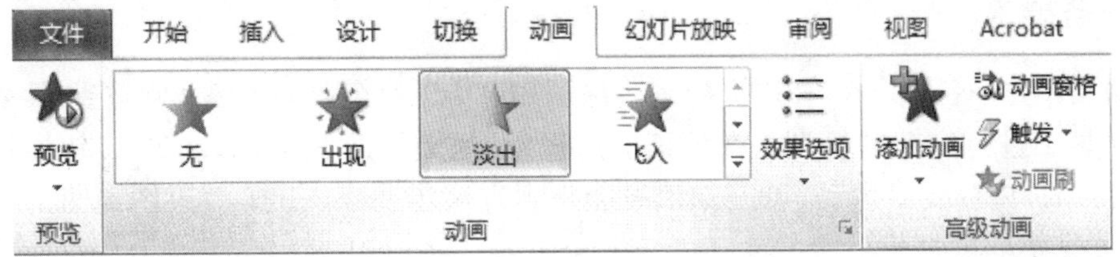

图 12.14　"动画效果"对话框

(2)单击选定已设置的动画,在"动画"→"计时"组中,单击"开始:"后的组合框,选择"单击时";在"持续时间:"后输入"00.50";在"延迟时间:"后输入"00.00",即完成动画的计时设置,如图 12.15 所示。

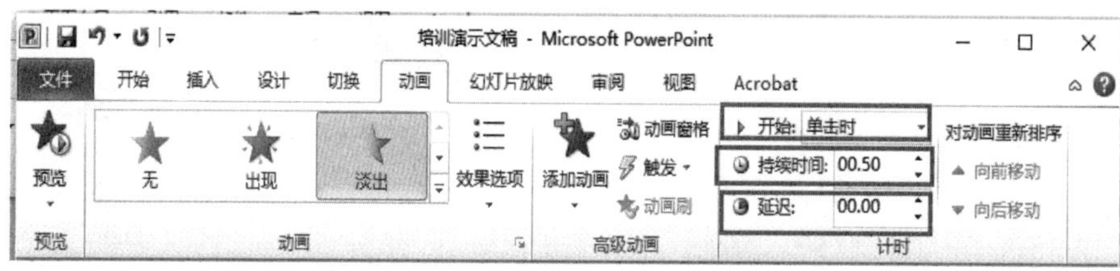

图 12.15　设置动画放映计时

(3)设置动画放映的先后顺序。单击已设置的动画,单击"动画"→"计时"组中"对动画重新排序"的"向前移动"或"向后移动"选项,合理调整动画播放的先后顺序。同时,可以看到原来的"动画"标号进行了相应的调整,如图 12.16 所示。

注意:在第 1 张幻灯片中的文本框左上角出现数字"1""2"等数字标识,代表动画播放的先后顺序。

图 12.16　设置动画放映顺序

任务二　放映并输出员工培训演示文稿

任务要求

刘义作为一名工作在一线的老员工,深深知道员工对企业的了解非常重要,他受公司委托对员工进行定期的培训。在培训的过程中,刘义借助 PowerPoint 2010 软件制作课件,使得培训内容变得生动,员工知识技能得到进一步加强。PPT 效果图如图 12.17 所示,具体操作步骤如下。

(1)另存演示文稿命名为"员工培训. pptx",在其第 1 张幻灯片中将"员工培训"插入超链接到"幻灯片 4",绘制动作按钮并链接到"幻灯片 3",插入艺术字 "作者简介",设置字体格式为"宋体,40"。

(2)设置幻灯片从头开始放映并对重要内容进行指针标记。

(3)隐藏第 2 张幻灯片。

(4)设置幻灯片排练计时为 40 s。

(5)打印演示文稿,设置打印份数为 2 份。

(6)将“工作总结”演示文稿“打包成 CD”。

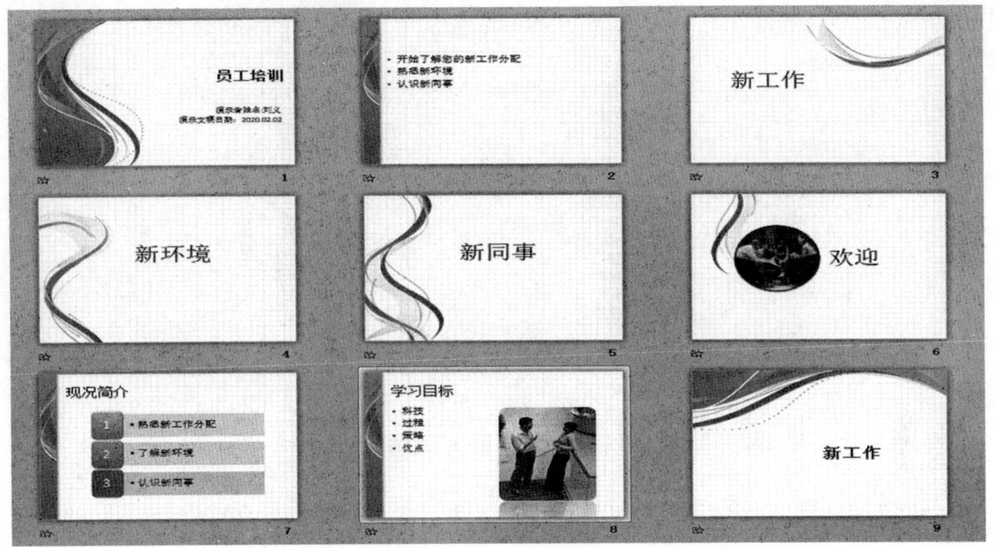

图 12.17　PPT 效果图

任务实现

(一)创建超链接与动作按钮

(1)在 Windows 下直接打开演示文稿。计算机启动后,在资源管理器中搜索“培训新员工. pptx”,双击打开该演示文稿。

(2)用“另存为”对话框,另存演示文稿。单击“文件”→“另存为”命令,打开“另存为”对话框,在“文件名”后的文本框中输入“员工培训”,保存位置不变,“保存类型”选择“PowerPoint 演示文稿”,单击“确定”按钮即可,如图 12.18 所示。

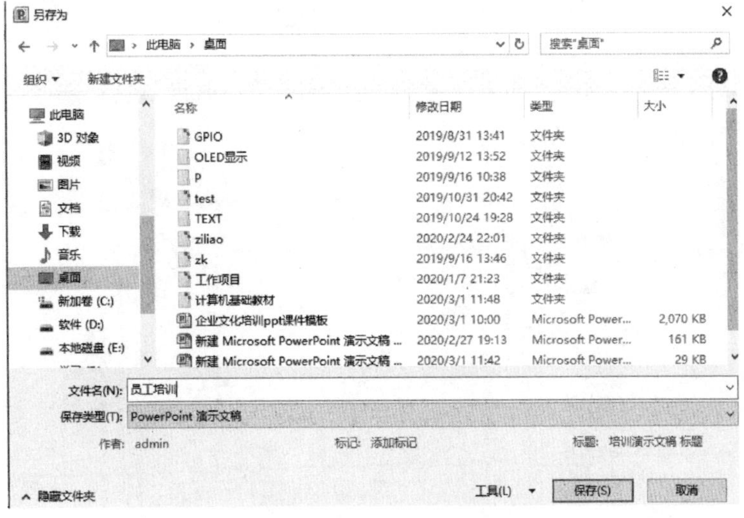

图 12.18　另存演示文稿

(3)插入超链接。在“普通视图”的左窗格中,单击选定第 1 张幻灯片,选择“员工培训”,单击“插入”→“链接”功能组的“超链接”按钮,弹出 “插入超链接”对话框,如图 12.19所示。

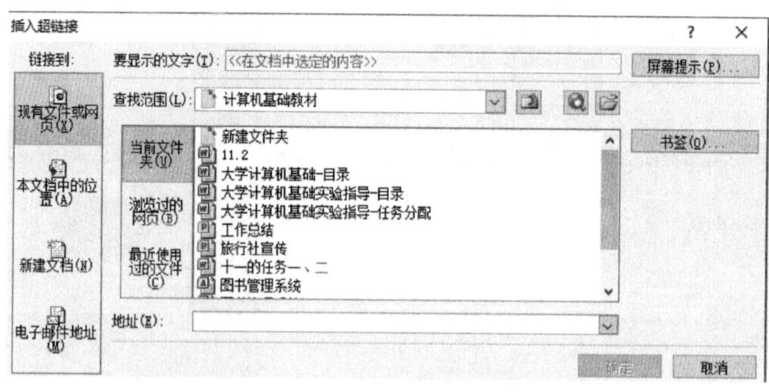

图 12.19　“超链接”对话框

(4)在“超链接”对话框中,选择左侧“链接到:”栏的“本文档中的位置(A)”选项,在“请选择文档中的位置(C)”列表中,选择 “4. 幻灯片 4”,单击“确定”按钮,即为“员工培训”插入了超链接,如图 12.20 所示。

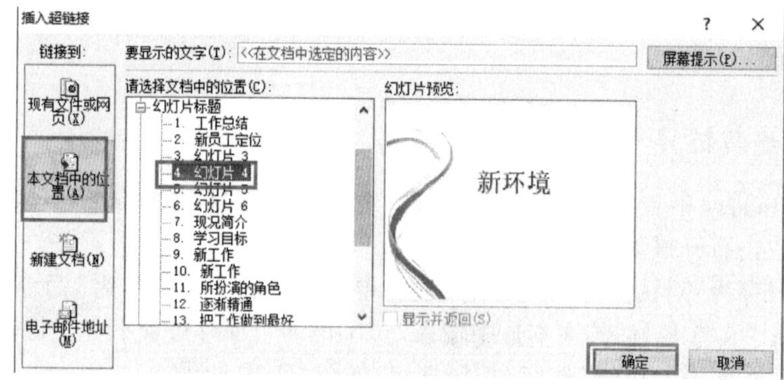

图 12.20　插入超链接

(5)绘制动作按钮。单击“插入”→“插图”功能组的“形状”按钮,选择“动作按钮”的第 2 个按钮▷,如图 12.21 所示。

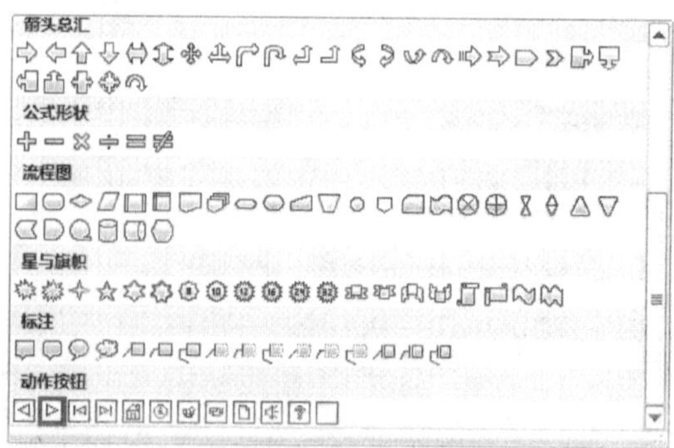

图 12.21　动作按钮选择

(6)此时鼠标指针会变成“+”形状,在幻灯片的适当位置按住鼠标左键不放,绘制一个动作按键,完成绘制后自动打开“动作设置”对话框,在“超链接到(H):”栏中单击向下箭头,选择“幻灯片”选项,如图 12.22 所示,打开“超链接到幻灯片”对话框,在“幻灯片标题”中选择“幻灯片 3”,单击“确定”,完成动作按钮的制作并将其链接到第 3 张幻灯片。

(7)在“普通视图”的左窗格中,单击选定第 2 张幻灯片,单击“插入”→“文本”功能组的“艺术字”,在艺术字样式中选择第 4 行第 1 列的样式,输入内容“员工培训”,将设置好的艺术字移动到适当位置,效果如图 12.23 所示。

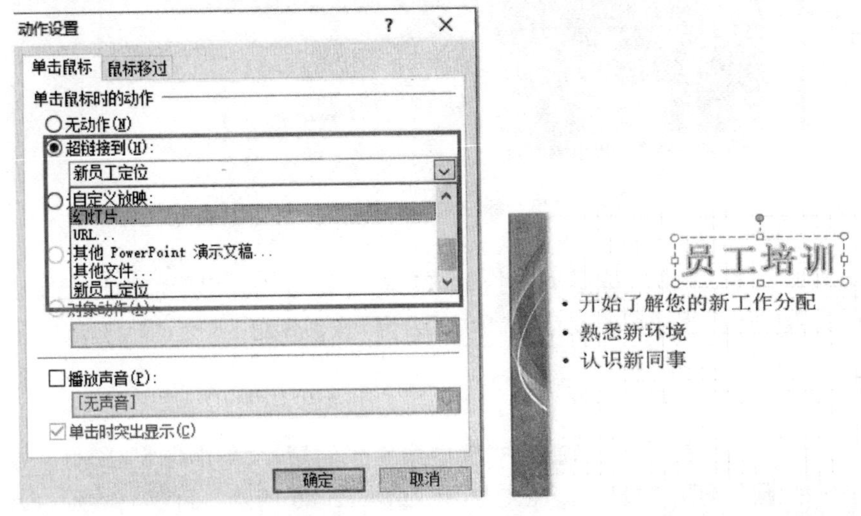

图 12.22　动作设置　　　　图 12.23　插入艺术字

(二)放映幻灯片

(1)放映幻灯片。单击“幻灯片放映”→“开始放映幻灯片”组中的“从头开始”按钮,即开始放映第一张幻灯片,单击鼠标左键依次放映下一张幻灯片,如图 12.24 所示。

图 12.24　幻灯片放映视图

(2)临时标记。如若需要在幻灯片播放时做一下临时标记,以第 13 张幻灯片为例,单击鼠标右键,弹出如图 12.25 所示的对话框,选择“指针选项”中的“笔”,对重要的内容进行标记。

图 12.25　标记内容

(3)当提示“放映结束,单击鼠标退出”时,单击鼠标左键退出。由于前面标记了内容,软件会弹出“是否保留墨迹注释?”对话框,单击“放弃”按钮即可。

(三)隐藏幻灯片

隐藏幻灯片。在“普通视图”的左窗格中,选中第 4 张幻灯片,单击选定“幻灯片放映”→“设置”组中“隐藏幻灯片”按钮,隐藏幻灯片,如图 12.26 所示。再次放映幻灯片时,第 4 张幻灯片将不会被放映出来。

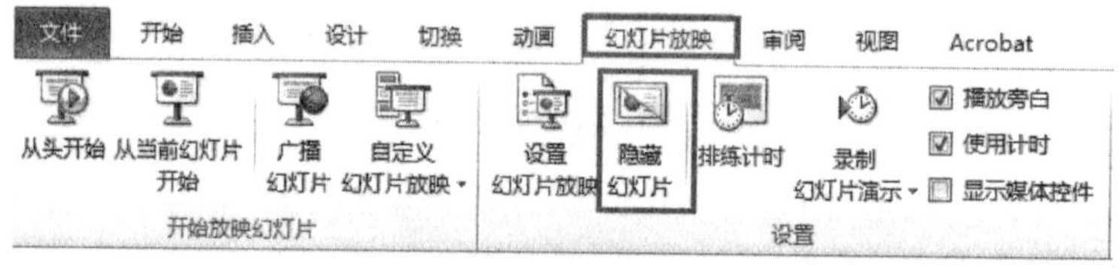

图 12.26　隐藏幻灯片

(四)排练计时

(1)排练计时。单击“幻灯片放映”→“设置”组中“排练计时”按钮,进入幻灯片放映排练状态,同时 “录制”工具栏自动为此幻灯片播放时间进行计时,如图 12.27 所示。

(2)放映结束后,会自动弹出提示对话框,提示你排练计时的时间,并询问是否保留幻灯片的排练时间,选择“是”进行保存,如图 12.28 所示。

(五)打印演示文稿

(1)打印演示文稿份数设置。单击选择“文件”→“打印”命令,在打印份数对话框“份数”数值中输入“2”,即打印两份。在“打印机”下拉栏中选择与计算机相连的打印机即可。

(2)打印单张幻灯片。选中要打印的第 3 张幻灯片,单击选择“文件”→“打印”命令,在“设置”选项中选择“打印当前幻灯片”,如图 12.29 所示,单击“打印”按钮。

图 12.27 排练计时　　图 12.28 排练计时保存

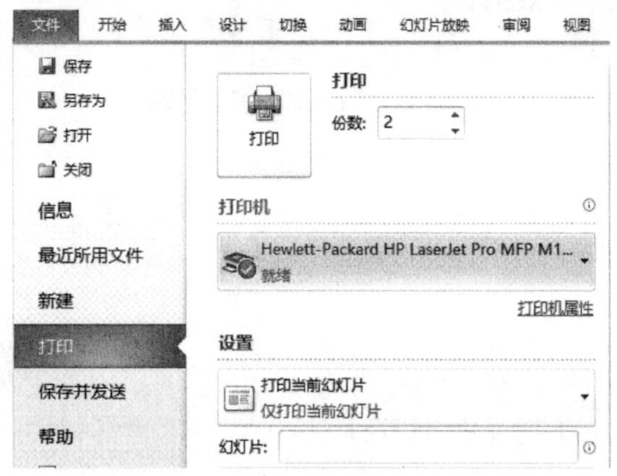

图 12.29 打印单张幻灯片

(六)打包演示文稿

(1)打包演示文稿。选择“文件”→“保存并发送”组,单击选择工作界面中间“文件类型”的“将演示文稿打包成 CD”选项,单击右侧的“打包成 CD”按钮,如图 12.30 所示。

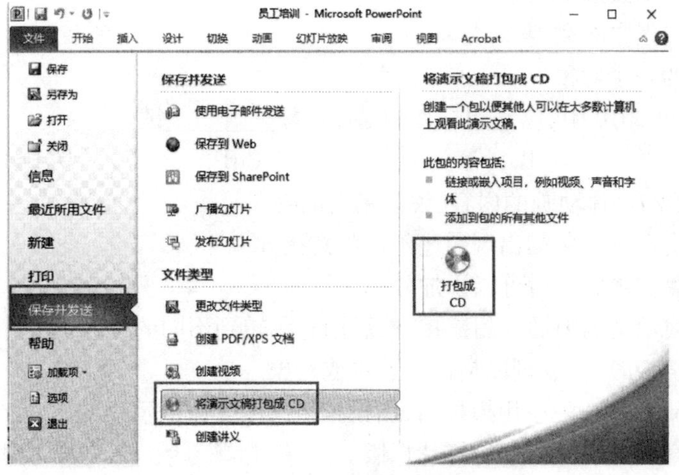

图 12.30 打包演示文稿

(2)弹出"打包成 CD"对话框,单击"复制到文件夹"按钮,打开"复制到文件夹"对话框,在"文件夹名称"栏输入"员工培训 CD","位置"栏中保存位置不变,单击"确定"按钮,如图 12.31 所示,打开提示对话框,单击"是"→"关闭"按钮即可。

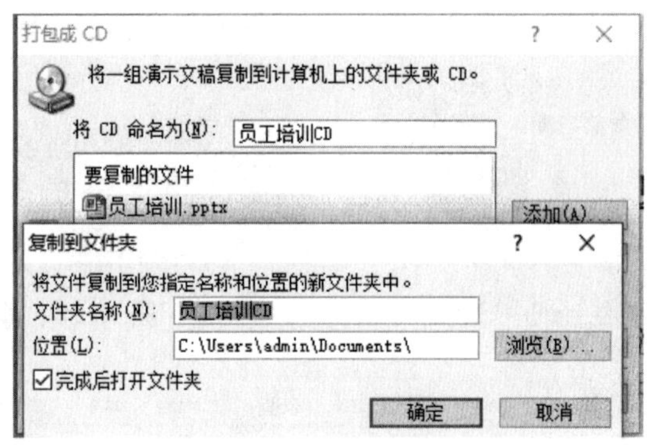

图 12.31　"打包成 CD"对话框

本章习题

一、单项选择题

1. 在 PowerPoint 中,下列说法中错误是　(　　)

A. 可以动态显示文本和对象

B. 可以更改动画对象的出现顺序

C. 图表不可以设置动画效果

D. 可以设置幻灯片的切换效果

2. 在演示文稿中插入超链接时,所链接的目标不能是　(　　)

A. 另一个演示文稿

B. 另一个演示文稿中的某一张幻灯片

C. 其他应用程序的文档

D. 幻灯片的一个对象

3. PowerPoint 2010 中,停止幻灯片的播放应按________键。　(　　)

A. Enter　　B. Shift　　C. Ctrl　　D. Esc

4. 下列关于幻灯片动画的内容,说法错误的是　(　　)

A. 幻灯片上动画对象的出现顺序不能随意更改

B. 动画对象在播放之后可以添加效果

C. 可以在演示文稿中插入超链接,然后用它跳转到不同的位置

D. 创建超链接时,起点可以是任何文本或对象

5. PowerPoint 2010 中应用模板后,新模板将会改变原演示稿的　(　　)

A. 配色方案　　B. 幻灯片母版　　C. 标题母版　　D. 以上选项都对

6. PowerPoint 2010 中,幻灯片放映视图的主要内容不包括　(　　)

A. 编辑幻灯片的具体对象　　B. 切换幻灯片

C. 定位幻灯片　　D. 播放幻灯片

7. 改变超链接文字的颜色,应该通过________对话框。（　）

A. "超链接设置"　　B. "幻灯片版面设置"

C. "字体设置"　　D. "新建主题颜色"

8. PowerPoint 2010 中,为所有幻灯片中的对象设置统一样式,需应用________的功能。（　）

A. 模板　　B. 母版　　C. 版式　　D. 样式

9. 要在幻灯片上配合讲解做标记,可以使用（　）

A. "指针选项"中的各种笔　　B. "画笔"工具

C. "绘图"工具栏　　D. 笔

10. 执行________操作不能切换至幻灯片放映视图中。（　）

A. 按 F5 键　　B. 单击"从头开始"按钮

C. 单击"从当前幻灯片开始"按钮　　D. 双击"幻灯片"按钮

11. 演示文稿的基本组成单元是（　）

A. 图形　　B. 幻灯片　　C. 超链接　　D. 文本

12. 在________方式下可以进行幻灯片的放映控制。（　）

A. 普通视图　　B. 幻灯片浏览视图

C. 幻灯片放映视图　　D. 大纲视图

13. 在 PowerPoint 2010 中,设置幻灯片放映的换页效果时,应通过________设置。（　）

A. 动作按钮　　B. "切换"功能组　　C. 预设动画　　D. 自定义动画

14. 在 PowerPoint 2010 中全屏演示幻灯片,可以将窗口切换到（　）

A. 幻灯片视图　　B. 大纲视图　　C. 浏览视图　　D. 幻灯片放映视图

15. 若要终止 PowerPoint 中正在演示的幻灯片,应按________键。（　）

A. "Ctrl + Break"　　B. Esc　　C. "Alt + Break"　　D. Enter

16. 要在放映中迅速找到某张幻灯片,可通过________方法直接移动到要找的幻灯片。（　）

A. 翻页　　B. 定位至幻灯片

C. 退出放映视图,再进行翻页　　D. 退出放映视图,再进行查找

17. 在幻灯片浏览视图中不能进行的操作是（　）

A. 设置动画效果　　B. 幻灯片的切换　　C. 幻灯片的移动　　D. 幻灯片的删除

18. 下列________的放映方式不是全屏放映。（　）

A. 演讲者放映　　B. 从头开始放映　　C. 观众自行浏览　　D. 在展台浏览

19. 在 PowerPoint 中使用母版的目的是（　）

A. 使演示文稿的风格一致

B. 编辑美化现有模板

C. 通过标题母版控制标题幻灯片的格式和位置

D. 以上均是

20. 要从当前幻灯片开始放映,应该（　）

A. 单击"幻灯片切换"按钮　　B. 单击"从当前幻灯片开始"按钮

C. 按 F5　　D. 单击“开始放映”按钮

21. 演示文稿支持的视频文件格式　　(　　)

A. AVI　　B. WMV　　C. MPG　　D. 以上均是

22. 在幻灯片中添加声音和媒体文件主要通过________进行。　　(　　)

A.“插入”→“媒体”组　　B.“插入”→“对象”组

C.“插入”→“符号”组　　D.“插入”→“公式”组

23. 在 PowerPoint 中,母版分为　　(　　)

A. 幻灯片母版和讲义母版

B. 幻灯片母版和标题母版

C. 幻灯片母版、讲义母版、标题母版和备注母版

D. 幻灯片母版、讲义母版和备注母版

24. 在演示文稿中设置母版通常是在________功能组中进行。　　(　　)

A.“视图”　　B.“格式”　　C.“工具”　　D.“插入”

25. 插入音频的操作,一般通过________功能组来实现。　　(　　)

A.“编辑”　　B.“视图”　　C.“插入”　　D.“工具”

二、多项选择题

1. 关于自定义动画,说法正确的是　　(　　)

A. 可以带声音　　B. 可以添加效果

C. 不可以带声音　　D. 不添加效果

2. 下列选项中,可以设置动画效果的幻灯片对象有　　(　　)

A. 声音和视频　　B. 文字　　C. 图片　　D. 图表

3. 下列说法中正确的　　(　　)

A. 通过“插入”→“媒体”组插入视频文件

B. 在幻灯片中插入视频后,可对视频外观进行设置和美化

C. 插入视频的操作包括插入“本地文件中的视频”和“剪贴画视频”

D. 在“插入视频”对话框中,只需要双击要插入的影片即可完成插入

4. 下列属于常用动画效果的　　(　　)

A. 飞入　　B. 擦除　　C. 形状　　D. 打字机

5. 在“动作设置”对话框中设置动作时,主要可对________动作的执行方式进行设置。　　(　　)

A. 单击鼠标　　B. 双击鼠标　　C. 鼠标移过　　D. 按任意键

三、判断题

1. 动画计时和切换计时是指设置切换和动画效果时对其速度的设定。　　(　　)

2. 不能通过幻灯片的占位符插入图片对象。　　(　　)

3. 在幻灯片中插入声音是指播放幻灯片的过程中一直有该声音出现。　　(　　)

4. 用户只能为文本对象设置动画效果。　　(　　)

5. 在幻灯片中,如果某对象前无动画符号标记,则表示该对象无动画效果。　　(　　)

6. 在放映幻灯片的过程中,用户还可以设置其声音效果。　　(　　)

7. 母版可用来为一演示文稿中的所有幻灯片设置统一的版式和格式。　　(　　)

8. 幻灯片所做的背景设置只能应用于所有幻灯片中。 (　　)

9. 打印幻灯片讲义时通常是一张纸上打印一张幻灯片。 (　　)

10. 在 PowerPoint 中,排练计时是经常使用的一种设定时间的方法。 (　　)

四、操作题

打开“培训新员工. pptx”演示文稿,如图 12.32 所示,并进行下列操作。

(1)打开“培训新员工. pptx”演示文稿,为其应用“平衡”模板样式。

(2)设置第 3 张幻灯片标题的动画效果为“飞入”。

(3)使用荧光笔在幻灯片中做标记。

(4)切换至第 4 张幻灯片进行放映。

(5)退出放映并保留标记。

(6)保存演示文稿,将其打包为文件夹。

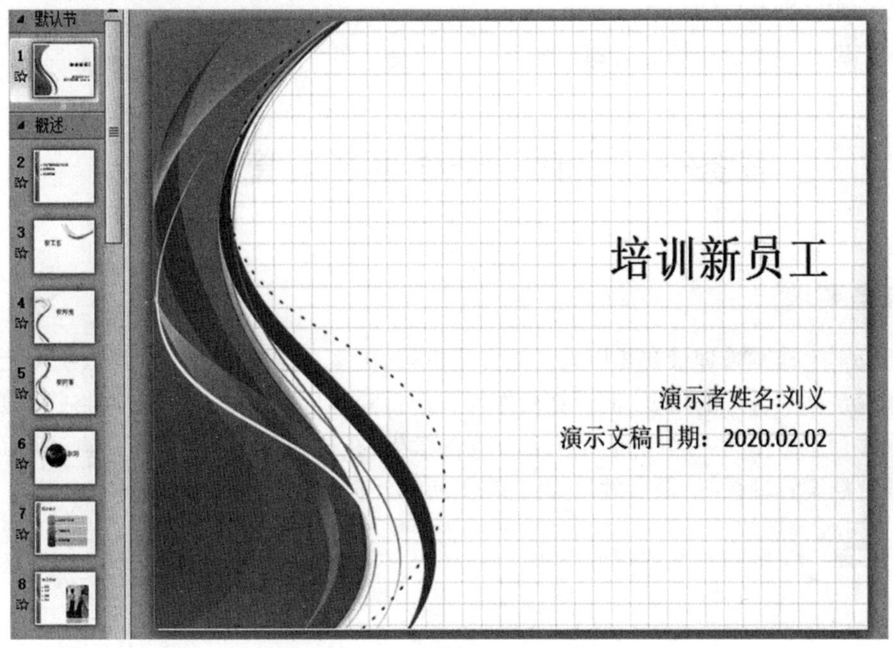

图 12.32　“培训新员工”演示文稿

项目十三　Access 2010 基本操作

Access 2010 是微软公司推出的一款产品,其主要功能是数据库管理和应用。与前几个版本相比,Access 2010 除了继承和发扬了以前版本的功能强大、界面友好、易学易懂的优点之外,还在界面的易用方面进行了很大的改进。

学习目标

- 设计一个学生档案管理系统

任务一　设计一个学生档案管理系统

任务要求

高校学生档案管理最初是以人工的方式进行,显然在信息化高度发展的今天,已经远远不能满足档案管理的需要,而计算机作为人们日常不可缺少的工具,势必将代替繁杂的人工操作。里昂作为一名精通 Access 2010 的学生,在这种背景下开发了一套适用面广的高校学生档案管理系统,最后效果如图 13.1 所示。任务要求如下。

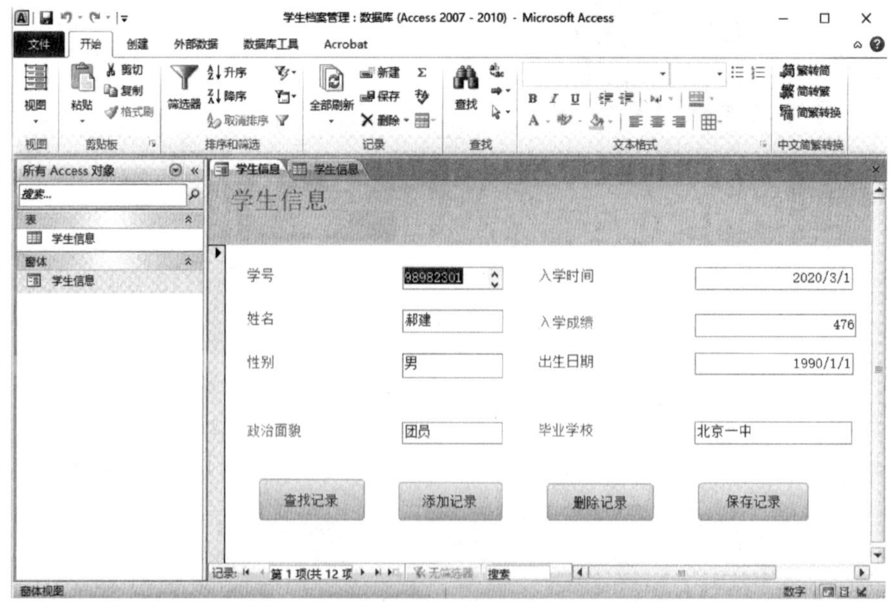

图 13.1　学生档案管理系统主界面效果图

（1）新创建一个数据库，命名为“学生档案管理系统”，将其保存到桌面，将文件命名为“学生档案管理. accdb”。

（2）导入名字为“课程. xlsx”的外部数据，修改“学号”字段“数据类型”为“文本”，设置“学号”为主键。

（3）打开“学生信息”表，插入“入学时间”字段，删除“班级”字段。

（4）使用“窗体向导”创建“查找记录”“添加记录”“删除记录”和“保存记录”按钮，完成最后的窗体设计。

任务实现

（一）创建新的数据库并保存

（1）启动 Access 2010 数据库进入主界面，单击“文件”→“新建”组中的“可用模板”→“空数据库”按钮，在“文件名”中输入“学生档案管理系统”，如图 13.2 所示。

图 13.2　创建空白数据库

（2）单击按钮，在弹出的“文件新建数据库”对话框中，选择数据库的保存位置，将其保存到“桌面”。在“文件名”中输入“学生档案管理”，单击“确定”按钮，如图 13.3 所示。再次单击“创建”按钮，这时将新建一个空白数据库并在数据库中自动创建一个数据表。

（3）右键单击 表1，在弹出的快捷菜单中单击“关闭”按钮，如图 13.4 所示，即可完成空数据库的创建。

（二）导入外部数据表

（1）打开“学生档案管理. accdb”数据库，单击“外部数据”→“导入并链接”组中的“Excel”按钮，如图 13.5 所示。

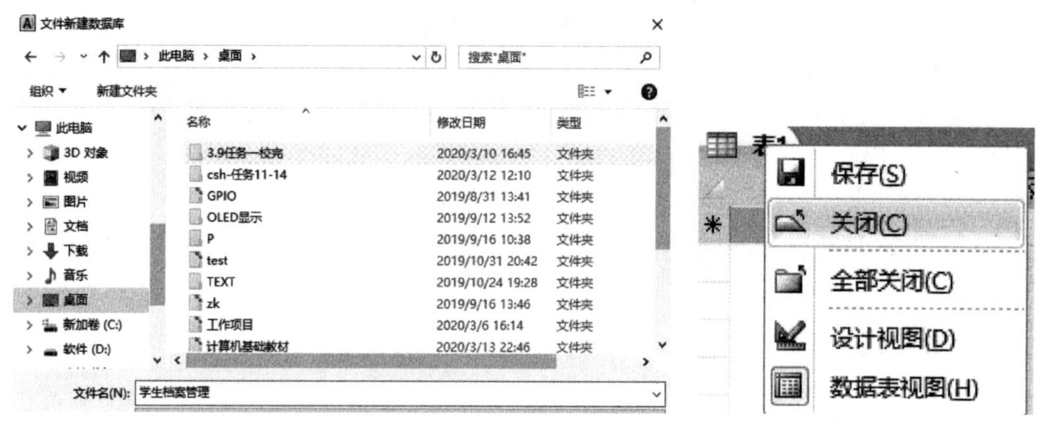

图 13.3 保存空白数据库　　　　图 13.4 关闭数据表

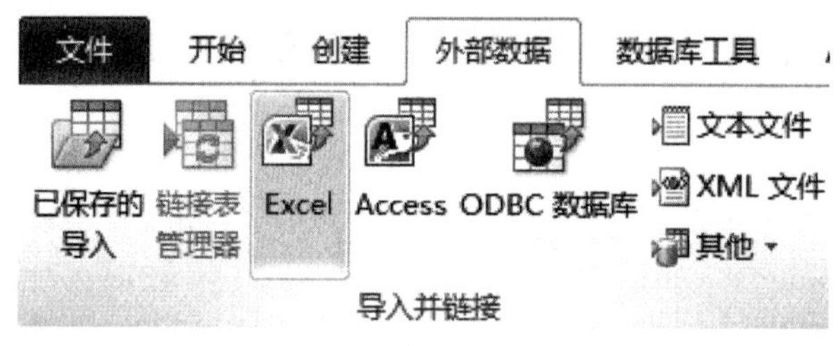

图 13.5 "导入并链接"组

(2)在弹出的"获取外部数据 - Excel 电子表格"对话框中，单击"浏览"按钮，如图 13.6 所示。

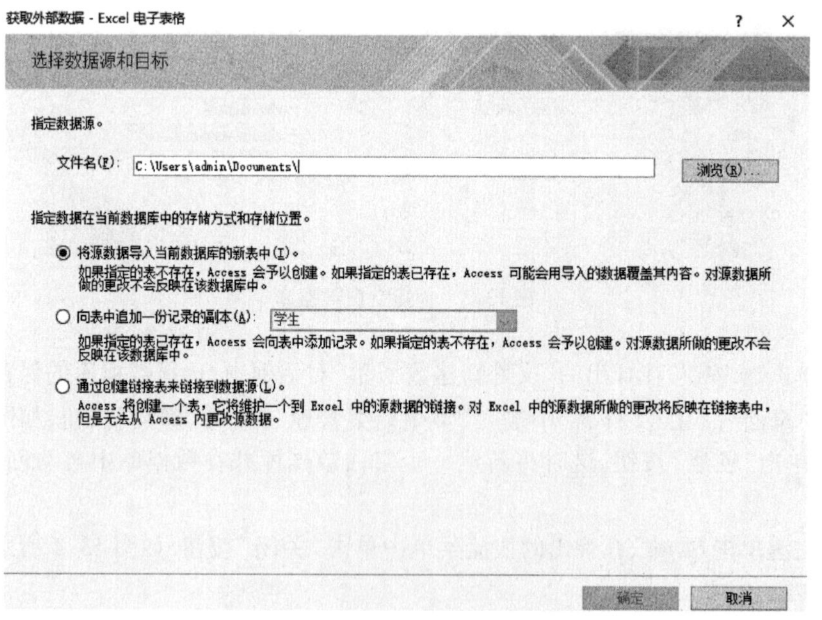

图 13.6 "获取外部数据"对话框

(3)在弹出的"打开"对话框中，选中要插入的"课程. xlsx"表格文件，然后单击"打开"按钮，如图 13.7 所示。

注意:如果未找到计算机中的“课程.xlsx”表格文件,可以在“打开”对话框的搜索栏中输入表格文件名,确定表格所在位置后(如此计算机)进行搜索。

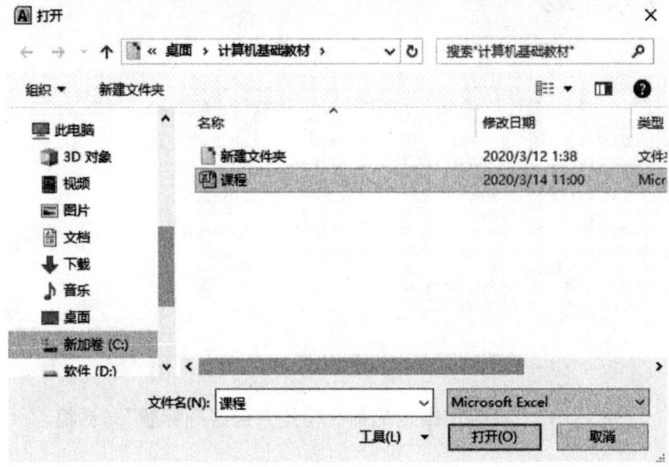

图 13.7　“打开”对话框

(4)返回“获取外部数据 - Excel 电子表格”对话框中,单击“确定”按钮,在弹出的“导入数据表向导”对话框中所有选项均为默认,直接单击“下一步”按钮,如图 13.8 所示。

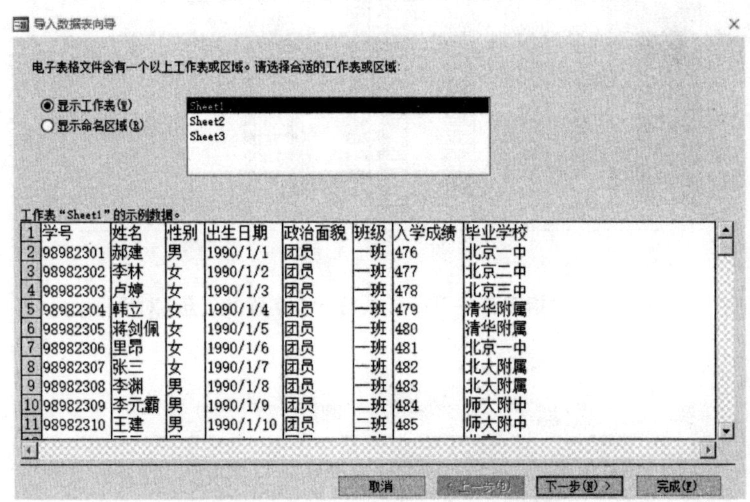

图 13.8　“导入数据表向导”对话框

(5)单击选择“请确定指定的第一行是否包含列标题”中的“第一行包含列标题”复选框,然后单击“下一步”按钮,如图 13.9 所示。

(6)在弹出的“指定有关正在导入每一个字段的信息”对话框中,指定“学号”的“数据类型”为“文本”,“索引”项为“有(无重复)”,其他默认,然后单击“下一步”按钮,如图 13.10 所示。

(7)在打开的“为新表定义一个主键”对话框中,选择“我自己选择主键”选项,Access 自动选定“学号”为主键,然后单击“下一步”按钮,如图 13.11 所示。

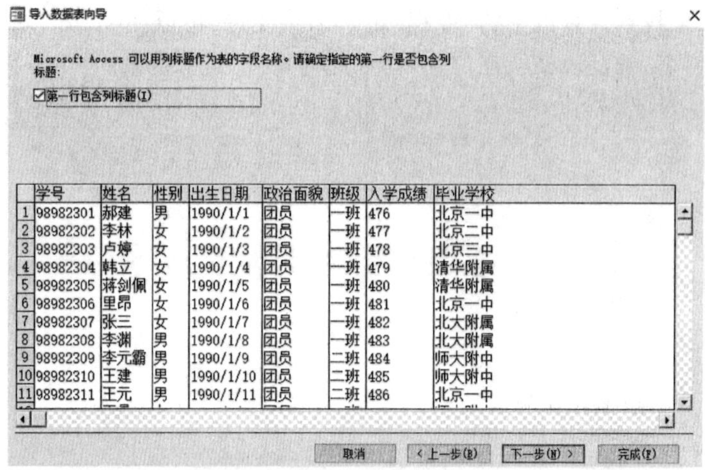

图 13.9　“请确定指定的第一行是否包含列标题”对话框

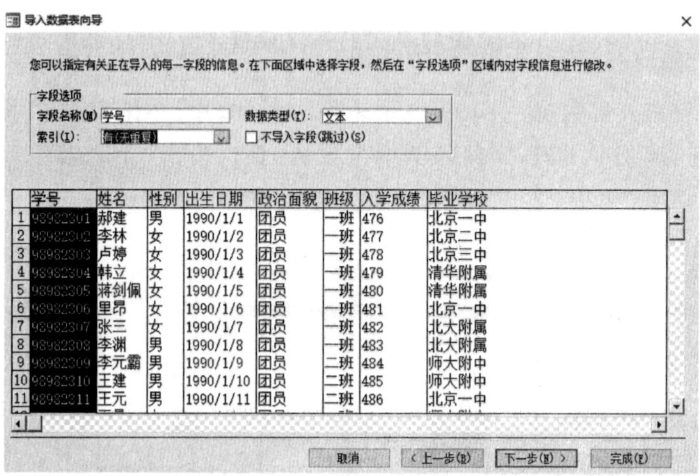

图 13.10　“指定有关正在导入每一个字段的信息”对话框

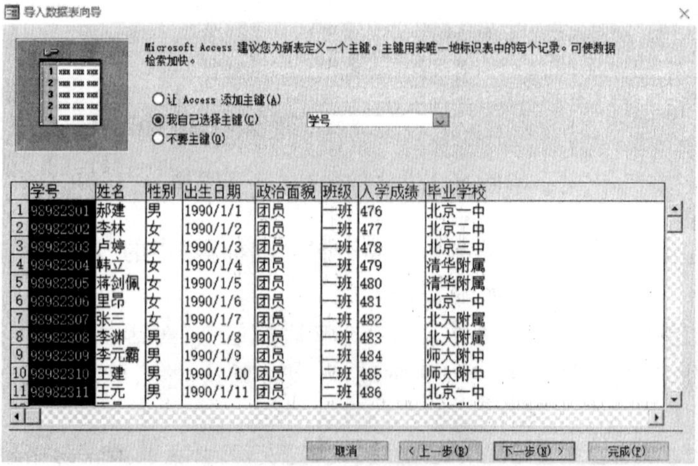

图 13.11　“为新表定义一个主键”对话框

(8)弹出“指定表的名称”对话框中,在“导入到表”文本框中输入“学生信息”,单击“完成”按钮。在打开的“保存导入步骤”对话框中,不勾选“保存导入步骤”的复选框,然后单击“关闭”按钮,如图 13.12 所示,即可完成了外部数据表的导入。

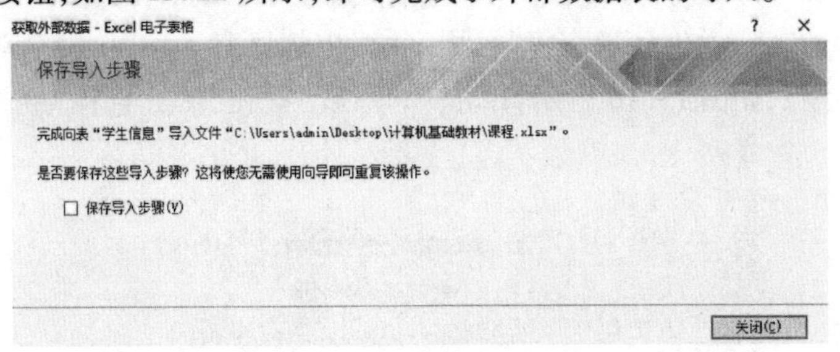

图 13.12　“保存导入步骤”对话框

(三)在表中添加和删除字段

(1)单击选择“开始”→“视图”的下三角选中“数据表视图”,将视图切换为数据表视图。双击左侧窗口“表”中的“学生信息”表,选中“班级”列,单击右键弹出快捷菜单栏,如图 13.13 所示,然后单击“插入字段”,在“班级”列前即多出“字段 1”列。

(2)双击“字段 1”输入“入学时间”。单击选择“开始”→“视图”的下三角选中“设计视图”,视图切换为设计视图,单击“入学时间”字段,在数据类型中选择 “日期/时间”,如图 13.14 所示,单击“快速访问工具栏”的“保存”按钮进行保存。

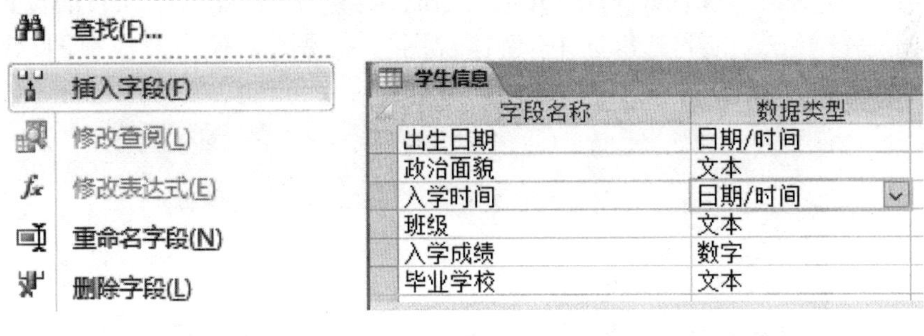

图 13.13　插入字段　　　　图 13.14　修改数据类型

(3)单击选择“开始”→“视图”的下三角选中“数据表视图”,将视图切换为数据表视图,在“入学时间”列中全部输入“2020/3/1”。

(4)选中“班级”列,单击右键弹出快捷菜单栏,然后单击“删除字段”,弹出“是否永久删除选中的字段及其所有数据?”对话框,如图 13.15 所示,单击“是”按钮即完成字段的删除。

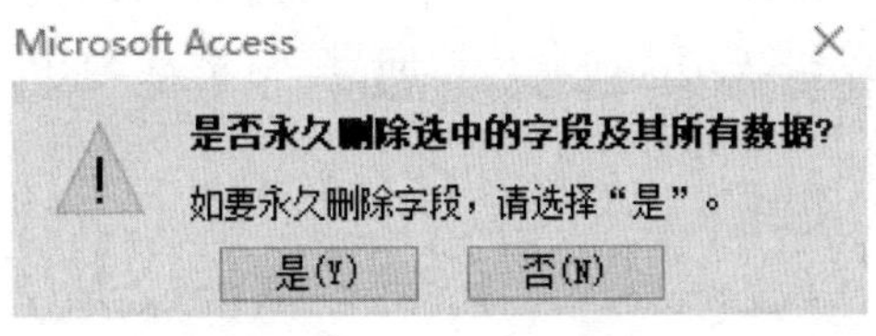

图 13.15　删除字段

(四)使用窗体

(1)单击选定“创建”→“窗体”组中的“窗体向导”按钮,弹出“窗体向导”对话框,选择“表/查询”中的“表:学生信息”,将“可用字段”中的所有子项,单击全部右移 >> 按钮移动到“选定字段”,如图 13.16 所示,单击“下一步”按钮,然后选择“纵栏表”,单击“下一步”按钮。

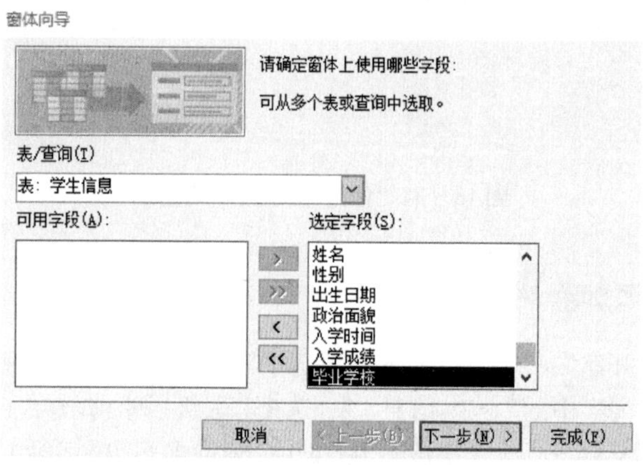

图 13.16　“窗体向导”对话框

(2)在“请为窗体指定标题”中输入“学生信息”,单击“修改窗体设计”,单击“完成”按钮,弹出“字段列表”对话框,单击“关闭”按钮,调整“主题”中每个项目的位置。单击选择“开始”→“视图”的下三角选中“窗体视图”,将视图切换为窗体视图,效果如图 13.17所示。

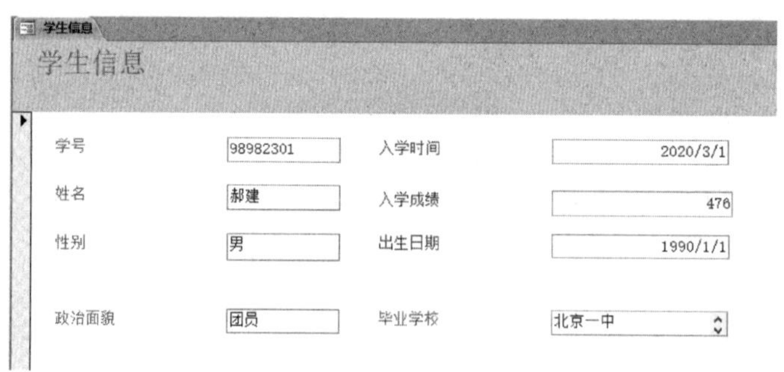

图 13.17　学生信息窗体设计

(3)单击选择“开始”→“视图”的下三角选中“设计视图”,将视图切换为设计视图。单击选择“窗口设计工具 格式”→“设计”组“控件” XXXX “按钮”选项,在窗体页脚中拖动鼠标左键画一个“命令”按钮,弹出“命令按钮向导”对话框,如图 13.18 所示。在“类别”中选择“记录操作”,“操作”中选择“查找记录”,单击“下一步”按钮,点选“文本”输入“查找记录”,单击“完成”按钮。

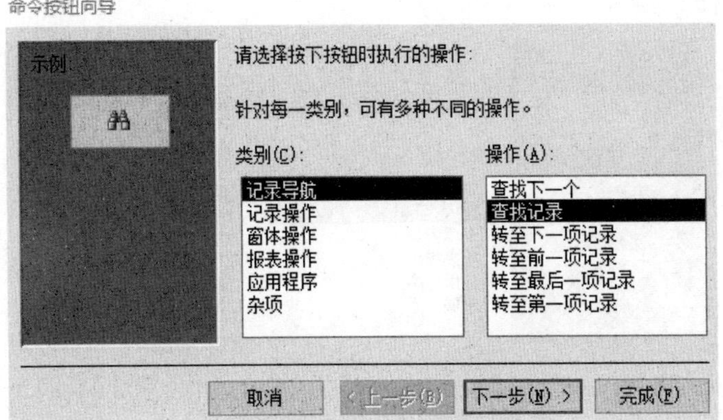

图 13.18　“查找”按钮向导

(4)单击选择“窗口设计工具 格式”→“设计”组“控件”的“按钮”选项,分别添加“添加新记录”“删除记录”和“保存记录”三个按钮。各个按钮向导关键步骤如图13.19～13.21所示。

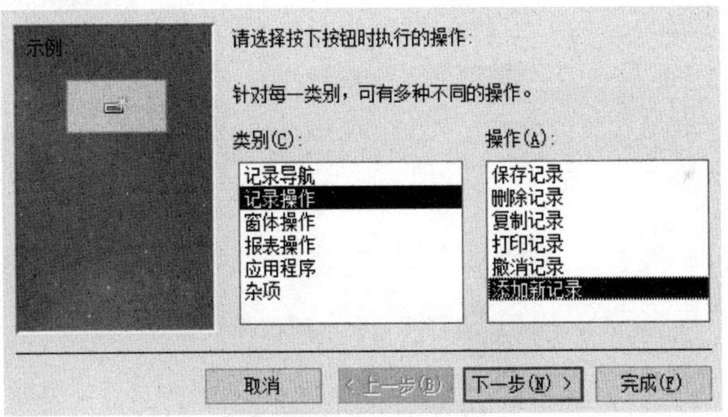

图 13.19　“新增”按钮向导

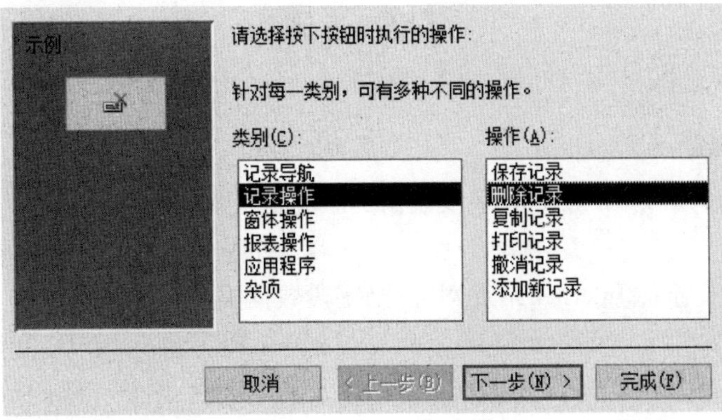

图 13.20　“删除”按钮向导

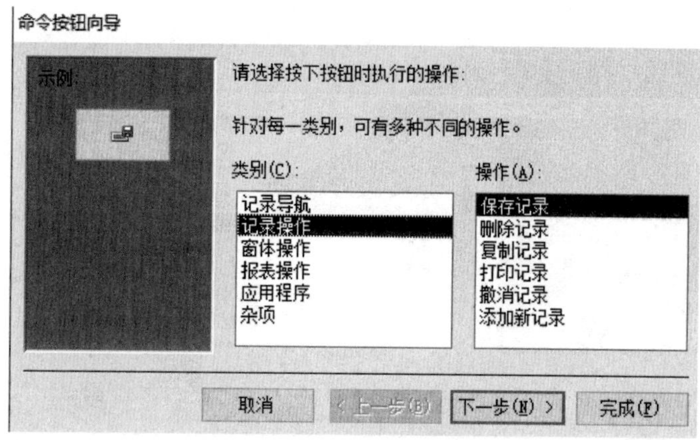

图 13.21　“保存”按钮向导

(5)单击选择“开始”→“视图”的下三角选中“窗体视图”,将视图切换为窗体视图,总体效果如图 13.22 所示,单击“快速访问工具栏”的“保存”按钮进行保存。

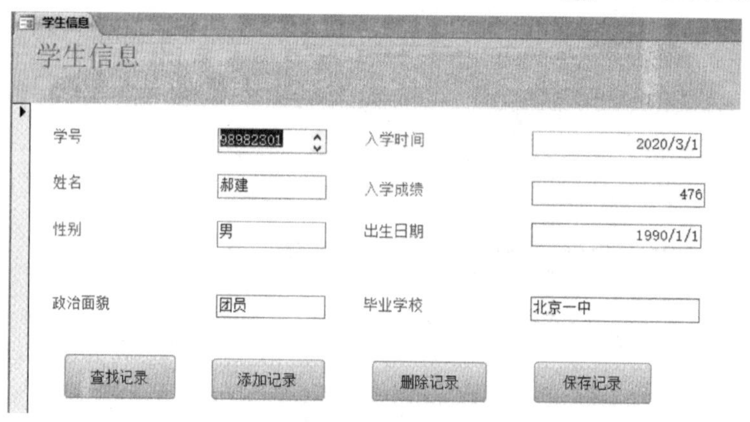

图 13.22　总体效果图

本章习题

一、单项选择题

1. 不属于 Access 2010 数据表字段数据类型的是　(　　)

A. 文本　B. 自动编号　C. 备注　D. 图形

2. 数据表中要添加 Internet 站点网址,则字段数据类型是　(　　)

A. OLE 对象　B. 超链接　C. 查阅向导　D. 自动编号

3. 如果要将一个长度为 5 字节的字符集存入某一字段,则该字段的数据类型是　(　　)

A. 文本型　B. 备注型　C. OLE 对象　D. 查阅向导

4. 可以保存音乐的字段数据类型是　(　　)

A. OLE 对象　　B. 超链接　　C. 备注　　D. 自动编号

5. “日期/时间”字段类型的字段长度为　(　　)

A. 2 字节　　B. 4 字节　　C. 8 字节　　D. 16 字节

6. 每个数据表可以包含的自动编号型字段的个数为　(　　)

A. 1　　B. 2　　C. 3　　D. 4

7. 在表设计视图中不能进行的操作是　(　　)

A. 增加字段　　B. 输入记录　　C. 删除字段　　D. 设置主键

8. 要修改表的结构，必须在________中进行。　(　　)

A. 设计视图　　B. 数据表视图

C. 数据透视表视图　　D. 数据透视图

9. 不能用于数据表单元格导航的是________键。　(　　)

A. Tab　　B. Enter　　C. 光标　　D. Alt

10. 在数据表中，使记录往后移动一屏的快捷键是　(　　)

A. “Ctrl + PgUp”　　B. “PgUp”　　C. “PgDn”　　D. “Ctrl + PgDn”

二、多项选择题

1. 以下哪个数据类型可以设置输入掩码　(　　)

A. 文本　　B. 数字　　C. 备注　　D. 日期

2. 在下列哪个筛选中条件可以是模糊的　(　　)

A. 按窗体筛选　　B. 按选定内容筛选　　C. 内容排除筛选　　D. 高级筛选→排序

3. 关于窗体的用途，叙述正确的是　(　　)

A. 创建数据输入窗体可以用来向表中输入数据

B. 创建切换面板窗体可以用来打开其他窗体和报表

C. 创建概念自定义对话框可接受用户输入并依照输入执行某个操作

D. 可以利用窗体显示各种信息、讲稿和错误，并利用其对 Access 进行控制

4. 窗体可以基于　(　　)

A. 单个表　　B. 多个表　　C. 报表　　D. 查询

5. 报表和查询有哪些区别　(　　)

A. 报表为数据呈现服务，查询为数据查找服务

B. 报表不能修改数据，查询可以修改数据

C. 报表可以进行数据汇总，查询不可以

D. 报表不能作为其他模块的数据源，查询可以

三、判断题

1. 编辑表时可以使用“Ctrl + Home”组合键快速回到第一条记录。　(　　)

2. 可以在记录编号框中输入记录编号来定位记录。　(　　)

3. 自动编号类型的字段的值不能修改。　(　　)

4. 被删除的自动编号型字段的值会被重新使用。　(　　)

5. 如果删除了数据表中含有自动编号型字段的一条记录，Access 会对自动编号型字段重新进行编号。　(　　)

6. 修改表中字段名会影响表中的数据。　(　　)

7. 设计视图的主要作用是创建表和修改表结构。　（　）

8. “ * ”标记表示用户正在编辑该行的记录。　（　）

9. 删除某条记录后,能用功能区上的“撤销”按钮来恢复此记录。　（　）

10. 对任意类型的字段都可以设置默认值属性。　（　）

项目十四　创建 Access 2010 数据库

Access 2010 数据库是微软公司出品的优秀的桌面数据库管理和开发工具。微软公司将汉化的 Access 2010 中文版加入 Office 2010 中文版套装软件中，使得 Access 在中国得到了广泛的应用。

学习目标

- 设计一个图书管理系统

任务一　设计一个图书管理系统

任务要求

建立图书管理系统，涵盖图书馆的图书管理、读者管理、借阅管理等日常工作，实现计算机统一管理，以提高工作效率和管理水平，效果如图 14.1 所示，任务要求如下。

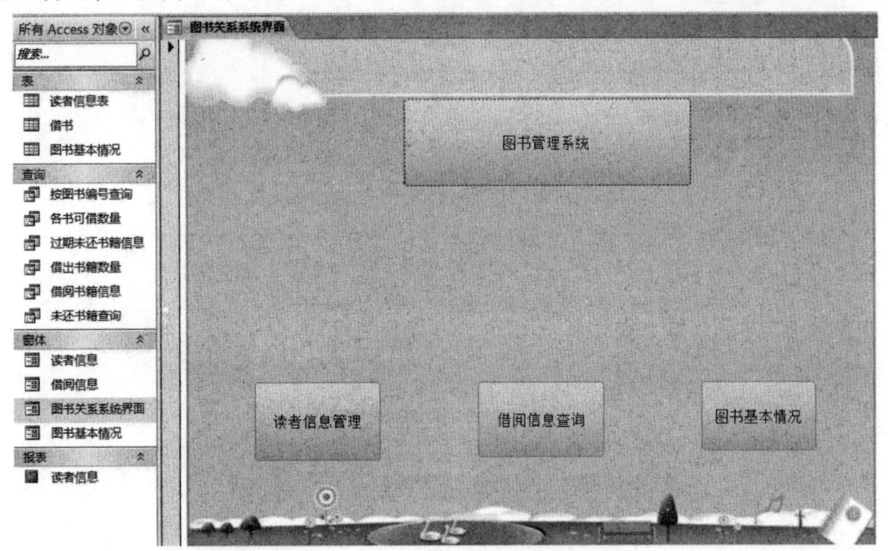

图 14.1　图书管理系统主界面效果图

(1)新创建一个数据库并保存，命名为“图书管理数据库”。

(2)在设计视图下创建“读书表”“读者表”和“借书表”三个信息表，在表内部将所给数据填入表格中，并设置表中的数据类型、格式、长度和约束条件。

(3)将“读书表”“读者表”中的“图书编号”“借书证号”，“借书表”中的“借书证号”

和“图书编号”设置为“主键”并添加到关系选项中。

(4)根据所建立的“读书表”“读者表”和“借书表”之间相同的项目,建立相互联系。

(5)创建查询功能,根据以上三个信息表使用“选择查询”“计算查询”“参数查询”和“生成表查询功能”,完成“按图书编号查询”“各书可借数量”“过期未还书籍信息”“借出书籍数量”“借阅图书信息”和“未还书籍查询”功能。

(6)使用 Access 2010 窗体设计自动导航,完成“读者信息”“借阅信息”“图书管理系统界面”和“图书基本情况”窗体的设计。

(7)使用报表向导功能,完成最后的“读者信息”报表的设计。

任务实现

(一)创建和管理数据库

(1)启动 Access 2010 数据库进入主界面,单击“文件”→“新建”组的“可用模板”→“空数据库”按钮,在“文件名”中输入创建的数据库名称“图书管理数据库”,保存位置不变,单击“创建”按钮,如图 14.2 所示。这时软件将新建一个空白数据库并在数据库中自动创建一个数据表。

(2)单击“快速访问工具栏”的“保存”按钮,在“另存为”对话框的“表名称”中输入“图书基本情况”,单击“确定”按钮完成。

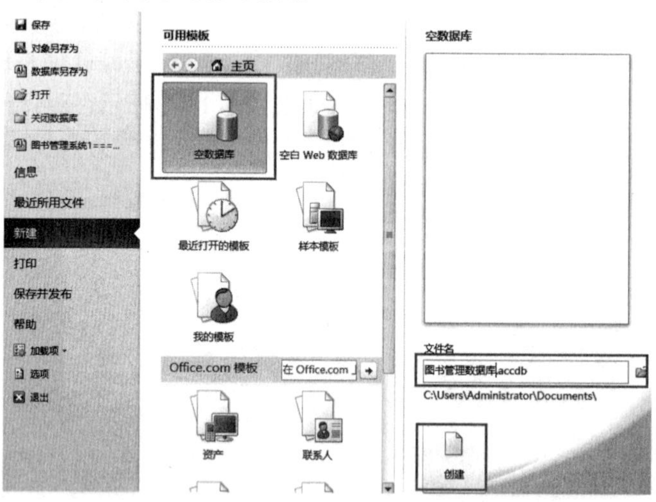

图 14.2 Access 2010 创建窗口

(二)创建、修改数据表

(1)单击选定“创建”→“表格”组的“表”按钮,如图 14.3 所示。

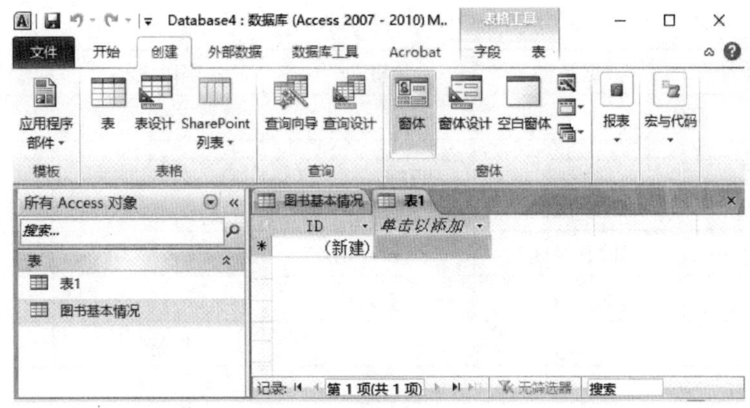

图 14.3　新建表

(2)创建完成“图书基本情况”“读者信息”和“借书情况”三个表。单击“表格工具 字段”→“视图”组下三角的“设计视图”按钮,如图 14.4 所示,按照表 14.1 ~ 14.3 的内容,在“字段名称”列中输入字段名称,在“数据类型”列中选择相应的数据类型,在常规属性窗格中设置字段大小,将表格中数据填写完毕后,单击“保存”按钮。

表 14.1　图书基本情况表结构

字段名称	数据类型	格式	字段大小	约束
图书编号	文本		50	主键
分类号	文本		50	
书号	文本		50	
书名	文本		150	
作者	文本		50	
出版社	文本		50	
定价	货币	货币		
库存量	数字		长整型	
入库时间	日期/时间	长日期		
关键字	文本		150	

表 14.2　读者表结构

字段名称	数据类型	格式	字段大小	约束
借书证号	文本		50	主键
姓名	文本		150	
性别	文本		50	
单位	文本		150	
借书数量	数字		长整型	

表 14.3 借书表结构

字段名称	数据类型	格式	字段大小	约束
借书证号	文本		50	主键
图书编号	文本		50	主键
借书日期	日期/时间	长日期		
应还日期	日期/时间	长日期		
是否已还	是/否			
过期天数	数字		长整型	

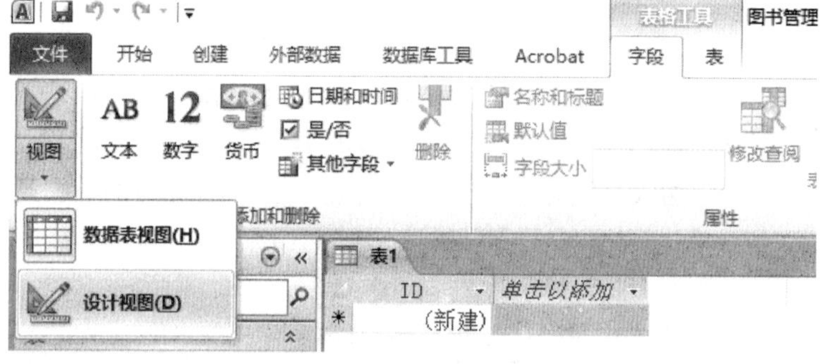

图 14.4 图书表设计

(3)选中“图书基本情况”中的“图书编号”,单击选择“表格工具 设计”→“工具”组的“主键”按钮,“图书馆编号”前将出现主键标识,如图 14.5 所示。

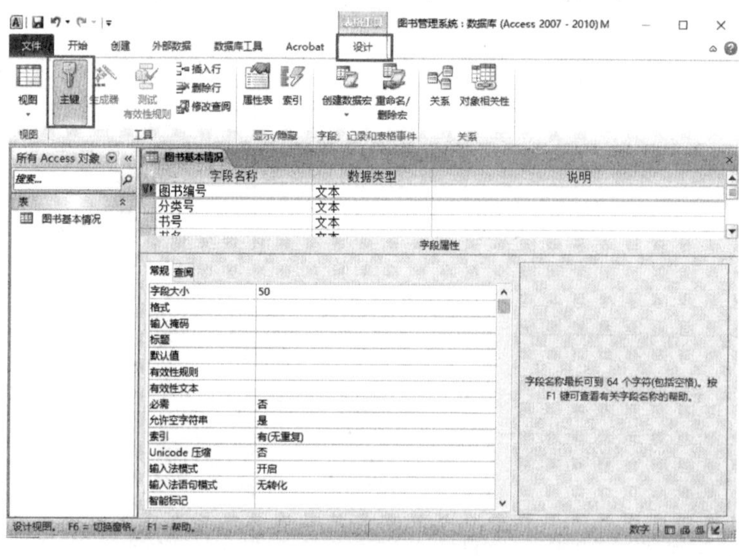

图 14.5 添加图书表及主键

(4)在“借书表”需要设置两个主键。单击“借书证号”行,然后拖动鼠标左键,选中“借书证号”和“图书编号”两行,单击选择“表格工具 设计”→“工具”组的“主键”按钮,完成两个主键的设置,单击“保存”按钮保存三个数据表,如图 14.6、图 14.7 所示。

图 14.6 读者信息表

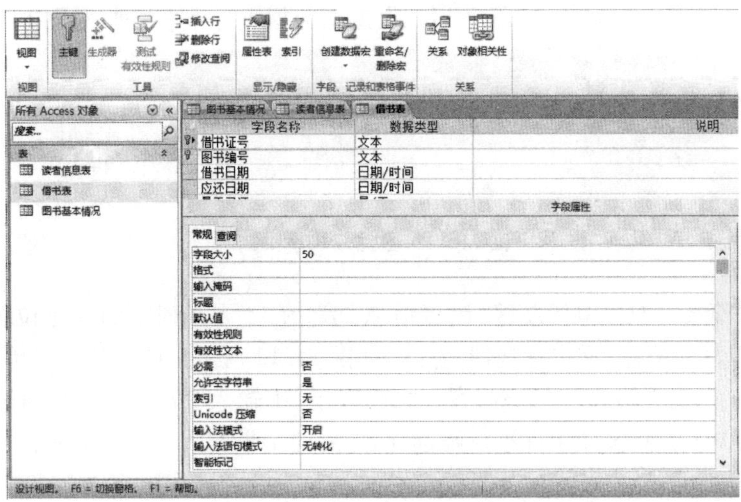

图 14.7 借书表

(5)建立的三个表为空表,在空表内输入数据。单击选择“开始”→“视图”的下三角选中“数据表视图”,将视图切换为数据表视图。按照图 14.8 ~ 14.10 将数据分别填入“图书基本情况”“借书表”和“读者信息表”中,并单击“快速访问工具栏”的“保存”按钮进行保存。

图书编号	分类号	书号	书名	作者	出版社	定价	库存量	入库时间	关键字
001	02	1	安德的游戏	阿纳	清华	¥55.00	2	2019年12月12日	游戏
002	02	2	海上牧云	今何在	西安电子	¥44.00	1	2020年2月4日	科幻
003	01	3	平凡	路遥	西安电子	¥66.00	3	2019年12月4日	散文

图 14.8 图书基本情况

借书证号	图书编号	借书日期	应还日期	是否已还	过期天数	单击以添加
001	003	2020年2月6日	2021年3月24日	☐		
003	002	2020年3月5日	2020年3月11日	☐	4	
*				☐		

图 14.9　借书表

借书证号	姓名	性别	单位	借数量
001	张三	男	电气	2
002	里斯	男	食品	2
003	雪见	女	动科	1

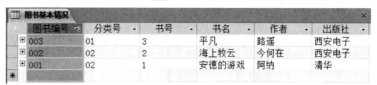

图 14.10　读者信息表

(三)使用数据表

(1)排列数据。双击鼠标左键“图书基本情况”表,将光标移动至“图书编号”列,单击“图书编号”右侧的下三角,单击“降序”按钮,对数据进行降序排列,如图 14.11 所示。

图书编号	分类号	书号	书名	作者	出版社
003	01	3	平凡	路遥	西安电子
002	02	2	海上牧云	今何在	西安电子
001	02	1	安德的游戏	阿纳	清华

图 14.11　数据表降序排列

(2)数据筛选。双击鼠标左键“读者信息”表,在“性别”列中的任意位置右键,在弹出的快捷菜单栏中选择“文本筛选器”命令,如图 14.12 所示。单击弹出菜单中的“等于”命令,会弹出“自定义筛选”对话框,在“性别 等于”中输入“女”,如图 14.13 所示。单击“确定”按钮,Access 将按照条件进行筛选,筛选后的结果如图 14.14 所示。

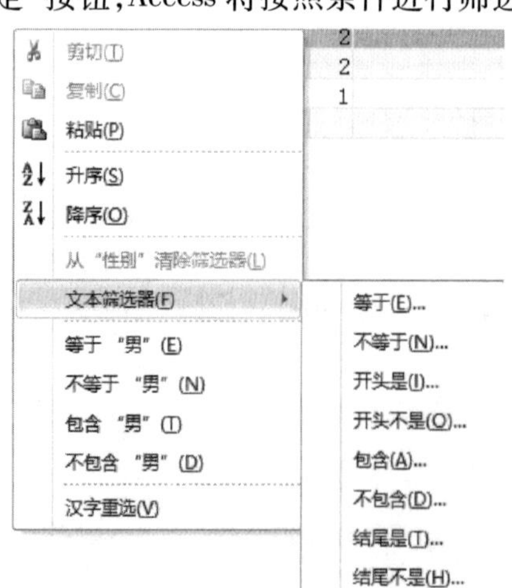

图 14.12　“文本筛选器”对话框

图 14.13　“自定义筛选”对话框

读者信息表

借书证号	姓名	性别	单位	借数量	单击以添加
003	雪见	女	动科	1	

图 14.14　条件筛选结果

(四)建立表间的关系

(1)单击选择“数据库工具”→“关系”组的“关系”按钮,弹出“显示表”对话框,如图 14.15 所示。

图 14.15　“关系”对话框

(2)分别添加“显示表”对话框 “表”中的“读者信息表”“借书表”和“图书基本情况”,单击“添加”按钮进行添加,添加完毕单击“关闭”后如图 14.16 所示。

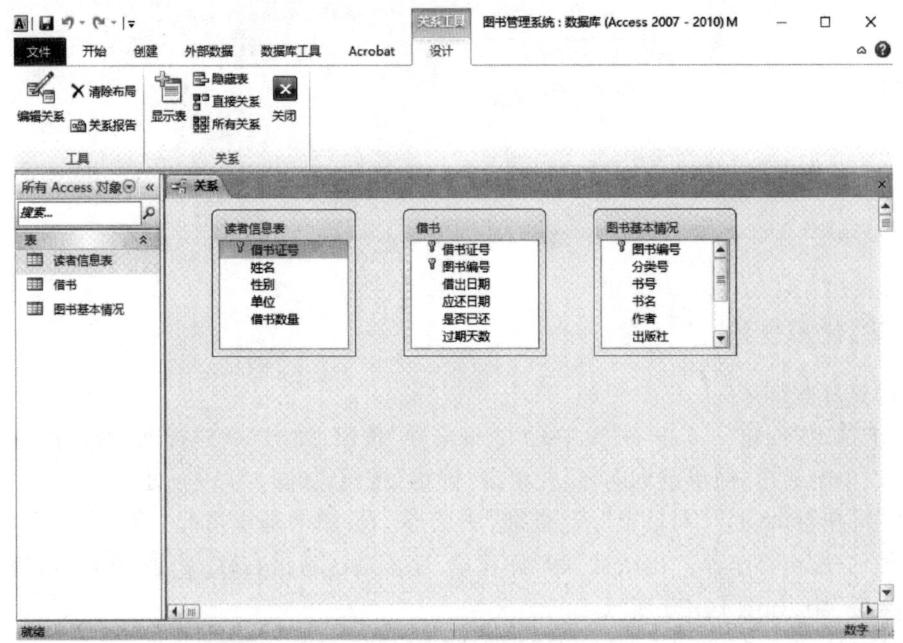

图 14.16　添加信息表

（3）在“关系”窗口下，单击“关系工具 设计”→“工具”组的“编辑关系”按钮，弹出“编辑关系”对话框，如图 14.17 所示，选择“借书证号”，单击“创建”完成关系的创建。

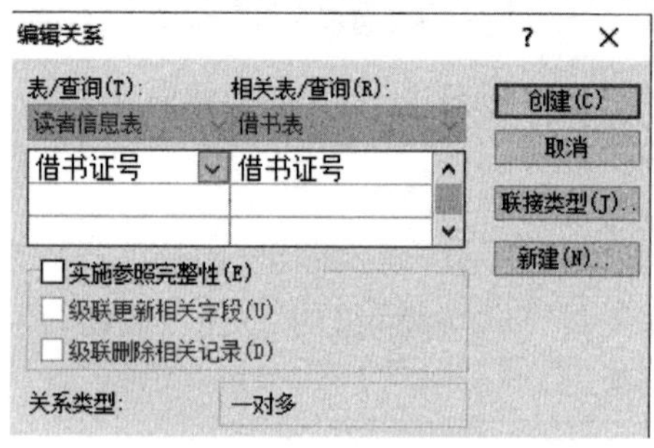

图 14.17　关系建立设置

（4）依照（3）操作，将“图书基本情况”和“借书表”中的“图书编号”建立关系，如图 14.18 所示。

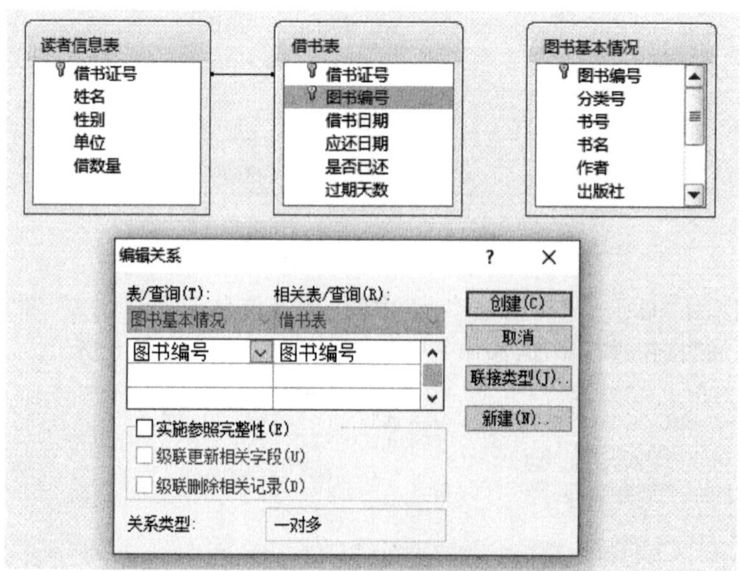

图 14.18　关系建立

（五）使用查询

（1）选择查询。

单击选定“创建”→“查询”组中的“查询向导”按钮，弹出“新建查询”对话框，在对话框右侧栏单击选择“简单查询向导”并单击“确定”按钮，如图 14.19 所示。

在“简单查询向导”对话框“表/查询”中选择“表：图书基本情况”，将“可用字段”中的“书号”“书名”“作者”“出版社”和“库存量”字段通过单击右移 › 按钮右移到右侧的“选定字段”中，如图 14.20 所示。

再次单击选定“创建”→“查询”组中“查询向导”，弹出“新建查询”对话框，在对话框右侧栏单击选择“简单查询向导”并单击“确定”按钮，在对话框“表/查询”中选择“表：借书表”，将“可用字段”中的“借书证号”“借书日期”“应还日期”和“过期天数”字段通过

单击右移 > 按钮右移到右侧的"选定字段"中，如图 14.21 所示，单击"下一步"按钮。

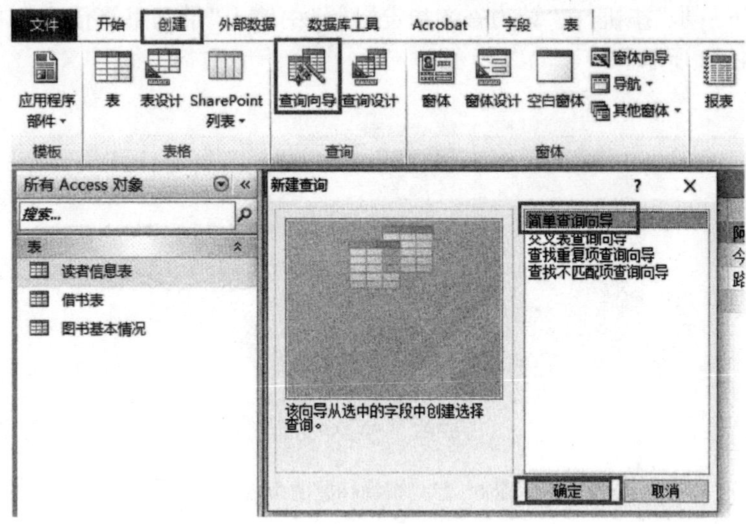

图 14.19　创建查询向导

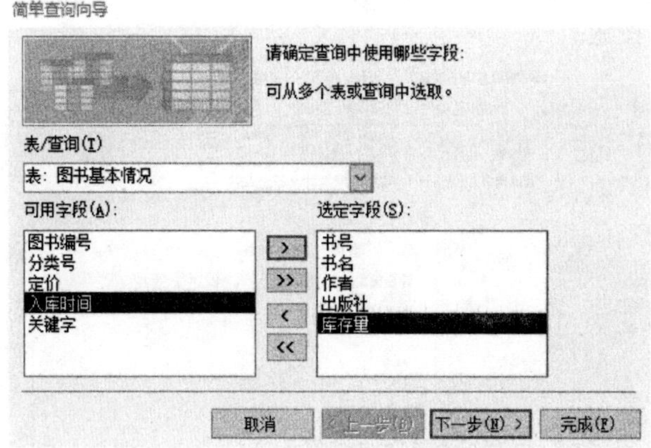

图 14.20　简单查询向导设计

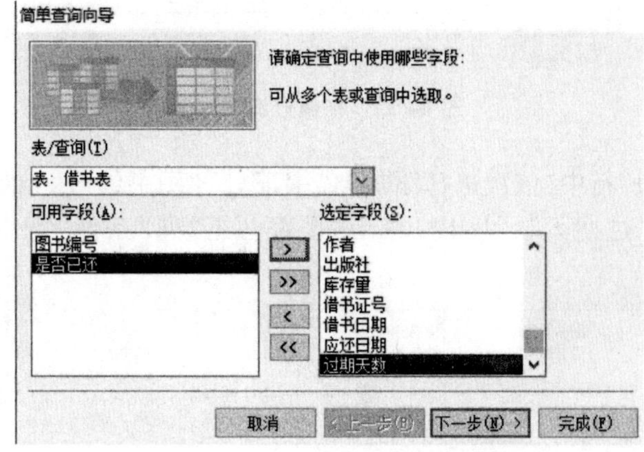

图 14.21　完成简单向导查询设计

在“请确定采用明细查询还是汇总查询:”中单击选择“明细(显示每个记录的字段)”,单击“下一步”按钮,在“请为查询指定标题”中输入“借阅书籍信息”,单击“完成”即可,如图 14.22 所示。

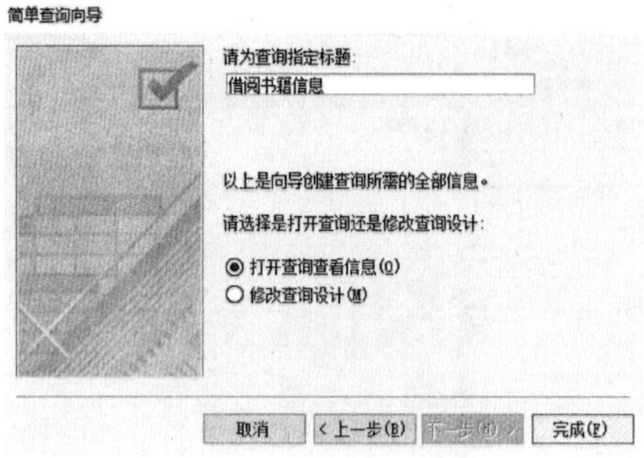

图 14.22　查询标题的命名

建立一个过期未还书籍信息查询。单击选定“创建”→“查询”组的“查询设计”按钮,弹出图 14.23 所示对话框。单击选择“显示表”对话框“表”中的“借书”,然后依次单击“添加”和“关闭”按钮。

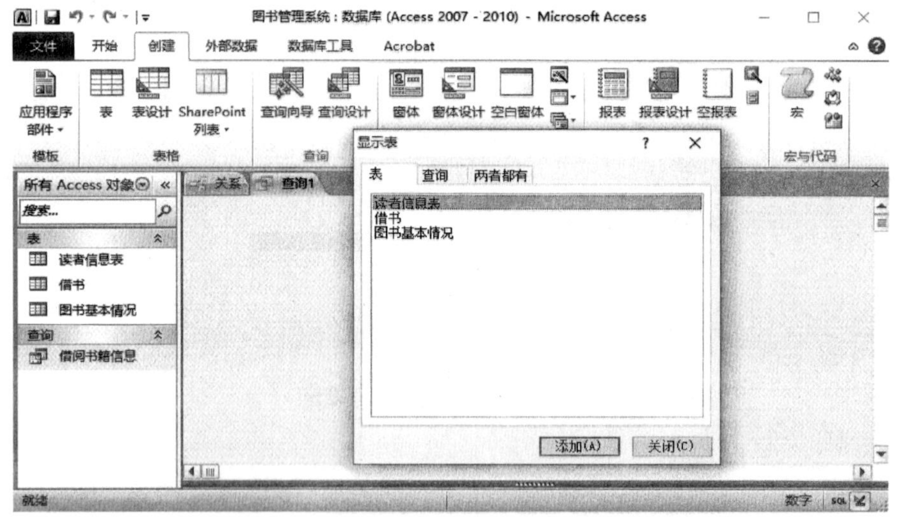

图 14.23　创建查询设计

在下方表“字段”行中,依次选择添加“借书证号”“图书编号”“借书日期”“应还日期”“是否已还”和“过期天数”字段,并在“是否已还”列“条件”行中输入“No”,如图 14.24所示。

字段:	借书证号	图书编号	借书日期	应还日期	是否已还	过期天数
表:	借书表	借书表	借书表	借书表	借书表	借书表
排序:						
显示:	☑	☑	☑	☑	☑	☑
条件:					No	
或:						

图 14.24　借书表添加字段

在“过期天数”列“条件”行中单击右键，在弹出的菜单中单击“生成器”命令，如图14.25所示，弹出“表达式生成器”对话框。

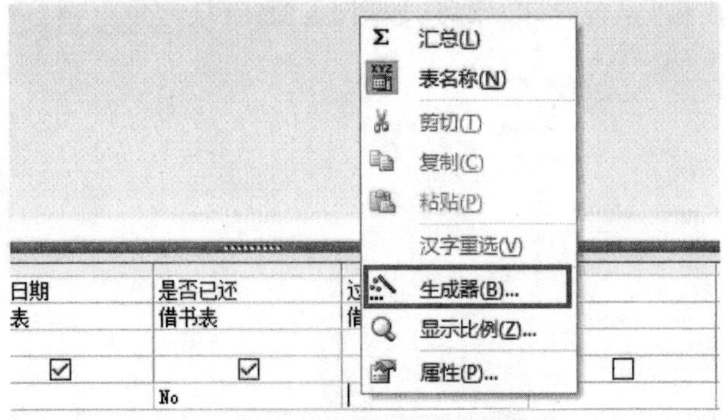

图 14.25　表达式生成器

在“表达式生成器”对话框“表达式元素”中选择“过期未还书籍信息”，双击“表达式类别”中的“过期天数”，在“输入一个表达式以用于查询条件”的“[过期天数]”后输入“ >0”，如图 14.26 所示，单击“确定”按钮。单击“快速访问工具栏”的“保存”按钮，弹出“另存为”对话框，在“查询名称”中输入“过期未还书籍信息”，单击“确定”按钮即可。

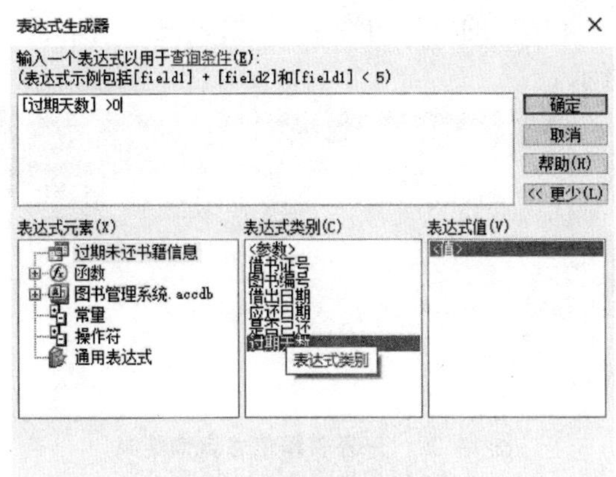

图 14.26　查询条件设置

单击“开始”→“视图”的下三角选中“数据表视图”，将“设计视图”切换为数据表视图，双击左侧窗口的“查询”→“过期未还书籍信息”，查询结果如图 14.27 所示。

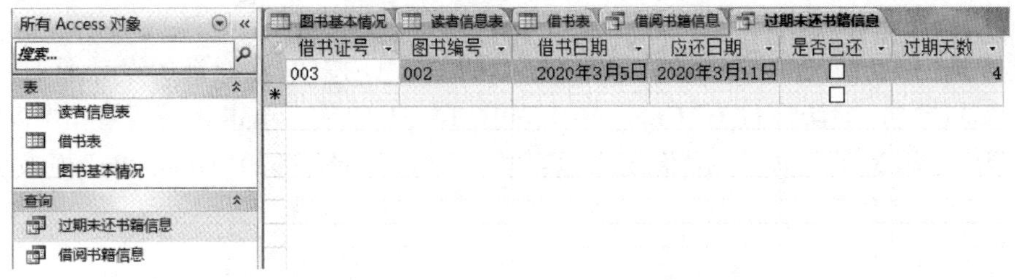

图 14.27　过期未还书籍信息查询结果

建立一个未还书籍信息查询。单击选定“创建”→“查询”组的“查询设计”，单击选择“显示表”对话框“表”中的“借书表”和“图书基本情况”，依次单击“添加”和“关闭”按钮即可。在下方“字段”行中，依次单击添加“借书证号”“图书编号”“书号”“书名”“借书日期”“应还日期”和“是否已还”字段，如图 14.28 所示。

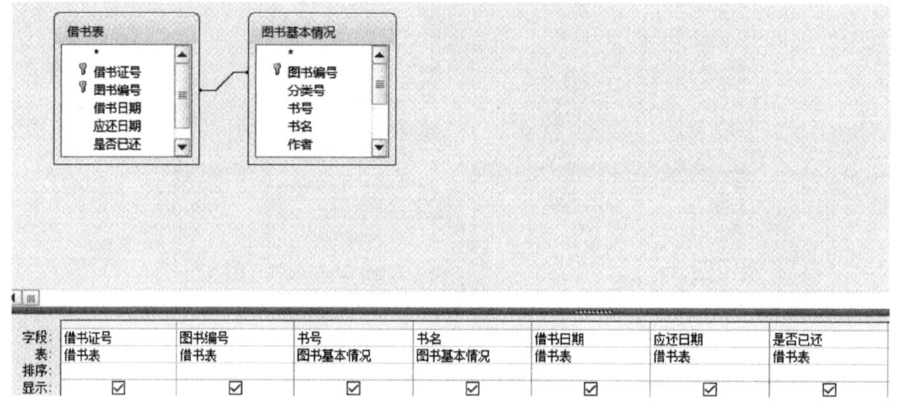

图 14.28　建立未还书查询

单击“快速访问工具栏”的“保存”按钮，弹出“另存为”对话框，在“查询名称”中输入“未还书籍信息查询”，单击“确定”按钮即可。

单击选择“开始”→“视图”的下三角选中“数据表视图”，双击“未还书籍信息查询”，显示结果如图 14.29 所示。

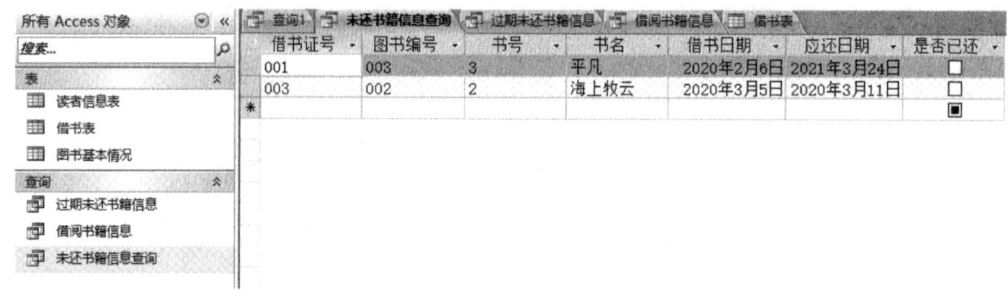

图 14.29　未还书籍信息查询结果

(2)计算查询。

单击选定“创建”→“查询”组的“查询设计”按钮，在“显示表”对话框中，单击选择“查询”选项中的“未还书籍信息查询”，然后单击“添加”按钮，再单击“关闭”按钮。将“借出书籍信息查询”中的“图书编号”“书名”“书号”添加到下面表的“字段”行中，如图 14.30 所示，其中“字段”行添加两次“书名”。

单击选定“查询工具 设计”→“显示”组中的“汇总”按钮，在查询的设计图下方表格中出现“总计”行，默认设置为“Group By”，如图 14.31 所示。单击将最后一个“书名”字段更改为“借出数量：书名”，“借出数量：书名”列“总计”行的“Group By”更改为“计数”。

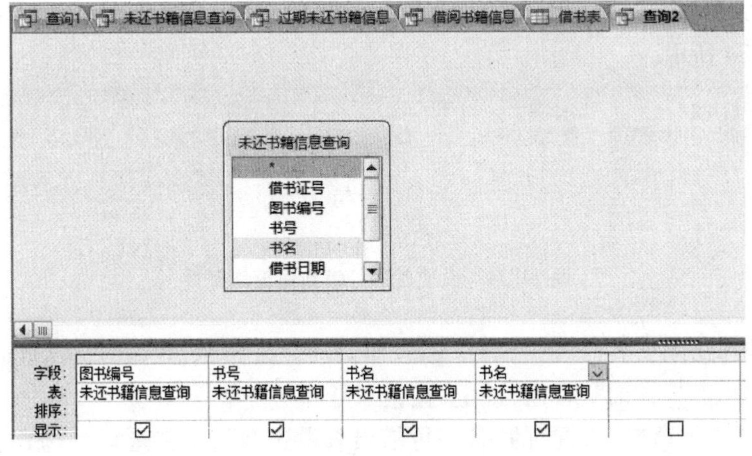

图 14.30　未还书籍字段的添加

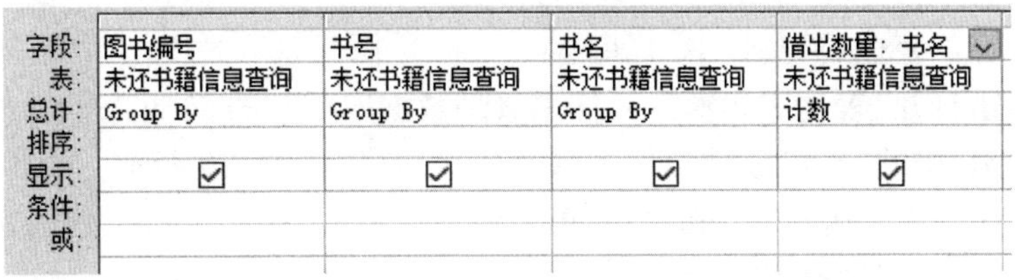

字段:	图书编号	书号	书名	借出数量: 书名
表:	未还书籍信息查询	未还书籍信息查询	未还书籍信息查询	未还书籍信息查询
总计:	Group By	Group By	Group By	计数
排序:				
显示:	☑	☑	☑	☑
条件:				
或:				

图 14.31　生成总计

单击“快速访问工具栏”的“保存”按钮,弹出“另存为”对话框,在“查询名称”中输入“借出书籍数量查询”,单击“确定”按钮即可,显示结果如图 14.32 所示。

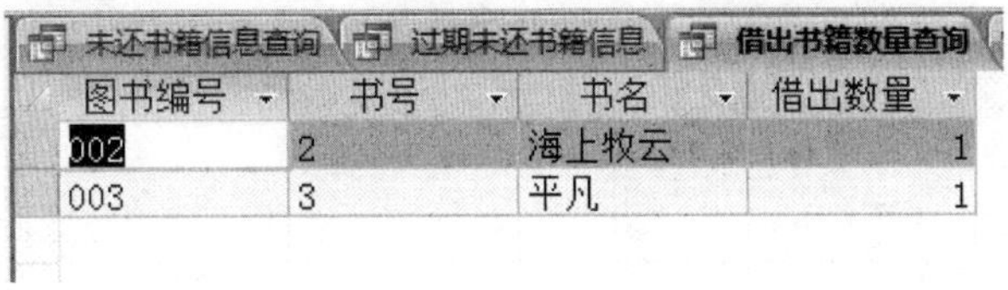

未还书籍信息查询　过期未还书籍信息　借出书籍数量查询

图书编号	书号	书名	借出数量
002	2	海上牧云	1
003	3	平凡	1

图 14.32　借出书籍数量查询结果

创建一个各书可借出数量查询。单击选定“创建”→“查询”组的“查询设计”,在“显示表”对话框中选择“两者都有”选项,单击选择其中的“借出书籍数量查询”和“图书基本情况”进行添加,添加成功后单击“关闭”按钮,如图 14.33 所示。

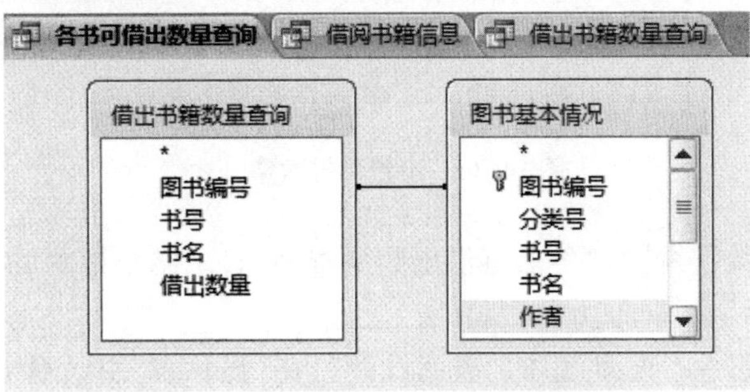

图 14.33　建立各书可借数量查询

单击下方表格“字段”行,分别添加“图书编号”“分类号”“书号”“作者”和“书名”字段,如图 14.34 所示。

字段:	图书编号	分类号	书名	书号	作者
表:	借出书籍数量查询	图书基本情况	图书基本情况	图书基本情况	图书基本情况
排序:					
显示:	☑	☑	☑	☑	☑
条件:					
或:					

图 14.34　设置各书可借数量查询条件

单击“快速访问工具栏”的“保存”按钮,弹出“另存为”对话框,在“查询名称”中输入“各书可借出数量查询”,单击“确定”按钮即可。

双击选择左侧窗口“查询”的“各书可借出数量查询”,单击选择“开始”→“视图”的下三角选中“设计视图”,在“字段”的最后一列单击右键,单击选择“生成器”命令,弹出“表达式生成器”对话框。单击打开“表达式元素”→“图书管理数据库”组“表”的“图书基本情况”,双击“表达式类别”中的“库存量”,在“[图书基本情况]! [库存量]”后输入“ - ”减号,单击打开“表达式元素”→“图书管理数据库”组“查询”的“借出书籍数量”,双击“表达式类别”中的“借出数量”,单击“确定”按钮,如图 14.35 所示。单击选择 “字段”行的最后一列中的“表达式 1”,修改为“可借数量”,单击“保存”按钮,如图 14.36 所示。

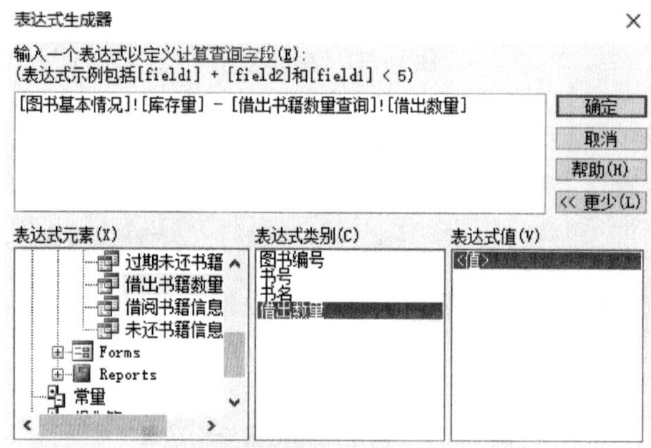

图 14.35　设置可借数量表达式

字段:	图书编号	分类号	书名	书号	作者	可借数量: [图书基本
表:	借出书籍数量查询	图书基本情况	图书基本情况	图书基本情况	图书基本情况	
排序:						
显示:	☑	☑	☑	☑	☑	☑
条件:						
或:						

图 14.36　设置可借数量公式

将视图切换到数据视图,“各书可借出数量查询”显示结果如图 14.37 所示。

(3)参数查询。

单击选定“创建”→“查询”组的“查询设计”,在“显示表”对话框中,单击选择“表”选项中的“图书基本情况”和“添加”按钮,然后单击“关闭”按钮。将“图书基本情况”中的所有字段添加到下面表的“字段”中,在字段“图书编号”列“条件”行中输入“[请输入图书编号:]”,如图 14.38 所示。

各书可借出数量查询

图书编号	分类号	书名	书号	作者	可借数量
002	02	海上牧云	2	今何在	0
003	01	平凡	3	路遥	2

图 14.37　各书可借数量

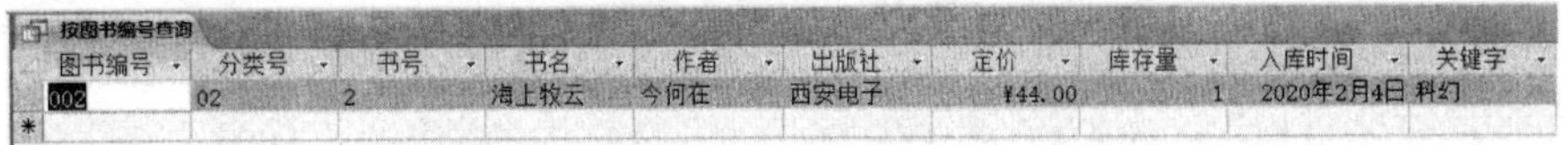

字段:	图书编号	分类号	书号	书名	作者	出版社	定价	库存量	入库时间	关键字
表:	图书基本情况	图书基本情况	图书基本情况	图书基本情况	图书基本情况	图书基本情况	图书基本情况	图书基本情况	图书基本情况	图书基本情
排序:										
显示:	☑	☑	☑	☑	☑	☑	☑	☑	☑	
条件:	[请输入图书编号:]									
或:										

图 14.38　设置图书编号条件

单击“快速访问工具栏”的“保存”按钮,弹出“另存为”对话框,在“查询名称”中输入“按图书编号查询”,单击“确定”按钮即可。

双击左侧“查询”的“按图书编号查询”,弹出“请输入图书编号”对话框,输入要查询的图书编号,如“002”,单击“确定”按钮即可查到相关的图书信息,如图 14.39 所示。

按图书编号查询

图书编号	分类号	书号	书名	作者	出版社	定价	库存量	入库时间	关键字
002	02	2	海上牧云	今何在	西安电子	¥44.00	1	2020年2月4日	科幻
*									

图 14.39　所要查询的图书信息

(六)使用窗体

(1)单击选定“创建”→“窗体”组的“窗体向导”按钮,弹出“窗体向导”对话框,选择“表/查询”中的“表:图书基本情况”,将“可用字段”中的所有子项全部单击右移 >> 按钮移动到“选定字段”,如图 14.40 所示,单击“下一步”按钮。选择“纵栏表”,单击“下一步”,弹出如图 14.41 的对话框,在“请为窗体指定标题”中输入“图书基本情况”,单击点选“修改窗体设计”,单击“完成”按钮,弹出“字段列表”对话框,单击“关闭”按钮即可完成窗体的创建。

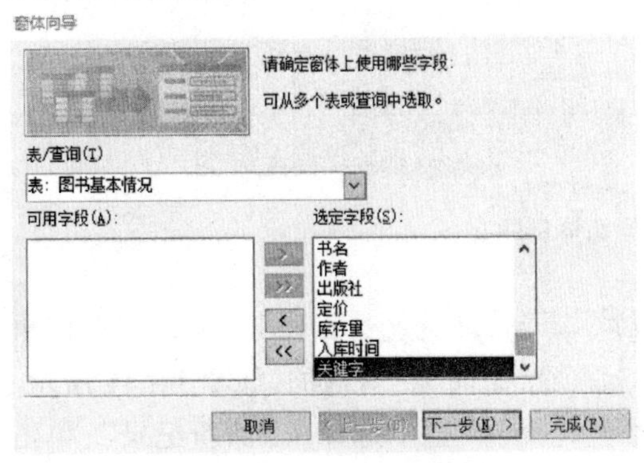

图 14.40　窗体设计对话框

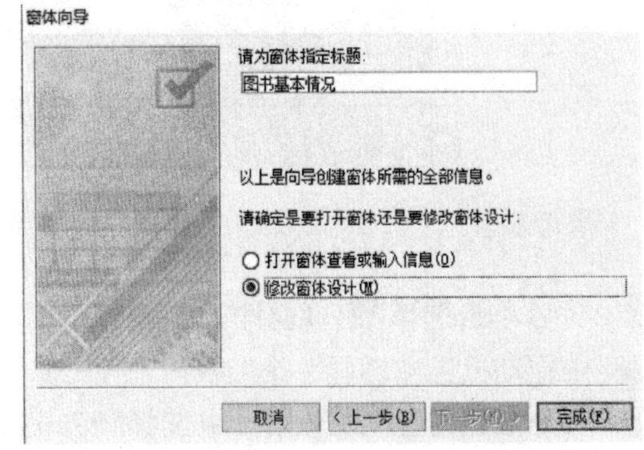

图 14.41　完成窗体设计对话框

(2)在设计视图下双击窗体空白处打开“属性表”对话框,单击选择“所选内容类型”为“窗体”,在“图片”选项中插入名为“任务十四”的图片,设置“图片缩放模式”为“拉伸”,如图 14.42 所示,单击“关闭”按钮即可。

注意:如果未找到计算机中的“任务十四”图片文件,可以在“插入图片”对话框的搜索栏中输入图片文件名,确定图片所在位置后(如此计算机)进行搜索。

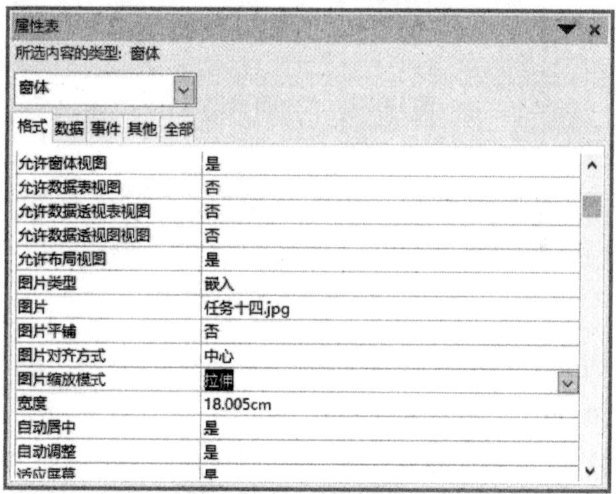

图 14.42　插入图片

(3)将“窗体页眉”中的文字“图书基本情况”修改为“图书入库信息”,在“窗口设计工具 格式”→“字体”组中,设置文字字体为“华文行楷,加黑,居中,36”,如图 14.43 所示。

图 14.43　设计窗体标题

(4)单击选择“窗口设计工具 格式”→“设计”组“控件” xxxx “按钮”选项,在“窗体页脚”中拖动鼠标左键画一个“命令”按钮,弹出“命令按钮向导”对话框,如图 14.44 所示。在“命令按钮向导”的“类别”中选择“记录操作”,“操作”栏中选择“添加新纪录”,单击“下一步”。

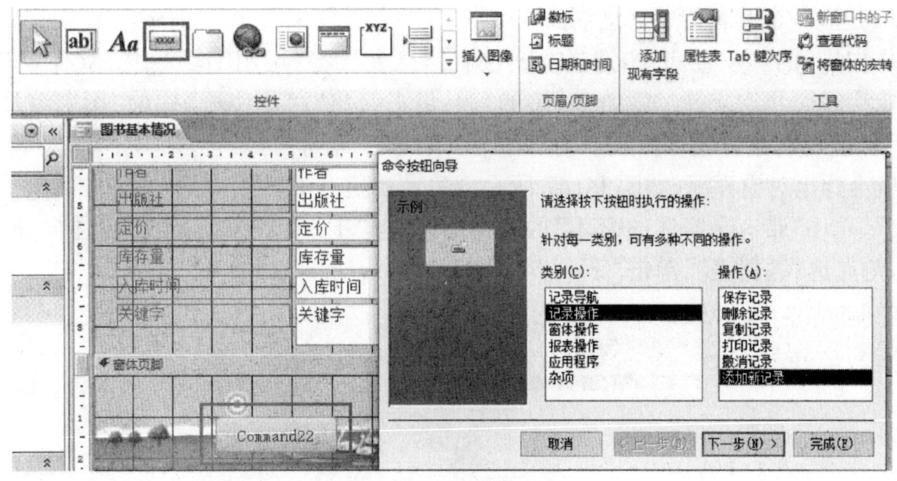

图 14.44　修改窗体按钮

(5)在弹出新的对话框“文本”中输入“添加纪录”，单击“下一步”，如图 14.45 所示，单击“完成”按钮即可，适当调整“添加记录”按钮的大小和位置。

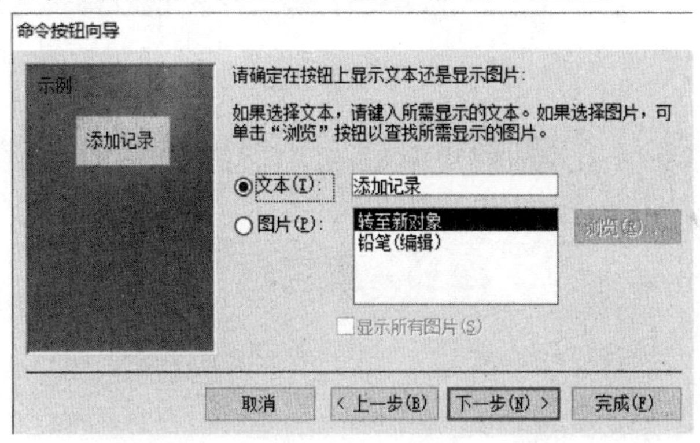

图 14.45　添加新纪录

(6)按照同样的方法，添加“删除记录”和“保存记录”按钮并保存修改。将设计视图切换为窗体视图，显示如图 14.46 所示。

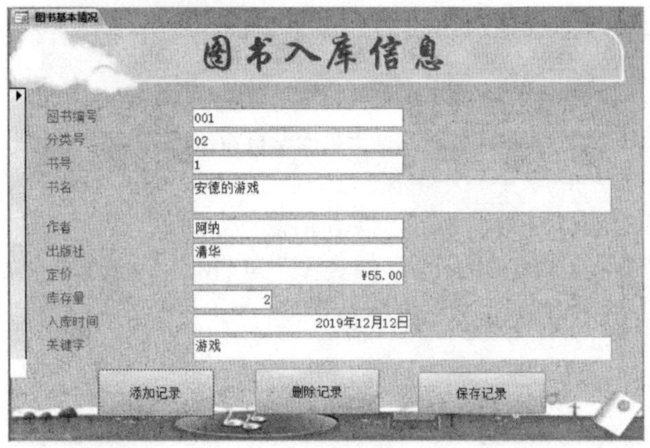

图 14.46　窗体界面

(7)建立一个读者借书信息界面。单击选定“创建”→“窗体”组的“窗体向导”按钮,在“窗体向导”的“表/查询”中选择“表:读者信息表”,将“可用字段”中的所有字段右移至“选定字段”,再次选择“表/查询”中的“表:借书”,将“可用字段”中的“图书编号”“借出日期”“应还日期”“是否已还”“过期天数”字段右移到“选定字段”中,单击“下一步”按钮,就会弹出对应界面,如图 14.47 所示,在“请确定查看数据方式”中单击“通过 读者信息表”,选中“带有子窗体的窗体”的复选框,单击“下一步”按钮。在“窗体向导”对话框的右侧点选“数据表”,单击“下一步”按钮。

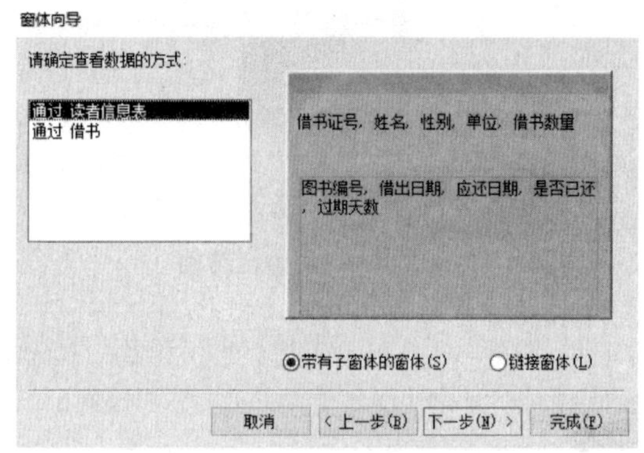

图 14.47　读者借书信息窗体

(8)在弹出的话框中,在“窗体”中输入“读者信息”,“子窗体”中输入“借阅信息”,单击“完成”按钮并保存,打开如图 14.48 的界面。

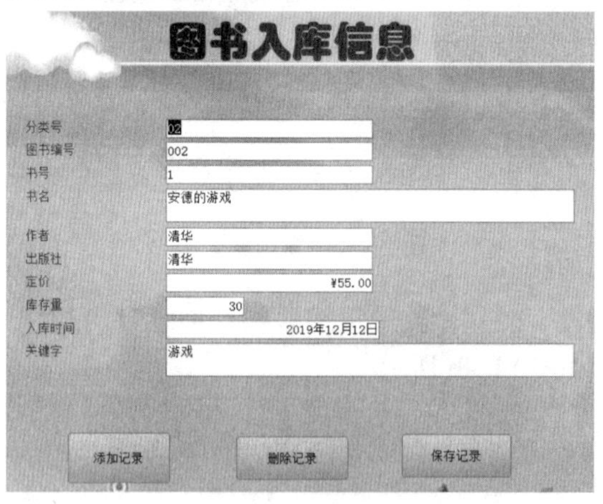

图 14.48　读者借书信息窗体显示

(9)将视图切换为设计视图,双击“读者信息”空白处,打开“属性表”对话框,如图 14.49 所示,选择“属性表”下“所选内容的类型”为“窗体”,选择“全部菜单”中的“记录源”,将其修改为“借阅书籍信息”,单击“保存”。

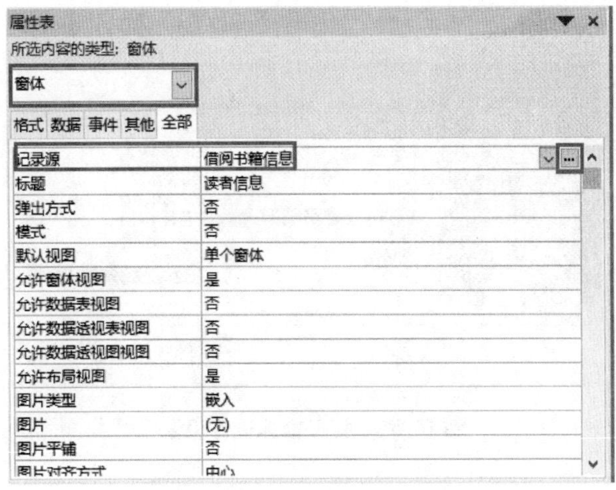

属性表

所选内容的类型：窗体

窗体

格式 数据 事件 其他 全部

记录源	借阅书籍信息
标题	读者信息
弹出方式	否
模式	否
默认视图	单个窗体
允许窗体视图	是
允许数据表视图	否
允许数据透视表视图	否
允许数据透视图视图	否
允许布局视图	是
图片类型	嵌入
图片	(无)
图片平铺	否
图片对齐方式	中心

图 14.49 记录源设置

(10)设置完成后，将视图切换为窗体视图，显示如图 14.50 所示。

读者信息

借书证号 001

姓名 #名称?

性别 #名称?

单位 #名称?

借数量 #名称?

借阅信息

图书编号	借书日期	应还日期
003	2020年2月6日	2021

记录：第 1 项(共 1 项) 无筛选器 搜索

图 14.50 读者信息

(11)创建主窗体。单击选定“创建”→“窗体”组的“空白”按钮，单击“关闭”“字段列表”对话框。

(12)在设计视图下双击窗体空白处打开“属性表”对话框，单击选择“所选内容类型”的“窗体”，在“图片”选项中插入名为“任务十四”的图片，设置“图片缩放模式”为“拉伸”，单击“关闭”按钮即可。

(13)单击选择“窗口设计工具 格式”→“设计”组“控件”XXXX“按钮”选项，在界面适当位置拖动鼠标左键画一个“命令”按钮，弹出“命令按钮向导”的对话框，如图 14.51 所示。在“命令按钮向导”的“类别”中选择“窗体操作”，“操作”栏中选择“打开窗体”，单击“下一步”，单击选择“读者信息”，单击“下一步”，点选“打开窗体并显示所有记录”，单击“下一步”，点选“文本”输入“读者信息”，单击“完成”按钮。

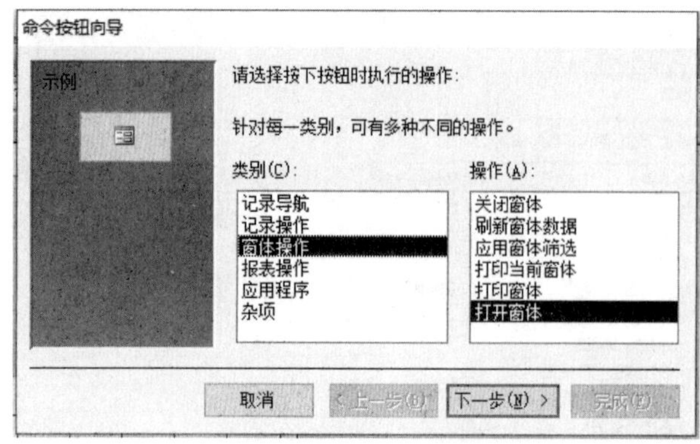

图 14.51　打开窗体操作设置

(14)利用以上操作完成“读者信息”“借阅信息”“图书基本情况”按钮的添加。单击选定“创建”→“控件”组的标签 **Aa** 按钮，拖动鼠标左键在窗口中换一个标签，在其中输入“图书管理系统”，设置字体格式为“华文行楷，居中，加粗，36”。将视图切换为窗体视图，最后效果图如图 14.52 所示。

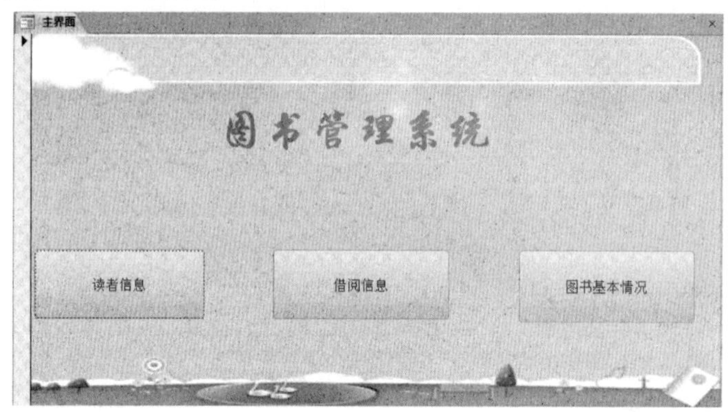

图 14.52　主窗体设计

(七)使用报表

(1)单击选定“创建”→“报表”组的“报表向导”按钮，然后使用向导创建所需要的报表选项，在“报表向导”对话框的“表/查询”中选择“表：读者信息表”，将其所有子项目都添加到“选定字段”中，如图 14.53 所示，单击“下一步”按钮。

(2)单击“报表向导”对话框的“借书证号”字段，添加到右侧栏目中并单击“下一步”，在弹出的对话框中，设置次序为“借书数量”“姓名”“单位”和“性别”。单击选择“下一步”按钮，如图 14.54 所示。

(3)在弹出的对话框中的“布局”和“方向”里选择“块”和“纵向”，继续选择“下一步”，如图 14.55 所示。

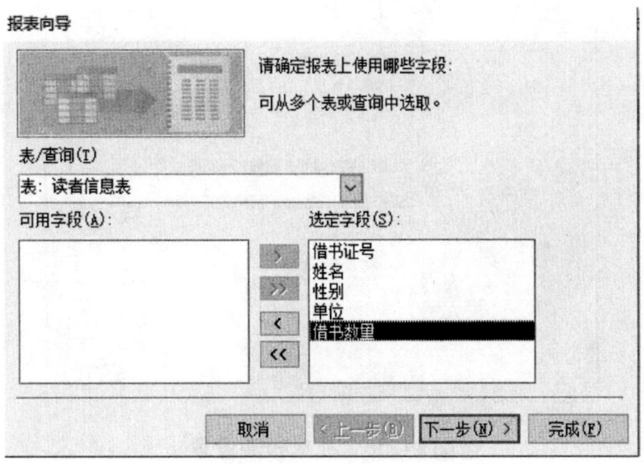

图 14.53　报表向导设置

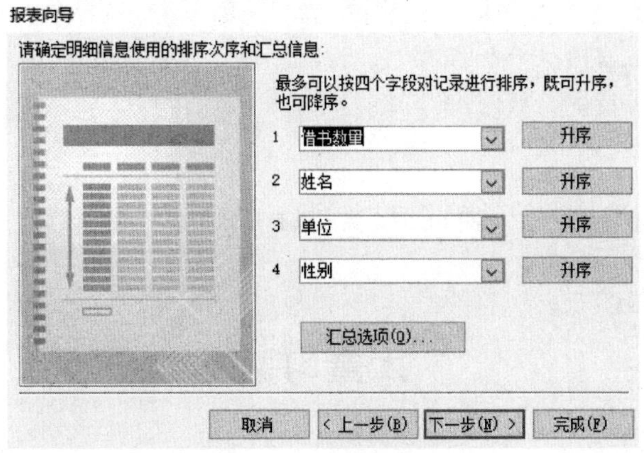

图 14.54　排序字段

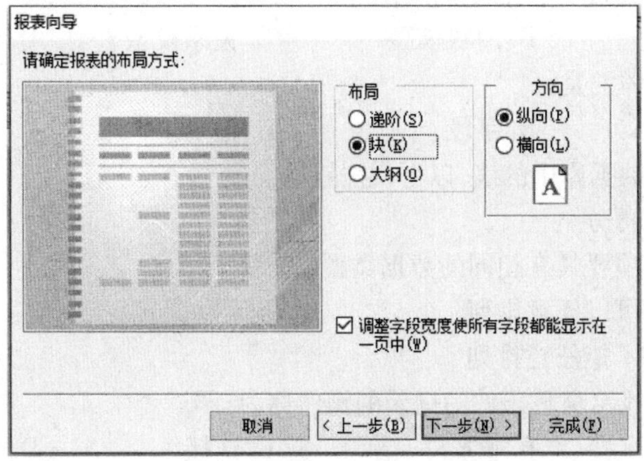

图 14.55　布局设置

(4)在弹出的图 14.56 所示的对话框中默认相关设置,在“请为报表指定标题:”中输入“读者信息表”,单击“完成”按钮,打开报表如图 14.57 所示。

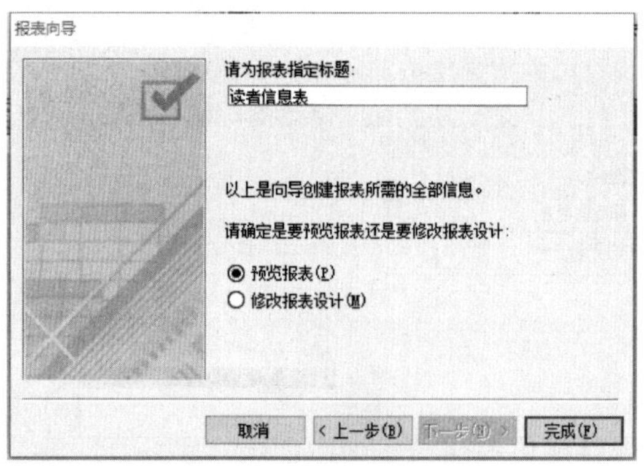

图 14.56　完成报表设置

读者信息表

借数量	姓名	单位	性别	借书证号
1	雪见	动科	女	003
2	里斯	食品	男	002
2	张三	电气	男	001

图 14.57　完成读者信息报表

本章习题

一、单项选择题

1. 当前主流的数据库系统通常采用　（　　）

A. 层次模型　B. 网状模型　C. 关系模型　D. 树状模型

2. 用来表示实体的是　（　　）

A. 域　B. 字段　C. 记录　D. 表

3. 关于关系型数据库中的表,以下说法错误的是　（　　）

A. 数据项不可再分

B. 同一列数据项要具有相同的数据类型

C. 记录的顺序可以任意排列

D. 字段的顺序不能任意排列

4. 在数据表中找出满足条件的记录的操作称为　（　　）

A. 选择　B. 投影　C. 连接　D. 合并

5. 在关系模型中,不属于关系运算的是　（　　）

A. 选择　B. 合并　C. 投影　D. 连接

6. 在 Access 2010 中,表和数据库的关系是　（　　）

A. 一个数据可以包含多个表

B. 一个表可以包括多个数据库

C. 一个数据库只能包含一个表

D. 一个表只能包含一个数据库

7. Access 2010 字段不能包含的字符是　(　　)

A. "!"　B. "@"　C. "%"　D. "&"

8. 数据表中的行称为　(　　)

A. 字段　B. 数据　C. 记录　D. 主键

9. 不属于 Access 2010 数据表字段数据类型的是　(　　)

A. 文本　B. 通用　C. 数字　D. 自动编号

10. 创建学生表时，存储学生照片的字段类型是　(　　)

A. 备注　B. 通用　C. OLE 对象　D. 超链接

二、多项选择题

1. 在 Access 数据库的表设计视图中，能进行的操作是　(　　)

A. 修改字段名　B. 修改数据类型　C. 定义主键　D. 删除记录

2. Access 支持的查询类型有　(　　)

A. 选择查询　B. 统计查询　C. 交叉表查询　D. 参数查询

3. 下列关于关键字和索引的描述，正确的是　(　　)

A. 关键字是为了区别数据的唯一性的字段

B. 关键字就是一个索引

C. 关键字所在的字段的内容必须是唯一的

D. 索引所在的字段的内容必须是唯一的

4. 以下哪几种数据类型是具有实体的数据类型　(　　)

A. 文本　B. 备注　C. 查询向导　D. 数字

5. 当要给一个表建立主键，但又没有符合条件的字段时，以下哪种方法建立主键是合适的　(　　)

A. 建立一个"自动编号"主键

B. 删除不唯一的记录后建立主键

C. 建立多字段主键

D. 建立一个随意主键

三、判断题

1. Access 2010 窗口中的菜单项是固定不变的。　(　　)

2. 在 Access 中，一个数据库只能包含一个数据表。　(　　)

3. 在关系型数据库中，每一个关系都是一个二位表。　(　　)

4. 在同一个关系中不能出现相同的属性名。　(　　)

5. 要从教师表中找出职称为"教授"的教师，需要进行的关系运算是投影。　(　　)

6. 在一个二位表中，水平方向的行称为字段。　(　　)

7. 在一个 Access 应用程序窗口中，同一时刻，只能打开一个数据库文件。　(　　)

8. 使用向导可以创建任意的表。　(　　)

9. 创建表可以先输入数据再确定文件名。　(　　)

10. 创建表可以先创建一个空表，需要时再向表中输入数据。　(　　)

四、操作题

数据表“职工”的结构见表 14 – 4，该表已经用设计视图打开，按照要求完成相应操作。

表 14 – 4　数据表“职工”的结构

字段名称	数据类型	字段大小
编号	文本	6
姓名	文本	4
职称	文本	8
工资	数字	整型
工作时间	日期/时间	
是否在职	是/否	

（1）将“编号”设为主键。

（2）设置“工作时间”字段的有效性规则为 2020 年 2 月 1 日之前。

（3）设置“职称”字段的默认值为“工程师”。

（4）在“职称”字段后增加一行字段“性别”。

项目十五　使用计算机网络

计算机网络技术的产生和发展改变了人们的生活方式，已经被广泛应用于各个领域。本项目将通过三个典型任务，介绍网络配置和网络资源的共享设置、检索与收藏网页及电子邮箱的申请、收发和管理。

学习目标

- 配置网络及使用局域网资源
- 检索与收藏网页
- 电子邮箱的申请、收发和管理

任务一　配置网络及使用局域网资源

任务要求

首先把自己的计算机名称设置为自己名字的拼音，然后加入局域网中的工作组，再设置自己的网络位置为“工作网络”，最后将“实验项目素材 2020”文件夹设置为共享。

(1)设置计算机名称和工作组。

(2)设置网络位置。

(3)设置并访问共享资源。

任务实现

(一)设置计算机名称和工作组

(1)右击桌面上的“计算机”图标，在弹出的快捷菜单中选择“属性”项，在打开的“系统”窗口中单击“更改设置”选项，如图 15.1 所示。

(2)打开“系统属性”对话框，单击“更改”按钮，如图 15.2 所示。

(3)打开“计算机名/域更改”对话框，在“计算机名”编辑框中输入计算名称；在“工作组”编辑框中输入工作组名称，然后单击“确定”按钮，如图 15.3 所示。

(4)在弹出的如图 15.4 所示的对话框中单击“确定”按钮，然后根据打开的提示对话框进行相应操作，使设置生效。

图 15.1 "系统"窗口

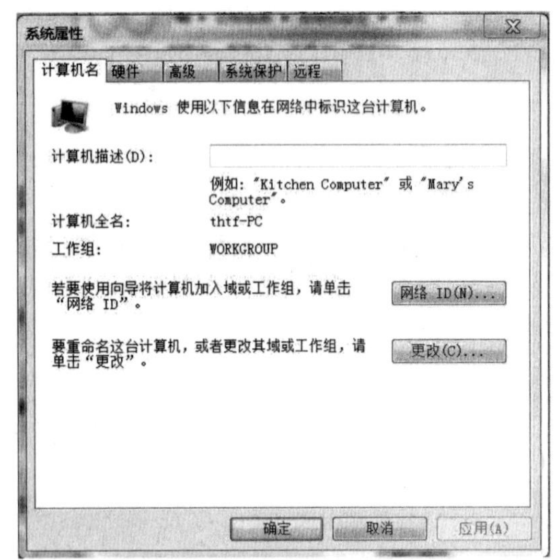

图 15.2　单击"更改"按钮

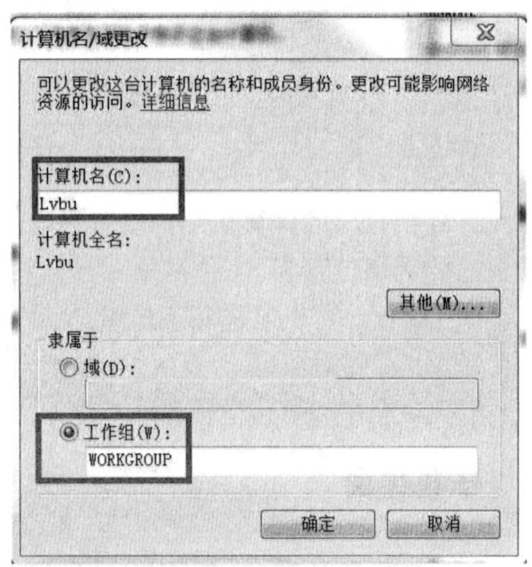

图 15.3　设置计算机名和工作组名

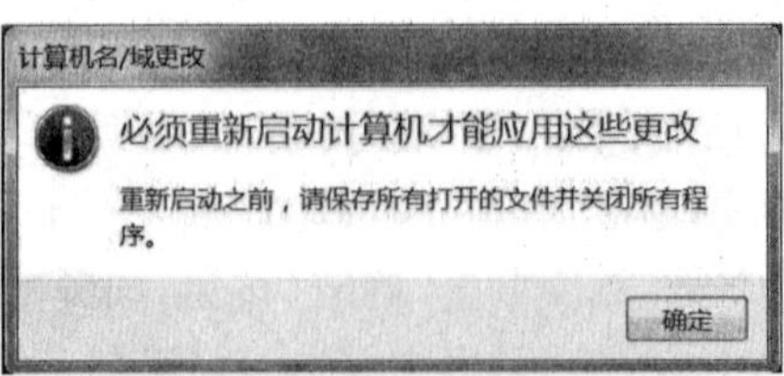

图 15.4　单击"确定"按钮

(二)设置网络位置

(1)右击桌面上的“网络”图标,如图 15.5 所示。从弹出的快捷菜单中选择“属性”,打开“网络和共享中心”窗口,在该窗口中单击“网络”下方的网络位置选项,如图 15.6 所示。

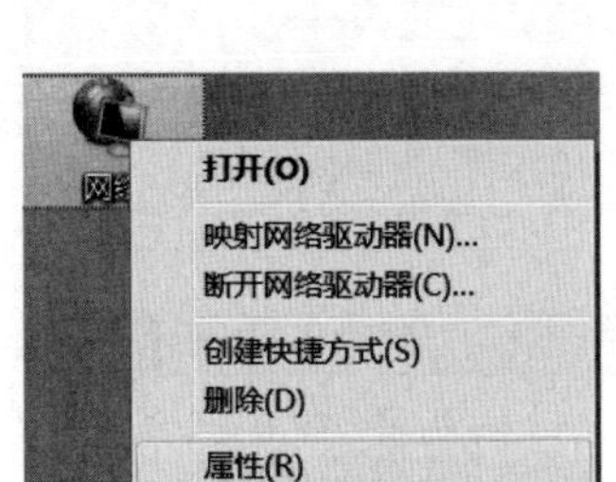

图 15.5　网络属性的选择

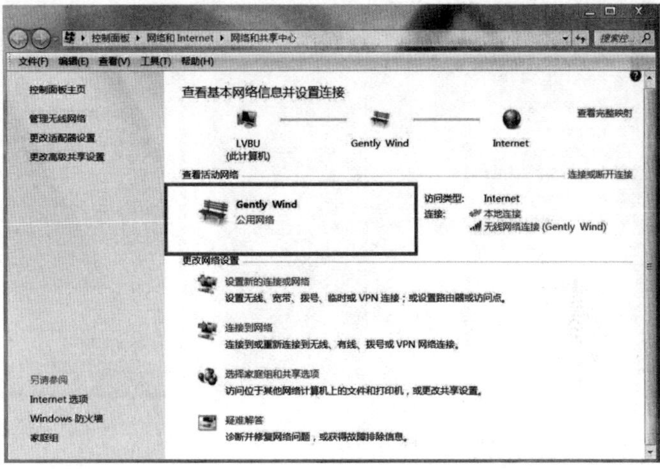

图 15.6　“网络和共享中心”窗口中单击网络位置选项

(2)打开“设置网络位置”对话框,单击要使计算机所处的网络位置“工作网络”,如图 15.7 所示。然后在打开的对话框中单击“关闭”按钮,如图 15.8 所示,完成网络位置的设置。

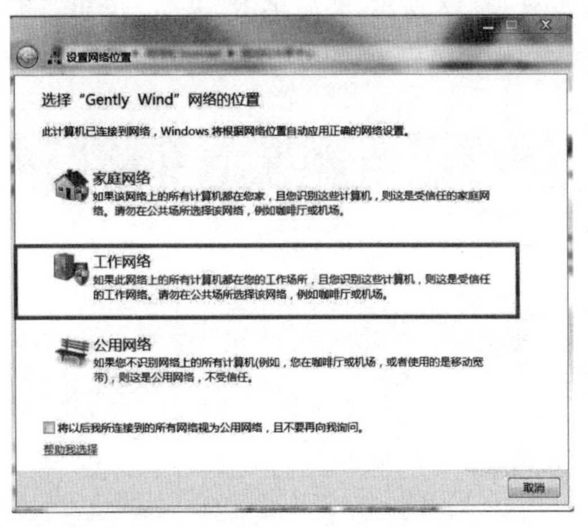

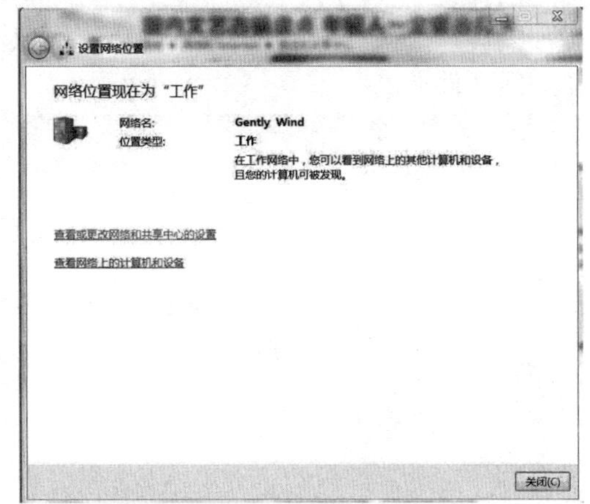

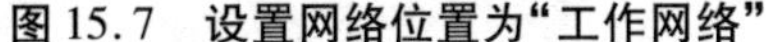

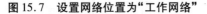

图 15.7　设置网络位置为“工作网络”　　图 15.8　关闭“设置网络位置”对话框

(三)设置并访问共享资源

(1)找到前面创建的“实验项目素材 2020”文件夹,右键单击,从弹出的快捷菜单中选择“共享”→“特定用户”项,如图 15.9 所示。然后打开“文件共享”窗口,如图 15.10 所示。

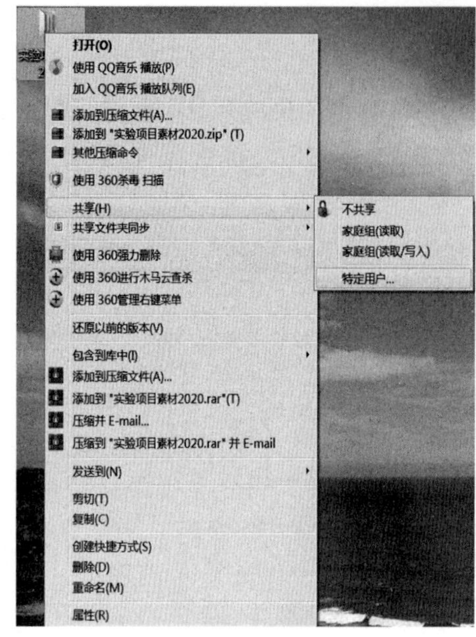

图 15.9　“共享”中“特定用户”的选定

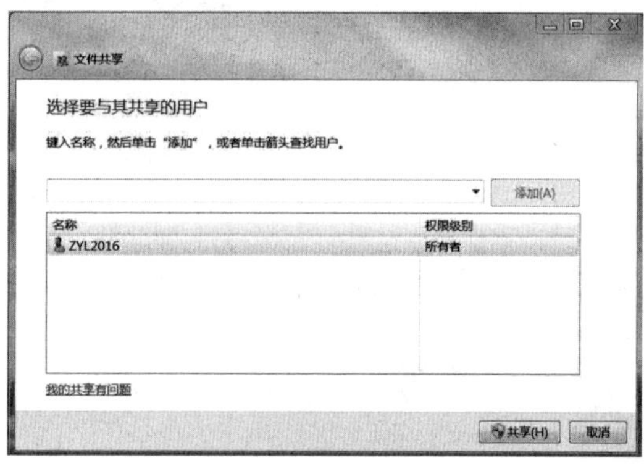

图 15.10　打开“文件共享”窗口

(2)单击“选择要与其共享的用户”编辑框右侧的三角按钮，在展开的列表中选择“Everyone”，如图 15.11 所示，然后单击“添加”按钮，将所选用户添加到下方的可访问列表中。

(3)单击所添加用户“权限级别”右侧的三角按钮，在弹出的下拉列表中选择该用户的权限级别，本任务保持默认的“读取”级别，如图 15.12 所示，然后单击“共享”按钮。稍等片刻，打开“文件共享”对话框，单击“完成”按钮即可。此时，其他用户就可通过局域网来访问文件夹。

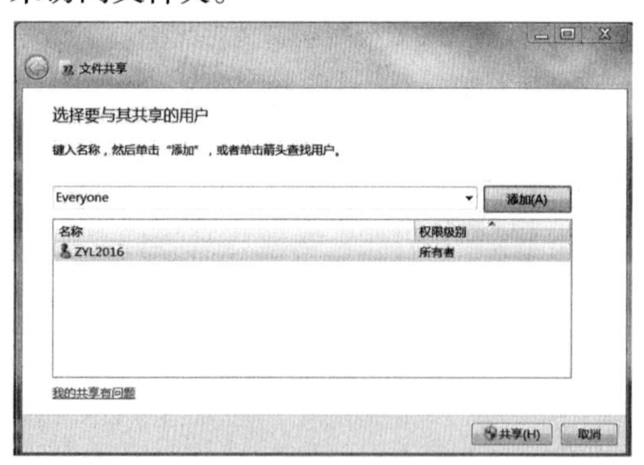

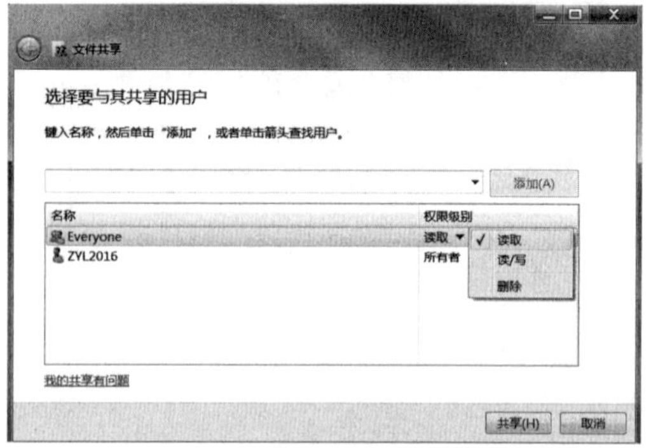

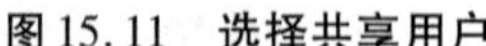
图 15.11　选择共享用户

图 15.12　设置用户权限级别

(4)在桌面上双击“网络”图标，打开“网络”窗口，单击导航窗格“网络”左侧的三角符号将其展开，可看到局域网中所有计算机的名称，单击要访问的计算机名称，单击“LVBU”，可在右侧的窗格中看到该计算机共享的文件夹，如图 15.13 所示。

(5)双击“实验项目素材 2020”，打开该共享文件夹，可对其中的文件进行打开、复制、粘贴等编辑操作。

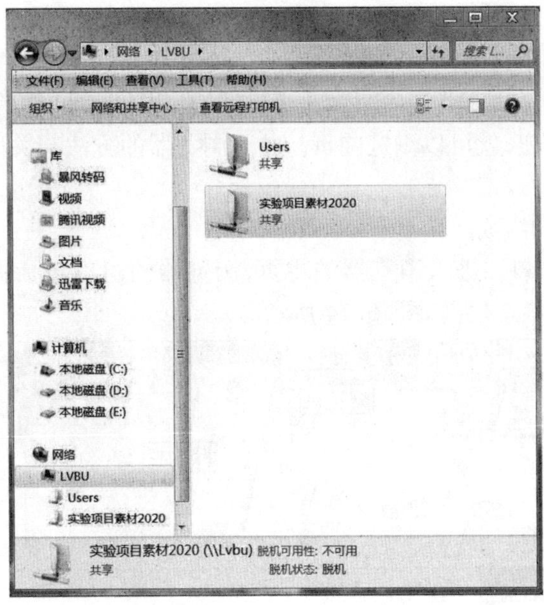

图 15.13　访问共享文件

任务二　检索与收藏网页

浏览器是安装在用户计算机的一个应用软件,用于浏览 WWW 上的信息。它可以将用户对信息的请求转换成计算机可识别的命令,向目标服务器进行请求,同时把从服务器上传过来的用 HTML 标记的网页数据显示在屏幕上。目前常用的浏览器包括有微软公司的 Internet Explorer(简称 IE)、Netscape 公司的 Navigator 及腾讯公司的 QQ 浏览器等,本任务主要介绍 IE 浏览器的基本设置。

任务要求

首先打开浏览器,把百度网站设置为 IE 浏览器首页,然后使用百度在网上搜索风景图片,将喜欢的图片保存到计算机中,最后将搜狐网首页添加到收藏夹中。

(1)IE 浏览器的使用。

(2)检索网页。

(3)收藏网页。

任务实现

(一)IE 浏览器的使用

(1)启动和关闭浏览器。

启动 IE 浏览器可以使用以下三种方法。

①双击桌面上的 IE 浏览器图标。

②单击快速启动栏中的 IE 浏览器图标。

③打开“开始”菜单，在“所有程序”的级联菜单中单击“Internet Explorer”命令。

打开浏览器之后，在地址栏中输入要访问网页的 URL 地址，然后按 Enter 键或单击地址栏右侧的“转到”按钮，就可以浏览网页。关闭浏览器的方法与关闭其他程序窗口的方法相同。

(2)浏览器窗口的组成。

打开 IE 浏览器窗口。进入浏览器的主页，浏览器的窗口包括标题栏、菜单栏、地址栏、链接栏、浏览区和状态栏，如图 15.14 所示。

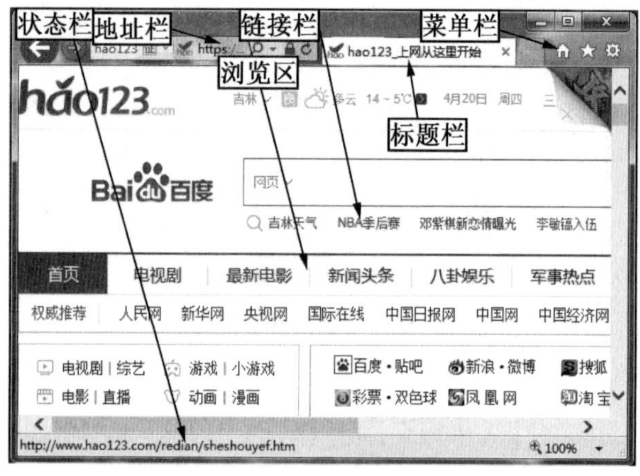

图 15.14　IE 浏览器窗口

①标题栏。标题栏包括控制按钮，当前浏览的网页的名称，最小化按钮，最大化/还原按钮及关闭按钮。通过对标题栏的操作，可以改变 IE 窗口的大小和位置。

②菜单栏。菜单栏提供了完成 IE 所有功能的命令，通过打开下拉菜单，可以进行相应的操作。

③地址栏。地址栏是显示目录路径或网页路径的位置，在地址栏中输入网址访问网站是地址栏最基本的功能。

④链接栏。链接栏用于添加一些常用网页的链接，单击这些链接就会看到相应的网页，省去了在地址栏中输入 URL 的麻烦。

⑤浏览区。窗口中最大面积的区域，显示当前访问的网页内容以便用户浏览。

⑥状态栏。显示正在浏览的网页的下载状态、下载进度和区域属性等状态信息。

(3)保存网页。

在浏览网页时，有时候需要将网页的内容保存下来。保存有多种方式，可以保存整个页面，也可以保存网页中的部分图形或文本。

①保存整个页面。选择“文件”菜单下的“另存为”命令，在弹出的对话框中输入文件名并选择保存位置，然后单击“保存”即可。也可以在超链接处右击，在弹出的快捷菜单中选择“目标另存为”命令，将在不打开目标网页的情况下保存该网页。

②保存图形。右击页面中要保存的图形，在弹出的快捷菜单中选择“图片另存为”命令，在弹出的对话框中输入文件名并选择保存位置，然后单击“保存”按钮即可。

③保存文本。先用鼠标在当前页面中选中要保存的文本，然后选择“编辑”→“复制”命令，粘贴到 Word 或记事本等文字处理软件中即可。有些网站对其网页的内容使用了代码加密，这时候就不能保存该网站的页面、图形和文本等内容。

(二)检索网页

(1)在 IE 地址中栏输入“https://www.baidu.com/”，按 Enter 键打开百度网站页面，如图 15.15 所示。

(2)单击 IE 浏览器右上角的“工具”⚙按钮，在弹出的列表中选择“Internet 选项”，打开“Internet 选项”对话框，如图 15.16 所示。在“常规”选项卡中单击“使用当前页”按钮，然后单击“确定”按钮，如图 15.17 所示。

图 15.15　百度首页

图 15.16　“Internet 选项”对话框的选定

(3)在百度网站首页单击“图片”超链接，如图 15.18 所示。然后在打开的页面中的搜索框内输入“风景”文本，单击“百度一下”按钮，如图 15.19 所示，在打开的页面中找到喜欢的图片并单击选中，如图 15.20 所示。

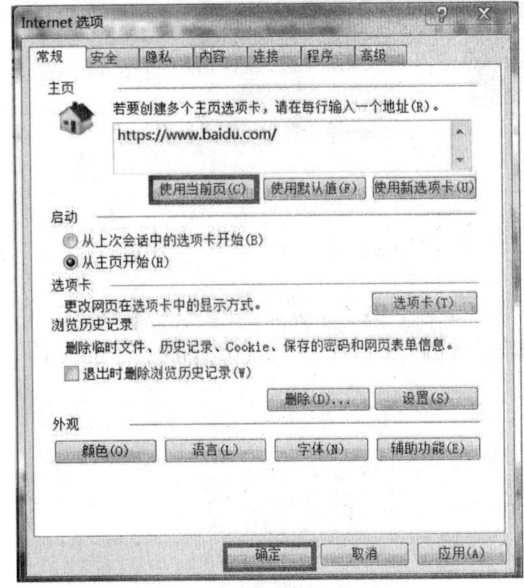

图 15.17　选定百度网页作为当前页

图 15.18　选定“图片”超链接

图 15.19　搜索框中输入风景

图 15.20　选择图片

(4)在打开的页面中右击图片,在弹出的快捷菜单中选择“图片另存为”,如图 15.21 所示。打开“保存图片”对话框,设置好图片的保存位置及名称,然后单击“保存”按钮,即可将该图片保存。

图 15.21　选择“图片另存为”

(三)收藏网页

(1)打开要收藏的网站主页“http://www.sohu.com”,单击窗口右上角的“查看收藏夹、源和历史记录”按钮,在展开的窗格中单击“添加到收藏夹”按钮右侧的三角按钮,在展开的列表中选择“添加到收藏夹”,如图 15.22 所示。

图 15.22　在网站中选择“添加到收藏夹”

(2)弹出“添加收藏”对话框,单击“新建文件夹”按钮,在打开的对话框中输入文件夹名称“新闻”,然后单击“创建”按钮,如图 15.23 所示,返回“添加收藏”对话框。

(3)单击“添加”按钮即可将网页收藏到指定的文件夹中。

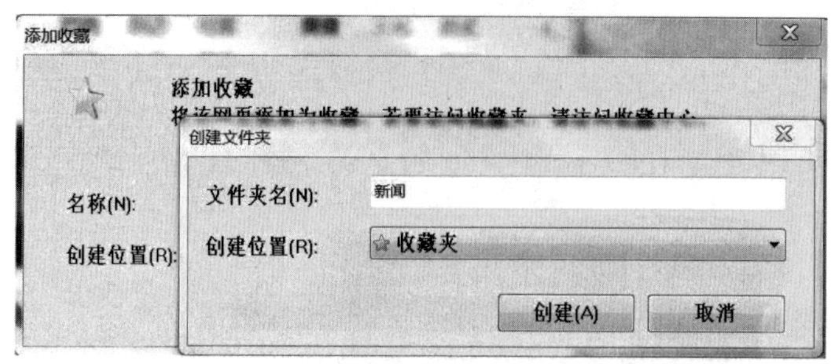

图 15.23　在“添加到收藏夹”中创建新文件夹

任务三　电子邮箱的申请、收发和管理

电子邮件(Electronic Mail,简称 E-mail,标志@,也被大家昵称为“伊妹儿”),又称电子信箱、电子邮政,它是一种用电子手段提供信息交换的通信方式,是 Internet 应用最广的服务方式。通过网络的电子邮件系统,用户可以用非常快的速度与 Internet 上的计算机从事电子邮件业务,如相互收发电子邮件、传送文件等,而不需要额外支付费用,是目前应用非常广泛的一种通信方式。

E-mail 和普通的邮件一样,也需要地址,它与普通邮件的区别在于它用的是电子地址。所有在 Internet 上有信箱的用户都有自己的一个或几个 E-mail address,并且这些 E-mail address都是唯一的。邮件服务器就是根据这些地址,将每封电子邮件传送到各个用户的信箱中,E-mail address 就是用户的信箱地址。就像普通邮件一样,你能否收到你的 E-mail,取决于你是否取得了正确的电子邮箱地址。

利用电子邮件进行通信,首先必须得申请电子邮箱,目前网上为用户提供了很多免费的电子邮箱申请平台,如国内常见的 QQ 邮箱、163 邮箱、126 邮箱、搜狐邮箱和新浪邮箱等。下面是在搜狐免费邮箱中申请平台申请邮箱,并用申请的邮箱发送电子邮件到 QQ 邮箱阅读、回复的过程。

任务要求

首先在搜狐“http://www.sohu.com/”网站上申请一个免费“搜狐闪电邮箱”,电子邮箱名称用自己姓名拼音命名,然后使用它收发电子邮件。

(1)申请并登录电子邮箱。

(2)发送、阅读和管理电子邮件。

任务实现

(一)申请并登录电子邮箱

(1)在搜狐网主页(www.sohu.com)的顶部单击“注册”超链接,根据提示操作注册一个搜狐账号(用户名包含自己姓名的拼音),如图 15.24 所示。信息输入完毕,单击“注册”按钮,即可注册邮箱。

图 15.24　注册邮箱

(2)注册邮箱信息填写完毕后,在搜狐网站主页单击“注册”超链接,进入激活邮箱页面,根据提示输入验证码,然后单击“注册”按钮,即可激活邮箱,如图 15.25 所示。

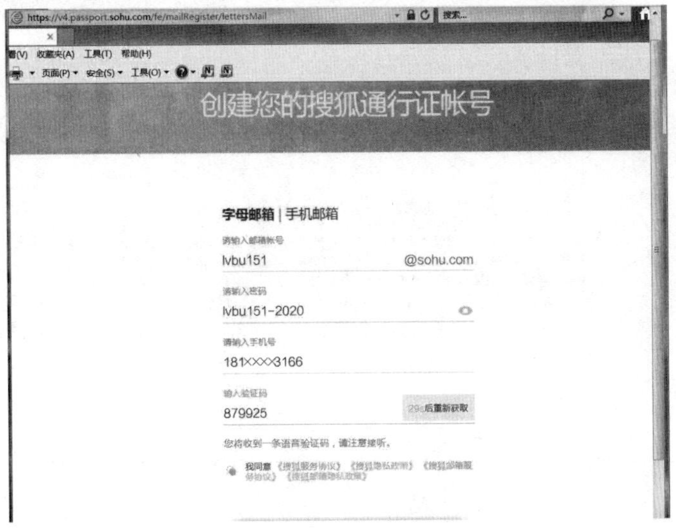

图 15.25　激活邮箱

(3)在搜狐主页使用申请的账号登录,输入搜狐闪电邮箱账号和您的邮箱密码。然后单击下面的“登录”超链接即可进入邮箱,如图 15.26 所示。

(二)发送、阅读和管理电子邮件

(1)在邮箱页面单击“写邮件”按钮,打开写邮件页面,在“收件人”编辑框中输入收件人的邮箱地址,在“主题”编辑框中输入邮件主题,然后在正文编辑框中输入邮件内容,最后单击“发送”按钮,即可将邮件发送,如图 15.27 所示。利用邮箱发送信息,除发送基本信息内容外,还可以发送一些特殊的文件资料,如 Office 文档、图片、歌曲文件等,还可以发送压缩的文件,如. RAR 及. ZIP 文件等。这些文件我们在发送邮件时,可以以附件的形式发送出去，这给我们利用邮箱发送文件带来了很大方便。

图 15.26　进入邮箱

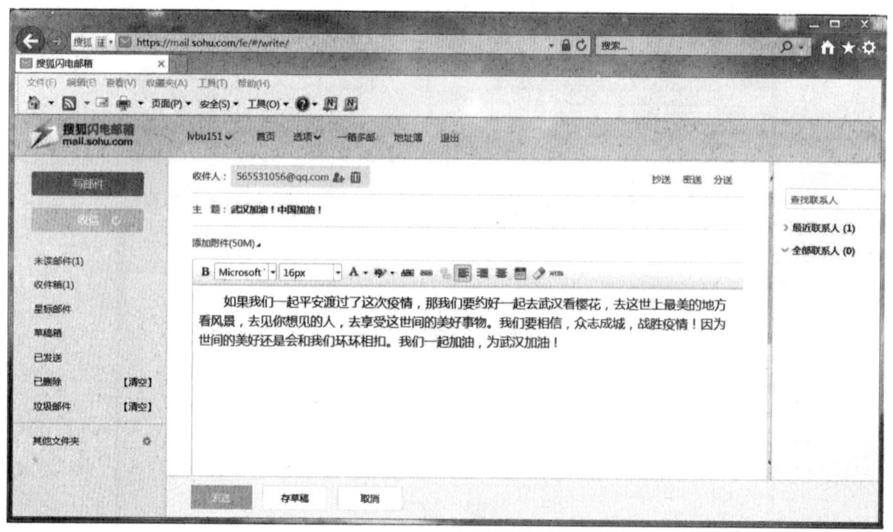

图 15.27　写邮件

(2)在邮箱页面单击“收件箱”，然后在页面右侧单击要阅读的邮件，即可打开该邮件并阅读，如图 15.28 所示。

(3)要回复该邮件，可直接在如图 15.30 所示的界面中单击“回复”按钮，然后在正文编辑框中输入回复内容，再单击“发送”按钮，如图 15.29 所示。

(4)对于收到的邮件，若希望将其从“收件箱”中删除，可在选中该邮件后单击“删除”按钮，将其移至“已删除”文件夹中，如图 15.30 所示。若选中邮件后单击“彻底删除”按钮，可彻底删除该邮件。

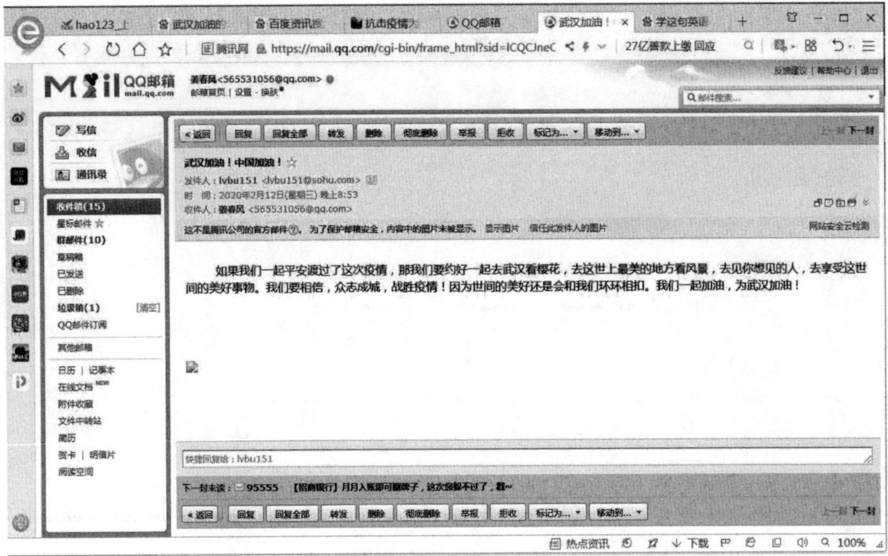

图 15.28　阅读邮件

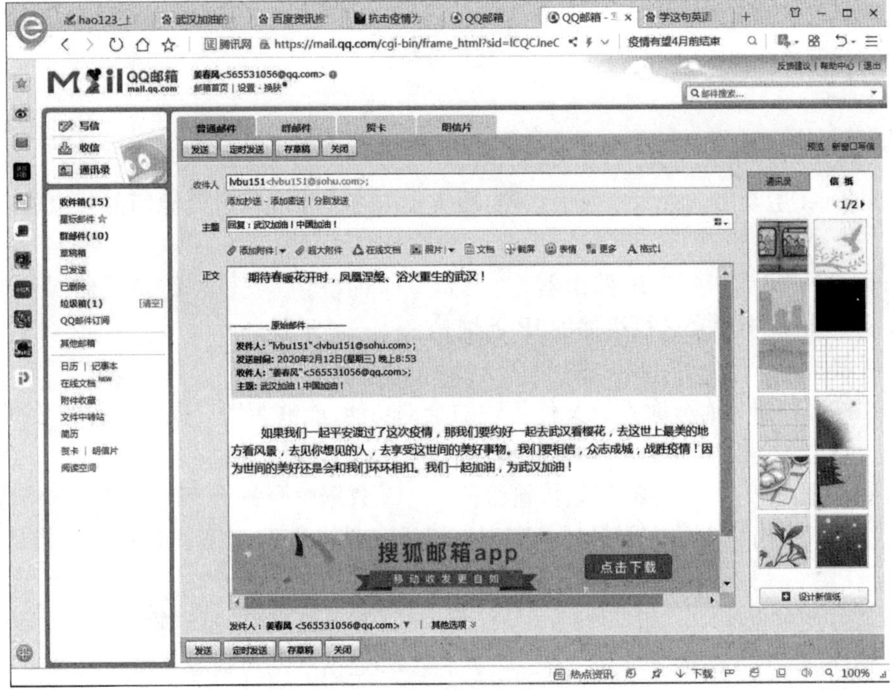

图 15.29　回复邮件

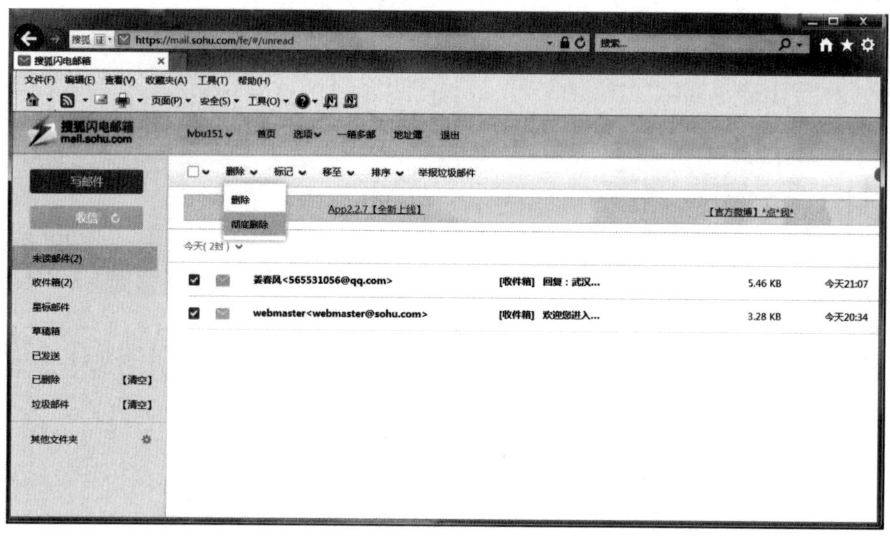

图 15.30　删除邮件

本章习题

一、单项选择题

1. Internet 主要由________通信线路、服务器与客户机和信息资源四部分组成。（　　）

A. 网关　　B. 路由器　　C. 网桥　　D. 集线器

2. 在 IP 协议中用来进行组播的 IP 地址是________地址。（　　）

A. A 类　　B. C 类　　C. D 类　　D. E 类

3. 文件服务器具有分时系统文件管理的全部功能，能够为用户提供完善的数据、文件和________。（　　）

A. 目录服务　　B. 视频传输服务　　C. 数据库服务　　D. 交换式网络服务

4. 计算机网络建立的主要目的是实现计算机资源的共享，计算机资源主要指计算机（　　）

A. 软件与数据库　　B. 服务器、工作站与软件

C. 硬件、软件与数据　　D. 通信子网与资源子网

5. 建立计算机网络的目的在于（　　）

A. 资源共享　　B. 建立通信系统

C. 建立自动办公系统　　D. 建立可靠的管理信息系统

6. 将单位内部的局域网接入 Internet 所需使用的接入设备是（　　）

A. 防火墙　　B. 集线器　　C. 路由器　　D. 中继转发器

7. 文件传输是使用下面的________协议。（　　）

A. SMTP　　B. FTP　　C. UDP　　D. TELNET

8. 网络中实现远程登录的协议是（　　）

A. HTTP　B. FTP　C. POP3　D. TELNET

9. 在以下四个 www 网址中,________网址不符合 www 网址书写规则。（　）

A. www. 163. com　B. www. nk. cn. edu

C. www. 863. org. cn　D. www. tj. net. jp

10. IP 地址中,关于 C 类 IP 地址的说法正确的是（　）

A. 可用于中型规模的网络

B. 在一个网络中最多只能连接 256 台设备

C. 此类 IP 地址用于多目的地址传送

D. 此类地址保留为今后使用

11. IPv4 版本的 Internet 总共有________个 A 类地址网络。（　）

A. 65000　B. 200 万　C. 126　D. 128

12. 下面的四个 IP 地址,属于 D 类地址的是（　）

A. 10. 10. 5. 168　B. 168. 10. 0. 1　C. 224. 0. 0. 2　D. 202. 119. 130. 80

13. 1968 年,________的研制成功成为计算机网络发展史上的一个重要标志。（　）

A. Cybernet　B. CERnet　C. ARPnet　D. Internet

14. 从用途来看,计算机网络可分为专用网和________。（　）

A. 广域网　B. 分布式系统　C. 公用网　D. 互联网

15. 由一台中心处理机集中进行信息交换的是________网络。（　）

A. 星形结构　B. 环形结构　C. 总线结构　D. 混合结构

16. 校园网属于（　）

A. 远程网　B. 局域网　C. 广域网　D. 城域网

二、多项选择题

1. 家庭计算机用户上网可使用的技术是（　）

A. 电话线 + Modem　B. 有线电视电缆 + Cable modem

C. 电话线 + ADSL　D. 光纤到户(FTTH)

2. 计算机网络的主要功能是（　）

A. 共享系统资源　B. 信息的快速传递和集中处理

C. 能均衡负载　D. 综合信息服务

3. 网络的拓扑结构主要有________三种基本类型。（　）

A. 星形　B. 总线　C. 环形　D. 树形

E. 网状形

4. 计算机网络软件通常由________等部分组成。（　）

A. 通信协议　B. 通信线路　C. 网络操作系统　D. 网络应用软件

5. ________是计算机网络的硬件组成部分。（　）

A. 计算机　B. 通信线路　C. 网络操作系统

D. 通信协议　E. 调制解调器

三、判断题

1. 计算机联网的最大好处是资源共享。（　）

2. 计算机网络是一个在协议控制下的多机互联的系统。 (　　)

3. 光纤是计算机网络中使用的无线传输介质。 (　　)

4. 在计算机网络中,必须通过授权才可实现资源共享。 (　　)

5. 网络协议是网络上所有设备(网络服务器、计算机及交换机、路由器等)之间通信规则的集合,它定义了通信时信息必须采用的格式和这些格式的意义。 (　　)

四、操作题

在进行 Internet 信息浏览与检索时,回答以下问题。

(1)写出你平时利用网络经常进行的三项主要活动。

(2)将百度主页添加到收藏夹并保存百度的 Logo 图片到桌面上,文件名为“百度 Logo. jpg”。

(3)比较单击超链接的“保存”按钮和通过快捷菜单的“目标另存为”两种下载方式的区别。

(4)你经常使用哪种搜索引擎进行信息检索?你搜索的目标主要是什么?在搜索的过中有哪些不满意的地方?

(5)通过知网搜索引擎搜索一篇有关物联网与你专业相关的期刊论文或者本科生毕业论文,写出自己如下总结和体会。

①你搜索的关键词是什么?

②搜索下载的论文内容对你有什么启发?

项目十六　了解程序设计基础

程序设计是写出解决具体问题程序代码的过程，是软件构造活动中的重要组成部分。程序设计通常指以一种程序设计语言为工具，编写出这种语言下的程序代码的过程。本项目通过使用C语言设计一个经典计算器的程序任务，介绍了C语言的安装，程序设计环境以及一个实用程序开发的具体过程。

学习目标

- 设计一个计算器程序

任务一　设计一个计算器程序

（一）程序设计基础

（1）程序：计算机指令的有序集合。其中每条指令可对应计算机的一个或多个工作步骤，也称为程序代码。

（2）程序设计语言：用于编写计算机程序的工具，其基础是一组记号和一组规则，根据规则由记号构成的记号串的总体就是程序。

（3）程序设计：用程序设计语言编写程序的过程即为程序设计。

（4）高级语言：接近人类思维的计算机程序设计的实现工具。常用的程序设计入门的高级语言有C、C++、Java等。

（5）流程图：用特定的图标符号来表示计算机各种操作次序的框图。

（二）结构化程序设计

结构化程序设计是面向问题的处理过程，结构上将软件系统划分为若干功能模块，各模块按要求单独编程，再由各模块连接，组合构成相应的软件系统。常用的结构有顺序、选择和循环三种结构。

1. 顺序结构

顺序结构是最常见的程序设计结构，按照解决问题的过程编写程序，计算机根据程序代码的顺序依次执行指令。

例如，计算“5+10”。用户的处理过程为：输入第一个加数“5”，按Enter键确认；输入第二个加数“10”，按Enter键确认。计算机的执行过程为：接收第一个加数“5”；接收第二个加数“10”；计算“5+10”；输出运算结果，如图16.1所示。

2. 选择结构

选择结构用于判断给定的条件，根据判断的结果来控制程序的流程。在执行选择结构时，根据逻辑条件成立与否，分别选择执行不同的程序模块。

例如，根据用户输入的运算符号进行加法运算（“5 + 10”）或减法运算（“5 - 10”）。用户的处理过程为：输入第一个数“5”，按 Enter 键确认；输入第二个数“10”，按 Enter 键确认；输入运算符号，如果进行加法运算，输入“ + ”，如果进行减法运算，输入“ - ”，按 Enter 键确认。计算机的执行过程为：接收第一个数“5”；接收第二个数“10”；再接收运算符号，如果运算符号是“ + ”，计算“5 + 10”，如果运算符号是“ - ”，计算“5 - 10”；输出运算结果，流程图如图 16.2 所示。

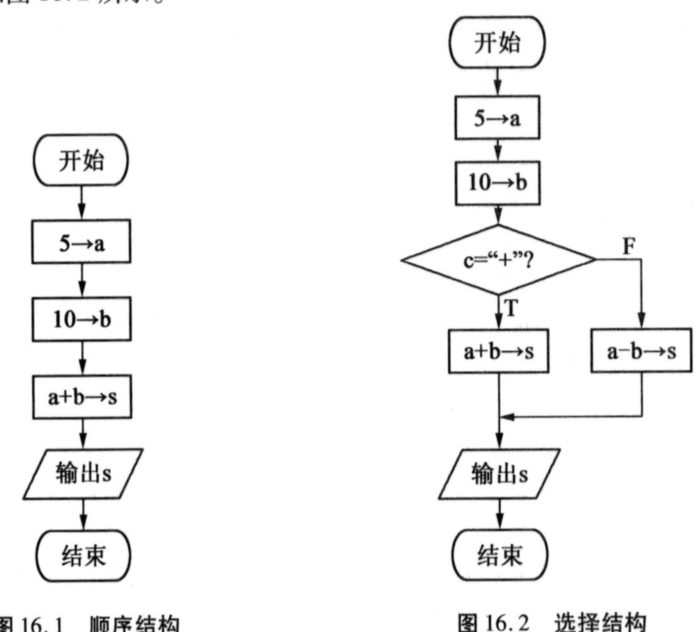

图 16.1　顺序结构　　图 16.2　选择结构

3. 循环结构

循环结构用来描述重复执行的指令，这是程序设计中最能发挥计算机特长的结构。循环结构通常有当型结构和直到型结构。

（1）当型结构。

在进入循环结构后首先判断条件是否成立，如果成立，则执行循环指令，反之，则退出循环结构，执行后继语句。

例如，计算“1 +2 + …… + 100”。如果按照顺序结构处理此问题，则用户需要重复进行 99 次加法操作，不仅操作重复，在处理过程中还易出错。计算机的执行过程为：设定运算初始数据为 1，判断当前运算数据是否小于等于 100，如果判断结果为真，进行加法运算，然后将运算数据进行加 1，重复判断当前数据是否小于等于 100，当判断结果为真时，进行加法运算和运算数据加 1；如果判断结果为假，则退出循环结构，输出运算结果，流程图如图 16.3 所示。

（2）直到型结构。

在进入循环结构后执行完程序模块后再去判断条件，如果条件仍然成立，则再次执行循环程序模块，直到条件不成立时退出循环结构。

例如,计算“1 +2 +…… +100”。在直到型结构中,计算机的执行过程为:设定运算初始数据为1,进行加法运算,然后将运算数据进行加1,判断当前运算数据是否小于等于100,当判断结果为真时,进行加法运算和运算数据加1;直到判断结果为假,则退出循环结构,输出运算结果,流程图如图16.4所示。

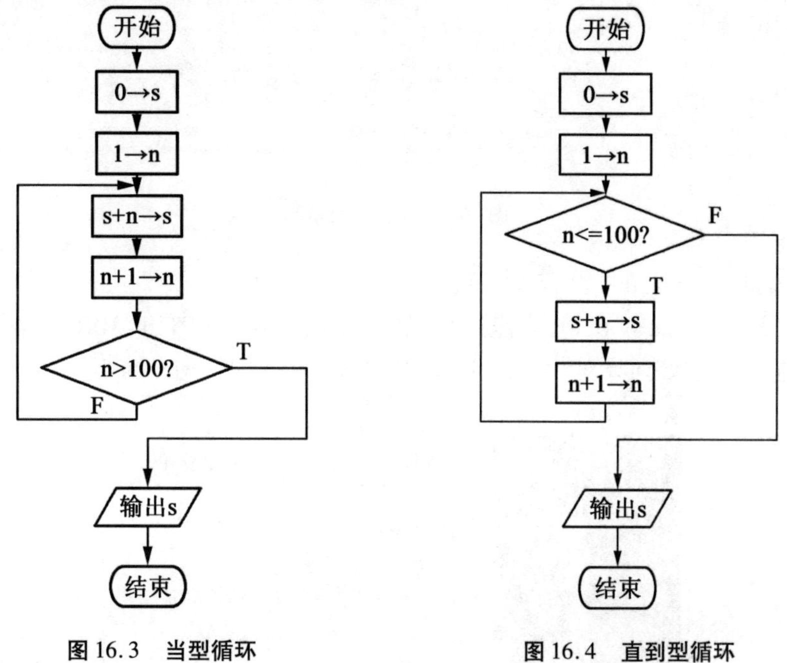

图16.3　当型循环　　　图16.4　直到型循环

(三)C语言环境搭建

在程序设计过程中,用户可以通过各类高级语言实现程序的功能。在常用的高级语言中,C语言一直作为程序员的入门语言深受业界重视。

1. C语言概述

C语言是在1978年由美国电话电报公司(AT&T)贝尔实验室正式发表的,同时由B. W. Kernighan和D. M. Ritchit合著了著名的*THE C PROGRAMMING LANGUAGE*一书,通常简称为*K&R*,被业界称为*K&R*标准。但是,在*K&R*中并没有定义一个完整的标准C语言,1983年由美国国家标准协会(American National Standards Institute)在此基础上制定了C语言标准,通常称之为ANSI C。

2. C语言环境搭建

为了能在计算机中进行C语言程序设计,用户必须首先在计算机上安装C语言编译器,即C语言程序设计软件。本书推荐使用全国计算机等级考试的C语言使用的Visual C + +6.0环境。

(1) Visual C + +6.0下载。

到中文网站搜索“VC下载”,可以在结果列表中选择一款软件下载到计算机中,如图16.5所示,记住下载的位置。建议下载到桌面上,安装成功后再进行归类处理。

图 16.5　VC 搜索结果

(2) Visual C + +6.0 安装。

找到下载的 Visual C + +6.0 压缩包,解压缩之后双击 SETUP. EXE 或者 install. exe 等安装文件,进入安装向导对话框,如图 16.6 所示,单击“下一步”继续。

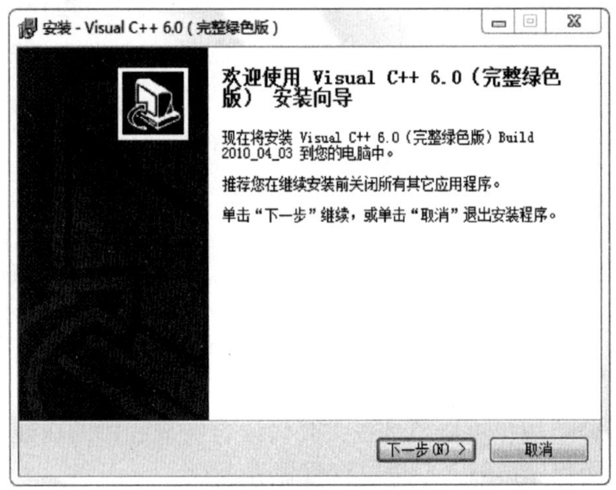

图 16.6　VC 安装向导

在打开的如图 16.7 所示的对话框中认真阅读安装提示信息(有的安装软件此处为接受协议),单击“下一步”继续。

在打开的如图 16.8 所示的对话框中选择将 Visual C + +6.0 安装到计算机的具体位置。如果只是短期使用,可以安装到系统默认的位置;如果长期使用此软件,可以安装到用户特定的软件区域,单击“浏览”按钮,选择用户特定区域,单击“下一步”继续。

在打开的如图 16.9 所示的对话框中,勾选“创建桌面快捷方式”,软件安装成功后,会在桌面生成一个 Visual C + +6.0 的图标,每次启动软件时,双击图标即可。单击“下一步”继续。

在打开的如图 16.10 所示的对话框中进行安装设置的确认,如果对刚才的各项选择和设置进行修改,单击“上一步”,逐步进行修改;如果对之前的设置确认无误,单击“安装”继续。

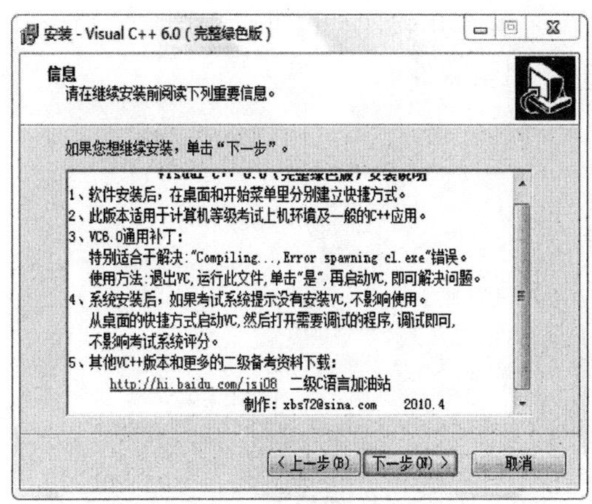

图 16.7　安装提示信息

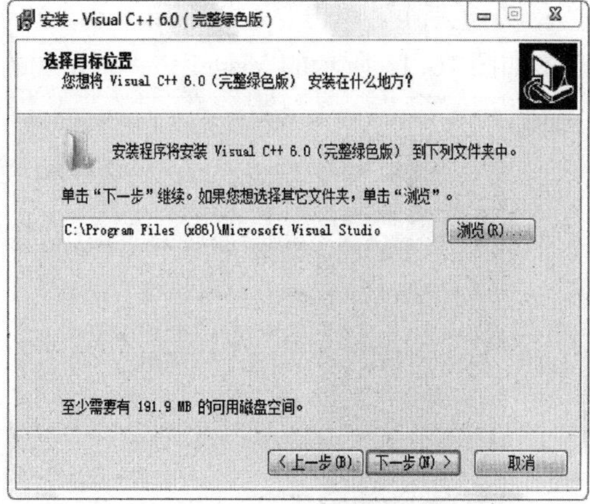

图 16.8　安装位置确认

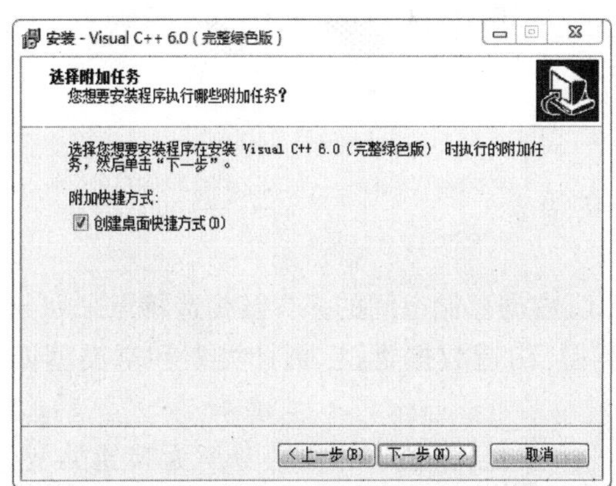

图 16.9　创建桌面快捷方式

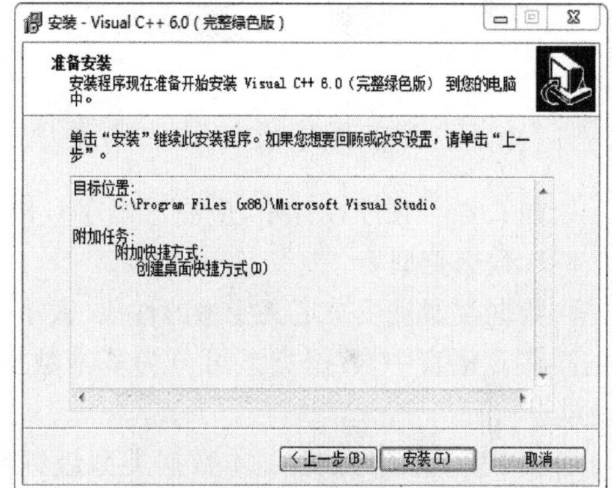

图 16.10　安装设置确认

单击“安装”后，打开如图 16.11 所示的软件安装对话框，等待安装结束。

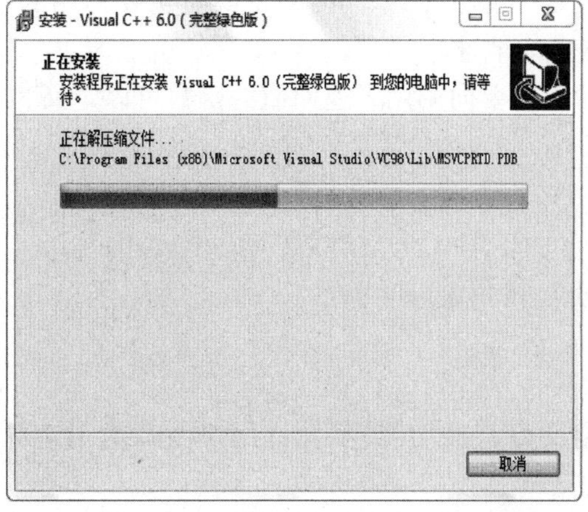

图 16.11　软件安装对话框

安装结束后，打开如图 16.12 所示的安装完成对话框，勾选“运行 Visual C + + 6.0

(完整绿色版)",单击"完成"按钮,启动 Visual C + + 6.0 软件。也可以直接到桌面位置双击如图 16.13 所示的 Visual C + + 6.0 的图标,启动软件。

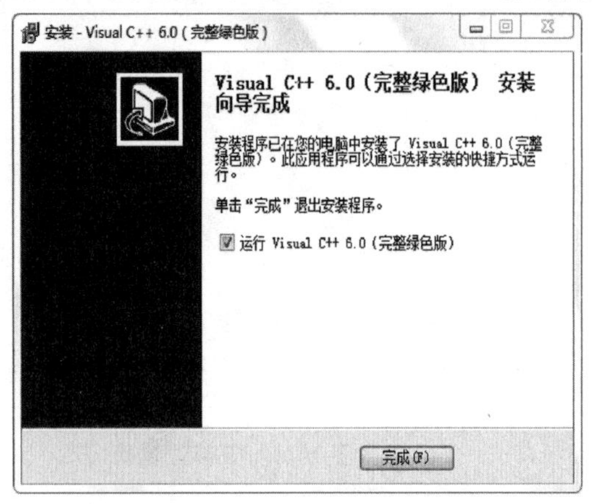

图 16.12 安装完成

图 16.13 Visual C + + 6.0 图标

(四)C 语言程序设计的注意事项

在 C 语言程序设计中,应注意遵守 C 语言的语法。

1. 数据类型

数据类型是按被定义变量的性质、表示形式、占据存储空间的多少及构造特点来划分的。在 C 语言中,数据类型可分为基本数据类型,构造数据类型,指针类型和空类型四大类。

(1)基本数据类型:基本数据类型最主要的特点是,其值不可以再分解为其他类型。也就是说,基本数据类型是自我说明的。

(2)构造数据类型:构造数据类型是根据已定义的一个或多个数据类型用构造的方法来定义的。构造类型有数组类型、结构体类型和共用体(联合)类型。

(3)指针类型:指针是一种特殊的,同时又是具有重要作用的数据类型。其值用来表示某个变量在内存储器中的地址。

(4)空类型:调用后不需要向调用者返回值的函数可以定义为"空类型",其类型说明符为 void。

2. 基本数据类型

(1)整型:int,short int 或 short,long int 或 long 和 unsigned。

(2)实型:float,double 和 long double。

(3)字符型:char。

3. 关键字

关键字是系统已定义好特殊功能,不允许用户做其他用途的字符串。ANSI C 共有 32 个关键字,见表 16.1。

表 16.1　C 语言的关键字

序号	关键字	说明	序号	关键字	说明
1	auto	声明自动变量	17	int	声明整型变量或函数
2	break	跳出当前循环	18	long	声明长整型变量或函数返回值类型
3	case	开关语句分支	19	register	声明寄存器变量
4	char	声明字符型变量或函数返回值类型	20	return	子程序返回语句(可以带参数,也可不带参数)
5	const	定义常量,如果一个变量被 const 修饰,那么它的值就不能再被改变	21	short	声明短整型变量或函数
6	continue	结束当前循环,开始下一轮循环	22	signed	声明有符号类型变量或函数
7	default	开关语句中的"其他"分支	23	sizeof	计算数据类型或变量长度(即所占字节数)
8	do	循环语句的循环体	24	static	声明静态变量
9	double	声明双精度浮点型变量或函数返回值类型	25	struct	声明结构体类型
10	else	条件语句否定分支(与 if 连用)	26	switch	用于开关语句
11	enum	声明枚举类型	27	typedef	用以给数据类型取别名
12	extern	声明变量或函数是在其他文件或本文件的其他位置定义	28	union	声明共用体类型
13	float	声明浮点型变量或函数返回值类型	29	unsigned	声明无符号类型变量或函数
14	for	一种循环语句	30	void	声明函数无返回值或无参数,声明无类型指针
15	goto	无条件跳转语句	31	volatile	说明变量在程序执行中可被隐性地改变
16	if	条件语句	32	while	循环语句的循环条件

任务要求

在掌握了下面 6 个程序设计的基础上,在 cal. c 中设计一个能实现加、减、乘、除功能的计算器。

(1)Printf( )函数。

(2)顺序结构的实现。

(3)Scanf( )函数。

(4)选择结构的实现。

(5)当型循环结构的实现。

(6)用直到型循环结构实现。

(7)计算机功能的实现。

任务实现

(一)Printf()函数

hello.c 是第一个程序,实现的功能是在显示器上输出一行字符“Hello every one, this is my first program”,请按以下步骤操作。

(1)打开如图 16.14 所示的 Visual C++ 6.0 的运行主界面。与微软的其他软件相同,运行窗口由标题栏、菜单栏、工具栏和编辑区域组成。

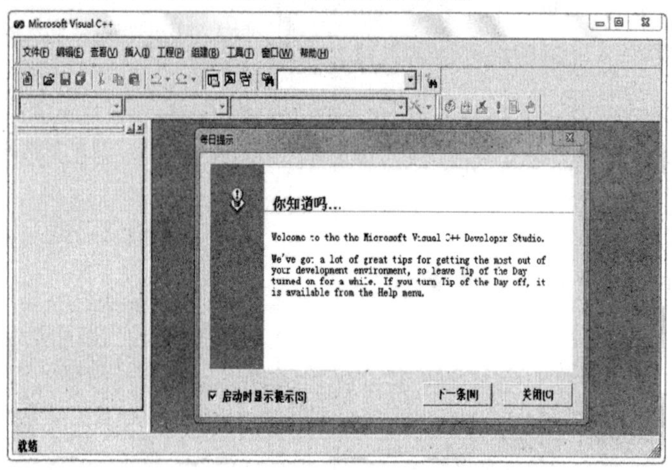

图 16.14 Visual C++ 6.0 的运行窗口

(2)取消编辑区域的“每日提示”对话框中的“启动时显示提示”并单击“关闭”按钮,关闭信息提示。在“文件” 菜单中,单击“新建”菜单项,打开如图 16.15 所示的“新建”对话框。

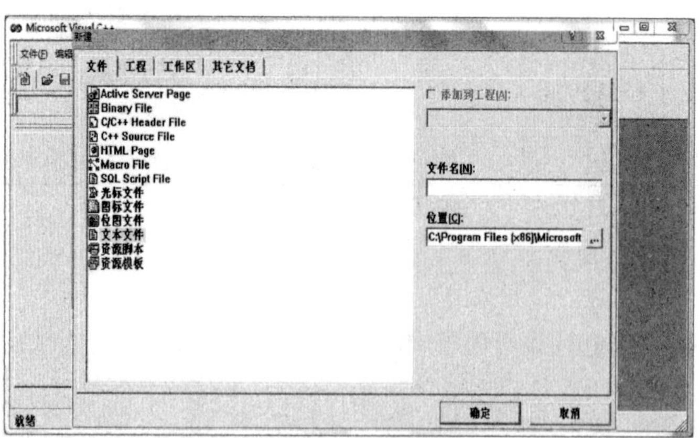

图 16.15 新建“文件”对话框

(3)在其中的“文件”选项卡中,单击“文本文件”,然后在右侧的“文件名(N):”下面的文本框中输入扩展名为.c 的源文件文件名,例如 hello.c。接下来在“位置(C):”下面的文本框中输入文件保存的地址,或者单击文本框右侧的浏览按钮,打开如图 16.16 所示的“选择目录”对话框。

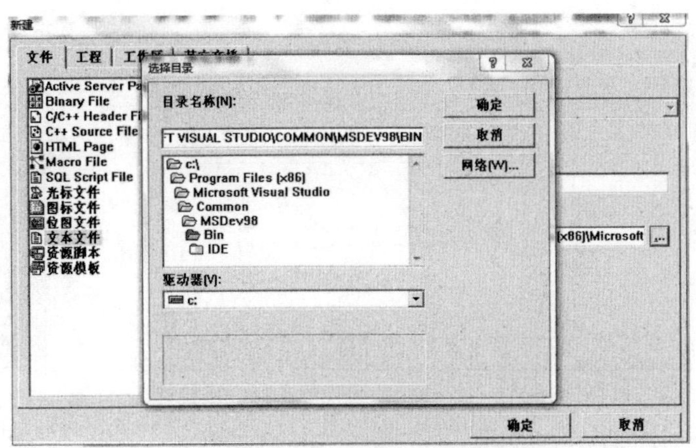

图 16.16　“选择目录”对话框

(4)在图 16.16 中设置文件的保存位置,单击“确定”按钮和右上角的关闭“╳”按钮,回到图 16.15,单击“确定”,打开如图 16.17 所示的程序设计窗口。

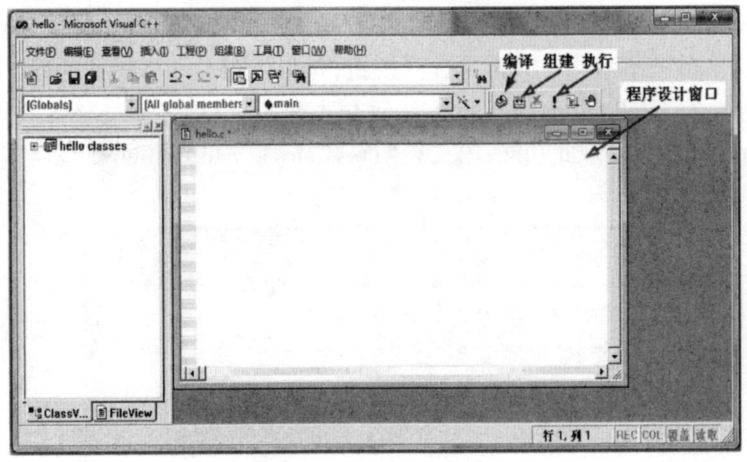

图 16.17　程序设计窗口

(5)在 hello.c 窗口中输入以下代码,并保存文件。

```
#include <stdio.h>
main()
{
  printf("Hello everyone, this is my first program\n");
}
```

(6)单击“编译”按钮,在弹出的如图 16.18 所示的创建项目工作空间对话框中单击“是”,编译器进行空间的创建。创建项目工作空间后,编译器进行源文件的编译,经过编译,将源文件转换为二进制的目标文件并在信息输出的“组建”窗口中输出编译结果:hello.obj - 0 error(s), 0 warning(s)。其中,hello.obj 是目标文件名;0 error(s)表示源文件没有语法错误,可以进行下一步组建。

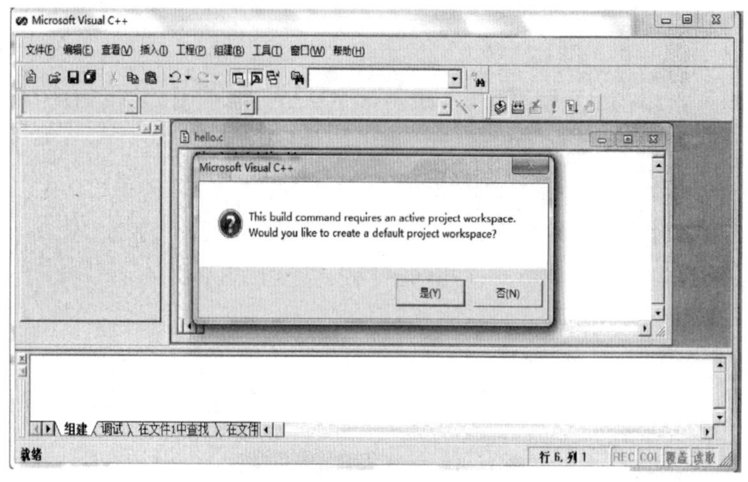

图 16.18　创建项目工作空间对话框

(7)单击“组建”按钮,进行组建连接,在“组建”窗口中有提示信息:hello. exe - 0 error(s), 0 warning(s)。其中的 hello. exe 是可执行文件名,执行此文件,即能实现 hello. c 中设计的功能。单击图 16.17 中的“执行”按钮,弹出如图 16.19 所示的程序执行结果窗口。窗口的第一行“Hello everyone, this is my first program”是 hello. exe 文件的执行结果,由代码中的 printf 函数实现此功能;第二行“Press any key to continue”是程序执行结束的提示信息。

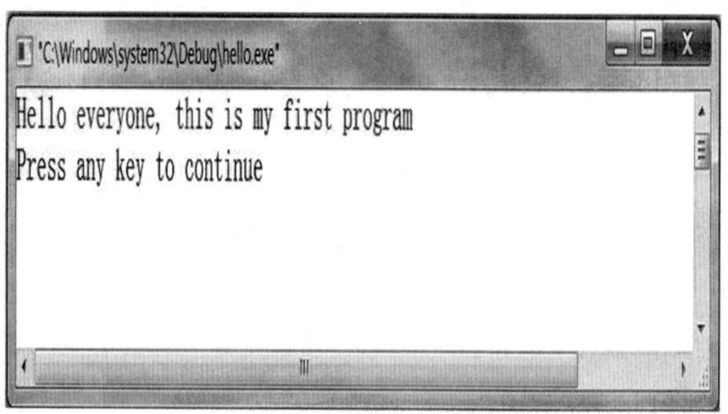

图 16.19　hello 文件的执行结果

(二)顺序结构的实现

add. c 实现的功能是上文介绍的顺序结构,实现两个数的加法。

(1)新建文件 add. c,在程序设计窗口输入如图 16.20 所示的代码,然后保存文件、编译并执行,执行结果如图 16.20 所示。

(2)程序分析。

在 add. c 中,首先设定两个加数“5”和“10”,然后将结果保存在 s 中,最后将结果输出。C 语言的程序结构如图 16.21 所示。其中,main 是主函数的函数名,表示这是一个主函数,每一个 C 源程序都必须有且只能有一个主函数;printf 函数是一个由系统定义的标准函数,其功能是把要输出的内容送到显示器去显示,也称输出函数。函数 printf 的源代码保存在标准输入/输出文件 stdio. h 中,只要将 stdio. h 用#include 包含在文件的起始位置,就可在程序中直接调用 stdio. h 中的已经定义的系统函数。

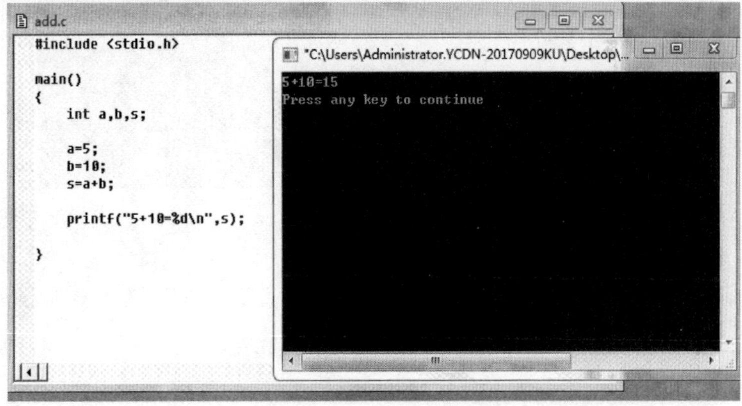

图 16.20　add. c 的执行

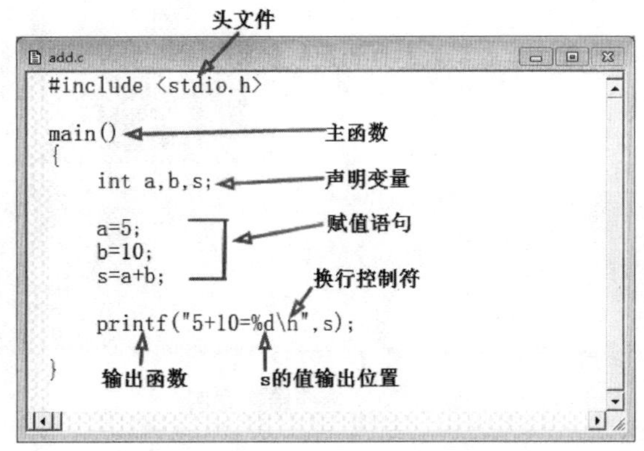

图 16.21　C 语言程序结构

(三)Scanf( )函数

add. c 实现的功能是计算固定的加法“5 + 10”的值,在日常用到更多的是计算从键盘输入任意两个数,进行加法运算。在 adds. c 中利用 scanf( )函数实现从键盘接收数据的功能,程序代码及运行结果如图 16.22 所示。其中,第一个 printf( )函数的功能是在显示器上输出一行字符,提醒用户输入两个数;第二个 printf( )函数是对用户输入的数据和运算结果的输出。scanf( )函数有两部分主要参数,“% d,% d”表示用户要从键盘上输入两个整数,输入时用逗号“,”将数据分隔开;&a,&b 表示第一个数据保存到 a 中,第二个数据保存到 b 中。

(四)选择结构的实现

在前文介绍选择结构中,根据用户输入的符号进行加法“5 + 10”或减法“5 - 10”的运算,代码如图 16.23 所示。其中,char 为声明字符型数据,接收用户输入的运算符号;if 和 else 组合表示选择结构,如果 if 后的表达式结果为真,则执行其后的语句,如果表达式的结果为假,则执行 else 后的语句。

adds.c

```
#include <stdio.h>

main()
{
    int a,b,s;

    printf("input 2 data:\n");

    scanf("%d,%d",&a,&b);

    s=a+b;

    printf("%d+%d=%d\n",a,b,s);

}
```

```
input 2 data:
45,60
45+60=105
Press any key to continue
```

图 16.22　输入数的加法运算

adm.c

```
#include <stdio.h>
main()
{
    int a,b,s;
    char c;
    a=5;
    b=10;
    printf("input the operator:+ or -\n");
    scanf("%c",&c);
    if(c=='+')
        s=a+b;
    else
        if(c=='-')
            s=a-b;
        else
            printf("input error!");

    printf("5%c10=%d\n",c,s);
}
```

```
input the operator:+ or -
-
5-10=-5
Press any key to continue
```

图 16.23　选择结构案例

adm. c 实现的是固定数据“5”和“10”的加法或减法运算，如果要实现从键盘输入两个数再进行加法或者减法运算，请根据 adds. c 利用 scanf( ) 函数实现输入两个数的功能。

(五) 当型循环结构的实现

利用当型循环结构实现“1 + 2 + …… + 100”，当型循环结构可以用 while 循环(图 16.24)和 for 循环(图 16.25)分别实现。

whl.c

```
#include <stdio.h>
main()
{
    int n,s;
    s=0;
    n=1;

    while(n<=100)
    {
        s=s+n;
        n++;
    }

    printf("1+2+……+100=%d\n",s);
}
```

```
1+2+……+100=5050
Press any key to continue
```

图 16.24　while 循环

```
#include <stdio.h>
main()
{
    int s,i;
    s=0;
    for(i=1;i<=100;i++)
        s=s+i;
    printf("1+2+……+100=%d\n",s);
}
```

图 16.25　for 循环

在图 16.24 中，while 后面的(n < =100)为条件表达式，结果为真，说明 n 的值在循环加法的范围内，继续执行加法操作；结果为假，说明 n 的值已经超出循环加法的范围，循环结束，执行后面的输出语句。在本例中，由于参加循环的语句有两条，所以用花括号“{}”构成语句块。

在图 16.25 中，for 后面的括号中 i 被称为循环变量，i = 1 为循环变量赋初值；i < =100 为循环可执行的条件，即当 i < =100 时循环可以继续，当 i >100 时循环结束；i + + 为循环推进表达式。for 循环执行过程为：首先进行循环变量赋初值，然后判断循环执行条件，若结果为真，则执行循环，循环变量变化，再次判断循环执行条件，继续循环；若判断循环条件结果为假，则退出循环结构，执行其后的其他语句。

(六)用直到型循环结构实现

在本案例中利用直到型循环结构实现“1 +2 + …… +100”的运算，如图 16.26 所示。其中 do 和 while 组合构建循环结构，首先进行加法运算，然后再判断循环执行条件，结果为真，则继续循环；结果为假，则跳出循环，执行其后的其他语句。

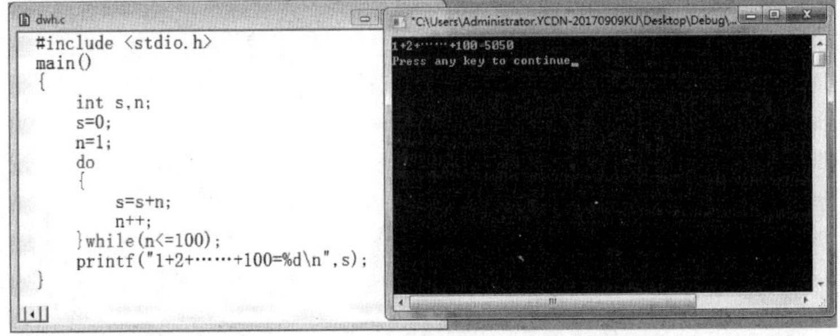

图 16.26　do - while 循环

(七)计算器功能的实现

在前面程序结构、设计思路的基础上，设计一个计算器程序。输入两个数，按照运算要求选择加、减、乘、除计算。代码清单如下，其中 goto 为无条件跳转。

```
#include <stdio.h>
main()
{
    double data1,data2,s;
```

```
    char opr;
    a:
    printf("请输入需要计算的表达式(格式为 a + b 或者 a - b 或者 a * b 或者 a/b 或者
a% % b :\n");
    scanf("% lf% c% lf",&data1,&opr,&data2);
    if(opr = ='+')
    {
        s = data1 + data2;
        printf("通过加法运算,计算的表达式为% .1f% c% .1f = % .1f\n",data1,opr,
data2,s);
    }
    else if(opr = ='-')
    {
        s = data1 - data2;
        printf("通过减法运算,计算的表达式为% .1f% c% .1f = % .1f\n",data1,opr,
data2,s);
    }
    else if(opr = ='*')
    {
        s = data1 * data2;
        printf("通过乘法运算,计算的表达式为% .1f% c% .1f = % .1f\n",data1,opr,
data2,s);
    }
    else if(opr = ='/')
    {
        if(data2 = =0)
        {
            printf("除数分母为零请重新输入:\n");
            goto a;
        }
        else
        {
            s = data1 /data2;
            printf("通过除法运算,计算的表达式为% .1f% c% .1f = % .1f\n",data1,
opr,data2,s);
        }
    }
    else if(opr = ='% ')
    {
        if(data2 = =0)
        {
            printf("取模分母为零请重新输入:\n");
            goto a;
        }
```

```
        else
        {
            s=(int)data1%(int)data2;
            printf("通过取模运算,计算的表达式为%d%c%d=%d\n",(int)data1,
            opr,(int)data2,(int)s);
        }
    }
    else
    {
        printf("输入格式错误,系统将退出!");
    }
}
```

在以上计算器任务设计中,使用printf()函数、scanf()函数、顺序结构、选择结构、循环结构进行程序设计并实现相应功能,最后完成了一个具有计算功能的程序。通过该系统的训练,为后期进行程序设计开发夯实了基础。

程序运行结果如图16.27所示。

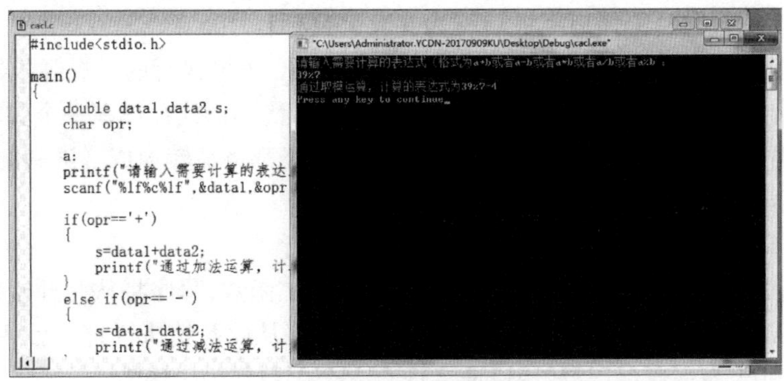

图16.27　运行"计算器"程序

本章习题

一、单项选择题

1. 以下说法中正确的是　(　　)

A. C语言程序总是从第一个定义的函数开始执行

B. 在C语言程序中,头文件在main()函数中定义

C. C语言程序总是从main()函数开始执行

D. C语言程序中的main()函数必须放在程序的开始部分

2. 以下叙述中正确的是　(　　)

A. C语言比其他语言高级

B. C语言可以不用编译就能被计算机识别执行

C. C语言以接近英语国家的自然语言和数学语言作为语言的表达形式

D. C 语言出现的最晚,具有其他语言的一切优点

3. 在一个 C 程序中　(　　)

A. main 函数必须出现在所有函数之前

B. main 函数可以在任何地方出现

C. main 函数必须出现在所有函数之后

D. main 函数必须出现在固定位置

4. 以下叙述中正确的是　(　　)

A. 分号是 C 语句之间的分隔符

B. 花括号"{"和"}"只能作为函数体的定界符

C. 构成 C 程序的基本单位是函数,所有函数名都可以由用户命名

D. C 程序中的头文件可以出现在程序中任意合适的地方

5. 用 C 语言编写的代码程序　(　　)

A. 可立即执行　　B. 是一个源程序

C. 经过编译即可执行　　D. 经过编译解释即可执行

6. 以下叙述中错误的是　(　　)

A. C 语言源程序经编译后生成后缀为. obj 的目标程序

B. C 程序经过编译、连接步骤之后才能形成一个真正可执行的二进制机器指令文件

C. 用 C 语言编写的程序称为源程序,它以 ASCII 代码形式存放在一个文本文件中

D. C 语言中的每条可执行语句和非执行语句最终都将被转换成二进制的机器指令

7. 以下叙述中正确的是　(　　)

A. C 语言程序将从源程序中第一个函数开始执行

B. 可以在程序中由用户指定任意一个函数作为主函数,程序将从此开始执行

C. C 语言规定必须用 main 作为主函数名,程序将从此开始执行,在此结束

D. main 可作为用户标识符,用以命名任意一个函数作为主函数

8. C 语言中最简单的数据类型包括　(　　)

A. 整型、实型、逻辑型　　B. 整型、实型、字符型

C. 整型、字符型、逻辑型　　D. 整型、实型、逻辑型、字符型

9. 在 C 语言中,要求运算数必须是整型的运算符是　(　　)

A. %　　B. /　　C. <　　D. !

10. C 语言提供的合法的关键字是　(　　)

A. Switch　　B. cher　　C. Case　　D. default

附录　习题参考答案

项目一

一、单项选择题

1. B　2. A　3. D　4. A　5. A　6. D　7. B　8. B　9. C　10. A　11. C　12. C　13. C
14. D　15. C　16. D　17. A　18. A　19. C　20. C

二、多项选择题

1. BCE　2. BD　3. ABD　4. ABCD　5. ABD　6. ACD　7. ABD　8. AC　9. ABCD
10. ABCD

三、判断题

1. T　2. F　3. T　4. F　5. F　6. F　7. F　8. T　9. F　10. F　11. T　12. F　13. F　14. T
15. T

四、操作题(略)

项目二

一、单项选择题

1. A　2. C　3. D　4. C　5. C　6. A

二、多项选择题

1. AD　2. ABCDEF　3. ABCD　4. ABCD　5. ABCDE

三、判断题

1. T　2. F　3. F　4. T

项目三

一、单项选择题

1. A　2. D　3. A　4. C　5. A　6. D　7. D　8. B　9. C　10. B　11. C　12. B　13. D
14. B　15. D　16. D　17. D　18. B　19. B　20. A　21. C　22. C　23. D　24. C　25. C
26. C

二、多项选择题

1. EF　2. BEFG　3. ABCE　4. ACD　5. CDEF　6. ACD　7. CD　8. ABD　9. ABEFG

三、判断题

1. T　2. F　3. F　4. T　5. T　6. F　7. T　8. F　9. T　10. T　11. T　12. F　13. T　14. T

15. T　16. F　17. F　18. F　19. T　20. T

项目四

一、单项选择题

1. A　2. C　3. B　4. D　5. D　6. D　7. D　8. A　9. D　10. A　11. C　12. B　13. B
14. B　15. D　16. C　17. B　18. D　19. D　20. A　21. C　22. A　23. C　24. B　25. A
26. D　27. B　28. C　29. B　30. A　31. C　32. A　33. D　34. B　35. B　36. C　37. D
38. C　39. C　40. D　41. C　42. D　43. D　44. C　45. D　46. A　47. B　48. B　49. B
50. A

二、多项选择题

1. AB　2. ABD　3. ACD　4. ABCD　5. ABD　6. AC　7. ABC　8. AC　9. ABCD
10. ABCD

三、判断题

1. T　2. T　3. F　4. F　5. T　6. T　7. T　8. F　9. T　10. T

四、操作题(略)

项目五

一、单项选择题

1. D　2. D　3. D　4. D　5. C　6. D　7. D　8. C　9. A　10. A　11. B　12. D　13. D
14. B　15. C　16. B　17. A　18. B　19. B　20. B　21. D　22. B　23. D　24. D　25. A
26. D　27. D

二、多项选择题

1. ABD　2. ABC　3. CD　4. ABCD　5. ABCD　6. ABD　7. ABCD　8. ABCD　9. ABC
10. ABCD

三、判断题

1. T　2. T　3. F　4. F　5. T　6. F　7. F　8. T　9. F　10. F

四、操作题(略)

项目六

一、单项选择题

1. B　2. C　3. B　4. C　5. C　6. B　7. C　8. B　9. C　10. C

二、判断题

1. T　2. T　3. F　4. T　5. T

三、操作题(略)

项目七

一、单项选择题

1. B　2. B　3. A　4. B　5. A　6. C　7. A　8. B　9. C　10. A　11. B　12. B　13. C　14. A　15. A　16. B　17. B　18. A　19. A　20. C　21. C　22. A　23. A　24. A　25. B　26. D　27. C　28. C　29. B　30. B　31. A　32. D　33. A　34. A　35. D

二、多项选择题

1. ABCD　2. ABC　3. BCD　4. ABCD　5. ABCD　6. ABCD　7. CD　8. ABCD　9. ABCD　10. ABC　11. BCD　12. AC　13. ABCD　14. ABC　15. ABCD　16. CD　17. ABCD　18. ABCD　19. ABD　20. ACD

三、判断题

1. T　2. T　3. F　4. T　5. T　6. F　7. F　8. T　9. F　10. F　11. T　12. T　13. T　14. T　15. F　16. F　17. F　18. F　19. F　20. T　21. F　22. T　23. T　24. T　25. F　26. F　27. T　28. T　29. T　30. T

四、操作题（略）

项目八

一、单项选择题

1. B　2. C　3. C　4. B　5. C　6. C　7. B　8. B　9. C　10. D　11. D　12. B　13. C　14. B　15. D　16. C　17. D　18. A　19. A　20. C　21. B　22. B　23. D　24. D　25. A

二、多项选择题

1. CD　2. ABD　3. AB　4. ABCD　5. ABCD　6. ABCD　7. ABD　8. CD　9. ABC　10. ABCD

三、判断题

1. F　2. T　3. T　4. T　5. F　6. T　7. F　8. F　9. T　10. F　11. F　12. T　13. T　14. F　15. F　16. T　17. T　18. F　19. T　20. F　21. F　22. F　23. T　24. F　25. F　26. T　27. F　28. F　29. F　30. T

四、操作题（略）

项目九

一、单项选择题

1. C　2. B　3. A　4. C　5. B　6. C　7. B　8. D　9. A　10. C　11. B　12. D　13. D　14. B　15. B　16. A　17. C　18. C　19. B　20. A　21. C　22. B　23. B　24. B　25. B　26. A　27. C　28. A　29. B　30. A　31. B　32. C　33. A　34. C　35. D　36. B　37. A　38. A　39. B　40. B　41. A　42. D　43. A　44. A　45. B　46. A　47. D　48. B　49. D　50. B　51. A　52. C　53. C　54. C　55. A　56. C　57. B　58. C　59. A　60. D　61. C　62. B　63. A　64. C　65. A　66. C　67. C　68. D　69. C　70. C　71. C　72. C　73. D

74. B 75. B 76. A 77. C 78. D 79. D 80. C 81. B 82. D 83. A 84. A 85. A
86. C 87. C 88. D 89. A 90. B

二、多项选择题

1. ABC 2. ABCD 3. ACD 4. ABC 5. ABCD 6. ABC 7. ACD 8. ACD 9. CD
10. AB

三、判断题

1. T 2. F 3. F 4. F 5. T 6. T 7. T 8. T 9. F 10. T 11. T 12. F 13. T 14. F
15. F 16. T 17. T 18. F 19. T 20. T 21. F 22. F 23. F 24. T 25. T 26. T
27. F 28. F 29. F 30. T 31. T 32. F 33. F 34. T 35. F 36. T 37. T 38. F
39. T 40. T

四、操作题(略)

项目十

一、单项选择题

1. C 2. A 3. D 4. A 5. A 6. B 7. B 8. D 9. A 10. D 11. D 12. B 13. C
14. D 15. B 16. B 17. D 18. C 19. A 20. B 21. D 22. B 23. B 24. B 25. B
26. A 27. C 28. C 29. C 30. B 31. A 32. C 33. A 34. C 35. A 36. B 37. A
38. A 39. A 40. B 41. A 42. B 43. D 44. C 45. A 46. D 47. C 48. A 49. D
50. D 51. C 52. C 53. D 54. B 55. A 56. C 57. B 58. D 59. C 60. D 61. D
62. C 63. D 64. C 65. A 66. B 67. C 68. C 69. A 70. C 71. C 72. A 73. D
74. C 75. D 76. C 77. B 78. A 79. B 80. B 81. C 82. B 83. B 84. C 85. B
86. D 87. B 88. C 89. D 90. C 91. D 92. A 93. A 94. B 95. C 96. C 97. D
98. A 99. D 100. B

二、多项选择题

1. CD 2. BCD 3. ACD 4. ABCD 5. ABD 6. AD 7. ACD 8. CD 9. ABC 10. AC

三、判断题

1. T 2. T 3. F 4. T 5. T 6. T 7. F 8. F 9. F 10. T 11. T 12. T 13. F 14. F
15. T 16. T 17. F 18. F 19. T 20. F 21. T 22. F 23. T 24. T 25. T 26. T
27. T 28. F 29. T 30. T 31. F 32. T 33. F 34. T 35. T 36. F 37. T 38. F
39. F 40. T 41. T 42. F 43. F 44. T 45. T 46. F 47. F 48. F 49. T 50. T
51. T 52. T 53. T 54. T 55. T

四、操作题(略)

项目十一

一、单项选择题

1. D 2. B 3. A 4. D 5. B 6. D 7. C 8. A 9. A 10. D 11. B 12. A 13. A
14. D 15. C 16. D 17. C 18. D 19. D 20. D 21. D 22. B 23. C 24. C 25. A

二、多项选择题

1. ABD　2. AC　3. BCD　4. AD　5. ABC

三、判断题

1. T　2. T　3. F　4. T　5. T　6. T　7. F　8. F　9. T　10. F

四、操作题(略)

项目十二

一、单项选择题

1. C　2. D　3. D　4. A　5. D　6. A　7. D　8. B　9. A　10. D　11. B　12. C　13. C　14. D　15. B　16. D　17. B　18. A　19. C　20. D　21. B　22. D　23. A　24. A　25. C

二、多项选择题

1. AB　2. ABCD　3. ABCD　4. ABC　5. AC

三、判断题

1. T　2. F　3. F　4. F　5. T　6. T　7. T　8. F　9. F　10. T

四、操作题(略)

项目十三

一、单项选择题

1. D　2. B　3. A　4. A　5. C　6. A　7. B　8. A　9. D　10. C

二、多项选择题

1. AC　2. AD　3. ABCD　4. ABC　5. ABD

三、判断题

1. T　2. T　3. T　4. F　5. F　6. T　7. T　8. F　9. F　10. F

项目十四

一、单项选择题

1. C　2. D　3. D　4. A　5. B　6. A　7. A　8. C　9. B　10. C

二、多项选择题

1. ABC　2 ACD　3 ABC　4. ABD　5. AC

三、判断题

1. F　2. F　3. T　4. T　5. F　6. F　7. T　8. F　9. T　10. T

四、操作题(略)

项目十五

一、单项选择题

1. B　2. C　3. A　4. C　5. A　6. C　7. B　8. D　9. B　10. B　11. C　12. C　13. C

14. C　15. A　16. C

二、多项选择题

1. ABCD　2. ABCD　3. ABC　4. ACD　5. ABE

三、判断题

1. T　2. T　3. F　4. T　5. T

四、操作题(略)

项目十六

一、单项选择题

1. C　2. C　3. B　4. A　5. B　6. D　7. C　8. B　9. A　10. D

参考文献

[1] 赵英良. 大学计算机基础实验指导书[M]. 5 版. 北京:清华大学出版社,2017.
[2] 张莉. 大学计算机实验教程[M]. 7 版. 北京:清华大学出版社,2019.
[3] 韩宪忠. 大学计算机——技术与应用实践[M]. 3 版. 北京:高等教育出版社,2018.
[4] 魏霖静,王联国. 大学计算机基础实验教程[M]. 北京:中国农业出版社,2018.
[5] 申艳光,刘志敏. 大学计算机——计算机思维导论[M]. 北京:清华大学出版社,2019.
[6] 王联国,魏霖静. 大学计算机基础[M]. 北京:中国农业出版社,2016.
[7] 刘志成,刘涛. 大学计算机基础(微课版)[M]. 北京:人民邮电出版社,2016.
[8] 闫斐,安政. 大学计算机基础实验指导[M]. 北京:航空工业出版社,2018.
[9] 林志杰,青辉阳. 计算机应用基础实训教程[M]. 武汉:武汉大学出版社,2018.
[10] 黄泽钧. 计算机应用基础教程[M]. 北京:中国电力出版社,2002.
[11] 冯博琴. 大学计算机基础[M]. 北京:高等教育出版社,2004.
[12] 李秀. 计算机文化基础[M]. 5 版. 北京:清华大学出版社,2005.
[13] 许薇,赵玉兰. 大学计算机基础[M]. 北京:人民邮电出版社,2009.
[14] 谢芳,刘菲. 大学计算机基础实验指导[M]. 北京:人民邮电出版社,2014.
[15] 范爱萍,刘琪,鲁敏. 大学计算机基础实验指导与习题集[M]. 4 版. 北京:清华大学出版社,2017.
[16] 唐友,赵玉兰. 大学计算机基础[M]. 哈尔滨:哈尔滨工业大学出版社,2020.